土木工程测量

主编　宋占峰　李　军
主审　吴祖海

中南大学出版社
www.csupress.com.cn

图书在版编目（CIP）数据

土木工程测量／宋占峰,李军主编. —长沙：中南大学出版社，2014.1
ISBN 978 – 7 – 5487 – 1040 – 0

Ⅰ.土… Ⅱ.①宋…②李… Ⅲ.土木工程－工程测量－高等
学校－教材 Ⅳ.TU198

中国版本图书馆 CIP 数据核字（2014）第 019759 号

土木工程测量

主编 宋占峰 李 军

□责任编辑	刘 辉 刘颖维	
□责任印制	易建国	
□出版发行	中南大学出版社	
	社址：长沙市麓山南路	邮编：410083
	发行科电话：0731 – 88876770	传真：0731 – 88710482
□印　装	长沙印通印刷有限公司	

□开　本	787 mm × 1092 mm 1/16	□印张 19.25	□字数 472 千字
□版　次	2014 年 1 月第 1 版	□2019 年 12 月第 2 次印刷
□书　号	ISBN 978 – 7 – 5487 – 1040 – 0
□定　价	50.00 元

图书出现印装问题，请与经销商调换

内 容 提 要

本书是一部适合于高等学校土木工程专业教学改革需要的土木工程测量教材。全书共分 14 章。第 1 章至第 6 章阐述测量学的基本知识和各种测量技术,包括水准测量、角度测量、距离测量、直线方向测量、全站测量和 GPS 测量等;第 7 章介绍测量误差的基本知识和理论;第 8 章叙述小区域控制测量,包括平面控制和高程控制的施测与计算方法;第 9 章和第 10 章分别介绍地形图的基本知识和地形图的测绘方法以及地形图在工程上的应用;第 11 章介绍测设的基本工作;第 12 章至第 14 章重点阐述土木工程中涉及的各种测量工作,包括公路与铁路的线路测量、铁路既有线及既有线站场测量、桥梁测量、隧道测量和变形测量等,提供了适应性强、技术先进的各类工程的测量原理和方法。

本书可作为高等学校交通、土木工程专业的教学用书,也可供从事土木工程研究、生产的工程技术人员参考。

出版说明

　　为了适应培养21世纪复合型、应用型创新人才的需要，结合我国高等学校教学的现状，立足培养学生能跟上国际经济的发展水平，按照教育部最新制定的教学大纲，遵循"学科属性及好教好学"原则，中南大学出版社组织专家、教授编写了这套"高等学校土木工程专业系列教材"。

　　土木工程专业作为我国高等学校的专业设置仅十年之久，它是我国高等教育专业设置调整后的一个新兴专业，土木工程专业与建筑工程、交通土建和岩土工程等传统专业相比，在培养目标、教学内容和教学方法上都有较大的区别，以"厚基础、宽口径、强能力"作为学生培养目标，理论阐述以"必需、够用"为原则，侧重定性分析和实际工程应用。

　　鉴于我国行业技术标准和规范不统一的现状，大部分高校将土木工程专业分为几个专业方向或课程群组织教学，本套教材是在调查十几所高校多年教学实践的基础上进行编写，编委会成员均为长期从事专业教学的资深教师，具有丰富的教学经验和科研水平。本套教材具有以下特点：

　　1. 以理论"必需、够用"为原则，以工程实际应用为重点

　　改变了过于注重知训传授和科学体系严密性的传统教学思想，注重应用型人才培养的特点，结合现行的人才培养计划，做到理论阐述以"必需、够用"为原则，侧重定性分析及其在工程中的应用，充分利用多媒体教学的特点，扩充工程信息量，培养学生的工程概念。

　　2. 注重培养对象终身发展的需要

　　土木工程领域范围广，行业标准多，本教材注重专业基础理论与规范的关系，重点阐述规范编制的基本理论、方法和原则，适当介绍土木工程领域的新知识、新技术及其发展趋势，以适应学生今后职业生涯发展的需要。

　　3. 文字教材和多媒体教学相结合

　　随着多媒体教学的发展和应用，综合多媒体教学在教学中的优势，提高教学效率，在编写文字教材的同时，配套编写多媒体教案和相关计算软件，使学生适应现代计算技术的发展，提高学生自我训练的能力。

　　4. 编写严谨规范，语言通俗易懂

　　根据我国土木工程最新设计与施工规范、规程和技术标准编写，体现了当前我国土木工程施工技术与管理水平，内容精练、叙述严谨。采取逻辑关系严谨、循序渐进的编写思路，深入浅出，图文并茂，文字表达通俗易懂。

　　希望本系列教材的出版，能促进土木工程专业的教材建设，为培养符合市场需要的高水平人才起到积极的推动作用。

前　言

当代测绘新技术的出现,给土木工程专业的测量教学提出了新的要求。本书紧密结合测绘新技术的进展和土木工程测量的实践,尤其是道路和铁道工程的特点,构筑新的土木工程测量知识结构体系。

本书编写的基本思路是:顺应高等教育改革的形势,不但要满足土木工程专业测量教学的需要,而且应保持服务道路和铁道工程的特色,并适应宽口径复合型人才培养的需要;注重学生基本素质、基本能力的培养,据此本书各部分的内容组织分为基本知识技能培养、知识技能拓宽与提高两个层次;综合考虑教学需求多样性的要求,内容具有多层次、系统而全面的特点;在总结已有教学经验的基础上,把握好技术发展与教学需要的关系,在体系和内容上争取达到先进性和实用性兼备的要求。

本书首先以测量本质——"定位"这一核心概念为主线介绍了点位表示方法和定位基本工作及原则等基础概念,然后围绕点位的测定,从常规技术到新技术、新方法,循序渐进地介绍各种测量技术,包括水准测量、角度测量、距离测量、方向测量、全站测量以及GPS测量等。同时简明扼要地阐述测量学的基本理论,并引入条件平差,为测量数据处理提供理论基础。最后,结合土木工程基本要求和测绘技术等特点,比较全面地介绍了地形测量、线路测量、既有线及既有线站场测量、桥梁测量、隧道测量和变形测量等内容,不但充分反映土木工程测量技术的应用发展,而且具有面向道路和铁道工程专业方向的鲜明特色。

本书是在中南大学土木工程学院测量教研组多年教学经验的基础上组织编写而成的。本书由宋占峰、李军主编,参加编写的有中南大学宋占峰(第1、4、8、11、12章)、李军(第5、7、9、14章、附录三)、彭仪普(第3、6章)、孙晓(第2、10章、附录一、附录二),西安铁路职业技术学院刘峻峰(第13章)。

全书由中南大学吴祖海审定。

本书可作为高等学校交通、土木工程专业的教学用书,也可供从事土木工程研究、生产的工程技术人员参考。由于水平有限,书中还会有不足之处,有待不断总结经验和提高,同时恳请有关读者和专家批评指正。

编者

2014 年 1 月于长沙

目　录

第1章

绪 论

§1.1 测量学与土木工程

测量学是研究地球的形状和大小以及确定地面(包含空中、地下和海底)点位的科学。它的内容包括测定和测设两个部分。测定是测出地球表面的地貌和地物的位置,并按一定比例缩绘成图,供经济建设、国防建设、规划设计及科学研究使用。测设(放样)是将图纸上设计好的建筑物位置标定在地面上,作为施工的依据。

测量学按其研究的范围和对象的不同,又分为多个学科,如:

普通测量学——研究将地球表面局部地区的地貌及地物测绘成大比例尺地形图的基本理论和方法。在地形测量中不考虑地球曲率的影响。

大地测量学——研究地球的大小和形状,解决大范围地区的控制测量和地球重力场问题。大地测量必须考虑地球曲率的影响。

摄影测量学——研究利用摄影或遥感技术获取被测物体的信息,以确定物体的形状、大小和空间位置的理论和方法。由于获得相片的方式不同,摄影测量又分为航空摄影测量、水下摄影测量、地面摄影测量和航天遥感等。

工程测量学——研究各种工程在规划设计、施工放样和运营管理等阶段中的测量理论和方法。

地图制图学——研究各种地图的制作理论、原理、工艺技术和应用的一门学科。研究内容主要包括地图的编制、地图投影学、地图整饰、印刷等。

测量学有着十分广泛的用途,无论在政治、经济、军事和科技等方面,都有重要的用途。在国民经济和社会发展规划中,测绘信息是最重要的基础信息之一,各种规划及地籍管理,首先要有地形图和地籍图。在各项基本建设中,从勘测设计到施工、竣工等阶段,都需要进行大量的测绘工作。在国防建设中,测绘技术不但对国防工程建设、作战战役部署和现代化诸兵种协同作战起着重要的保证作用,而且对于现代化的武器装备,如远程导弹、空间武器及人造卫星和航天器的发射也起着重要的保证作用。测绘技术对于空间技术研究、地壳形变、地震预报、地球动力学等科学研究方面也是不可缺少的工具。

土木工程测量学属于工程测量学范畴,它主要面向土木建筑、环境、道路、桥梁、水利等学科。主要任务是:

(1)研究测绘地形图的理论和方法

地形图是土木工程勘察、规划、设计的依据。土木工程测量是研究确定地球表面局部区域地物和地貌的空间三维坐标的原理和方法。研究局部地区地图投影理论，以及将测量资料按比例绘制成地形图或制作成电子地图的原理和方法。

（2）研究在地形图上进行规划、设计的基本原理和方法

在地形图上进行土地平整、土方计算、道路选线和区域规划的基本原理和方法。

（3）研究建筑物施工放样、建筑质量检测的技术和方法

施工放样是工程施工的依据。土木工程测量研究是将规划设计在图纸上的建筑物位置准确地标定在地面上的技术和方法。研究施工过程及大型结构物安装过程中的监测技术，以保证施工质量和安全。本课程重点讲述道路施工测量的技术和方法。

（4）对大型建筑物的安全性进行变形监测

在大型建筑物施工过程中或竣工后，为确保工程进度和安全，应对建筑物进行位移和变形监测。

总之，测量工作将贯穿在土木工程建设的整个过程。从事土木工程的技术人员必需掌握土木工程测量的基本知识和技能。土木工程测量是土木工程建设技术人员的一门必修的技术基础课。

§1.2　地面点位的表示方法

测量学是研究如何测定地面点位的科学，因此首先应了解地面点位的表示方法，了解确定地面点位的基准。由于测量工作都是在地球表面上进行的，所以先介绍关于地球形状和大小的知识。

一、地球的形状和大小

测量工作是在地球表面进行的，而地球自然表面很不规则，有高山、丘陵、平原和海洋。其中最高的珠穆朗玛峰高达 8 844.43 m，最低的马里亚纳海沟深达 11 022 m。但是这样的高低起伏，相对于地球平均半径 6 371 km 来说还是很小的。再顾及到海洋约占整个地球表面的 71%，因此，人们把海水面所包围的地球形体看作地球的形状。

由于地球的自转运动，地球上任一点都要受到离心力和地球引力的双重作用，这两个力的合力称为重力，重力的方向线称为铅垂线。铅垂线是测量工作的基准线。静止的水面称为水准面，水准面是受地球重力影响而形成的，是一个处处与重力方向垂直的连续曲面，并且是一个重力场的等位面。与水准面相切的平面称为水平面。水面可高可低，因此符合上述特点的水准面有无数多个，其中通过平均海水面的一个水准面称为大地水准面，它是测量工作的基准面。由大地水准面所包围的形体，称为大地体。

用大地体表示地球形体是恰当的，但由于地球内部质量分布不均匀，引起铅垂线的方向产生不规则的变化，致使大地水准面成为一个复杂的曲面（见图 1-1），无法在这曲面上进行测量数据处理。

经过长期研究表明，地球形状近似于一个两极稍扁的旋转椭球，即一个椭圆绕其短轴旋转而成的形体。而其旋转椭球面是可以用较简单的数学公式准确地表达出来。在测量

工作中就是用这样一个规则的曲面代替大地水准面作为测量计算的基准面(见图 1-2)。

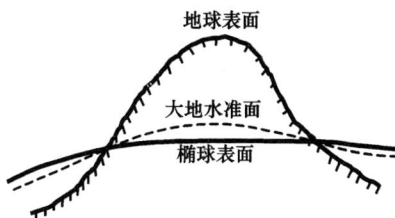

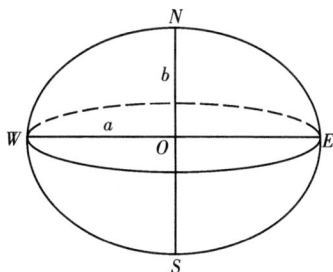

图 1-1   图 1-2

椭球的形状和大小是由其基本元素决定的。椭球体的基本元素是:长半轴 a、短半轴 b、扁率 $\alpha = \dfrac{a-b}{a}$。

为了测量工作的需要,在一个国家或一个地区,需要选用一个最接近于本地区大地水准面的椭球,这样的椭球称"参考椭球"。2008 年 7 月,我国开始启用 CGCS2 000 椭球,其元素值为:$a = 6\ 378\ 137.0$ m, $\alpha = 1:298.257\ 222\ 101$。

由于地球的扁率很小,所以在一般测量工作中,可把地球看作一个圆球来处理,其半径为:$R = 6\ 371$ km。

二、测量坐标系

为了确定地面点的空间位置,需要建立测量坐标系。一个点在空间的位置,需要三个量来表示。

在一般测量工作中,常将地面点的空间位置用大地经度、纬度(或高斯平面直角坐标)和高程表示,它们分别属于大地坐标系(或高斯平面直角坐标系)和指定的高程系统,即用一个二维坐标系(椭球面或平面)和一个一维坐标系的组合来表示。

由于卫星大地测量的迅速发展,地面点的空间位置也采用三维的空间直角坐标表示。

1. 大地坐标系

地面上一点的位置(如 P),可用大地坐标 (L, B) 表示。大地坐标系以参考椭球面作为基准面,以本初子午面(即通过格林尼治天文台的子午面)和赤道面作为在椭球面上确定某一点投影位置的两个参考面。

过地面某点的子午面与本初子午面之间的夹角,称为该点的大地经度,用 L 表示。(见图 1-3)规定从本初子午面起算,向东 0°~180° 称为东经;向西 0°~180° 称为西经。过地面某点的椭球面法线(PP')与赤道面的夹角,称为该点的大地纬度,用 B 表示。规定从赤道面起算,由赤道向北 0°~90° 称为北纬;由赤道向南 0°~90° 称为南纬。

P 点的大地经度、纬度,可由天文观测方法测得 P 点

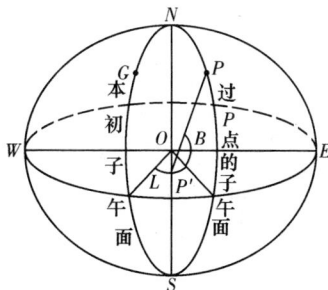

图 1-3

的天文经、纬度(λ、ϕ),再利用 P 点的法线与铅垂线的相对关系(称为垂线偏差)换算为大地经度、纬度(L,B)。在一般测量工作中,可以不考虑这种改化。

2. 地心坐标系

地心坐标系属空间三维直角坐标系,用于卫星大地测量。地心坐标系取地球质心(地球的质量中心)为坐标系原点,x、y 轴在地球赤道平面内,本初子午面与赤道平面的交线为 x 轴,z 轴与地球自转轴相重合,如图 1-4 所示。地面点的空间位置用三维直角坐标 x_A、y_A、z_A 表示。全球定位系统(GPS)采用的就是地心坐标系。

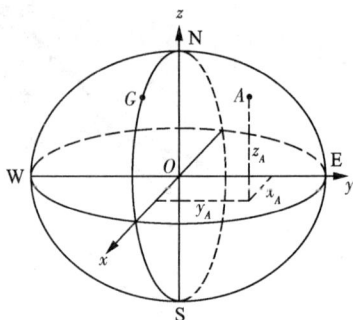

图 1-4

地心坐标系和大地坐标系可以通过一定的数学公式进行换算。

3. 平面直角坐标系

在小区域内进行测量,可把局部椭球面看作一个水平面,点的平面位置可用直角坐标来表示。在测量工作中以南北方向为 x 轴,向北为正;而东西方向为 y 轴,向东为正。象限顺序按顺时针方向计(见图 1-5)。这种安排与数学中的坐标轴和象限顺序正好相反。这是因为在测量中南北方向是最重要的基本方向,直线的方向也都是从正北方向开始按顺时针方向计量的,但这种改变并不影响三角函数的应用。平面直角坐标系的坐标轴和原点可根据需要任意选择。

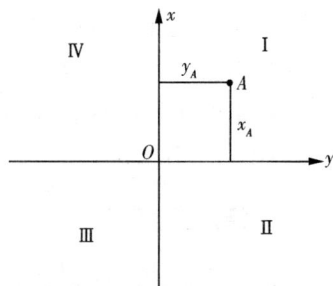

图 1-5

4. 高斯平面直角坐标系

(1)高斯投影

高斯平面直角坐标系采用高斯投影方法建立。高斯投影是由德国测量学家高斯于 1825—1830 年首先提出,到 1912 年由德国测量学家克吕格推导出实用的坐标投影公式,所以又称高斯-克吕格投影。

如图 1-6 所示,设想有一个椭圆柱面横套在地球椭球体外面,使它与椭球上某一子午线(该子午线称为中央子午线)相切,椭圆柱的中心轴通过椭球体中心,然后用一定的投影方法,将中央子午线两侧各一定经差范围内的地区投影到椭圆柱面上,再将此柱面展开即成为投影面,故高斯投影又称为横轴椭圆柱投影。

(2)投影带

高斯投影中,除中央子午线外,各点均存在长度变形,且距中央子午线愈远,长度变形愈大。为了控制长度变形,将地球椭球面按一定的经度差分成若干范围不大的带,称为投影带。带宽一般分为经差 6°、3°。分别称为 6°带、3°带(见图 1-7)。

6°带:从 0°子午线起,每隔经差 6°自西向东分带,依次编号 1,2,3,…,60,各带相邻子午线称为分界子午线。带号 N 与相应的中央子午线经度 L_0 的关系是:

$$L_0 = 6N - 3 \qquad (1-1)$$

3°带:以 6°带的中央子午线和分界子午线为其中央子午线,即自东经 1.5°子午线起,

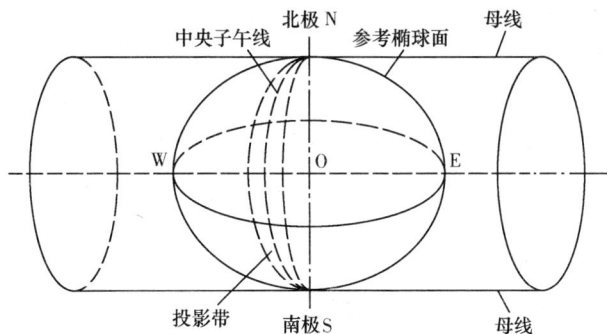

图 1-6

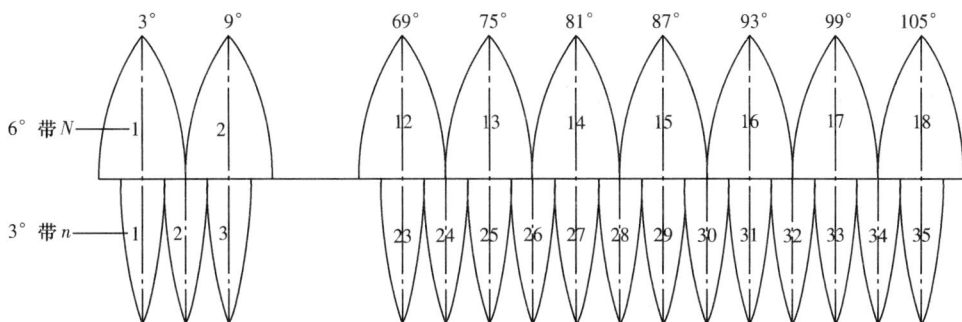

图 1-7

每隔经差 3°自西向东分带,依次编号 1,2,3,…,120;带号 n 与相应的中央子午线经度 L'_0 的关系是:

$$L'_0 = 3n \tag{1-2}$$

(3)高斯平面直角坐标系

在投影面上,中央子午线和赤道的投影都是直线。以中央子午线和赤道的交点 O 作为坐标原点,以中央子午线的投影为纵坐标轴 x,规定 x 轴向北为正;以赤道的投影为横坐标轴 y, y 轴向东为正,这样便形成了高斯平面直角坐标系见图 1-8(a)。

(4)国家统一坐标

我国位于北半球,在高斯平面直角坐标系内,x 坐标均为正值,而 y 坐标值有正有负。为避免 y 坐标出现负值,规

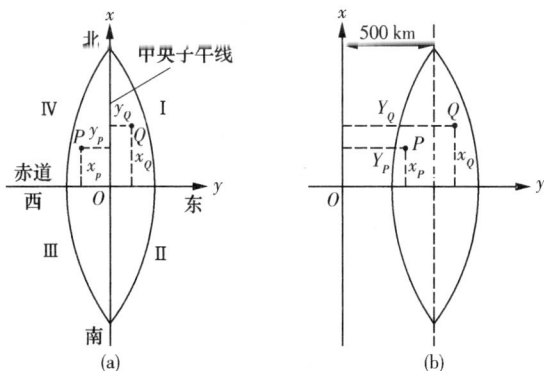

图 1-8

定将 x 坐标轴向西平移 500 km,即所有点的 y 坐标值均加上 500 km 见图 1-8(b)。此外为便于区别某点位于哪一个投影带内,还应在横坐标值前冠以投影带带号,这种坐标称为国家统一坐标。

例如,P 点的高斯平面直角坐标 $x_P = 3275611.188$ m;$y_P = -376\,543.211$ m,若该点位于第 19 带内,则 P 点的国家统一坐标表示为 $x_P = 3\,275\,611.188$ m;$Y_P = 19\,123\,456.789$ m。

5. 高程系统

为了建立全国统一的高程系统,必须确定一个高程基准面。通常采用平均海水面代替大地水准面作为高程基准面,平均海水面的确定是通过验潮站多年验潮资料来求定的。我国平均海水面的验潮站设在青岛,根据青岛验潮站 1950—1956 年 7 年验潮资料求定的高程基准面,叫"1956 年黄海平均高程面",以此建立了"1956 年黄海高程系",我国自 1959 年开始,全国统一采用 1956 年黄海高程系。

由于海洋潮汐长期变化周期为 18.6 年,经对 1952—1979 年验潮资料的计算,确定了新的平均海水面,称为"1985 国家高程基准"。经国务院批准,我国自 1987 年开始采用"1985 国家高程基准"。

为维护平均海水面的高程,必须设立与验潮站相联系的水准点作为高程起算点,这个水准点叫水准原点。我国水准原点设在青岛市观象山上,全国各地的高程都以它为基准进行测算。

1956 年黄海平均海水面的水准原点高程为 72.289 m,"1985 国家高程基准"的水准原点高程为 72.260 m。

在一般测量工作中是以大地水准面作为高程基准面。某点沿铅垂线方向到大地水准面的距离,称为该点的绝对高程或海拔,简称高程,用 H 表示(见图 1-9)。

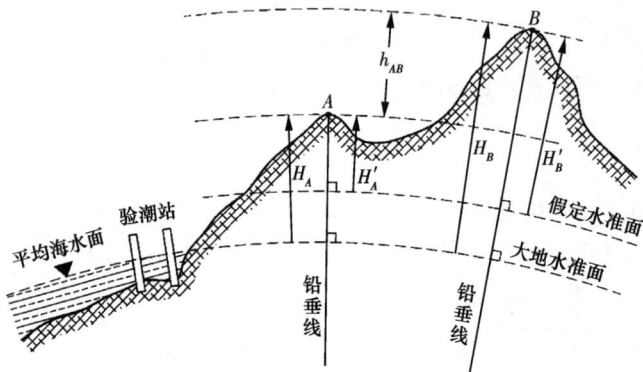

图 1-9 高程系统

在局部地区,如果引用绝对高程有困难时,可采用假定高程系统。即假定一个水准面作为高程基准面,地面点至假定水准面的铅垂距离,称为相对高程或假定高程。

两点高程之差称为高差。图 1-9 中,H_A、H_B 为 A、B 点的绝对高程,H'_A、H'_B 为相对高程,h_{AB} 为 A、B 两点间的高差,则

$$h_{AB} = H_B - H_A = H'_B - H'_A$$

所以,两点之间的高差与高程起算面无关。

§1.3　用水平面代替水准面的限度

实际测量工作中,在一定的测量精度要求和测区面积不大的情况下,往往以水平面直接代替水准面,因此应当了解地球曲率对水平距离、水平角、高差的影响,从而决定在多大面积范围内能容许用水平面代替水准面。在分析过程中,将大地水准面近似看成圆球,半径 $R = 6\,371$ km。

一、水准面曲率对水平距离的影响

图 1-10 中地面点 A、B、C 在水准面上的投影为 A'、B'、C',在水平面上的投影为 A''、B''、C''。$A'B'$ 为水准面上的一段圆弧,长度为 S,所对圆心角为 θ,$A'B''$ 为相应水平距离,长度为 D。若用水平面代替水准面,即以直线段 $A'B''$ 代替圆弧 $A'B'$,则在距离上将产生误差 ΔS:

$$\Delta S = A'B'' - A'B' = D - S$$

式中　　$A'B'' = D = R\tan\theta = R\left(\theta + \dfrac{1}{3}\theta^3 + \dfrac{2}{15}\theta^5 + \cdots\right)$

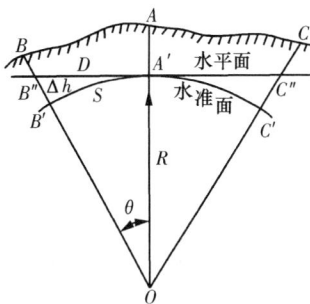

图 1-10　水准面曲率与水平距离

$$A'B' = S = R \cdot \theta$$

则　　　　$\Delta S = R\left(\dfrac{1}{3}\theta^3 + \dfrac{2}{15}\theta^5 + \cdots\right)$

因 θ 角值一般很小,故略去五次方以上各项,并以 $\theta = \dfrac{S}{R}$ 代入,则得:

$$\Delta S = \frac{1}{3}\frac{S^3}{R^2} \quad \text{或} \quad \frac{\Delta S}{S} = \frac{1}{3}\frac{S^2}{R^2} \tag{1-3}$$

当 $S = 10$ km 时,$\dfrac{\Delta S}{S} = \dfrac{1}{1\,217\,700}$,小于目前精密距离测量的容许误差。因此可得出结论:在半径为 10 km 的范围内进行距离的测量工作时,用水平面代替水准面所产生的距离误差可以忽略不计。

二、水准面曲率对水平角的影响

由球面三角学知道,同一个空间多边形在球面上投影的各内角之和,较其在平面上投影的各内角之和大一个球面角超 ε,它的大小与图形面积成正比。其公式为:

$$\varepsilon = \rho''\frac{P}{R^2} \tag{1-4}$$

式中:P 为球面多边形面积;R 为地球半径;$\rho'' \approx 206265''$。

当 $P = 100$ km^2 时,$\varepsilon = 0.51''$。

式(1-4)计算表明,对于面积在 100 km^2 内的多边形,地球曲率对水平角的影响只有在最精密的测量中才考虑,一般测量工作是不必考虑的。

三、水准面曲率对高差的影响

图 1 - 10 中 $B'B''$ 为水平面代替水准面产生的高差误差。令 $B'B'' = \Delta h$,

$$(R + \Delta h)^2 = R^2 + D^2$$

即

$$\Delta h = \frac{D^2}{2R + \Delta h}$$

可用 S 代替 D,Δh 与 $2R$ 相比可略去不计,故上式可写成

$$\Delta h = \frac{S^2}{2R} \qquad (1 - 5)$$

式(1-5)表明,Δh 的大小与距离的平方成正比。当 $S = 1$ km 时,$\Delta h = 8$ cm。因此,地球曲率对高差的影响,即使在很短的距离内也必须加以考虑。

综上所述,在面积为 100 km^2 的范围内,不论是进行水平距离或水平角测量,都可以不考虑地球曲率的影响,在精度要求较低的情况下,这个范围还可以相应扩大。但地球曲率对高差的影响是不能忽视的。

§1.4　测量工作概述

测绘地形图是测量工作的主要任务之一。把地面的形状描绘成图,是通过投影的方法来实现的。在小区域内,可把地面上各种物体投影到一个水平面上,地面的形状就是用它投影在水平面上的图形来表示。例如一幢房屋,只要把它的主要轮廓点在水平面上的投影位置描绘出来,就可以得出该房屋的平面图形。同样,道路、河流等一切天然或人工形成的物体,只要把一些能反映出它们形状的点在水平面上投影的位置测定下来,就可以描绘出这一地区的地形图。这些需要测定的点称为地形特征点,如图 1 - 11 中的 1',2,…点。测绘地形图的工作实际上就是测定一批地形特征点的工作。

在地面上无论是天然或人工形成的物体,其分布多数是零乱而不规则的。那么如何来测量这些为数众多而分布又不规则的特征点呢? 一般进行的程序应是先在测区范围内精确测出少数点的位置,如图 1 - 11 中的 $A,B,C,\cdots$。然后以这些点为基础,测量各点周围的地形特征点,得出局部的地形。图中 $A,B,C,\cdots$ 点构成的图形在测区中形成一个框架,起控制作用。所以这些点称为控制点,测量这些点的位置的工作称为控制测量。从控制点测量它周围地形特征点位置的工作称为碎部测量。利用各控制点间已测定的位置关系,就可以把从各控制点所测得的局部地形连成一个整体,从而得出这一测区的地形图,并能保证必要的精度。这种按照"从控制到碎部"的工作程序,就是进行测量工作必须遵循的"从整体到局部"的基本原则。另外从上述可知,当测定控制点的相对位置有错误时,以其为基础所测定的碎部点位也就有错误;碎部测量中有错误时,以此资料绘制的地形图也就有错误。因此,测量工作必须严格进行检核工作,故"前一步测量工作未作检核不进行下一步测量工作"是组织测量工作应遵循的又一个原则。它可以防止错漏发生,保证测量成果的正确性。

上述测量工作的布局原则和程序,不仅适用于测绘工作,也适用于测设工作。如

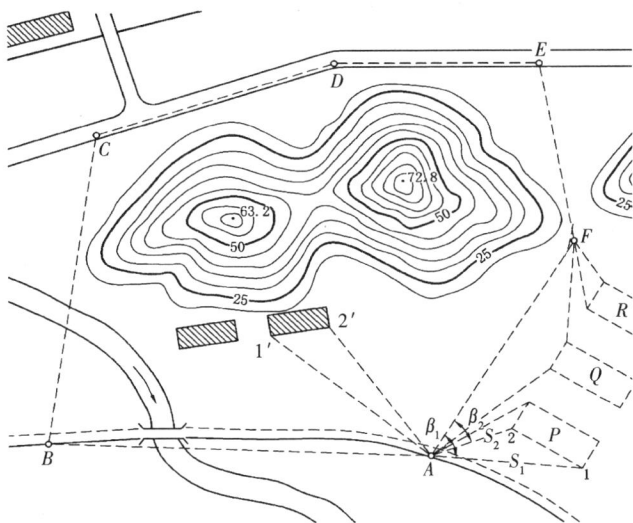

图 1-11　地形测绘示意图

图 1-11 所示,欲将图上设计好的建筑物 P、Q、R 测设于实地。作为施工的依据,须先于实地进行控制测量,然后安置仪器于控制点 A 和 F 上,进行建筑物放样。在测设工作中也要严格进行检核,以防出错。

综合上述,无论是测绘还是测设,控制测量还是碎部测量,所有测量工作的本质都是测定点位的工作,即测定点的平面位置和高程。测量点的平面位置的工作叫做"平面测量",测量点的高程的工作称为"高程测量"。而地面点间的相互位置关系,是以水平角、距离和高差来确定的。但是为了确定点的坐标,还需要测量直线的方向。因此,高程测量、角度测量、距离测量和直线方向测量是测量的四项基本工作。测量工作一般要经过野外观测和室内计算、绘图等程序。野外的观测工作称"外业",室内的计算和绘图等工作称"内业"。观测、计算和绘图是测量工作的基本技能。

测量的成果可以应用到各个方面,影响极广。因此,工作中的任何差错都能造成不良的后果,有的甚至对工程造成巨大损失,所以保证质量是测量工作者的首要职责。为此,对野外的观测必须按规范或规程的要求来完成,不合格的必须重测;对手簿、图纸等原始资料,应保证正确、清楚和完整;对交付的成果必须经复核检验,以确保成果的质量。

学习测量必须理论联系实际,不但要掌握测量的基本理论,而且要重视对观测、计算和绘图等基本技能的训练。在学习中应养成认真负责一丝不苟的工作作风和爱护仪器设备的良好习惯。同时测量工作是多人协作来共同完成,所以必须注重团队精神的培养。由于野外作业工作和生活条件均较艰苦,因此还必须养成能吃苦耐劳和克服困难的精神。

思考与练习

1. 测量学的研究对象是什么?

2. 测定与测设有何区别?

3. 什么是水准面、大地水准面、椭球和参考椭球?

4. 何谓绝对高程和相对高程?两点之间绝对高程之差与相对高程之差是否相等?

5. 测量工作中所用的平面直角坐标系与数学上的有哪些不同之处?

6. 某点的经度为东经 118°50′,试计算它所在的 6°带和 3°带号,相应 6°带和 3°带的中央子午线的经度是多少?

7. 某点的国家统一坐标为:纵坐标 $x = 763\ 456.780$ m,横坐标 $y = 20\ 447\ 695.260$ m,试问该点在该带高斯平面直角坐标系中的真正纵、横坐标 x、y 为多少?

8. 用水平面代替水准面对距离、水平角和高程有何影响?

9. 测量工作的两个原则及其作用是什么?

10. 为什么说测量工作的实质就是测量点位的工作?

第 2 章

水准测量

§2.1 高程测量概述

高程测量是基本测量工作之一。测定地面点的高程的工作,称为高程测量。

高程测量的任务是求出点的高程,一般情况下,需要先测得两点间的高差,然后根据其中一点的已知高程推算另一点的高程。高程测量的主要方法有水准测量、三角高程测量和 GPS 高程测量。水准测量是利用水平视线来测量两点间的高差。三角高程测量是测量两点间的水平距离和竖直角,然后用三角公式计算出两点间的高差。GPS 高程测量是通过空间测距交会原理来测定高程。此外,还有气压高程测量、液体静力高程测量以及摄影测量等方法。

高程测量也是按照"从整体到局部"的原则来进行。先是在测区内设立一些高程控制点,并精确测出它们的高程,然后根据这些高程控制点测量附近其他点的高程。这些高程控制点称为水准点,工程中常用 BM 来标记。水准点有永久性和临时性两种。永久性的水准点一般用混凝土标石制成,顶部嵌有金属或瓷质的标志见图 2 - 1。标石一般埋在地下,地点应选在地质稳定、便于保存和便于使用的地方。在城镇居民区,也可以采用把金属标志嵌在墙上的"墙脚水准点"。

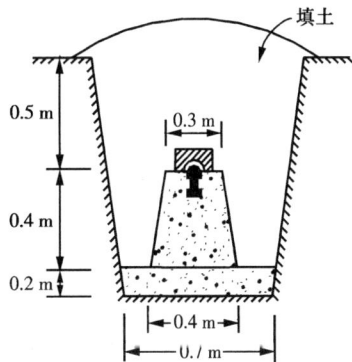

图 2 - 1 永久性水准点示意图

临时性的水准点则可用更简便的方法来设立,例如用刻凿在岩石上的或用油漆标记在建筑物上的简易标志。

§2.2 水准测量原理

水准测量的原理是利用水准仪提供水平视线,读取竖立于两个点上的水准尺上的读数,来求得两点间的高差。

如图 2 - 2 所示,欲求 A、B 两点间的高差 h_{AB},在 A、B 两点上竖立带有分画的标尺——水准尺(尺的零点在底端),在 A、B 两点之间安置可提供水平视线的仪器——水准仪。当视线水平时,通过水准仪在 A、B 两点的水准尺分别读得读数 a 和 b,则 A、B 两点的

高差 h_{AB} 为:

$$h_{AB} = a - b \qquad (2-1)$$

如果 A 为已知高程的点,B 为待求高程的点,则 B 点的高程为:

$$H_B = H_A + h_{AB} \qquad (2-2)$$

读数 a 是已知高程点上的水准尺读数,称为后视读数;b 是在待求点上的水准尺读数,称为前视读数。高差必须是"后视读数"减去"前视读

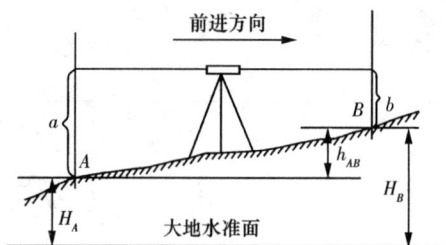

图 2－2

数"。高差 h_{AB} 的值可能是正也可能是负,$h_{AB} > 0$ 表示待求点 B 高于已知点 A,$h_{AB} < 0$ 表示待求点 B 低于已知点 A。此外,高差的正负号又与测量进行的方向有关,例如图 2－2 中测量由 A 向 B 进行,高差用 h_{AB} 表示,其值为正;反之由 B 向 A 进行,则高差用 h_{BA} 表示,其值为负,两者的绝对值相等而符号相反。因此,说明高差时必须标明高差的正负号,同时要说明测量进行的方向。

当两点之间相距较远或者高差太大时,安置一次仪器无法测得高差时,需要采用分段测量的方法。如图 2－3 所示,欲求 h_{AB},可依次在Ⅰ,Ⅱ,…安置仪器,在相应的 A 与 1、1 与 2,…处立尺,逐段测出 $h_1, h_2, \cdots, h_n$,则高差 h_{AB} 为:

$$h_{AB} = h_1 + h_2 + \cdots + h_n \qquad (2-3)$$

式中:

$$h_1 = a_1 - b_1$$
$$h_2 = a_2 - b_2$$
$$\vdots$$
$$\dfrac{h_n = a_n - b_n}{\sum h = \sum a - \sum b} \qquad (2-4)$$

即两点的高差等于连续各段高差的代数和,也等于后视读数之和减去前视读数之和。每安置一次仪器,称为一个测站。立标尺的点 1,2,…称为转点。转点起着传递高程的作用。转点非常重要,这是因为转点上产生的任何差错,都会影响到以后所有点的高程。

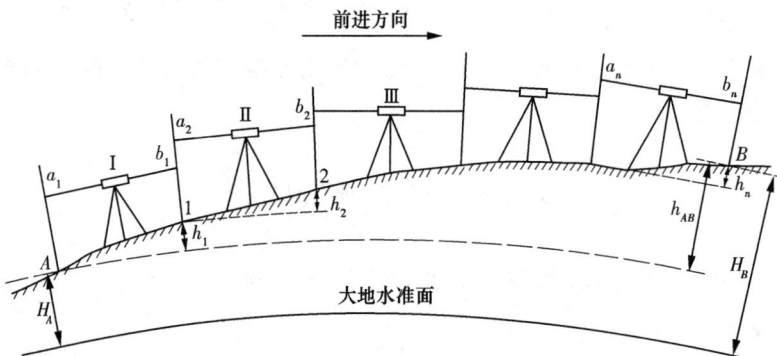

图 2－3

若在一个测站上需要同时测出多个点的高程时,利用仪器视线高的方法就显得格外方便,水准测量可按图 2 - 4 进行。

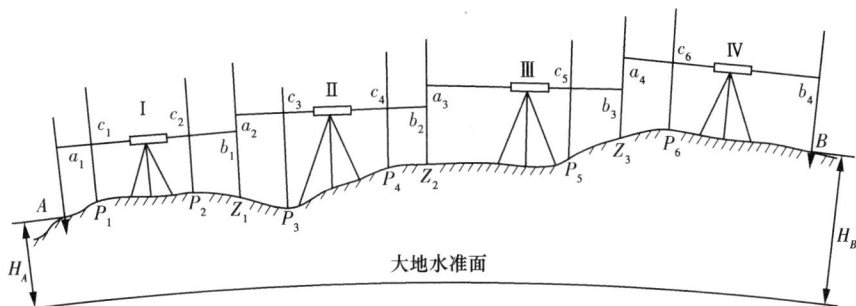

图 2 - 4

此时,在每一个测站上,不仅要读出后视读数和前视读数,同时要在这一测站范围内需要测量高程的点上立尺并读数,如图中在 P_1、P_2 等点上立尺读出 c_1、c_2 等读数。则各点的高程可按下列方法计算:

仪器在测站 I:$H_I = H_A + a_1$

$$\left.\begin{aligned} H_{P_1} &= H_I - c_1 \\ H_{P_2} &= H_I - c_2 \\ H_{Z_1} &= H_I - b_1 \end{aligned}\right\} \tag{2-5}$$

同理,仪器在测站 II:$H_{II} = H_{Z_1} + a_2$

$$\left.\begin{aligned} H_{P_3} &= H_{II} - c_3 \\ H_{P_4} &= H_{II} - c_4 \\ H_{Z_2} &= H_{II} - b_2 \end{aligned}\right\} \tag{2-6}$$

式中 H_I、H_{II} 为仪器视线的高程。图中 Z_1,Z_2,… 为传递高程的转点,在转点上既有前视读数又有后视读数。图 P_1,P_2,… 点称中间点,中间点上只有一个前视读数,也称中视读数。A、B 间高差的计算公式仍采用:

$$h_{AB} = \sum a - \sum b = H_B - H_A \tag{2-7}$$

§2.3 微倾式水准仪和水准尺

水准仪是进行水准测量的主要仪器,它能提供水准测量所必需的水平视线。水准仪分为微倾式水准仪、自动安平水准仪和数字水准仪。我国的水准仪系列标准分为 DS_{05}、DS_1、DS_3 和 DS_{10} 四个等级。D 是大地测量仪器的代号,S 是水准仪的代号,均取"大"和"水"两个字汉语拼音的第一个大写字母。角码表示仪器的精度,即仪器本身每千米往返测高差中数的中误差,以 mm 为单位。

一、微倾式水准仪的构造

根据水准测量的原理,水准仪的主要作用是提供一条水平视线,并能照准水准尺进行读数。图 2-5 为在一般水准测量中使用广泛的 DS₃ 型微倾式水准仪,它主要由望远镜、水准器及基座三部分构成。

水准仪各部分的名称见图 2-5。基座上有三个脚螺旋 6,调节脚螺旋可使圆水准器 5 的气泡移至中央,使仪器粗略整平。望远镜和管水准器 4 与仪器的竖轴联结成一体,竖轴插入基座的轴套内,可使望远镜和管水准器在基座上绕竖轴旋转。制动螺旋 7 和微动螺旋 8 用来控制望远镜在水平方向的转动。制动螺旋松开时,望远镜能自由转动;旋紧时望远镜则固定不动。旋转微动螺旋可使望远镜在水平方向上作缓慢的转动,但只有在制动螺旋旋紧时,微动螺旋才能起作用。旋转微倾螺旋 9 可使望远镜连同管水准器在竖直面内做微小的仰俯,从而可使视线精确整平。因此,这种水准仪称为微倾式水准仪。

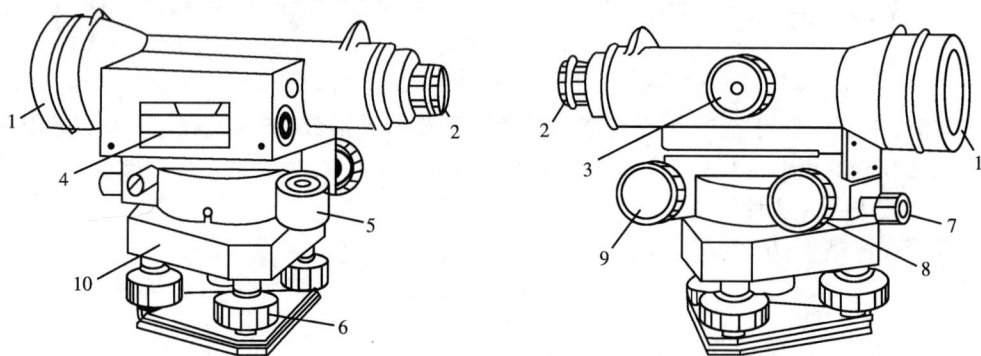

图 2-5

1—物镜;2—目镜;3—调焦螺旋;4—管水准器;5—圆水准器;
6—脚螺旋;7—制动螺旋;8—微动螺旋;9—微倾螺旋;10—基座

1. 望远镜

水准仪的望远镜是用来瞄准水准尺并读数的。根据在目镜端观察到的物体成像情况,望远镜可分为正像望远镜和倒像望远镜。

图 2-6 是倒像望远镜的成像示意图,物镜的作用是使物体在物镜的另一侧构成一个倒立的实像,目镜的作用是使这一实像在同一侧形成一个放大的虚像,为了使物像清晰并消除单透镜的一些缺陷,物镜和目镜都是采用两种不同材料的复合透镜组。

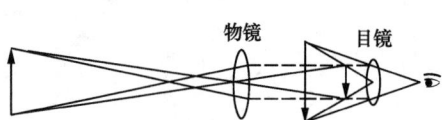

图 2-6

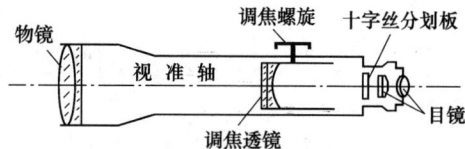

图 2-7

图 2-7 是倒像望远镜的基本构造图,它主要由物镜、目镜、调焦透镜和十字丝分画板组成。望远镜的十字丝分画板是刻在玻璃片上的一组十字丝,安置在望远镜筒内靠近目镜的一端。水准仪上的十字丝的形状如图 2-8 所示,水准测量是用十字丝中间的横丝或楔形丝读取水准尺上的读数。十字丝交点与物镜光心的连线,称为视准轴,也就是视线。视准轴是水准仪的主要轴线之一。

为了能准确照准远近不同的目标及读数,望远镜内必须同时能看到清晰的十字丝和物像。为此在望远镜内还必须安装一个调焦透镜(见图 2 - 7),旋转物镜调焦螺旋可改变调焦透镜的位置,使物体成像在十字丝分画板上,从而能在望远镜内清晰地看到十字丝和物像。

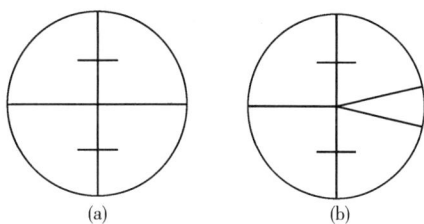

图 2 - 8

望远镜的主要性能是由望远镜的放大率、分辨率、视场角以及亮度等几个方面来衡量的,而这几项性能是相互制约的,例如增大放大率也增强了分辨率,可提高观测精度,但减小了视场角和亮度,不利于观测。因此,测量仪器上望远镜的放大率是有一定的限度的,一般在 20 倍至 45 倍之间,DS₃ 级水准仪望远镜的放大率一般为 28 倍。

2. 水准器

水准仪的水准器分为管水准器和圆水准器两种。它们都是用来整平仪器的,管水准器和望远镜连在一起,用来指示视准轴是否水平;圆水准器安置在基座上,用来判断竖轴是否竖直,即仪器是否整平。

(1)管水准器

管水准器又称水准管,是一个封闭的玻璃圆管,其内壁在纵向磨成一定半径的圆弧。管内装酒精或乙醚或两者的混合液体,并留有一个气泡,如图 2 - 9 所示。水准管上一般刻有间隔为 2 mm 的分画线,分画线的中点,称为水准管零点。过零点与管内壁在纵向相切的直线,称为水准管轴。当气泡的中心点与水准管零点重合时,称为气泡居中,此时水准管轴位于水平位置。

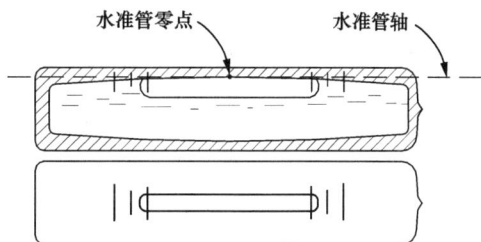

图 2 - 9

水准管上一格(2 mm)所对的圆心角称为水准管的分画值,也就是气泡移动一格时水准管轴所变动的角值:

$$\tau'' = \frac{2}{R} \cdot \rho'' \tag{2-8}$$

式中:R 为水准管的内圆弧半径,mm;$\rho'' = 206\ 265''$。

水准仪上水准管的分画值为 $10'' \sim 20''$,R 越大,τ'' 愈小,视线置平的精度愈高,反之置平精度就低。但水准管的置平精度还与水准管的研磨质量、液体的性质和气泡的长度有关。在这些因素的综合影响下,使气泡移动 0.1 格时水准管轴所变动的角值称为水准管的灵敏度,该角值愈小,水准管的灵敏度就愈高。

为了提高气泡居中的精度,在水准管上方都装有一套棱镜组,如图 2 - 10(a)所示,这样可使水准管气泡两端各半个气泡的像被反射到望远镜旁的水准管气泡观察窗内。若气泡的影像错开,如图 2 - 10(b)所示,则表示气泡不居中;这时,应转动微倾螺旋,使气泡的影像符合,如图 2 - 10(c)所示,则表示气泡居中。这种水准管上不需要刻分画线,具有此棱镜装置的水准器又称为符合水准器,是微倾式水准仪上普遍采用的水准器。

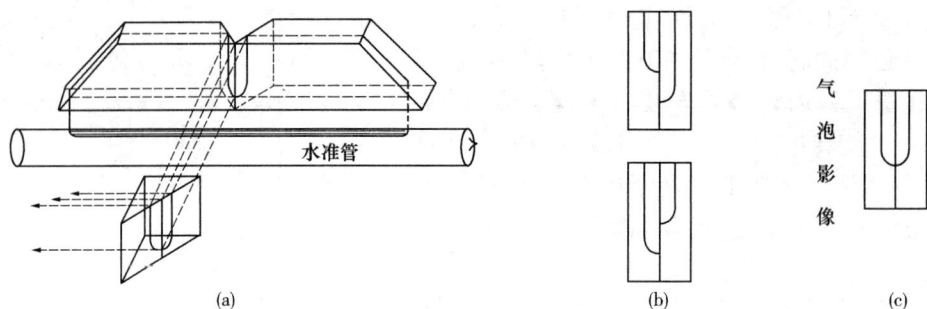

图 2 - 10

（2）圆水准器

圆水准器是一个圆柱形的玻璃盒子，嵌在金属框内，如图 2 - 11 所示。里面同样装有酒精和乙醚的混合液，其上部的内表面为一圆球面，其半径可从 0.12 ~ 0.86 m，中央刻有一个小圆圈，其中心是圆水准器的零点，通过零点的球面法线为圆水准器的轴，称为圆水准器轴。当圆水准器气泡居中时，圆水准器轴处于竖直位置。圆水准器的分画值，是当气泡中心偏移零点 2 mm，轴线所倾斜的角值。圆水准器的分画值为 8′ ~ 15′，精度较低，故只用于粗略整平仪器。

3. 基座

基座的作用是支承仪器的上部，并通过架头连接螺旋将仪器与三脚架连接，它主要由轴座、脚螺旋、底板和三角压板构成。通过可升降的脚螺旋，可以使圆水准器的气泡居中，将仪器粗略整平。

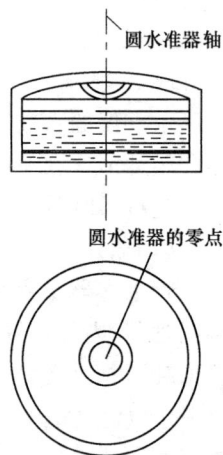

图 2 - 11

二、水准尺和尺垫

水准尺一般用优质木材或玻璃钢制成，长度从 2 ~ 5 m 不等。根据构造可以分为直尺、塔尺和折尺，如图 2 - 12 所示。直尺又分为单面分画和双面分画两种。塔尺和折尺能伸缩或折叠，携带方便，但接合处容易产生误差，直尺则比较坚固可靠。

水准尺尺面上的最小分画为 1 cm 或 0.5 cm，在每 1 m 和每 1 dm 处均有注计。为了便于读数，与倒像水准仪相配套的水准尺，尺面注计的数字常倒写。

双面水准尺是一面为黑白相间分画（称为黑面）、另一面为红白相间分画（称为红面）的直尺，每两根为一对，多用于三、四等水准测量。黑面和红面的最小分画均为 1 cm，在整分米处有注计。两根尺的黑面均由零开始分画和注计。而红面，一根尺由 4.687 m 开始分画和注计，另一把尺由 4.787 m 开始分画和注计，两根尺红面注计的零点差为0.1 m。利用双面尺可对读数进行检核。

尺垫是在转点处放置水准尺用的，它是用钢板或铸铁制成的三角形板座，如图 2 - 13 所示。使用时将三个尖脚牢固地踩入土中，把水准尺立在尺垫上方突起的半球形顶点。

尺垫可保证转点稳固,防止其下沉。

三、微倾式水准仪的使用

在一个测站上使用水准仪的基本程序是:安置水准仪、粗略整平、瞄准水准尺、精确整平和读数。微倾式水准仪的具体操作步骤和方法如下所述。

1. 安置水准仪

首先打开三脚架,安置三脚架要求架头大致水平、高度适中并牢固稳妥,在山坡上应使三脚架的两脚在坡下一脚在坡上。然后从仪器箱内取出水准仪,用中心连接螺旋将水准仪连接在三脚架上。取水准仪时,必须握住仪器的坚固位置,并确认已经连接牢固之后才能放手。

2. 粗略整平

仪器的粗略整平是旋转基座上的三只脚螺旋,使圆水准器的气泡居中。

粗略整平的方法为:

①不论圆水准气泡在任何位置,先用任意两个脚螺旋使气泡移到通过圆水准器零点并垂直于这两个脚螺旋连线的方向上,如图 2-14(a)所示,气泡自 a 移动到 b,如此可使仪器在这两个脚螺旋连线的方向处于水平位置。

②然后单独用第三个脚螺旋使气泡居中,如图 2-14(b)所示如此使原两个脚螺旋连线的垂线方向亦处于水平位置,从而使整个仪器整平。如仍有偏差,可重复以上两步操作。

操作的过程中应记住以下几点:

①先旋转两个脚螺旋,再旋转第三个脚螺旋。

②旋转两个脚螺旋时必须作相对转动,即旋转方向应相反。

③气泡移动的方向始终与左手大拇指移动的方向一致。

3. 瞄准水准尺

瞄准水准尺的操作由目镜对光、粗瞄、物镜对光、精瞄四个步骤组成,同时应注意消除视差。

(1)目镜对光

将望远镜对向明亮处,转动目镜调焦螺旋,使十字丝清晰。

(2)粗瞄

松开照准部的制动螺旋,利用望远镜上的准星从外部瞄准水准尺,再旋紧制动螺旋。

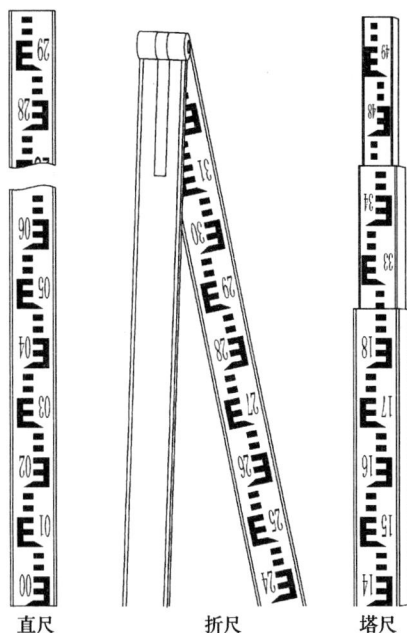
图 2-12

图 2-13

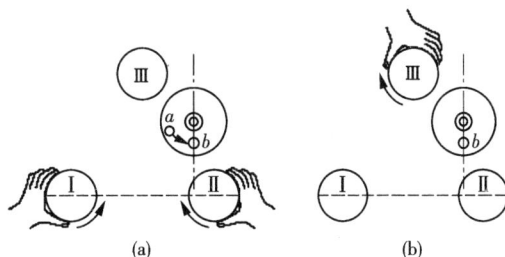
(a)　(b)
图 2-14

（3）物镜对光

旋转物镜调焦螺旋使尺像清晰,也就是使尺像落到十字丝平面上。

（4）精瞄

旋转微动螺旋使十字丝的竖丝对准水准尺,如图 2－15 所示。

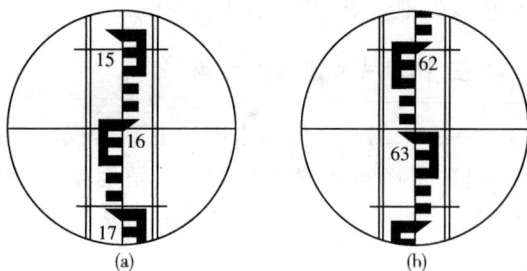

图 2－15

瞄准目标时必须消除视差。精确瞄准水准尺后,把眼睛在目镜处作上下移动,如果发现十字丝和尺像之间有相对移动的现象,即读数有改变时,这种现象称为视差。产生视差的原因是尺像没有落在十字丝平面上,如图 2－16(a)、图 2－16(b) 所示。视差的存在会影响到读数的正确性,所以必须加以消除。消除的办法是重新仔细的进行物镜对光,直到眼睛作上下移动时,读数不再发生变化为止。此时,从十字丝与尺像都是十分清晰而且处于同一平面上,如图 2－16(c) 所示。

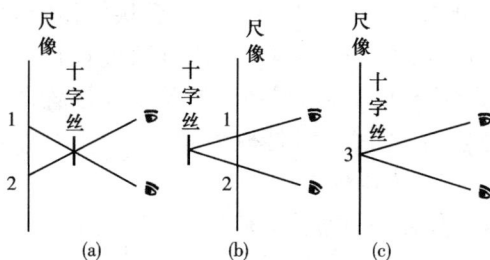

图 2－16

当照准不同距离处的水准尺时,需要重新调节物镜调焦螺旋才能使尺像清晰,但十字丝不必再调。

4. 精确整平

由于圆水准器的灵敏度较低,所以用圆水准器只能使水准仪粗略整平。因此,在每次读数之前还必须用微倾螺旋使水准管气泡符合,使视线精确水平。

由于微倾螺旋旋转时,经常会改变望远镜和竖轴的关系,当望远镜由一个方向转到另一个方向时,水准管气泡一般不再符合,所以望远镜每次变动方向后,也就是每次读数之前,都需要用微倾螺旋重新使气泡符合。

5. 读数

精确整平后,应立即用十字丝中间的横丝读取水准尺的读数。由于水准仪的生产厂家或型号的不同,导致望远镜有的成正像,有的成倒像。在读数时无论是哪种成像,都应按从小数向大数的方向读。一般应先估读出毫米,再读出米、分米、厘米,每个读数必须有四位数,如果某一位是零,也必须读出不能省略。图 2－15 的读数分别为 1 610 mm 和 6 297 mm。为了保证得出正确的水平视线读数,在读数后还需要检查一下气泡是否移动了,若有偏离需用微倾螺旋调整气泡符合后重新读数。

§2.4　水准测量的方法

水准测量的工作程序包括水准路线形式的选择、水准测量的施测、水准测量成果的检核以及水准测量误差处理等几个方面。

一、水准路线的形式

水准测量的任务,是从已知高程的水准点开始测量其他水准点或者地面点的高程。测量之前应根据要求布置并选定水准点的位置,埋设好水准点的标石,拟定水准测量进行的路线。水准路线主要有以下几种形式:

1. 附合水准路线

如图 2 – 17(a)所示,从一个高级水准点 BM1 开始,沿各待定高程的点进行水准测量,最后附合到另一个高级水准点 BM2,称之为附合水准路线。这种形式的水准路线可以对水准测量成果进行有效的检核。

2. 闭合水准路线

如图 2 – 17(b)所示,从一已知高程的水准点 BM3 出发,沿各待定高程的点进行水准测量,最后又回到原水准点 BM3 上的水准路线,称为闭合水准路线。这种形式的水准路线也可以对水准测量成果进行有效的检核。

3. 水准支线

如图 2 – 17(c)所示,由一已知高程的水准点 BM4 开始,沿各待定高程的点进行水准测量,最后既不附合也不闭合到已知高程的水准点上的水准路线。这种形式的水准路线由于不能对测量成果自行检核,因此必须进行往返观测,或采用两组仪器进行并测。

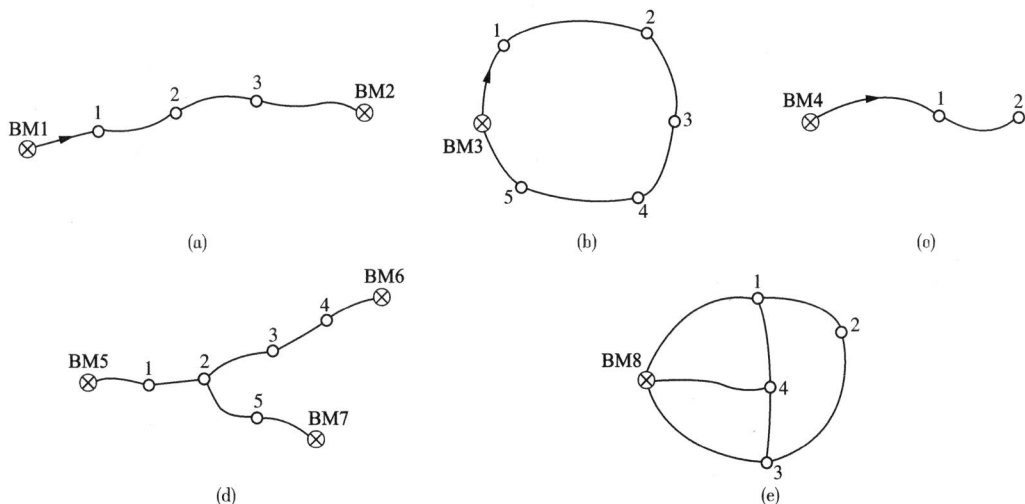

(a)　　　　　　　　(b)　　　　　　　　(o)

(d)　　　　　　　　(e)

图 2 – 17

4. 水准网

如图 2 – 17(d)、图 2 – 17(e),当几条附和水准路线或闭合水准路线连接在一起时,就形成了水准网。水准网可使检核成果的条件增多,因而可提高成果的精度。

二、水准测量的施测

水准测量施测方法如图 2 – 18 所示。

图中 A 点高程为 $H_A = 123.446$，现要求出 B 点高程 H_B。因 A、B 两点间的距离较远或高差较大，故需设立多个转点以传递高程，经连续多次安置水准仪后，可测得 A、B 间的高差 h_{AB}，继而求得 B 点的高程。

具体观测步骤如下：

①在已知高程的 A 点竖立水准尺，在测量前进方向离 A 点适当距离处设立第一个转点 Z_1（必要时可以放置尺垫），并竖立水准尺。

②在离起点 A 与转点 Z_1 约等距离 Ⅰ 处安置水准仪，仪器粗略整平后，先照准起点 A 上的水准尺，用微倾螺旋使气泡符合后，读取 A 点上后视读数 $a_1 = 2.073$。然后照准转点 Z_1 上的水准尺，气泡符合后读取前视读数 $b_1 = 1.526$。同时，记录员把读数分别记入观测手薄（表 2 – 1），要求边记录边复诵读数，以便观测员校核，防止听错记错。

③确认记录准确后，计算出 A 点和 Z_1 之间的高差：$h_1 = a_1 - b_1 = 2.073 - 1.526 = +0.547$ m。到此，完成第一个测站的工作。

④当一个测站结束后，在转点 Z_1 处的水准尺不动，只是将尺面转向前进方向。在 A 点的水准尺和 Ⅰ 点的水准仪则向前转移，选择合适的转点 Z_2，并在转点 Z_2 上竖立水准尺，同时仪器安置在离 Z_1、Z_2 约等距离的测站 Ⅱ 处，重复第一个测站的工作直到进行到待求高程点 B。

⑤将各测站的高差相加即可求得 A、B 两点之间的高差。

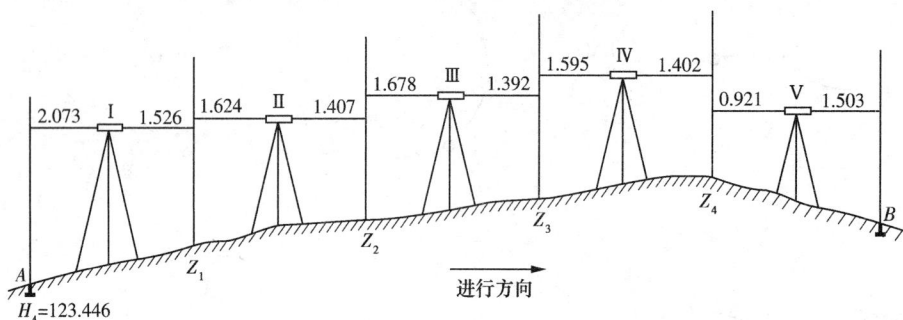

图 2 – 18

在实际工作中，通常把记录手薄格式进行简化，如表 2 – 2 表示。这种格式实际上是把同一个转点的后视读数与前视读数合并填写在同一行内，两点间的高差则一律填写在该测站前视读数的同一行内。其他计算和检核均相同。

在每一个测段结束后或手薄上每一页之末，都必须进行计算检核。检查后视读数之和减去前视读数之和（$\sum a - \sum b$）是否等于各站高差之和（$\sum h$），并等于终点高程减去起点高程。如不相等，则计算中必有错误，应进行检查。但应注意这种计算检核只能检查计算过程中有无错误，而不能检查出测量过程中所产生的错误，如读错记错等。

表 2 - 1　水准测量手薄(一)

| 日期 | | | | | | | 地点 | | | | 观测 |
| 天气 | | | | | | | 仪器 | | | | 记录 |

测站	测点	后视读数 a	前视读数 b	高　差 +	高　差 −	高程	备注
Ⅰ	A	2.073		0.547		<u>123.446</u>	已知 A 点
	Z_1		1.526				高程 = 123.446
Ⅱ	Z_1	1.624		0.217			
	Z_2		1.407				
Ⅲ	Z_2	1.678		0.286			
	Z_3		1.392				
Ⅳ	Z_3	1.595		0.193			
	Z_4		1.402				
Ⅴ	Z_4	0.921			0.582		
	B		1.503			<u>124.107</u>	
$\sum$		7.891	7.230	1.243	0.582		
计算检核		$\sum a - \sum b = +0.661$		$\sum h = +0.661$		$H_B - H_A = +0.661$	

表 2 - 2　水准测量手簿(二)

| 日期 | | | | | | 地点 | | 观测 |
| 天气 | | | | | | 仪器 | | 记录 |

测点	后视读数 a	前视读数 b	高　差 +	高　差 −	高程	备　　注
A	2.073				<u>123.446</u>	已知 A 点高程 = 123.446
Z_1	1.624	1.526	0.547			
Z_2	1.678	1.407	0.217			
Z_3	1.595	1.392	0.286			
Z_4	0.921	1.402	0.193			
B		1.503		0.582	<u>124.107</u>	
$\sum$	7.891	7.230	1.243	0.582		
计算检核	$\sum a - \sum b = +0.661$		$\sum h = +0.661$		$H_B - H_A = +0.661$	

三、水准测量成果的检核

为了保证水准测量成果的正确可靠,对水准测量的成果必须进行检核。检核方法有测站检核和水准路线检核两种。

1. 测站检核

为了防止在一个测站上发生错误而导致整个水准路线成果的错误,通常采用双仪器高法或双面尺法进行观测,以检核每站高差测量中可能发生的错误,这种检核称为测站检核。

(1)双仪器高法

双仪器高法又称变动仪器高法,是在每个测站上安置两次水准仪(仪器高度变化大于 10 cm),用测量的两次高差进行测站检核。对于一般水准测量,当两次高差之差小于 5 mm 时可认为合格,取其平均值为该测站所得高差,否则应进行检查或重测。

(2)双面尺法

双面尺法是在每个测站上安置一次水准仪,利用双面水准尺分别由黑面和红面读数计算高差,扣除一对水准尺的常数差后,两次高差之差小于 5 mm 时认为合格,否则应进行检核或重测。用双面尺法进行水准测量的检核方法详见第 8 章。

2. 水准路线的检核

(1)附合水准路线

对于附合水准路线,理论上在两已知高程水准点间所测的各测站高差之和应等于起迄两水准点间高程之差,即

$$\sum h = H_{\text{终}} - H_{\text{起}}$$

如果它们不能相等,实测值减去对应的理论值称为高程闭合差,用 f_h 表示。所以附合水准路线的高程闭合差为:

$$f_h = \sum h - (H_{\text{终}} - H_{\text{起}}) \tag{2-9}$$

(2)闭合水准路线

对于闭合水准路线,因为它起止于同一个水准点,所以理论上全路线各测站高差之和等于零,即

$$\sum h = 0$$

如果高差之和不等于零,则其差值即 $\sum h$ 就是闭合水准路线的高程闭合差,即

$$f_h = \sum h \tag{2-10}$$

(3)水准支线

水准支线必须在起终点间用往返测进行检核。从理论上讲,往返测所得的高差应绝对值相等而符号相反,或者说往返测高差的代数和应等于零,即

$$\sum h_{\text{往}} = -\sum h_{\text{返}} \quad \text{或} \quad \sum h_{\text{往}} + \sum h_{\text{返}} = 0$$

如果往返测高差的代数和不等于零,则其值即为水准支线的高程闭合差,即

$$f_h = \sum h_{\text{往}} + \sum h_{\text{返}} \tag{2-11}$$

有时,也可以用两组并测来代替一组的往返测,从而加快工作进度。两组并测所得高差应该相等,如若不等,则其差值即为水准支线的高程闭合差。故

$$f_h = \sum h_1 - \sum h_2 \tag{2-12}$$

闭合差的大小反映了水准测量成果的精度。在各种不同性质的水准测量中,都规定了高程闭合差的限值即容许高程闭合差,用 F_h 表示。

《城市测量规范》中规定:在图根水准测量中,在平坦地区,各路线容许高程闭合差为

$$F_h = \pm 40\sqrt{L} \text{ (mm)} \tag{2-13}$$

在山地,每公里水准测量的站数超过 16 站时,则为

$$F_h = \pm 12 \sqrt{n} \text{ (mm)} \tag{2-14}$$

《工程测量规范》中规定:铁路线路水准测量的容许高程闭合差为

$$F_h = \pm 30 \sqrt{L} \text{ (mm)} \tag{2-15}$$

式中:L 为往返测段、附合水准或闭合水准路线长度,以 km 为单位;n 为测站数。

容许高程闭合差是在研究误差产生的规律和总结实践经验的基础上提出来的。在水准测量中,当高程闭合差小于容许闭合差时,认为精度合格,成果可用。若超过容许值,应对外业资料进行检查其至返工重测。

四、高程闭合差的分配和高程的计算

当实际的高程闭合差在容许值以内时,应把高程闭合差分配到各测段的高差上。显然,高程测量的误差是随水准路线的长度或测站数的增加而增加,所以分配的原则是把闭合差以相反的符号根据各测段路线的长度或测站数按比例分配到各测段的高差上。故各测段高差的改正数为

$$v_i = (-f_h) \cdot \frac{L_i}{\sum L} \tag{2-16}$$

或

$$v_i = (-f_h) \cdot \frac{n_i}{\sum n} \tag{2-17}$$

式中:L_i 和 n_i 分别为各测段路线的长度和测站数;$\sum L$ 和 $\sum n$ 分别为水准路线总长和测站总数。

1. 附合水准路线高程闭合差的分配和高程的计算

表 2-3 为一附合水准路线的闭合差检核和分配以及高程计算的实例。附合水准路线上共设置了四个水准点,各水准点间的距离和实测高差均列于表中。Ⅳ12、Ⅳ13 为两个高等级水准点,高程分别为 $H_{Ⅳ12} = 205.438$ m 和 $H_{Ⅳ13} = 211.087$ m。

表 2-3　水准路线的高程计算

点号	距离 L_i（km）	高差 h_i（m）	改正数 v_i（mm）	改正后高差 h_i'（m）	高程 H_i（m）
Ⅳ12					205.438
	1.6	+5.331	-8	+5.323	
BM1					210.761
	1.8	+2.441	-9	+2.432	
BM2					213.193
	2.1	+1.424	-11	+1.413	
BM3					214.606
	1.7	-1.787	-8	-1.795	
BM4					212.811
	2.0	-1.714	-10	-1.724	
Ⅳ13					211.087
$\sum$	9.2	+5.695	-46	+5.649	
辅助计算	$f_h = \sum h - (H_终 - H_起) = +5.695 - (211.087 - 205.438) = +0.046$ m $\quad F_h = \pm 30 \sqrt{L} = \pm 30 \sqrt{9.2} = \pm 91$ mm $\quad f_h < F_h$				

具体计算步骤如下:

(1)高程闭合差 f_h、容许高程闭合差 F_h 的计算及水准路线的检核

$f_h = +0.046$ m，$F_h = \pm 91$ mm，所以 $f_h < F_h$，符合精度要求。

（2）高程闭合差的分配，即求各测段高差的改正数 v_i

高程闭合差的分配采用式（2-16）进行。为方便计算可先计算每公里的改正数 v_{km}，

$$v_{km} = -\frac{f_h}{\sum L} = -\frac{46}{9.2} = -5(\text{mm/km})$$

然后再乘以各测段的长度，就得到各测段高差的改正数 $v_i = v_{km} \times L_i$。

改正数之和（$\sum v_i$）与高程闭合差 f_h 的绝对值相等而符号相反，用于计算检核。

（3）改正后高差 h_i' 的计算

改正后的高差应等于实测高差与高差改正数之和，即 $h_i' = h_i + v_i$。改正后的高差代数和（$\sum h_i'$）应等于（$H_{IV13} - H_{IV12}$），否则说明计算有误。

（4）高程的计算

从已知点IV12开始，按式（2-2）依次推算出各点高程，最后计算出的IV13点的高程应与该点的已知高程相等，否则说明高程推算过程有误。

2. 闭合水准路线高程闭合差的分配和高程的计算

闭合水准路线的成果处理方法和步骤与附和水准路线基本相同，只是在高程闭合差的计算方法上稍有不同。闭合水准路线的高程闭合差用 $f_h = \sum h$ 计算，所以在计算时应注意这里的差别。

3. 水准支线高程闭合差的分配和高程的计算

对于水准支线，应将高程闭合差按相反的符号平均分配在往测和返测所得的高差值上，可得

$$h = (\sum h_{往} - \sum h_{返})/2 \qquad (2-18)$$

§2.5 微倾式水准仪的检验和校正

为了保证测量成果的准确及操作的方便，在工作前必须对水准仪进行检验和校正。

一、水准仪的轴线及应满足的条件

如图 2-19 所示，微倾式水准仪的主要轴线有视准轴 CC、水准管轴 LL、圆水准器轴 $L_C L_C$、仪器的竖轴 VV。

为使水准仪能正确工作，水准仪的上述轴线应满足下列三个条件：

①圆水准器轴应平行于仪器的竖轴（$L_C L_C /\!/ VV$）。

②十字丝的横丝应垂直于仪器的竖轴。

③水准管轴应平行于视准轴（$LL /\!/ CC$）。

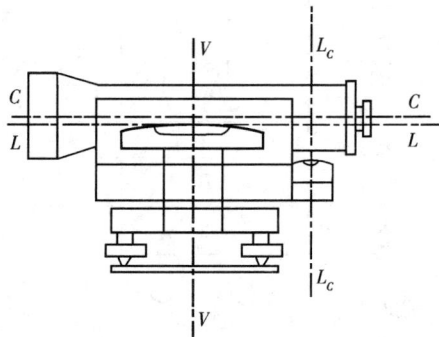

图 2-19

二、水准仪的检验和校正

1. 圆水准器的检验和校正

（1）目的

使圆水准轴平行于仪器的竖轴，即当圆水准器气泡居中时，竖轴位于铅垂位置。

（2）检验方法

旋转脚螺旋使圆水准气泡居中，然后将仪器上部绕竖轴旋转180°，若气泡仍居中，则表示圆水准器轴已平行于竖轴，若气泡偏离中央，则需要校正。

（3）校正方法

旋转脚螺旋使气泡向中央方向移动，气泡移动量为偏离量的一半，然后用校正针拨圆水准器的三个校正螺旋使气泡居中。由于一次拨动不易使圆水准器校正得很完善，所以需重复上述的检验和校正，使仪器上部旋转到任何位置气泡都能居中为止。

圆水准器校正装置的构造常见的有两种：一种在圆水准器盒底有三个校正螺旋，见图2-20（a），盒底中央有一球面突出物，它顶着圆水准器的底板，三个校正螺旋则旋入底板拉住圆水准器。当旋紧校正螺旋时，可使水准器的该端降低，旋松时则可使该端升高。另一种构造，在盒底可见到四个螺旋，见图2-20（b），中间较大的螺旋用于连接圆水准器盒底板，另三个为校正螺旋，它们顶住圆水准器的底板。当旋紧某一校正螺旋时，水准器该端升高，旋松时则该端下降，气泡移动方向与第一种的相反。

校正时，无论哪一种构造，当需要旋紧某一校正螺旋时，必须先旋松另两个螺旋，校正完毕时，必须使三个校正螺旋都处于旋紧状态。

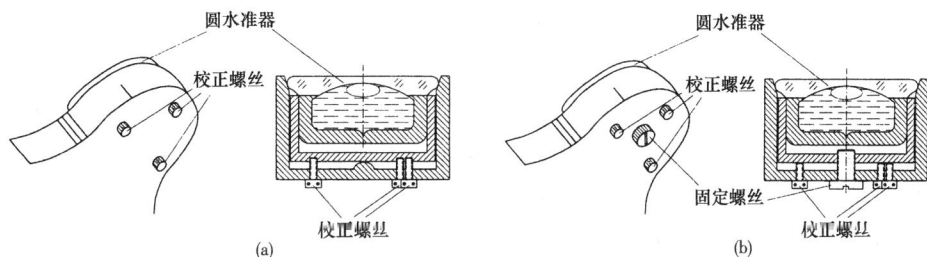

图 2-20

（4）检校原理

若圆水准轴与仪器竖轴不平行而有一夹角 α，当圆水准器的气泡居中时，圆水准轴 L_CL_C 是铅垂的，但是仪器竖轴 VV 与铅垂线之间成 α 角，见图2-21（a）；将仪器上部绕竖轴旋转180°，因竖轴位置不变，所以旋转后圆水准轴与铅垂线成 2α 角，见图2-21（b）；当旋转脚螺旋使气泡向中央方向移回偏离量的一半时，竖轴将变动 α 角而处于铅垂方向，此时圆水准轴与竖轴仍然保持 α 角，见图2-21（c）；当用校正针拨圆水准器的三个校正螺旋使圆水准气泡居中后，则圆水准器轴将变动 α 角而处于铅垂方向，从而使它平行于竖轴，见图2-21（d）。

2. 十字丝横丝的检验和校正

（1）目的

使十字丝的横丝垂直于竖轴，这样，当仪器粗略整平后，横丝基本水平，用横丝上任意

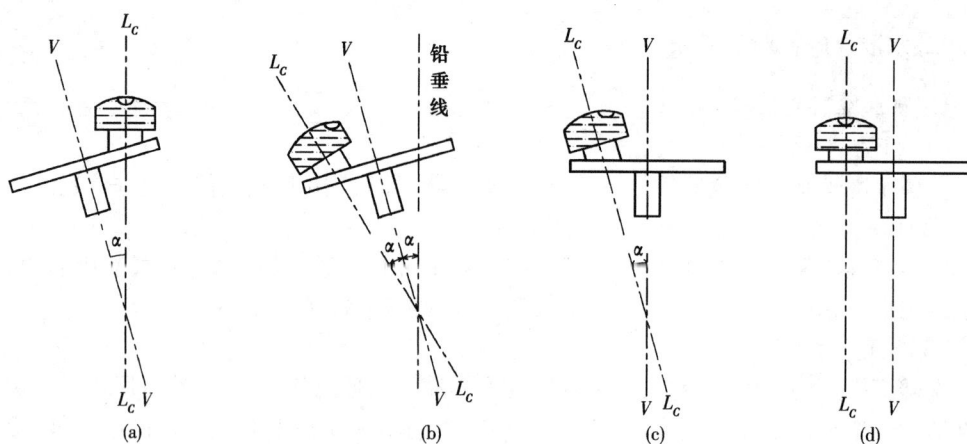

图 2－21

位置截取的读数均相同。

（2）检验方法

先用横丝的一端照准远处一明显的、固定的目标 P，旋紧制动螺旋，然后用水平微动螺旋转动水准仪，从目镜中观察目标 P 的移动，若目标 P 始终在十字丝横丝上移动，如图 2－22（a）和图 2－22（b），说明横丝垂直于竖轴，不需要校正；若目标偏离了横丝，如图 2－22（c）和图 2－22（d），则说明横丝与竖轴没有垂直，应予以校正。

（3）校正方法

打开十字丝分画板的护罩，如图 2－22（e）；用螺丝刀松开四个压环螺丝，如图 2－22（f），按横丝倾斜的反方向转动十字丝组件，反复检验。如果目标 P 始终在十字丝横丝上移动，表示横丝已经水平，则校正完成。最后应旋紧被松开的四个压环螺丝。

（4）检验原理

若横丝垂直于竖轴，横丝的一端照准目标后，当望远镜绕竖轴旋转时，横丝在垂直于竖轴的平面内移动，所以目标始终与横丝重合。若横丝不垂直于竖轴，则当望远镜旋转时，横丝上各点不在同一平面内移动，因此，目标与横丝的一端重合后，在其他位置处目标将偏离横丝。

3. 水准管的检验和校正

（1）目的

使水准管轴平行于视准轴，则当水准管气泡符合时，视准轴处于水平位置。

（2）检验方法

如图 2－23（a）所示，在平坦的地面上选择相距 40～60 m 的 A、B 两点，在两点打入木桩或放置尺垫。水准仪首先安置在距 A、B 等距离的 Ⅰ 点，测得 A、B 之间的高差 $h_I = a_1 - b_1$，若视准轴与水准管轴不平行而构成 i 角，由于仪器至 A、B 两点的距离相等，因此由于视准轴倾斜，而在前、后视读数所产生的误差 δ 也相等，所以高差 h_I 是 A、B 两点的正确高差。要求重复测量两到三次，当所测各高差之差小于 3 mm 时取其平均值。

如图 2－23（b）所示，将水准仪搬至 AB 的延长线方向上靠近 B 的 Ⅱ 点，再次测量 A、B 两点之间的高差，必须仍把 A 点作为后视点，故所测高差为 $h_{II} = a_2 - b_2$。如果 $h_{II} = h_I$，说明在

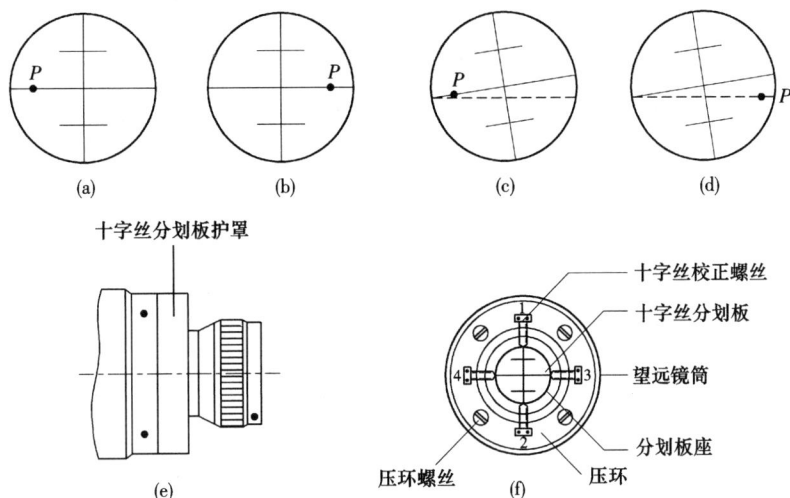

图 2 – 22

测站Ⅱ所得的高差也是正确的,这也说明在测站Ⅱ观测时视准轴是水平的,故水准管轴与视准轴是水平的,即 $i = 0$。如果 $h_Ⅱ \neq h_Ⅰ$,则说明存在 i 角误差,由图 2 – 23(b)可知:

$$i = \frac{\Delta}{S} \cdot \rho'' \qquad (2 - 19)$$

而

$$\Delta = a_2 - b_2 - h_Ⅰ = h_Ⅱ - h_Ⅰ \qquad (2 - 20)$$

式中:Δ 为在测站Ⅰ和测站Ⅱ所测高差之差,S 为 A、B 两点间的距离,$\rho'' = 206\ 265''$。对于一般水准测量来,要求 $i \leq 20''$,否则应该进行校正。

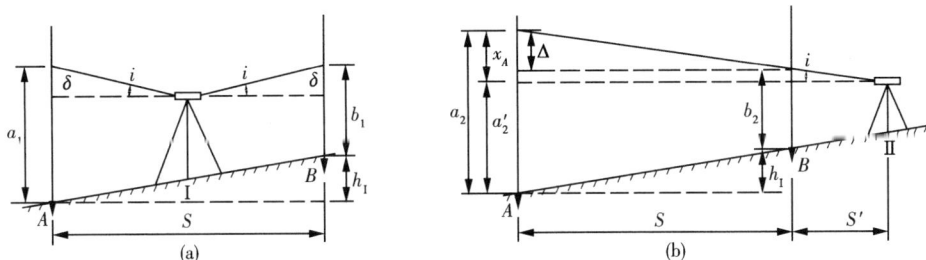

图 2 – 23

(3)校正方法

当仪器存在 i 角误差时,在远点 A 的水准尺读数 a_2 将产生误差 x_A,从图 2 – 23(b)可知

$$x_A = \Delta \frac{S + S'}{S} \qquad (2 - 21)$$

式中:S' 为测站Ⅱ至 B 点的距离,为使计算方便,通常使 $S' = S/10$ 或 $S' = S$。计算时应注意 Δ 的正负号,正号表示视线向上倾斜,与图 2 – 23 所示的方向一致,负号则表示视线向下倾斜。

为了使水准管轴和视准轴平行,用微倾螺旋使远点 A 的读数从 a_2 改变到视准轴水平时的读数 a_2',$a_2' = a_2 - x_A$。此时视准轴水平,但水准管也因随之变动而气泡不再符合。用校正针拨动水准管一端的校正螺旋使气泡符合,则水准管也处于水平位置,从而使水准管轴平行于视准轴。水准管的校正螺旋如图 2 - 24 所示,校正时先松动左右两个校正螺旋,然后拨上下两个校正螺旋使气泡符合。拨动上下校正螺旋时,应先松一个再紧另一个,逐渐改正,当最后校正完毕时,所有校正螺旋都应适度旋紧。

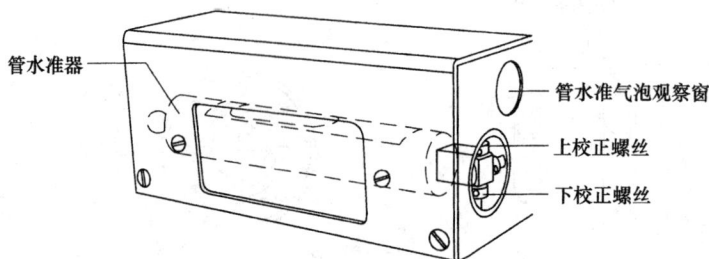

图 2 - 24

以上检验校正也需要重复进行,直到 $i \leqslant 20''$ 为止。

§2.6　水准测量的误差分析

测量工作中,由于环境、仪器、人等各种因素的影响,测量成果中不可避免的带有误差。水准测量的误差会影响测量成果的精度,因此,需要分析误差产生的原因,并采取相应的措施消除或减少误差的影响。

水准测量误差的主要来源包括:仪器误差、观测误差以及由外界条件产生的误差。

一、仪器误差

1. 视准轴与水准管轴不平行引起的误差

仪器虽然经过校正,但 i 角仍会有微小的残余误差。当在测量时能保持前视和后视的距离相等,这种误差就能消除。当因某种原因某一测站的前视(或后视)的距离较大,那么就在下一测站上使后视(或前视)距离较大,使误差得到补偿。

2. 调焦引起的误差

当调焦时,调焦透镜光心移动的轨迹和望远镜光轴不重合,则改变调焦就会引起视准轴的改变,从而改变了视准轴与水准管轴的关系。如果在测量中保持前视和后视的距离相等,就可在前视和后视读数过程中不调焦,避免因调焦而引起的误差。

3. 水准尺的误差

水准尺的误差包括分画误差和尺身构造上的误差,在构造上的误差如零点误差和塔尺的接头误差。所以使用前应对水准尺进行检验。若检验不合格,可以考虑更换新尺。水准尺的主要误差是每米真长的误差,它具有积累性质,高差愈大误差也愈大。对于误差过大的应在成果中加入尺长改正。

二、观测误差

1. 气泡居中误差

水准测量中要求视线水平,视线水平是以气泡居中或符合为根据,但气泡的居中或符合都是凭肉眼来判断,由于生理条件的限制,不能绝对准确。在整平仪器时,水准管气泡没有精确居中,则水准管轴有一微小倾角,从而引起视准轴倾斜。气泡居中的精度就是水准管的灵敏度,它主要取决于水准管的分画值。一般认为水准管居中的误差约为 0.1 倍分画值,此时它对水准尺读数产生的误差为:

$$m = \frac{0.1\tau''}{\rho} \cdot s \qquad (2-22)$$

式中:τ'' 为水准管的分画值,s;$\rho = 206\ 265''$;s 为视线长。

如果采用符合水准器,气泡居中的精度可以提高一倍,则上式可写为:

$$m = \frac{0.1\tau''}{2 \cdot \rho} \cdot s \qquad (2-23)$$

设水准管分画值 $\tau = 20''/2$ mm,$s = 75$ m,则:

$$m = \frac{0.1\tau''}{2 \cdot \rho} \cdot s = \frac{0.1 \times 20}{2 \times 206\ 265} \times 75 \times 1\ 000 \approx 0.4 \text{ mm}$$

为了减小气泡居中误差的影响,应对视线长加以限制,观测时应使气泡精确地居中或符合。

2. 估计水准尺分画的误差

水准尺上的毫米数都是估读的,估读的误差决定于望远镜视场中十字丝和厘米分画的宽度,所以估读误差与望远镜的放大率及视线的长度有关。通常在望远镜中十字丝的宽度为厘米分画宽度的十分之一时,能正确估读出毫米数。所以在各种等级的水准测量中,对望远镜放大率和视线长都有一定的要求。此外,在观测过程中还应注意消除视差,并避免在成像不清晰时进行观测。

3. 扶水准尺不直的误差

如图 2-25 所示,水准尺没有扶直,无论向哪一侧倾斜都使读数偏大。读数误差的大小随着水准尺倾斜角和读数的增大而

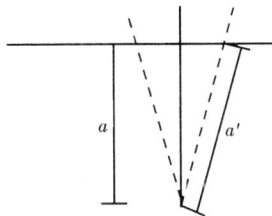

图 2-25

增大。为使尺能扶直,水准尺上最好装有水准器。没有水准器,测量时可采用摇尺法,读数时,扶尺者将尺的上端在视线方向来回摆动,当视线水平时,观测到的最小读数就是尺扶直时的读数。这种误差在前后视读数中均有可能发生,所以在计算高差时可以抵消一部分。

三、外界环境的影响

1. 仪器下沉和水准尺下沉的影响

(1) 仪器下沉的误差

在读取后视读数和前视读数之间若仪器下沉了 Δ,由于前视读数减少了 Δ,从而使高

差增大了 Δ,如图 2-26 所示。在土质松软的测站上,每一站都有可能产生这种误差。当采用双面尺或两次仪器高时,第二次观测可先瞄准前视点 B 读取前视读数,然后再瞄准后视点 A 读取后视读数,则可使所得的高差偏小,两次高差平均值可消除一部分仪器下沉的影响。用往、返测时,亦因同样的原因可也可消除部分的误差。

(2)水准尺下沉的误差

在仪器从一个测站迁到下一测站尚未读后视读数的一段时间内,若转点下沉了 Δ,从而使下一测站的后视读数偏大,使高差也增大了 Δ,如图 2-27 所示。在同样的情况下返测,则使高差的绝对值减小,所以取往返测的平均高差,可以减弱水准尺下沉的影响。

在进行水准测量时,必须选择坚实的地点安置仪器和转点,并尽量加快观测速度,避免仪器和水准尺的下沉。

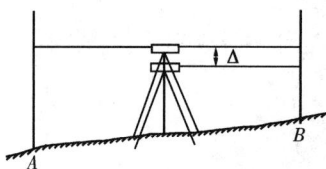 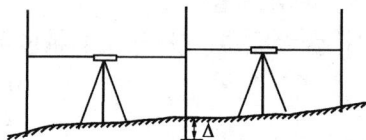

图 2-26   图 2-27

2. 地球曲率和大气折光的误差

(1)地球曲率引起的误差

从理论上讲,水准测量应根据水准面来求出两点之间的高差,见图 2-28,但视准轴是一条直线,用水平视线代替大地水准面就会在读数上产生误差,这个误差就是地球曲率引起的误差 p,p 可以参照式(1-5)写出

$$p = \frac{s^2}{2R} \qquad\qquad (2-24)$$

式中:s 为视线长,R 为地球的半径。

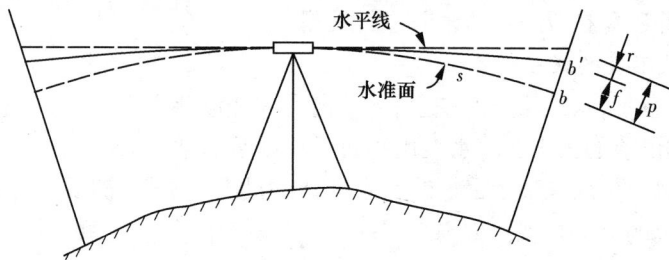

图 2-28

(2)大气折光引起的误差

视线经过密度不同的空气层而产生折射,所以实际上视线并不水平而呈弯曲状。一般情况下视线在贴近地表的视线行程是一向下弯曲的曲线,如图 2-28 所示,它与理论水平线所得读数之差,就是大气折光的影响,用 r 表示。试验得出:大气折光误差比地球曲率误差要小,是地球曲率误差的 K 倍,在一般大气情况下,$K = 1/7$,故

$$r = K \cdot p = \frac{s^2}{14 \cdot R} \tag{2-25}$$

所以,水平视线在水准尺上的实际读数位于 b',实际读数 b' 与按水准面得出的读数 b 之差,就是由地球曲率和大气折光总的影响值 f。故

$$f = p - r = 0.43 \frac{s^2}{R} \tag{2-26}$$

当前后视距相等时,这种误差在计算高差时可自行消除。但是贴近地面的大气折光的变化十分复杂,在同一测站的前视和后视距离上就可能不同,所以即使保持前视后视距离相等,大气折光的影响也不能完全消除。由于 f 值与距离的平方成正比,所以限制视线的长可以使这种误差大为减小,此外使视线离地面尽可能高些,也可减弱折光变化带来的误差。

§2.7 自动安平水准仪

自动安平水准仪是一种不用水准管而能自动获得水平视线的水准仪。自动安全水准仪只用圆水准器进行粗略整平,然后借助安平补偿器自动地把视准轴置平,读出视线水平时的读数。据统计,该仪器与微倾式水准仪比较能提高观测速度约 40%,从而显示了它的优越性。

国产自动安平水准仪的型号是在 DS 后加字母 Z,即为 DSZ_{05}、DSZ_1、DSZ_3 和 DSZ_{10},其中 Z 代表"自动安平"汉语拼音的第一个字母。

一、自动安平原理

自动安平水准仪的型号众多,但其基本原理可归纳为下列两种:

1. **移动十字丝法**

如图 2-29 所示,当仪器水平时,物镜位于 O,十字丝交点位于 Z_0,水平视线读数为 a_0。若仪器倾斜了一个小角 α,则十字丝交点将从 Z_0 移到 Z,读数将变为 a,如果距十字丝分画板 s 处,安装一补偿器 P,使补偿器轴线 PZ 能相对于原视线反方向偏转 β 角,从而使十字丝交点从 Z 移到 Z_0,可读出视线水平时读数 a_0。由于 α 角与 β 角都很小,故从图 2-29 中可得

$$\beta \cdot s = f \cdot a \tag{2-27}$$

式中:f 为物镜的等效焦距,s 为补偿器到十字丝的距离。

这就是说,式 (2-27) 的条件只要能得到保证,虽然视准轴有微小倾斜,但十字丝中心 Z 仍能读出水平视线的读数,从而起到自动安平的作用。

2. **移动像点的方法**

按照同样的设想,如果当视线倾斜 α 角时,水平光线通过补偿器后,能相对水平视线按相同方向摆一个 β 角,从而使水平方向上的像点从 Z_0 移动到 Z 处,如图 2-30 所示,这时视准轴所截取尺上的读数仍为 a_0,同样起到自动安平的作用。安平的条件仍为式 (2-27)。

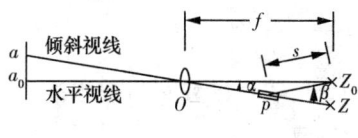

图 2 - 29

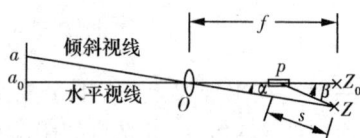

图 2 - 30

二、自动安平补偿器

自动安平水准仪的核心部分是补偿器。补偿器的种类很多,常见的有吊丝式、轴承式、簧片式和液体式等多种形式。

图 2 - 31 所示的 DSZ_3 自动安平水准仪采用了吊丝式补偿器,该补偿器被安装在调焦透镜与十字丝分画板之间,借助重力的作用达到视线自动补偿的目的。该补偿器的构造是:将屋脊棱镜固定在望远镜筒内,在屋脊棱镜的下方,用交叉的金属丝吊挂两个直角棱镜,该直角棱镜在重力作用下,能与望远镜作相对的偏转。为了使吊挂的棱镜尽快地停止摆动,还设置了阻尼器。

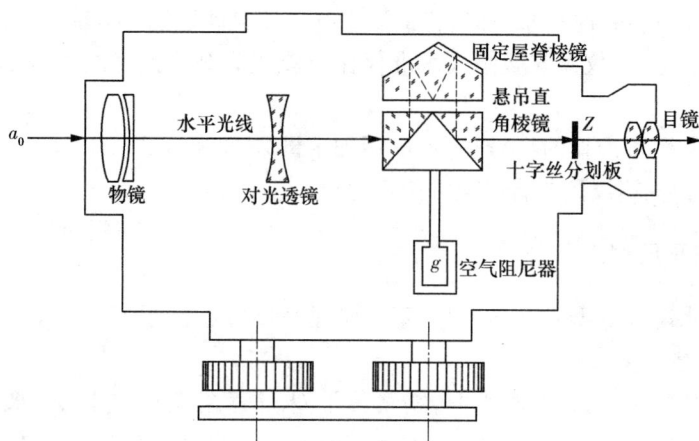

图 2 - 31

如图 2 - 32(a),当望远镜视准轴处于水平状态,补偿装置的直角棱镜处于原始的悬垂状态。尺上读数 a_0 随着水平光线进入望远镜,通过补偿器到达十字丝中心 Z,则读得视线水平时的读数 a_0。

如图 2 - 32(b),当望远镜倾斜了微小角度 α 时,如果补偿装置没有作用,即直角棱镜没有回到悬垂位置,实际水平视线在补偿装置内反射后落在了 A 处,此时十字丝中心 Z 的读数不是视线水平时的正确读数 a_0。

如图 2 - 32(c),当望远镜倾斜了微小角度 α 时,如果补偿装置的直角棱镜在重力作用下,相对于望远镜的倾斜方向作反向偏转,回到悬垂位置,这时,原水平光线通过偏转后的直角棱镜(起补偿作用的棱镜)的反射,到达十字丝的中心 Z,所以在十字丝的中心 Z 仍能读出视线水平时的正确读数 a_0,从而达到补偿的目的。

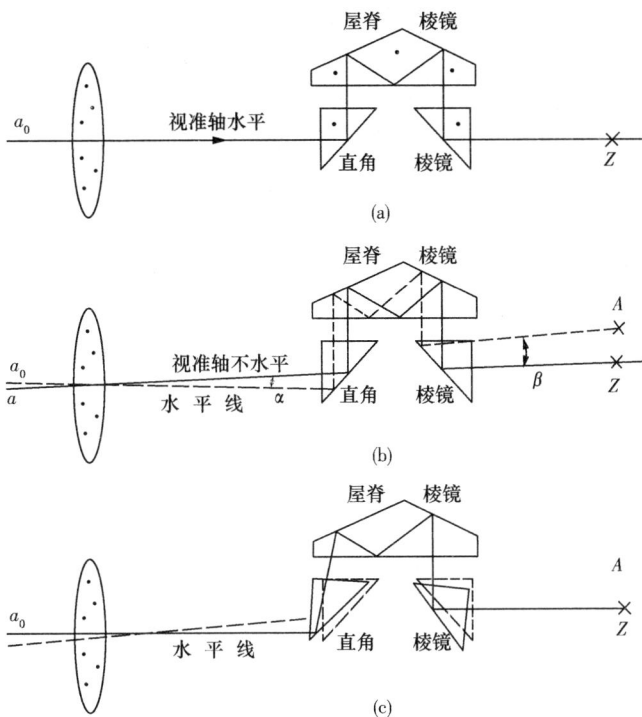

图 2 - 32

三、自动安平水准仪的使用

自动安平水准仪的使用与一般微倾式水准仪的操作方法基本相同,不同之处在于自动安平水准仪不需要"精平"这一项操作。自动安平水准仪仅有圆水准器,因此,安置自动安平水准仪时,首先转动脚螺旋,使圆水准器气泡居中,完成水准仪的粗平。然后用望远镜照准水准尺,即可用十字丝横丝读取水准尺读数,即为水平视线读数。

由于补偿器有一定的工作范围,才能起到补偿作用。所以,使用自动安平水准仪时,要防止补偿器贴靠周围的部件,不处于自由悬挂状态。为了检验补偿器是否处于正常工作范围内,有的仪器设置有检验钮或在目镜视场内设置补偿器状态窗,在读数之前,可利用这些装置进行检查,如果补偿器未处于正常工作状态,必须重新整平仪器,再行观测。由于要确保补偿器处于工作范围内,使用自动安平水准仪时应十分注意圆水准器的气泡居中。

自动安平水准仪若长期未使用,则在使用前应检查补偿器是否失灵。

四、自动安平水准仪的检验与校正

自动安平水准仪应满足的条件是如下。

1. 圆水准器轴应平行于仪器的竖轴

2. 十字丝横丝应垂直于竖轴

以上两项的检验校正方法与微倾式水准仪相应项目的检校方法完全相同。

3. 水准仪在补偿范围内,应能起到补偿作用

检验方法如下:将水准仪安置在一点,在离仪器约 50 m 处立一水准尺。安置仪器时使其中两个脚螺旋的连线垂直于仪器到水准尺连线的方向。用圆水准器整平仪器,读取水准尺上读数。旋转视线方向上的第三个脚螺旋,让气泡中心偏离圆水准器零点少许,使竖轴向前稍倾斜,读取水准尺上读数。然后再次旋转这个脚螺旋,使气泡中心向相反方向偏离零点并读数。重新整平仪器,用位于垂直于视线方向的两个脚螺旋,先后使仪器向左右两侧倾斜,分别在气泡中心稍偏离零点后读数。如果仪器竖轴向前后左右倾斜时所得读数与仪器整平时所得读数之差不超过 2 mm,则可认为补偿器工作正常,否则应检查原因或送工厂修理。检验时圆水准器气泡偏离的大小,应根据补偿器的工作范围及圆水准器的分画值来决定。例如补偿工作范围为 ±5′,圆水准器的分画值 8′/2 mm 弧长所对之圆心角值,则气泡偏离零点不应超过 $5/8 \times 2 = 1.2$ mm。补偿器工作范围和圆水准器的分画值在仪器说明书中均可查得。

4. 视准轴经过补偿后应与水平视线一致

若视准轴经补偿后不能与水平视线一致,则也构成角,产生读数误差。这种误差的检验方法与微倾式水准仪 i 角的检验方法相同,但校正时应校正十字丝。拨十字丝的校正螺旋,使图 2-23(b)中 A 点的读数从 a_2 改变到 a_2',使之得出水平视线的读数。对于一般水准测量也应使 i 角不大于 20″。

§2.8　精密水准仪和精密水准尺

一、精密水准仪

我国水准仪系列中 DS_{05}、DS_1 均属于精密水准仪,精密水准仪有水准管式的也有自动安平式的。精密水准仪除了有较高的置平精度外,构造上的主要特点是都附有一个供读数用的光学测微装置,如图 2-33 所示。它包括装在望远镜物镜前的一块平行玻璃板,玻璃板可绕一横轴作俯仰转动;另有一个测微尺通过连杆与平行玻璃板相连。旋转测微螺旋可以使平行玻璃板绕横轴转动,同时也带动了测微尺,从而可以测出平行玻璃板转动的量。

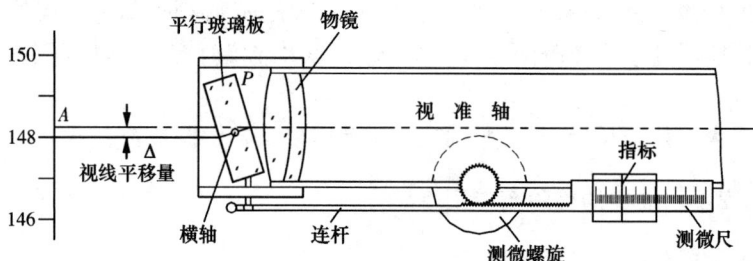

图 2-33

当平行玻璃板与视线垂直时,视线经过玻璃板后不产生位移。但当平行玻璃板不垂

直于视线时,根据折光原理,视线经过玻璃板后将产生平行的位移。这个平行位移的量与玻璃板的倾角成正比。利用与玻璃板相连接的测微尺,可将平移量精确的测量出来。水准仪上视线的最大平移量有 5 mm 和 10 mm 两种,相当于水准尺上的一个分画,对应与测微尺上的 100 个分格,所以测微尺的一个分格及最小分画值为最大平移量的 1/100,故可从测微尺上直接读出 0.05 mm 或 0.1 mm。

精密水准仪的操作方法与一般水准仪基本相同,不同之处是每次读数都要用光学测微器测出水准尺上不足一个分格的数值。首先,望远镜照准水准尺,转动微倾螺旋使其水准管气泡符合,这时视线水平。再转动测微螺旋,带动物镜前的平行玻璃转动,从而使尺子的像在十字丝面上移动,当十字丝横丝一侧的楔形丝精确的夹住最靠近中丝的分画线时,分别读取水准尺上的整分画读数和测微尺上的读数,两个相加就是水准尺上的实际读数。

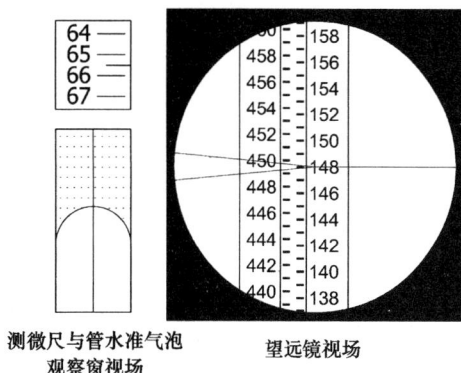

测微尺与管水准气泡观察窗视场　望远镜视场

图 2 – 34

如图 2 – 34 所示的是新 N3 精密水准仪的读数方法。楔形丝精确的夹在 148 cm 分画处,测微分画尺读数为 6.55 mm,则水准尺全部读数为 1.486 55 m,这就是实际读数。

二、精密水准尺

与精密水准仪配合使用的水准尺是因瓦水准尺。因瓦是一种膨胀系数极小的合金。因瓦水准尺是在木质尺身的凹槽内引张一根因瓦合金钢带,长度分画在因瓦合金钢带上,数字注计在木质尺上,精密水准尺的分画值有 10 mm 或 5 mm 两种,如图 2 – 35(a)和如图 2 – 35(b)所示。

图 2 – 35(a)是徕卡公司生产的与新 N3 精密水准仪配套的精密水准尺,因为新 N3 的望远镜为正像望远镜,所以水准尺上的注计也是正立的。水准尺全长约 3.2 m,在因瓦合金钢带上刻有两排分画,一排为基本分画,数字注记从 0 ~ 300 cm,另一排分画为辅助分画,数字注记从 300 ~ 600 cm,基本分画与辅助分画的零点相差一个常数 301.55 cm,称为基辅差或尺常数,水准测量作业时用以检查读数是否存在粗差。

图 2 – 35(b)是与新 DS₁ 精密水准仪配套的精密水准尺,其分画值为 0.5 cm,只有基本分画而无辅助分画。一排分画为奇数值,另一排分

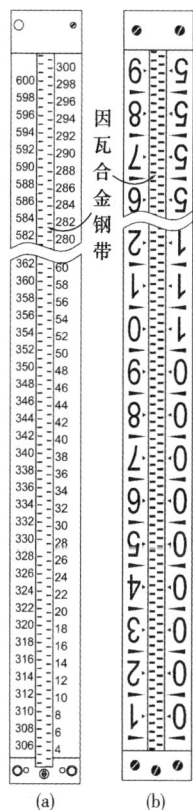

(a)　(b)

图 2 – 35

画为偶数值;尺面上一边注计为米数,另一边注计为分米数;小三角形表示半分米数,长三角形表示分米的起始线。由于它的注记数字是实际长度的二倍,即将 0.5 cm 的分画间隔注计为 1 cm,所以用此水准尺观测的高差最后应除 2 才是实际的高差。

因瓦水准尺使用前应经过检验,检验用一级线纹米尺进行。

§2.9 数字水准仪和条码水准尺

一、数字水准仪

数字水准仪是在仪器望远镜光路中增加了分光镜和光电探测器等部件,采用条形码分画水准尺和图像处理电子系统,所构成的光、机、电及信息存储和处理一体化的水准测量系统。与光学水准仪比较,数字水准仪的特点是:①采用条纹编码的标尺注计方式,多条码(等效于多分画)测量,削弱标尺分画误差,精度高;②采用摄影测量技术在测量式对标尺进行摄影测量;③自动实现图像的数字化处理以及观测数据的测站显示、记录、检核、处理和存储。可实现水准测量从外业数据采集到最后成果计算的一体化。4)数字水准仪一般是设置有补偿器的自动安平水准仪,当采用普通水准尺时,数字水准仪又可当作普通自动安平水准仪使用。

数字水准仪的关键技术是自动电子读数及数据处理,目前各厂家采用了原理上相差较大三种数据处理算法方案,如瑞士徕卡 NA 系列采用相关法;德国蔡司厂 DiNi 系列采用几何法;日本拓扑康 DL 系列采用相位法,三种方法各有优劣。图 2-36 为采用相关法的徕卡 NA30003 数字水准仪的机械光学结构图。当用望远镜照准标尺并调焦后,标尺上的条形码影像入射到分光镜上,分光镜将其分为可见光和红外光两部分,可见光影像成像在分画板上,供目视观测;红外光影像成像在 CCD(电荷耦合器件)线阵光电探测器上,探测器将接收到的光图像先转换成模拟信号,再转换为数字信号传送给仪器的处理器,通过与仪器内事先存储好的标尺条形码本源数字信息进行相关比较,当两信号处于最佳相关位置时,即可获得水准尺上的水平视线读数和视距读数,最后将处理结果存储并显示于屏幕上。

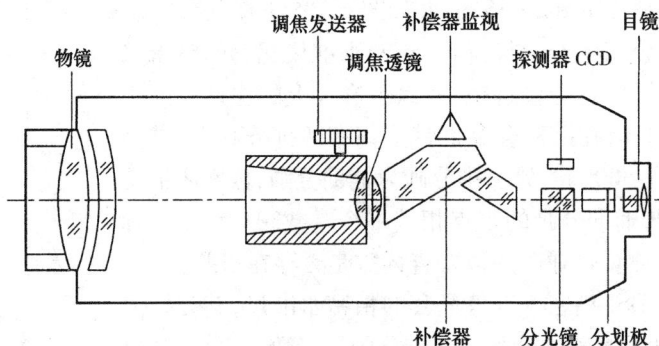

图 2-36   图 2-37

二、条码水准尺

与数字水准仪配套的条码水准尺一般为因瓦带尺、玻璃钢或铝合金制成的单面或双面尺,形式有直尺和折叠尺两种,规格有 1 m,2 m,3 m,4 m,5 m 几种,尺子的分画一面为二进制伪随机码分画线(配徕卡仪器)或规则分画线(配蔡司仪器),其外形类似于一般商品外包装上印刷的条形码,图 2-37 为与徕卡数字水准仪配套的条码水准尺,它用于数字水准测量;双面尺的另一面为长度单位的分画线,用于普通水准测量。

思考与练习

1. 水准测量的基本原理是什么?

2. 转点在水准测量中起什么作用?

3. 在水准点 A 和 B 之间进行了往返水准测量,施测过程和读数如图 2-38 所示,已知水准点 A 的高程为 37.354 m,两水准点间的距离为 160 m,容许高程闭合差按 $\pm 30\sqrt{L}$ (mm)计算,试填写手簿(表 2-4)并计算水准点 B 的高程。

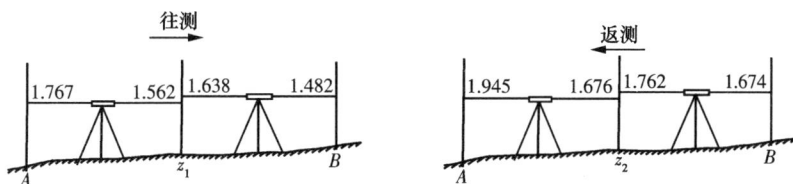

图 2-38

表 2-4　水准测量手簿

测点	后视读数	前视读数	高 差		高 程	调整后高程	备 注
			+	-			
A					37.354		已知 A 点高程 = 37.354
Z_1							
B							A、B 两水准点间的距离为 160 m
Z_2							
A							
Σ							
辅助计算							

4. 什么是视准轴?什么是视差?产生视差的原因是什么?怎样消除视差?

5. 微倾水准仪有哪几条轴线?它们之间应满足哪些条件?

6. 水准路线的形式有哪几种?如何计算它们的高程闭合差?

7. 试述普通水准测量的施测方法。

8. 水准测量应进行哪些检核?各有什么作用?应如何进行?

9. 在图 2-23 中,当水准仪安置在 I 时,测得 A、B 的高差 $h_1 = +0.204$ m,然后将仪器移至 B 点附近的 II 点,测得 A 尺的读数 $a_2 = 1.695$ m 和 B 尺的读数 $b_2 = 1.466$ m,已知 $S = 50$ m,$S' = 5$ m。试求该仪器的 i 角是多少?校正时视线应照准 A 点的读数 a_2' 是多少?

10. 水准测量中产生误差的因素有哪些？应如何进行消除或减弱？

11. 表 2 - 5 所示为一附合水准路线的观测成果，试在表格中计算 A、B、C 三点的高程。

表 2 - 5   水准路线的高程计算

点　号	测站数	观测高差	改正数	改正后高差	高程
BM1	3	+ 4.675			358.803
A					
	6	- 3.238			
B					
C	2	+ 4.316			
BM2	4	- 7.715			356.830
Σ					
辅助计算					

第 3 章

角度测量

要确定地面点的相互位置关系,角度是一个重要的因素,不管是控制测量还是碎部测量,角度测量都是一项重要的测量工作。经纬仪是测量角度的主要仪器,既能测量水平角又能测量竖直角。

§3.1 水平角和竖直角的测量原理

一、水平角测量原理

地面上一点到两目标的方向线之间的水平角就是通过该两方向线所作竖直面间的两面角。如图 3－1 所示,地面上有任意三个高度不同的点,分别为 A、O 和 B,如果通过倾斜线 OA 和 OB 分别作两个铅垂面与水平面相交,其交线 oa 与 ob 所构成的夹角 ∠aob 就是空间夹角 ∠AOB 的水平投影,也即水平角。

为了测出水平角的大小,假设在 O 点(称为测站点)的铅垂线上,水平地安置一个有一定刻划的圆形度盘,并使圆盘的中心位于 O 点的铅垂线上。如果用一个既能在竖直面内上下转动以瞄准不同高度的目标,又能沿水平方向旋转的望远镜,依次从 O 点瞄准左目标 A 和右目标 B,设通过 OA 和 OB 的两竖直面在圆盘上截得的读数分别为 m 和 n,则水平角 β 就等于右目标读数减去左目标读数,即

$$\beta = n - m \qquad (3-1)$$

当 β 的计算结果出现负值时,加上 360°。

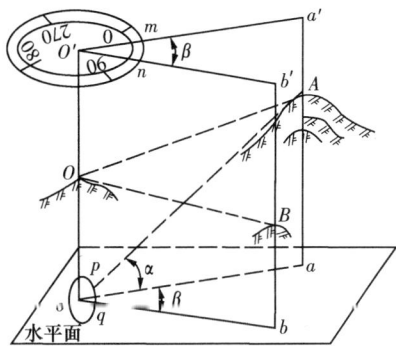

图 3－1 水平角测量原理

二、竖直角测量原理

竖直角也称垂直角,就是地面上的直线与其水平投影线(水平视线)间的夹角。如图 3－1 所示,Aa 垂直于水平面并交于 a 点,

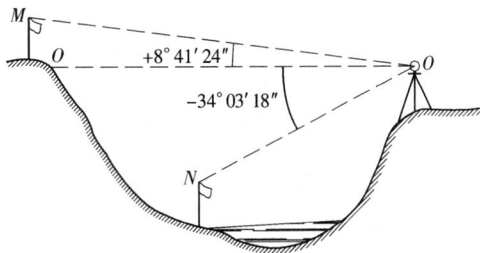

图 3－2 竖直角测量原理

∠Aoa 就是直线 oA 的竖直角,常用 α 表示。同样道理,如果在 o 点竖直放置一个有一定分画的度盘,就可以在此度盘上分别读出倾斜视线 oA 的读数 p 和水平视线 oa 的读数 q,

则 oA 的竖直角 α 就等于 q 减去 p，即

$$\alpha = q - p \qquad (3-2)$$

竖直角测量时,倾斜视线在水平视线以上时,α 为正(" + "),称仰角;倾斜视线在水平视线以下时,α 为负(" - "),称俯角。如图 3-2 所示。

根据以上的分析,用于测量水平角和竖直角的经纬仪,必须具备对中和整平装置;一个水平度盘和一个竖直度盘,并设有能在水平度盘和竖直度盘上进行读数的指标;为了瞄准不同高度的日标,经纬仪的望远镜不仅能在水平面内转动,而且能在竖直面内旋转。

§3.2 光学经纬仪的构造及读数原理

光学经纬仪是测量水平角和竖直角的主要仪器。我国对光学经纬仪按测角精度从高到低分为 DJ_{07}、DJ_1、DJ_2、DJ_6 和 DJ_{30} 等几个等级,其中"D"为大地测量仪器的总代号,"J"为经纬仪的代号,即汉语拼音的第一个字母,下标表示经纬仪的精度指标,即室内检定时一测回水平方向观测中误差(″)。DJ_{07} 和 DJ_1 多用于高等级控制测量,本节将主要介绍工程测量中广泛使用的 DJ_2 和 DJ_6 级光学经纬仪。

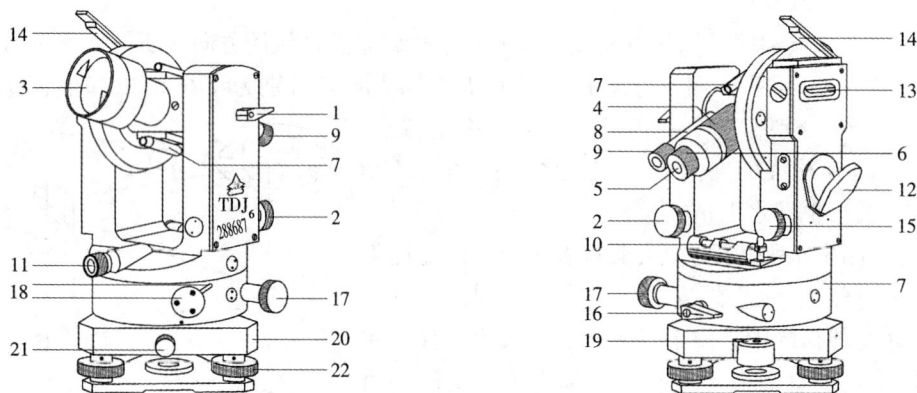

图 3-3 光学经伟仪

1—望远镜制动螺旋;2—望远镜微动螺旋;3—物镜;4—物镜调焦螺旋;5—目镜;6—目镜调焦螺旋;7—光学瞄准器;8—度盘读数显微镜;9—度盘读数显微镜调焦螺旋;10—照准部管水准器;11—光学对中器;12—度盘照明反光镜;13—竖盘指标管水准器;14—竖盘指标管水准器观察反射镜;15—竖盘指标管水准器微动螺旋;16—水平方向制动螺旋;17—水平方向微动螺旋;18—水平度盘变换螺旋与保护卡;19—基座圆水准器;20—基座;21—轴套固定螺旋;22—脚螺旋

一、DJ_6 级光学经纬仪

1. 基本构造

由于生产厂家不同,DJ_6 级光学经纬仪有多种,有国产的和外产的,常见的有:北京光学仪器厂、苏州光学仪器厂和西安光学仪器厂等生产的 DJ_6 级光学经纬仪,瑞士威尔特厂(Wind)生产的 T1,德国蔡司厂生产的 Thoe 020 系列。尽管仪器的具体结构和部件不完

全相同,但基本构造大体一致,主要由照准部、水平度盘和基座三大部分构成。图 3-3 给出了某光学仪器厂生产的一种 DJ₆ 级光学经纬仪的外形,各部分的构造及其作用如下。

（1）照准部

照准部由望远镜、横轴、竖轴、竖直度盘、照准部水准管和读数显微镜等部分组成,它是基座和水平度盘上方能转动部分的总称。

①望远镜。望远镜由目镜、物镜、十字丝环和调焦透镜等组成,用于照准目标,它固定在横轴上,并可绕横轴在竖直面内作俯仰转动,这种转动由望远镜的制动螺旋和微动螺旋控制。

②横轴。也称水平轴,由左右两个支架支承,是望远镜作俯仰转动的旋转轴。

③竖轴。也称垂直轴,它插入水平度盘的轴套中,可使照准部在水平方向转动,这种转动由水平制动螺旋和水平微动螺旋控制。

④竖直度盘。由光学玻璃制成,装在望远镜的一侧,其中心与横轴中心一致,随着望远镜的转动而转动,用于测量竖直角。

⑤照准部水准管。用于整平仪器,使水平度盘处于水平状态。

⑥读数显微镜。用于读取水平度盘和垂直度盘的读数。

（2）水平度盘

水平度盘是用光学玻璃制成的圆环,是测量水平角的主要器件。在度盘上按顺时针方向刻有 0°～360° 的分画,度盘的外壳附有照准部水平制动螺旋和水平微动螺旋,用以控制照准部和水平度盘的相对转动。事实上,测角时水平度盘是固定不动的,这样当照准部处于不同的位置时,就

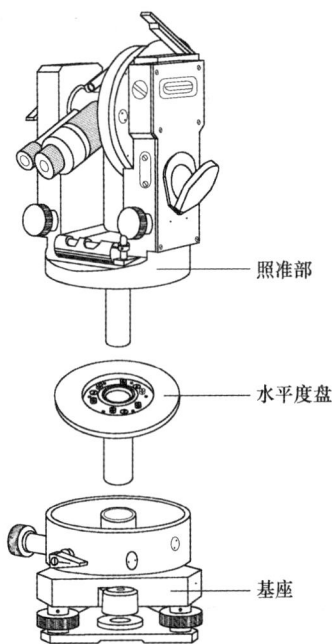

照准部

水平度盘

基座

图 3-4

可以在度盘上读出不同的读数,照准部在水平方向的微小转动由水平微动螺旋调节。

测量中,有时需要将水平度盘安置在某一个读数位置,因此就需要转动水平度盘,常见的水平度盘变换装置有度盘变换手轮和复测扳手两种形式。当使用度盘变换手轮转动水平度盘时,要先拨下保险手柄(或拨开护盖),再将手轮推压进去并转动,此时水平度盘也随着转动,待转到需要的读数位置时,将手松开,手轮退出,再拨上保险手柄。当使用复测扳手转动水平度盘时,先将复测扳手拨向上,此时照准部转动而水平度盘不动,读数也随之改变,待转到需要的读数位置时,再将复测扳手拨向下,此时度盘和照准部扣在一起同时转动,度盘的读数不变。

（3）基座

基座是支撑整个仪器的底座,用中心螺旋与三脚架相连接。基座侧面有一个中心锁紧螺旋,当仪器插入竖轴轴孔后,该中心锁紧螺旋必须处于锁紧状态,否则在测角时仪器可能产生微动,搬动时容易甩出。基座上有一个光学对点器,即一个小型外对光望远镜,

当照准部水平时,对点器的视线经折射后成铅垂方向,且与竖轴重合,利用该对点器可进行仪器的对中。基座底部有三个脚螺旋,转动脚螺旋可使照准部水准管气泡居中,从而使水平度盘处于水平状态。

2. DJ$_6$级光学经纬仪的读数设备与读数方法

DJ$_6$级光学经纬仪的读数设备有分微尺测微器和单平行玻璃板测微器两种。

(1)分微尺测微器及其读数方法

常用的国产 DJ$_6$级光学经纬仪,其读数设备大多属于这一种。图 3-5 表示某 DJ$_6$级光学经纬仪的光路系统,照明光线通过反光镜 1 的反射进入进光窗 2,其中一路光线通过编号为 12、13、15、16 的光学组件将水平度盘 14 上的刻划和注记成像在平凸镜 8 上;另一路光线通过编号为 3、5、6、7 的光学组件将竖直度盘 4 上的刻划和注记成像在平凸镜 8 上;在平凸镜 8 上有两个测微尺,测微尺上刻划有 60 格。仪器制造时,使度盘上一格在平凸镜 8 上成像的宽度正好等于测微尺上刻划的 60 格的宽度,因此测微尺上一小格代表 1′。通过棱镜 9 的折射,两个度盘分画线的像连同测微尺上的刻划和注记可以被读数显微镜观察到,其中 10 是读数显微镜的物镜,11 是读数显微镜的目镜。读数装置大约将两个度盘的刻划和注记放大了 65 倍。

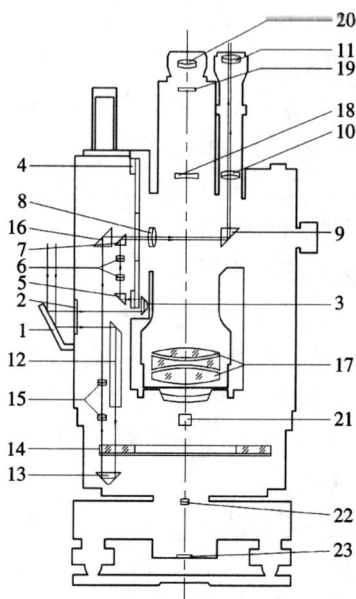

图 3-5

图 3-6 为读数显微镜视场,注记有"H"(有些仪器为"水平"或"–")字样窗口的像是水平度盘分画线及其测微尺的像,注记有"V"(有些仪器为"竖直"或"⊥")字

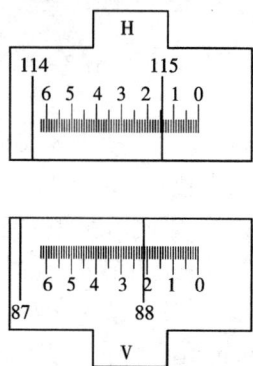

图 3-6

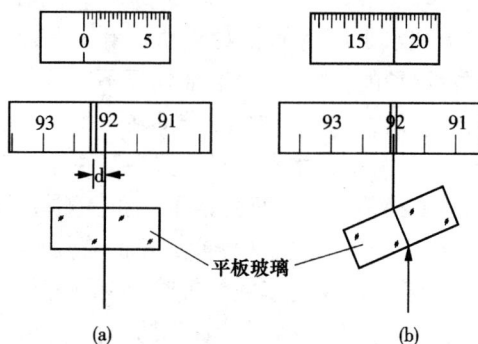

(a)

(b)

平板玻璃

图 3-7

样窗口的像是竖直度盘分画线及其测微尺的像。读数方法为:以测微尺上的"0"分画线为读数指标,"度"数由落在测微器上的度盘分画线的注记读出,测微尺的"0"分画线与度盘上的"度"分画线之间的、小于 1°的角度在测微尺上读出;最小读数可以估读到测微尺上 1 格的十分之一,即为 0.1′或 6″。图 3-6 的水平度盘读数为 115°14.3′,竖直度盘读数

为 88°21.2′。测微尺读数装置的读数误差为测微尺上一格的十分之一,即 0.1′或 6″。

（2）单平行玻璃板测微器及其读数方法

大多数 DJ_6 级经纬仪具有分微尺读数设备,另外还有一种仪器(如北京光学仪器厂生产的 DJ_{6-1}),具有单平行玻璃板测微器,并装有测微手轮,平板玻璃和测微尺用金属机构连接在一起,转动测微轮时,平板玻璃和测微尺绕同轴转动,度盘分画线的影像也随之产生微小的移动,其移动量可在分微尺上读出。图 3 – 7 是从读数显微镜里同时看到的影像,上部为测微尺分画影像,并有一根指标线,中部、下部分别为竖直度盘影像和水平度盘影像,均有双指标线。该仪器水平度盘刻划从 0°～360°共 720 格,每格 30′,测微器刻划从 0′～30′共 90 格,每格 20″,可估读到 1/10 格(即 2″)。读数时,转动测微手轮,平行玻璃板产生移动,度盘和测微器的影像也跟着移动,当度盘分画线精确地平分双指标线时,按双指标线所夹的度盘分画线读取度数和 30′的整分数,不足 30′的读数从测微器读数窗中读取。图 3 – 7(b)中,竖直度盘读数为 92°00′ + 18′ 00″ = 92°18′00″。

二、DJ_2 级光学经纬仪

DJ_2 级光学经纬仪和 DJ_6 级光学经纬仪一样,也有多种。我国北京和苏州等多家光学仪器厂都能批量生产 DJ_2 级光学经纬仪,并且质量较高。外国生产的 DJ_2 级光学经纬仪仍以威尔特 T2 和蔡司 010 系列为代表,由于这些仪器的质量较高,性能稳定,在我国使用也比较普遍。DJ_2 级光学经纬仪的构造和 DJ_6 级光学经纬仪基本相同,但读数设备和读数方法有所差别,这里主要介绍其读数设备和读数方法。

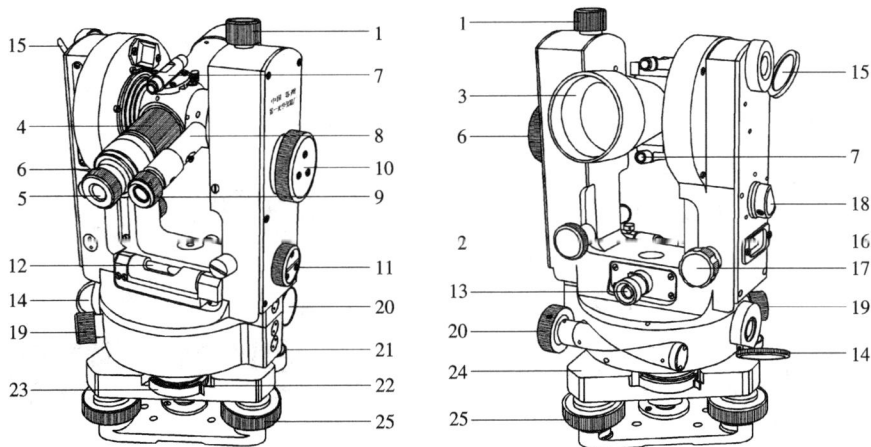

图 3 – 8

1—望远镜制动螺旋;2—望远镜微动螺旋;3—物镜;4—物镜调焦螺旋;5—目镜;6—目镜调焦螺旋;7—光学瞄准器;8—度盘读数显微镜;9—度盘读数显微镜调焦螺旋;10—测微轮;11—水平度盘与竖直度盘换像手轮;12—照准部管水准器;13—光学对中器;14—水平度盘照明镜;15—垂直度盘照明镜;16—竖盘指标管水准器进光窗口;17—竖盘指标管水准器微动螺旋;18—竖盘指标管水准气泡观察窗;19—水平制动螺旋;20—水平微动螺旋;21—基座圆水准器;22—水平度盘位置变换手轮;23—水平度盘位置变换手轮护盖;24—基座;25—脚螺旋

1. DJ₂ 级光学经纬仪的读数设备

图 3-8 为我国苏州第一光学仪器厂生产的 DJ₂ 级光学经纬仪的外形。DJ₂ 级光学经纬仪的读数设备包括度盘、光学测微器和读数显微镜三个部分。度盘有水平度盘和垂直度盘，与 DJ₆ 级经纬仪不同，DJ₂ 级经纬仪在读数显微镜中不能同时看到水平度盘和垂直度盘的影像，也不共用同一个进光窗，因此要用换像手轮和各自的反光镜进行度盘影像的转换。当打开水平度盘反光镜，转动换像手轮使轮面的指标线（白色）水平时，从读数显微镜里就可以看到水平度盘的影像；当打开垂直度盘反光镜，转动换像手轮使轮面的指标线（白色）竖直时，从读数显微镜里就可以看到垂直度盘的影像。度盘上的分画线是由刻度机刻制的，度盘上相邻两分画线间的角值称为度盘格值，DJ₂ 级经纬仪的格值为 20′。用 20′ 的精度直接测定角度显然是不能满足要求的，设置光学测微器就是为了解决这个问题。目前，DJ₂ 级光学经纬仪中采用的光学测微器有两种，即双平板玻璃光学测微器和双光楔光学测微器。

2. DJ₂ 级光学经纬仪的读数方法

DJ₂ 级与 DJ₆ 级光学经纬仪在度盘读数方面存在下面的差异：

（1）DJ₂ 级光学经纬仪采用重合读数法，相当于取度盘对径（直径两端）相差 180°处的两个读数的平均值，由此可以消除度盘偏心误差的影响，以提高读数精度。

（2）在度盘读数显微镜中，只能选择观察水平度盘或垂直度盘中的一种影像，通过旋转"水平度盘与竖直度盘换像手轮"来实现。

（3）设置双平板玻璃光学测微器和双光楔测微器。入射光线经过一系列棱镜和透镜后，将度盘某一直径两端的分画同时成像到读数显微镜内，并被横线分隔为正像和倒像。图 3-9 为德国蔡司公司生产的 Theo 010 型经纬仪（属于 2″级）读数镜中的度盘对径分画像（右边）和测微器分画像（左边），度盘的数字注记为"度"数，测微分画尺左边注记为"分"数，右边注记为"十秒"数。读数时，先转动测微器手轮，使度盘上下对径分画像（右边）对齐，然后在读数镜中的度盘对径分画像（右边）上读取上、下读数相差 180° 的整 10′ 数（见图 3-9（a）为 135°00′，图 3-9（b）为 22°50′），再在测微器分画像（左边）上读取小于 10′ 的数（见图 3-9（a）为 02′02.3″，图 3-9（b）为 06′58.6″），两者相加即为最后角度值。

为使读数方便和不易出错，现在生产的 DJ₂ 级光学经纬仪，一般采用图 3-10 所示的读数窗。度盘对径分画像及度数和 10′ 的影像分别出现于

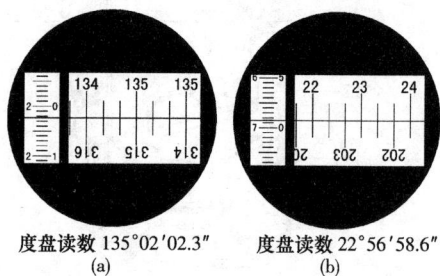

度盘读数 135°02′02.3″
(a)

度盘读数 22°56′58.6″
(b)

图 3-9

两个窗口，另一窗口为测微器读数。当转动测微轮使对径上、下分画对齐以后，从度盘读数窗读取度数和 10′ 数，从测微器窗口读取分数和秒数。须注意图 3-10（c）所示读数窗内的读数特点：当显示在 10′ 影像的窗口内的数字 n 大于 3 时，应从数字 n 的左侧读取度数；当显示在 10′ 影像的窗口内的数字 n 小于 3 时，应从数字 n 的右侧读取度数。

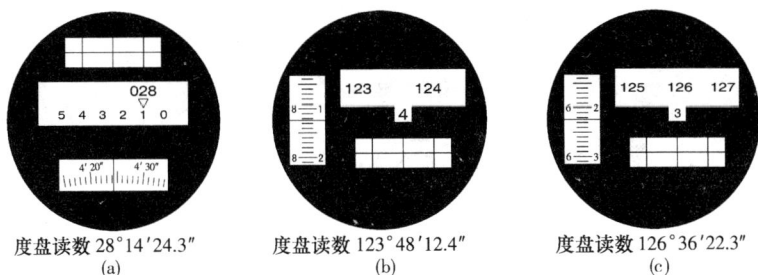

度盘读数 28°14′24.3″
(a)

度盘读数 123°48′12.4″
(b)

度盘读数 126°36′22.3″
(c)

图 3 – 10

§3.3　水平角测量

水平角测量时,首先要在测站点上安置仪器,即进行仪器的对中与整平,然后按照一定的观测方法进行观测。

一、经纬仪的安置

1. 对中

对中就是使仪器的中心(也即度盘的中心)与测站点在同一铅垂线上。对中时,先将三脚架张开,并安放在测站上,调节架腿上的螺丝使架腿伸长,即架头升高到与观测者相适应的高度,同时要目测架头大致水平,架头中心大致对准测站点中心,然后安上仪器,旋紧中心连接螺旋。

利用垂球进行对中时,挂上垂球,若垂球偏离测站点较远,可平移三脚架使垂球对准测站点,若垂球偏离测站点很近,可稍微旋转仪器的三个脚螺旋,使垂球尖对准测站点,然后均匀地将架腿踩紧,使之稳固地插入土中。

现在的光学经纬仪大都有光学对中设备,即光学对点器。利用光学对点器进行对中时,将架腿置于测站点上,并调节到适当高度,安上仪器,旋紧中心连接螺旋。从光学对点器目镜观察测站点,看其是否位于对点器里的小圆圈中,

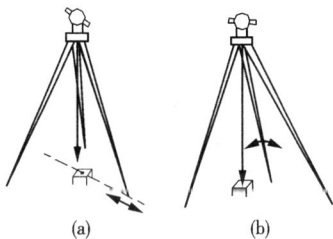

图 3 – 11

如果偏离较远,可平移三脚架使测站点位于小圆圈中,如果偏离很近,可稍微旋转仪器的三个脚螺旋使测站点位于小圆圈中。

2. 整平

整平就是使仪器的竖轴处于铅垂位置,并使水平度盘处于水平。整平包括粗略整平和精确整平,整平的次序是先粗平后精平。粗平方法:保持架腿位置不变,稍微旋松架腿上的螺丝,使架腿伸长或缩短(有时需要伸缩一个架腿,有时可能需要伸缩三个架腿),同时观察圆水准气泡,每次伸缩架腿都应当使气泡逐渐趋向中间,最后使气泡位于圆水准器的小圆圈内。精平方法:放松照准部水平制动螺旋,使照准部水准管与任意两个脚螺旋的连线平行[如图 3 – 12(a)],两手相对旋转这两个脚螺旋使水准管气泡居中(气泡移动的

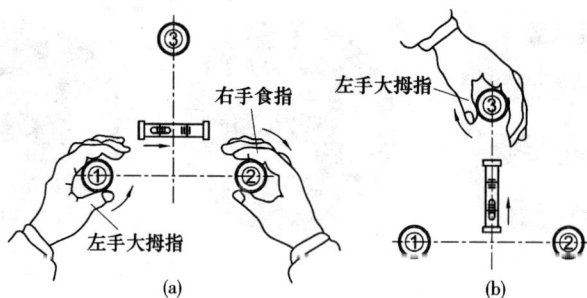

图 3 - 12

方向与左手大拇指的方向一致),然后将照准部旋转90°[如图3-12(b)所示],转动第三个脚螺旋再一次使水准管气泡居中。如此反复几次,直至仪器处于任何位置时气泡都居中为止。一般要求水准管气泡偏离中心的误差不超过一格。

3. 安置检查

仪器整平过程中不可避免地会影响仪器的对中,当仪器整平时,要观察垂球尖是否对准测站点标志(如果使用光学对中,要观察测站点标志是否位于对中器的小圆圈内),如果没有精确对中,可稍微松开中心连接螺丝,平行移动基座,使垂球尖或光学对中器的照准标志精确对准测站点的标志,然后再拧紧中心连接螺旋;如果移动基座仍不能精确对中,就必须重新整置仪器了。

仪器装置时应注意:架腿伸缩后一定要拧紧架腿上的固定螺丝,如果脚架安置在坚硬的地面上而无法踩紧,最好用绳子将架腿绑好。三个脚螺旋高低不应相差太大,开始时最好调整到中部位置,当脚螺旋已旋到极限位置仍不能使气泡居中时,就不能再旋转了,以免造成脚螺旋的损坏。当移动基座进行对中时,手不能碰到脚螺旋,对中后一定要立即旋紧中心连接螺旋。

二、瞄准和读数

测角时的照准标志,一般是竖立于测点的标杆、测钎、用三根竹杆悬吊垂球的线或觇牌。测量水平角时,以望远镜的十字丝竖丝瞄准照准标志。

望远镜瞄准目标的操作步骤如下。

1. 目镜对光

松开望远镜制动螺旋和水平制动螺旋,将望远镜对向明亮的背景(如白墙、天空等,注意不要对向太阳),转动目镜使十字丝清晰。

2. 粗瞄目标

用望远镜上的粗瞄器瞄准目标,旋紧制动螺旋,转动物镜调焦螺旋使目标清晰,旋

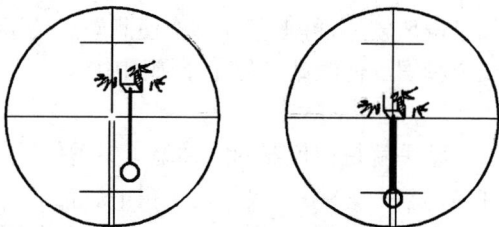

图 3 - 13

转水平微动螺旋和望远镜微动螺旋,精确瞄准目标。可用十字丝纵丝的单线平分目标,也可用双线夹住目标,见如图3-13。

3．读数

读数时先打开度盘照明反光镜,调整反光镜的开度和方向,使读数窗亮度适中,旋转读数显微镜的目镜使刻划线清晰,然后读数。

三、水平角测量方法

水平角的测量方法有多种,采用何种观测方法视目标的多少而定,常用的方法有测回法和方向观测法。

1．测回法

如果仅测量两个方向间的水平角,可采用测回法。如图 3 - 14,设待测水平角为 $\angle AOB$,观测步骤如下:

(1)在测站点 O 安置经纬仪,并进行对中、整平。在 A、B 点上竖立花杆、插钎或觇牌。

(2)置望远镜于盘左位置(也称正镜位置,即观测者面对目镜时垂直度盘在望远镜的左边),松开照准部制动螺旋,顺时针旋转照准部使望远镜大致照准左边目标 A,拧紧照准部制动螺旋,用水平微动螺旋 使望远镜十字丝的竖丝精确照准目标 A,读取水平度盘读数 a_1,记入观测手簿。精确照准时,应根据目标的成像大小,采用单丝平分目标或双丝夹住目标,并尽量照准目标的底部。

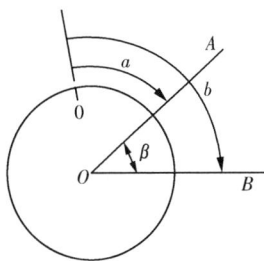

图 3 - 14

表 3 - 1　水平角观测记录（测回法）

日期　　　　　　　　　仪器型号　　　　　　　　　观测

天气　　　　　　　　　仪器编号　　　　　　　　　记录

测站	盘位	目标	水平度盘计数 ° ' "			水 平 角				备　注
						半测回值 ° ' "		一测回值 ° ' "		
0	盘左	A	0	01	18	49	48	54		$\Delta\beta = \beta_L - \beta_R = 24''$
		B	49	50	12				49　48　42	$\Delta\beta_{容} = 30''$
	盘右	B	229	50	18	49	48	30		
		A	180	01	48					

(3)松开照准部制动螺旋,顺时针方向转动照准部,用同样的方法照准右边的目标 B,读取水平度盘读数 b_1,记入观测手簿。

上面的(2)、(3)两步称为上半测回,测得水平角为:

$$\beta_L = b_1 - a_1 \qquad (3-3)$$

(4)倒转望远镜成盘右位置(也称倒镜位置,即观测者面对目镜时垂直度盘在望远镜的右边),按上述方法先照准目标 B 进行读数,再照准目标 A 进行读数,分别设为 b_2 和 a_2,并记入相应的表格中。这样就完成了下半测回的操作,测得水平角为:

$$\beta_R = b_2 - a_2 \qquad (3-4)$$

上述的上、下半测回合起来称为一测回。如果两个半测回测得的角值互差(称为半

测回差)在规定的限差范围内,就可以取其平均值作为一测回的观测结果,即

$$\beta = \frac{1}{2}(\beta_L + \beta_R) \qquad (3-5)$$

根据测角精度的要求,可以测多个测回而取平均值,作为最后成果。观测结果应及时记入手簿,并进行计算,看是否满足精度要求,发现问题及时纠正直至重测。

2. 方向观测法

如果在一个测站上需要观测两个以上方向时,常采用方向观测法,以加快观测速度,并便于计算测站上所有的水平角。如图 3-15 所示,O 为测站点,A、B、C、D 为四个待测方向,采用方向观测法观测水平角,其观测步骤如下:

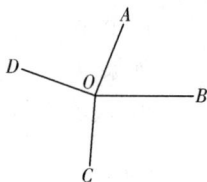

图 3-15

(1)将经纬仪安置于测站 O 上,并进行对中和整平。在 A、B、C、D 点上竖立观测标志。

(2)置望远镜于盘左位置,顺时针旋转照准部使望远镜大致照准所选定的起始方向(又称零方向)A,拧紧照准部制动螺旋,用水平微动螺旋使望远镜十字丝的竖丝精确照准目标 A,将度盘配置在稍大于 $0°00'$ 的读数处,用测微器读取水平度盘两次读数,记入观测手簿。精确照准时,同样要根据目标的成像大小,采用单丝平分目标或双丝夹住目标,并尽量照准目标的底部。

(3)松开照准部制动螺旋,顺时针方向转动照准部,用同样的方法依次照准目标 B、C、D,并分别用测微器读取水平度盘两次读数,记入观测手簿。最后使望远镜再一次精确照准目标 A,读取水平度盘读数并记入观测手簿。

以上(2)、(3)两步的观测次序可归纳为 $ABCDA$,称为上半测回。最后一步返回起始方向 A 的操作称为"归零",目的是检查在观测过程中水平度盘的位置有无变动。

(4)倒转望远镜成盘右位置,按上述方法先照准目标 A 进行读数,再依次照准目标 D、C、B 进行读数,分别记入相应的表格中。最后再一次精确照准目标 A,读取水平度盘读数并记入观测手簿。这样就完成了下半测回的操作,观测次序可归纳为 $ADCBA$,盘右位置再一次返回起始方向 A 的操作称为第二次"归零"。

(5)如需观测多个测回时,为了减弱度盘分画误差的影响,每个测回都要改变度盘的位置,即在照准起始方向时,用度盘变换手轮或复测扳手改变度盘的起始读数。为使读数在圆周以及测微器上均匀分布,方向观测法度盘和测微器位置变换计算公式为:

$$\sigma = \frac{180°}{m}(j-1) + i(j-1) + \frac{\omega}{m}\left(j - \frac{1}{2}\right) \qquad (3-6)$$

式中:σ 为度盘和测微器位置变换值;m 为测回数;j 为测回序号;i 为度盘最小间格分画值(DJ$_1$ 为 $4'$;DJ$_2$ 为 $10'$);ω 为测微盘分格数(值)(DJ$_1$ 为 60 格;DJ$_2$ 为 $600''$)。

每次读数后,应及时记入手簿。记录人员要及时地进行手簿的记录、计算和检查,以确保观测成果满足方向观测法的各项限差规定。

手簿的格式如表 3-2 所示:

表中4、7 两栏横线上下分别为盘左、盘右时的两次测微器读数。5、8 两栏为两次读数的平均值。第9栏为同一方向上盘左盘右读数之差,名为 $2c$,意思是二倍的照准差,它

是由于视线不垂直于横轴的误差引起的。因为盘左、盘右照准同一目标时的读数相差 $180°$，所以 $2c = L - (R \pm 180°)$。第 10 栏是盘左盘右的平均值，在取平均值时，也是盘右读数加减 $180°$ 后再与盘左读数平均。起始方向经过了两次照准，要取两次结果的平均值作为结果。从各个方向的盘左盘右平均值中减去起始方向两次结果的平均值，即得各个方向的方向值。

表 3 - 2　方向法观测手簿

日期		仪器型号				观测		
天气		仪器编号				记录		

测站	测点	水平度盘读数						左 - 右 (2c)	$\dfrac{左+右}{2}$			方向值			备注
		盘　左			盘　右										
		°	′	″	″	°	′	″	″	″	°	′	″	°	′	″	
1	2	3	4	5	6	7	8	9	10			11			12
O	*A*	60	15	$\dfrac{00.0}{01.0}$	00.5	240	15	$\dfrac{09.7}{09.3}$	09.5	-9.0	60	15	04.6	0	00	00.0
											60	15	05.0			
	B	101	51	$\dfrac{50.2}{50.8}$	50.5	281	52	$\dfrac{00.6}{00.4}$	00.5	-10.0	101	51	55.5	41	36	50.9
	C	171	43	$\dfrac{18.9}{19.1}$	19.0	351	43	$\dfrac{29.3}{28.6}$	29.0	-10.0	171	43	24.0	111	28	19.4
	D	313	36	$\dfrac{04.7}{04.3}$	04.5	133	36	$\dfrac{14.0}{13.0}$	13.5	-9.0	313	36	09.0	253	21	04.4
	A	60	15	$\dfrac{01.1}{00.8}$	01.0	240	15	$\dfrac{07.9}{07.1}$	07.5	-6.5	60	15	04.2			

为避免错误及保证测角的精度，对各项操作都规定了限差。例如在《新建铁路工程测量规范》中，规定的各项限差如表 3 - 3 所示：

表 3 - 3　方向观测法限差要求

仪器型号	光学测微器两次重合读数之差	半测回归零差	各测回同方向 2c 互差	各测回同一方向值互差
DJ$_1$	1″	6″	9″	6″
DJ$_2$	3″	8″	13″	10″
DJ$_6$		18″		24″

§3.4　竖直角测量

§3.1 中已经介绍了竖直角测量的基本原理，就是通过观测倾斜视线及其水平视线在竖直度盘上的读数以求得竖直角的大小。本节将介绍竖直度盘的基本构造、竖直角的观测与计算方法。

一、竖直度盘的基本构造

如图 3-16 所示,竖直度盘固定在望远镜横轴的一端,当望远镜在竖直面内作俯仰转动时,它也随着作俯仰转动,因此要读取倾斜视线及其水平视线在竖直度盘上的读数就必须有一个固定的读数指标。竖直度盘以读数窗内的零分画线作为读数指标线,竖直度盘上的读数指标线和指标水准管以及一系列棱镜透镜组成的光具组连成一体,并固定在竖盘指标水准管微动框架上。

旋转指标水准管微动螺旋时,指标水准管和指标绕着横轴一起转动,当水准管气泡居中时,指标水准管轴水平,指标处于正确位置,就可以进行竖盘的读数。

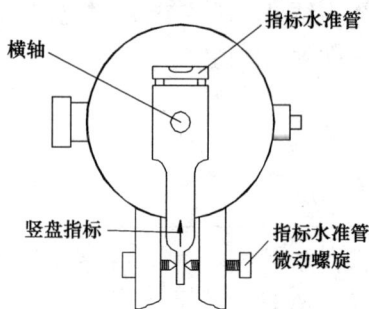

图 3-16

近年来,国内外已经生产了一种更便于操作的经纬仪,这种经纬仪带有竖盘指标自动补偿装置,而舍去了竖盘指标水准管,这种自动补偿装置的作用类似于自动安平水准仪,即当经纬仪有微小倾斜时,该装置能自动调节内部的光路,使竖盘读数仍相当于指标水准管气泡居中时的读数。因此用这种经纬仪观测水平角时,只要将照准部水准管气泡居中,就可以照准目标进行竖盘的读数了,如图 3-17 所示。

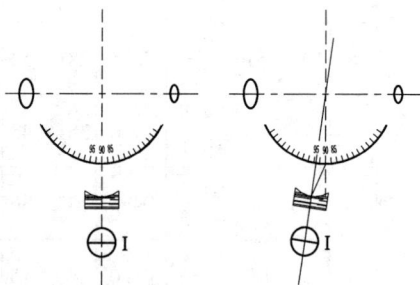

图 3-17

竖盘的注记形式有多种,常见的为全圆式注记。图 3-18(a)为顺时针注记形式,即注记值顺时针增加,国产 DJ$_6$ 级经纬仪多为此种。图 3-18(b)为逆时针注记形式,即注记值为逆时针增加。

当望远镜视准轴水平时,其竖盘读数是一个固定值(0°、90°、180°或 270°四个值中的一个),图 3-18(a)、图 3-18(b)为 90°或 270°,这些读数都是视线水平时的读数,称为始读数。因此实际测量中,只要读出视线倾斜时的竖盘读数,就可以求出竖直角。

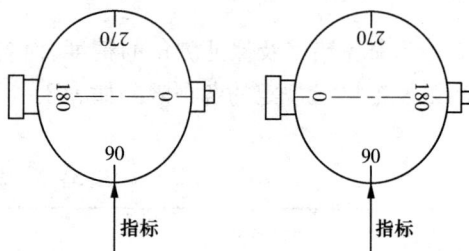

图 3-18

二、竖直角的观测方法

竖直角的观测步骤如下:如图 3-19,在测站 A 上安置经纬仪,并进行对中和整平。置望远镜于盘左位置,使望远镜视线大致水平,观察指标所指的读数以确定始读数。然后旋转照准部和望远镜使之大致照准待测目标 B 的某一特定位置,如觇牌中心、标杆顶

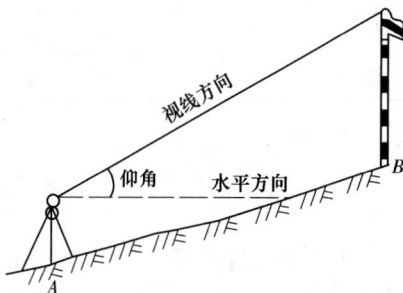

图 3-19

部、照准圆筒的上缘等,固定照准部和望远镜,再调节水平微动螺旋和望远镜微动螺旋使十字丝中丝(横丝)精确地切准上述的特定位置。

转动竖盘指标水准管微动螺旋,使指标水准管气泡居中,读取竖盘盘左读数 L,记入观测手簿(见表3-4)。松开水平制动螺旋和望远镜制动螺旋,置望远镜于盘右位置,依上述方法精确地切准同一目标的同一位置,读取竖盘盘右读数 R,记入观测手簿。

三、竖直角的计算

竖直角 α 是始读数与观测目标的读数之差。但那个是减数,那个是被减数,应按竖盘的注记的形式来确定。为此,在观测之前,将望远镜大致放平,此时与竖盘读数最接近的90°的整倍数即为始读数。然后将望远镜上仰:若读数增大,则竖直角等于目标读数减去始读数;若读数减小,则竖直角等于始读数减去目标读数。

图3-20中这种刻划形式的竖盘,计算公式为:

盘左: $\qquad \alpha = 90° - L = \alpha_L \qquad\qquad$ (3-7)

盘右: $\qquad \alpha = R - 270° = \alpha_R \qquad\qquad$ (3-8)

由于存在测量误差,实测值 α_L 常不等于 α_R,取一测回竖角为:

$$\alpha = \frac{1}{2}(\alpha_L + \alpha_R) \qquad\qquad (3-9)$$

计算结果分别填入表3-4的第5、6栏中。

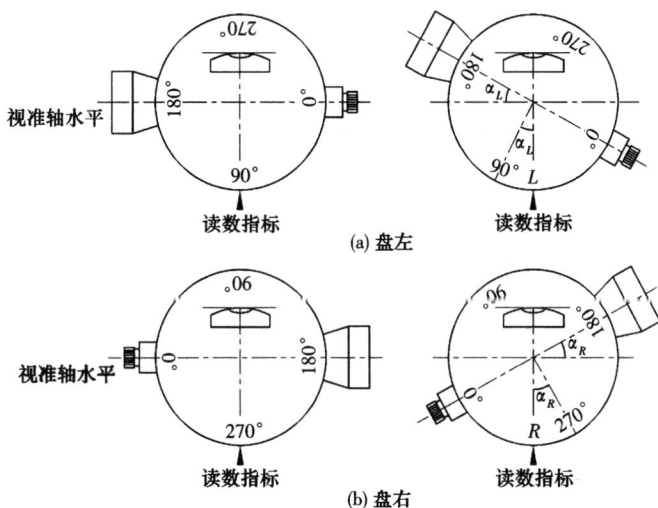

(a) 盘左

(b) 盘右

图3-20

表3-4 竖直角观测手簿

日期			仪器型号		观测	
天气			仪器编号		记录	

测站	测点	盘位	竖盘读数	半测回竖直角	一测回竖直角	指标差
1	2	3	4	5	6	7
A	*B*	左	80°05′24″	+9°54′36″	+9°54′27″	$x = -9″$
		右	279°54′18″	+9°54′18″		

四、竖盘指标差

上述竖直角的计算,是认为指标处于正确位置上,此时盘左始读数为90°,盘右始读数为270°。事实上,此条件常不满足,指标不恰好指在90°或270°,而与正确位置相差一个小角度x,x称为竖盘指标差。x偏向度盘刻划增大方向为正,偏向刻划减小方向为负。如果仪器存在竖盘指标差,竖直角测量结果就一定受其影响,需要采用一定的观测方法予以消除。

如图3-21,盘左时始读数为90°+x,则正确的竖直角应为:

$$\alpha = (90° + x) - L = \alpha_L + x$$
$$(3-10)$$

同样,盘右正确的竖直角应为:

$$\alpha = R - (270° + x) = \alpha_R - x$$
$$(3-11)$$

此时,α_L、α_R不是正确的竖角。

将(3-10)、(3-11)两式相加并除以2,得

$$\alpha = \frac{1}{2}(\alpha_L + \alpha_R) \quad (3-12)$$

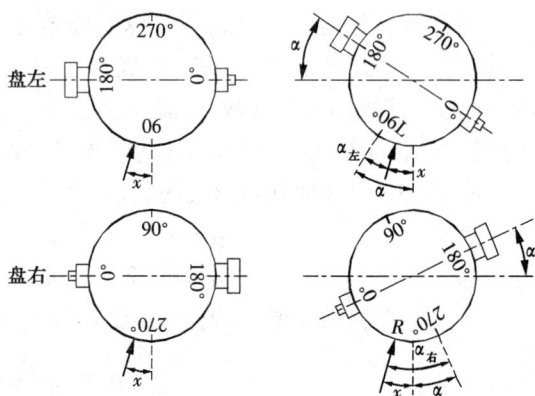

图3-21

与式(3-9)完全相同。可见在竖直角观测中,用正倒镜观测取其均值可以消除竖盘指标差的影响,提高成果质量。

将(3-10)和(3-11)两式相减,可得

$$x = \frac{1}{2}(\alpha_R - \alpha_L) \qquad\qquad (3-13)$$

将(3-7)和(3-8)代入上式即得

$$x = \frac{1}{2}(L + R - 360°) \qquad\qquad (3-14)$$

式(3-13)是按顺时针方向注字的竖盘推导的,该式与注字方式有关,但式(3-14)与注字方式无关,有兴趣的读者可自行推导。

在竖直角测量中,常用指标差来检验观测的质量,即在观测的不同测回或不同的目标时,指标差的较差应不超过规定的限值。例如用DJ$_6$级经纬仪作一般测量工作时,指标差的较差要求不超过25″。此外,在单独用盘左或盘右观测竖直角时,若已经测到仪器的竖盘指标差,则按式(3-10)或式(3-11)对观测的半测回角值加入指标差,仍然可以得到正确的竖直角值。

§3.5　经纬仪的检验和校正

和水准仪一样,经纬仪也是由多个不同的部件组合而成,因此利用经纬仪进行角度测量时,为保证观测值的精度,经纬仪的结构上也必须满足一定的条件。经纬仪结构上的关

系也是用其轴线上的关系来表示的,如图 3 - 22 所示。经纬仪各轴线应满足下列条件:

①照准部的水准管轴应垂直于竖轴,即 $LL \perp VV$;

②圆水准器轴应平行于竖轴,即 $L'L' /\!/ VV$;

③十字丝竖丝应垂直于横轴;

④视线应垂直于横轴,即 $CC \perp HH$;

⑤横轴应垂直于竖轴,即 $HH \perp VV$;

⑥光学对中器的视线应与竖轴的旋转中心线重合;

⑦视线水平时竖盘读数应为90°或270°。

由于经纬仪本身的结构变化和外界因素的影响,这些轴线关系也经常不能得到充分满足,从而影响角度测量的精度。经纬仪检验的目的,就是检查上述的各种关系是否满足。如果不能满足,且偏差超过允许的范围时。则需进行校正。检验和校正应按一定的顺序进行,确定这些顺序的原则如下:

①如果某一项不校正好,会影响其他项目的检验时,则这一项先做。

②如果不同项目要校正同一部位,则会互相影响,在这种情况下,应将重要项目在后边检验,以保证其条件不被破坏。

③有的项目与其他条件无关,则先后均可。

图 3 - 22

一、照准部水准管轴垂直于竖轴的检校

检验:先将仪器大致整平,然后转动照准部使水准管与任意两个脚螺旋的连线平行,并相对转动这两个脚螺旋使水准管气泡居中,这时水准管轴 LL 已居于水平位置。如果两者不相垂直[见图 3 - 23(a)],则竖轴 VV 不在铅垂位置。然后将照准部平转180°,由于它是绕竖轴旋转的,竖轴位置不动,则水准管轴偏移水平位置,气泡也不再居中,如图 3 - 23(b)。如果两者不相垂直的偏差为 α,则平转后水准管轴与水平位置的偏移量 2α。

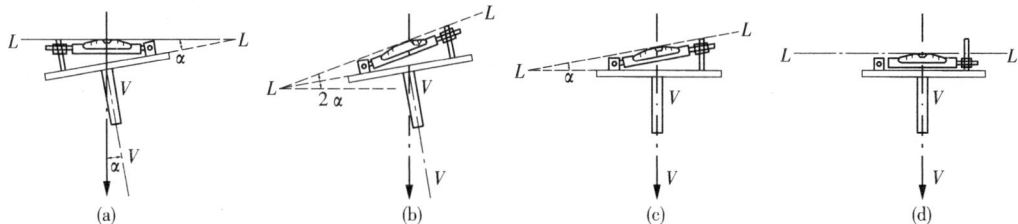

(a)   (b)   (c)   (d)

图 3 - 23

校正:照准部管水准轴不垂直于竖轴的原因,主要是因为支承水准管的校正螺旋(见图 3 - 24)有了变动。校正时,相对转动两个脚螺旋使水准管气泡向相反方向移动到偏离量一半的位置,此时竖轴已处于铅垂位置,如图 3 - 23(c)所示。再用校正针拨动水准管支架一端的上、下两个校正螺旋,使水准管气泡居中,如

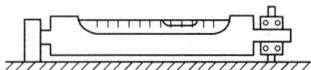

图 3 - 24

图 3 −23(d)所示。将照准部转到原来位置,观察气泡是否居中,如果不居中,可用脚螺旋使气泡再次居中,将照准部旋转 180°后再次校正。此项校正有时需要重复几次方能完成。需要注意一点;用校正针拨动水准管上、下两个校正螺旋时,应一松一紧,使其始终处于顶紧状态。

二、圆水准器轴应平行于竖轴的检校

检验:利用已校好的照准部水准管将仪器整平,这时竖轴已居铅垂位置。如果圆水准器的理想关系满足,则气泡应该居中。否则需要校正。

校正:在圆水准器盒的底部有三个校正螺丝,如图 3 − 25 所示。根据气泡偏移的方向,将其旋进或旋出,直至气泡居中,则条件满足。校正好后,应将三个螺丝旋紧,使其紧固。

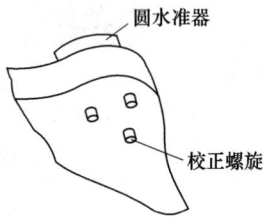

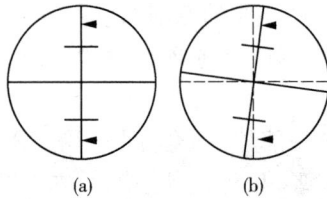

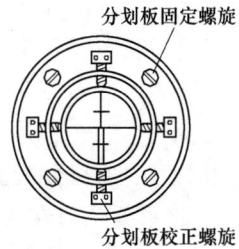

图 3 − 25   图 3 − 26   图 3 − 27

三、十字丝的竖丝垂直于水平轴的检校

检验:精确整平仪器,在仪器前方适当距离处悬挂一垂球线,旋转照准部用望远镜照准该垂球线,如果十字丝的竖丝与垂球线完全重合,则此条件满足,否则应校正。或者,用十字丝竖丝瞄准前方一清晰小点(见图 3 − 26),固定照准部和望远镜,用望远镜微动螺旋使望远镜上、下微动,如果小点始终在十字丝竖丝上移动,说明条件满足,否则应予校正。

校正:造成十字丝的竖丝不垂直于水平轴的原因,可能是十字丝环的校正螺丝(见图 3 − 27)松动,使十字丝分画板产生平面旋转。校正时,打开目镜端十字丝分画板护盖,松开四个十字丝校正螺丝,转动目镜筒使十字丝分画板旋转,直至十字丝竖丝与垂球线完全重合,再旋紧四个十字丝校正螺丝,盖好护盖。

四、视线垂直于横轴的检校

当横轴水平,望远镜绕横轴旋转时,其视准面应是一个与横轴正交的铅垂面。如果视准轴不垂直于横轴,此时望远镜绕横轴旋转时,视准轴的轨迹则是一个圆锥面。用该仪器观测同一铅垂面内不同高度的目标时,将有不同的水平度盘读数,从而产生测角误差。检验时常采用四分之一检验法和盘左盘右法。其中盘左盘右法受度盘偏心误差影响较大。

1. 四分之一检验法

检验:选一长约 60 m 的平坦地面,将仪器架于中间 O 点处,并将其整平。如图 3 − 28 所示先用盘左位置瞄准设于离仪器约 30 m 的 A 点。再固定照准部,将望远镜倒转 180°,

改为盘右,并在离仪器约 30 m 于视线上标出一点 B_1。然后,转动照准部,用盘右位置照准 A 点,再倒转望远镜 180°,在离仪器约 30 m 于视线上标出一点 B_2。若 B_1 与 B_2 重合,表示视准轴垂直于横轴。否则,条件不满足。从图 3 - 28 看出,视准轴不垂直于横轴,与垂直位置相差一个角度 c,且盘左、盘右读数产生的视准差符号相反,称其为视准误差或视准差。B_1、B_2 之间的距离 $|B_1B_2|$ 反映了盘左、盘右的四倍视准差 $4c$,即 $\angle B_1OB_2 = 4c$,由此算得

$$c \approx \frac{1}{4} * \frac{|B_1B_2|}{D} * \rho \qquad (3-15)$$

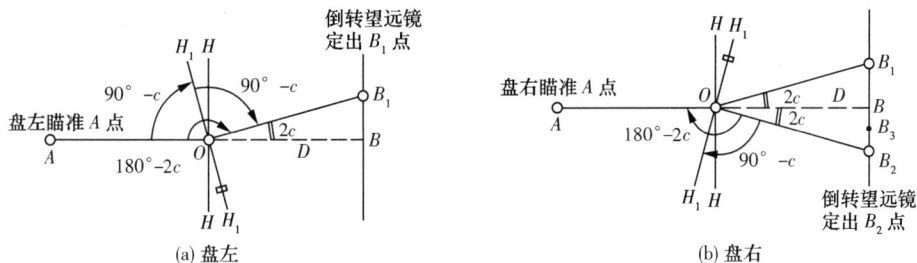

图 3 - 28

式(3 - 15)中 D 为仪器 O 点到 B 之间的水平距离,$\rho = 206\ 265''$。对于 J_6 级和 J_2 级经纬仪,一般要求 c 的绝对值分别小于 30″ 和 15″,否则应予校正。

校正:将 B_1、B_2 之间的距离 $|B_1B_2|$ 分为四等份,取靠近 B_2 点的等分点 B_3,则可近似认为 $\angle B_3OB_2 = c$。用拨针拨动图 3 - 27 中的左右两个十字丝校正螺丝,一松一紧,平移十字丝分画板,直至十字丝交点与 B_3 点重合。

2. 盘左盘右法

如图 3 - 29,OC 为视准轴的正确位置,与横轴 HH 垂直。OC' 为视准轴的实际位置,与横轴之间有一个夹角 c,即为视准轴误差。一般规定:盘左位置,视准轴偏向竖直度盘一侧时,c 为正值,反之为负值。

检验:在平坦场地整置仪器,选择一个与仪器等高的点 A。盘左位置照准目标 A,设水平度盘读数为 L,如图 3 - 29(a)。倒镜为盘右,望远镜绕横轴旋转,此时水平度盘读数仍为 L,如图 3 - 29(b)。盘右照准同一目标 A,此时照准部从倒镜位置顺时针转了 180° - $2c$,如图 3 - 29(c),则盘右读数 $R = L \pm 180° - 2c$。整理后得

$$2c = L - R \pm 180° \qquad (3-16)$$

$$c = \frac{1}{2}(L - R \pm 180°) \qquad (3-17)$$

校正:按式(3 - 17)求出 c 值后,旋转照准部使水平度盘读数为 $R + c$,此时照准部转动了 c 角,目标 A 将偏离十字丝交点,如图 3 - 29(d);一松一紧地拨动十字丝左、右两个校正螺丝,使十字丝的交点精确照准目标,此时条件得以满足,如图 3 - 29(e)。

当仪器存在视准轴误差 c 时,以视准轴的垂直横轴位置为基准读数,设盘左为 L_0,盘右为 R_0,则

$$L_0 = L + c, R_0 = R - c,\text{如图 3 - 29(a)及图 3 - 29(c)}$$

故
$$\frac{1}{2}(L_0 + R_0) = \frac{1}{2}(L + R) \qquad (3-18)$$

由此可见,采用盘左、盘右读数的平均值作为某一目标的方向值,可消除视准轴误差的影响。

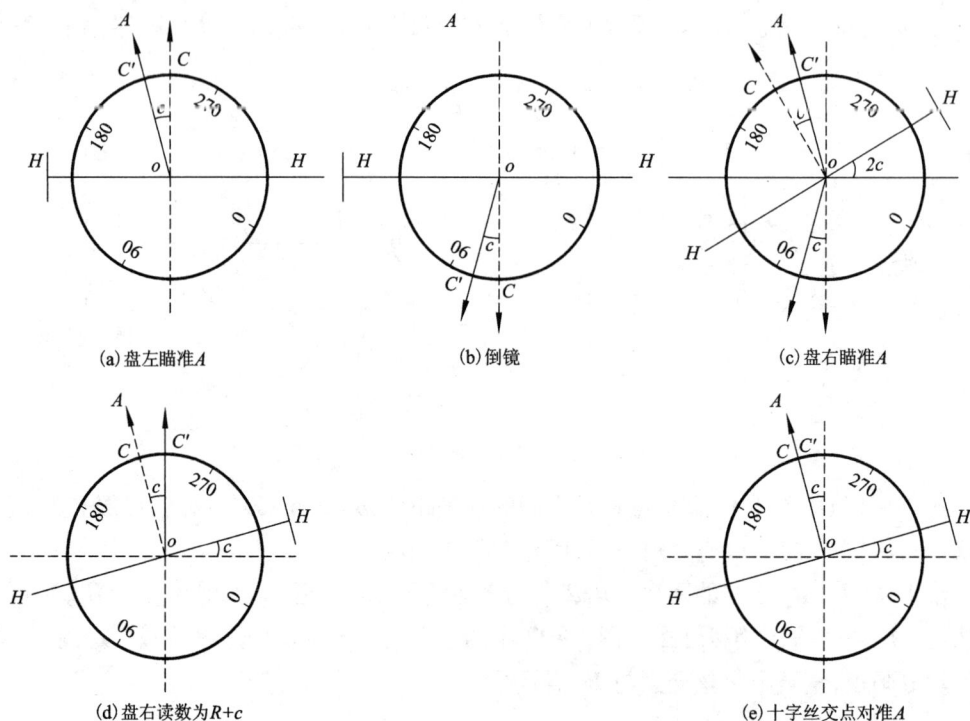

(a)盘左瞄准A　　　　　(b)倒镜　　　　　(c)盘右瞄准A

(d)盘右读数为R+c　　　　　(e)十字丝交点对准A

图 3－29

五、横轴垂直于竖轴的检校

当竖轴铅垂时,横轴不垂直于竖轴,而与水平面有一夹角 i,这个 i 角称为横轴倾斜误差。一般规定横轴在竖直度盘一侧下倾时,i 为正值,反之 i 为负值。横轴倾斜误差主要是由于仪器左右两端的支架不等高或水平轴两端轴径不相等而引起的。

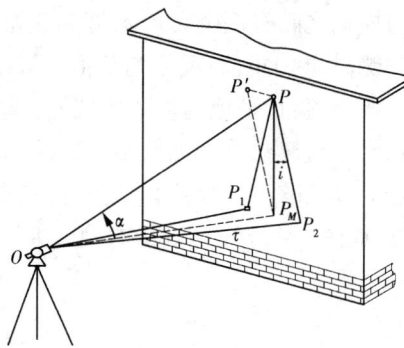

图 3－30

检验:如图 3－30 所示,在墙面高处选择一点 P,离墙面 20～30 m 地面上选择一点,整平仪器,仪器横轴中心为 O。在盘左位置精确照准 P 点后,转动望远镜至水平位置,依十字丝交点在墙面上作标志 P_1。倒转望远镜成盘右位置,再精确照准 P 点后,并依同样方法在墙面上作标志 P_2。如果 P_1、P_2 两点重合,则条件满足,否则存在水平轴误差 i。量取 P_1、P_2 之间的距离,取其中点 P_M,则 i 角计算公式为 $i = \frac{P_1 P_2}{2 \cdot OP_M \cdot tg\alpha} \cdot \rho$。对 J_6 级仪器,当 i 值大于 20″时,应予校正。

校正:盘右位置使望远镜精确照准 P_M,上仰望远镜,此时视线必然不再照准 P,而是照准 P'。打开望远镜右支架横轴端的护盖,转动支承横轴的偏心环的螺丝,使横轴的右端升高或降低,使十字丝的交点对准 P 点。由于偏心环密封在支架内,作业人员一般只做检验,而校正由专业人员在室内进行。

六、光学对中器的视线应与竖轴的旋转中心线重合

检验:如果这一理想关系满足,光学对中器的望远镜绕仪器竖轴旋转时,视线在地面上的照准位置不变,如图 3 – 31(a)所示。否则,视线在地面上照准的轨迹为一个圆圈。

校正:造成光学对中器误差的原因有二:一是在直角棱镜上视线的折射点不在竖轴的旋转中心线上;一是望远镜的视线不与竖轴的旋转中心线垂直,或者直角棱镜的斜面与竖轴的旋转中心线不成 $45°$。

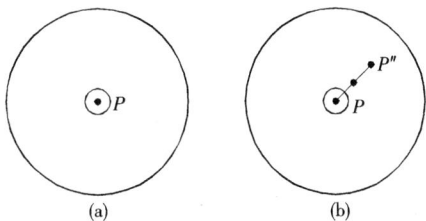

图 3 – 31

由于前一种原因影响极小,所以都校正后者。不同厂家生产的仪器,可校正的部位也不同。有的是校正对中器的望远镜分画板,如北光的 DJ_2E;有的是校正直角棱镜,如上三光的 DJK – 6 即是。

由于检验时所得前后两点之差是二倍误差造成的,因而在标出两点的中间位置后,校正有关的螺旋,使视线落在中间点上即可,如图 3 – 31(b)所示。对中器分画板的校正与望远镜分画板的校正方法相同。直角棱镜可对其校正装置进行操作以达到要求。

七、竖盘指标水准管的检校

检验:整平仪器,照准高处一明显目标,观测竖直角一个测回,依式(3 – 14)计算竖盘指标差,一般当指标差的绝对值大于 $1'$ 时,应予校正。

校正:用盘右读数减去指标差,求得盘右位置的正确读数。盘右位置,转动竖盘指标水准管微动螺丝,使竖盘读数为正确读数,此时竖盘指标水准管的气泡将不居中。打开水准管校正螺丝的护盖,一松一紧地调节水准管校正螺丝使气泡再次居中。此项工作须反复进行,直到指标差的大小满足要求为止。

§3.6　角度测量的误差分析

和水准测量一样,角度测量也不可避免地存在误差,也可概括为仪器误差、观测误差和外界条件的影响三个方面,因此要提高角度测量的精度,测量中应采取措施减弱或消除这些误差的影响。

一、仪器误差

仪器误差主要是指仪器检校后残余误差和仪器零部件加工不够完善引起的误差。仪器误差的影响,一般都是系统性的,可以在工作中通过一定的方法予以消除和减小。主要的仪器误差有:视准轴不垂直于横轴,横轴不垂直于竖轴,水准管轴不垂直于竖轴,照准部

偏心差,光学对中器视线不与竖轴旋转中心线重合及竖盘指标差等。在分析任一项仪器误差对角度的影响时,都假定仪器其他轴线关系完好。

1. 视准轴不垂直于横轴

如图 3 - 32 所示:如果视线与横轴垂直时的照准方向为 AO,当两者不垂直而存在一个误差角 c 时,则照准点为 O_1。如要照准 O,则照准部需旋转 c' 角。这个 c' 角就是由于这项误差在一个方向上对水平度盘读数的影响。由于 c' 是 c 在水平面上的投影,从图 3 - 32 可知:

$$c' = \frac{BB_1}{AB} \cdot \rho \qquad (3 - 19)$$

而

$$AB = AO\cos\alpha, BB_1 = OO_1$$

所以

$$c' = \frac{OO_1}{AO\cos\alpha} \cdot \rho = \frac{c}{\cos\alpha} = c \cdot \sec\alpha \qquad (3 - 20)$$

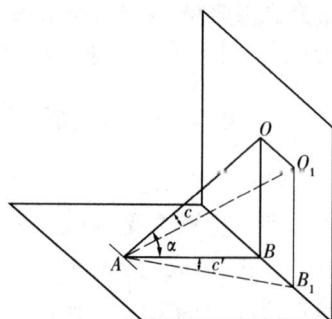

图 3 - 32

由于一个角度是由两个方向构成的,则它对角度的影响为:

$$\Delta c = c_2' - c_1' = c(\sec\alpha_2 - \sec\alpha_1) \qquad (3 - 21)$$

式中:α_2、α_1 为两个方向的竖直角。

由上可知,在一个方向上的影响与误差角 c 及竖直角 α 的正割的大小成正比;对一个角度而言,则与误差角 c 及两个方向竖直角正割之差的大小成正比,如两个方向的竖直角相同,则影响为零。

因为在用盘左、盘右观测同一点时,其影响的大小相同而符号相反,所以在取盘左盘右的平均值时,可自然抵消。

2. 横轴不垂直于竖轴

因为横轴不垂直于竖轴,则仪器整平后竖轴居于铅垂位置,横轴必发生倾斜。视线绕横轴旋转所形成的不是铅垂面,而是一个倾斜平面,如图 3 - 33 所示。过目标点 O 作一垂直于视线方向的铅垂面,O' 点位于过 O 点的铅垂线上。如果存在这项误差,则仪器照准 O 点,将视线放平后,照准的不是 O' 而是 O_1 点。如果照准 O',则需将照准部转动 ε 角。这就是在一个方向上,由于横轴不垂直于竖轴,而对水平度盘读数的影响,倾斜直线 OO_1 与铅垂线之间的夹角与横轴的倾角相同,从图 3 - 33 可知:

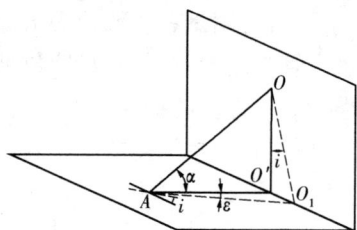

图 3 - 33

$$\varepsilon = \frac{O'O_1}{AO'} \cdot \rho \qquad (3 - 22)$$

因

$$O'O_1 = \frac{i}{\rho} \cdot OO' \qquad (3 - 23)$$

故

$$\varepsilon = i \cdot \frac{OO'}{AO'} = i \cdot \tan\alpha \qquad (3 - 24)$$

式中:i 为横轴的倾角;α 为视线的竖直角。

它对角度的影响为:

$$\Delta\varepsilon = \varepsilon_2 - \varepsilon_1 = i(\tan\alpha_2 - \tan\alpha_1) \qquad (3-25)$$

由上可知,在一个方向上对水平度盘读数的影响,与横轴的倾角 i 及目标点的竖直角 α 的正切的大小成正比;对一个角度而言,则与横轴的倾角及两个目标点的竖直角正切之差的大小成正比。如两个方向的竖直角相同,则影响为零。

因为在用盘左、盘右观测同一点时,其影响的大小相同而符号相反,所以在取盘左盘右的平均值时,可自然抵消。

3. 水准管轴不垂直于竖轴

这项误差影响仪器的整平,即气泡居中后,竖轴不铅垂,横轴则不水平,设其倾角为 i,故其对水平角的影响与第 2 项相似。但盘左和盘右位置,其倾斜方向是固定不变的,不能用盘左盘右取平均值加以消除。如果存在这一误差,可采用下述方法予以消除:

在整平时于一个方向上使气泡居中后,再将照准部平转 180°,这时气泡必然偏离中央。然后用脚螺旋使气泡移回偏离值的一半,则竖轴即可铅垂。这项操作要在互相垂直的两个方向上进行,直至照准部旋转至任何位置时,气泡虽不居中,但偏离量不变为止。

4. 照准部偏心

所谓照准部偏心,即照准部的旋转中心与水平盘的刻划中心不相重合。这项误差只有在直径一端有读数的仪器才有影响,而采用对径符合读法的仪器,可将这项误差自动消除。

如图 3-34 所示,设度盘的刻划中心为 O,而照准部的旋转中心为 O_1。当仪器的照准方向为 A 时,其度盘的正确读数应为 a。但由于这项误差的存在,实际的读数为 a_1。$a_1 - a$ 即为这项误差的影响。

照准部偏心影响的大小及符号是依偏心方向与照准方向的关系而变化。如果照准方向与偏心方向一致,其影响为零;两者互相垂直时,影响最大。在图中,照准方向为 A 时,读数偏大,而照准方向为 B 时,读数偏小。

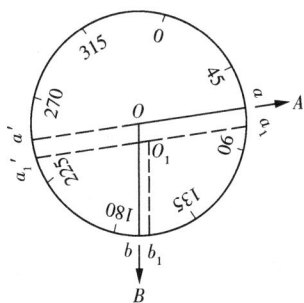

图 3-34

当用盘左、盘右观测同一方向时,是取了对径读数,其影响值的大小相同而符号相反,故在取盘左盘右的平均值时,可以抵消。

5. 光学对中器视线不与竖轴旋转中心线重合

这项误差是影响测站偏心,将在后边详细说明,如果对中器是附在基座上,在观测测回数的一半时,可将基座平转 180° 再进行对中,以减少其影响。

6. 竖盘指标差

这项误差是影响竖直角的观测精度。如果工作时预先测出,在用半测回测角的计算时予以考虑,或者用盘左、盘右观测取其平均值,则可得到抵消。

二、观测误差

造成观测误差的原因有二:一是工作时不够细心;二是受人的器官及仪器性能的限制。主要的观测误差有:对中误差、整平误差、目标偏心、照准误差及读数误差。对于竖直角观测,则有指标水准器的整平误差。

1. 仪器整置误差

仪器整置误差包括仪器的对中误差和整平误差两部分。

（1）对中误差

如图 3－35，O 点为测站中心，如果观测时仪器没有精确对中而偏至 O'，OO' 之间的距离 e 称为测站偏心距。设角度观测值为 β'，正确值为 β，则 β 与 β' 之差 $\Delta\beta$ 就为对中不精确所带来的角度误差，即 $\Delta\beta = \beta - \beta' = \delta_1 + \delta_2$。因为 e 值很小，δ_1 和 δ_2 也是一个小角，所以可以将 e 看作一段小圆弧，于是有下式：

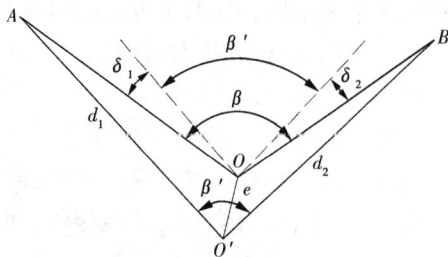

图 3－35

$$\Delta\beta = \delta_1 + \delta_2 = e\rho''\left(\frac{1}{d_1} + \frac{1}{d_2}\right) \quad (3-26)$$

式中：$\rho'' = 206\,265''$，d_1、d_2 为水平角两边的边长。并由式（3－26）可以看出：对中误差与测站偏心距成正比，与边长成反比。假设 $e = 3$ mm，当 $d_1 = d_2 = 100$ m、50 m、25 m 时，可算出 $\Delta\beta = 12.4''$，$24.8''$，$49.6''$，因此当边长较短时应特别注意对中，减少对中误差。

（2）整平误差

仪器的整平误差包括两方面，一是水准管轴与竖轴本身不垂直，这是因为仪器制造加工和检校不完善；二是仪器整平时气泡没有严格居中。这种误差是不能通过所采用的观测方法予以消除的，而且随着观测目标的竖直角变大而变大，所以应特别注意仪器的整平。当进行多测回观测时，一般在一个测回观测结束进行下一测回观测时，应检查气泡是否居中，必要时重新整平仪器。如果在一测回观测过程中发现气泡偏离中心一格以上，

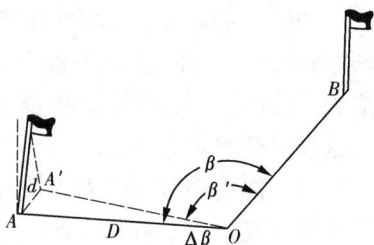

图 3－36

应整平仪器重新观测。在野外阳光下观测，应使用遮阳伞，以免仪器的水准管受阳光直射而影响整平的效果。

2. 目标偏心误差

测角时，要求所照准的目标要垂直而且准确地竖立在标志中心，如果目标倾斜或者没有准确地竖立在标志中心，所测得的角度中必然含有目标偏心误差。如图 3－36 所示，仪器安置于 O 点，仪器中心至目标中心的距离为 D，目标 A 偏斜至 A' 的水平距离为 d，设角度观测值为 β'，正确值为 β，则 β 与 β' 之差 $\Delta\beta$ 就为目标偏心所带来的角度误差，即

$$\Delta\beta = \beta - \beta' = \frac{d}{D}\rho'' \quad (3-27)$$

由上式可知，目标偏心误差与偏心距成正比，与仪器中心至目标中心的距离成反比，所以测角时照准目标应竖直，并尽量瞄准目标的底部。

3. 照准误差和读数误差

（1）照准误差

照准误差由望远镜的放大率和人眼的分辨力等因素引起。一般来说，人眼的分辨力

为 60″,如果用放大倍率为 V 的望远镜进行观测,可以认为照准误差为 $±60″/V$。如望远镜的放大倍率为 30 倍时,照准误差为 $±2.0″$。

（2）读数误差

读数误差的大小与仪器的读数设备有关,对于分微尺读法,主要是估读最小分画的误差,对于对径符合读法,主要是对径符合的误差所带来的影响,所以在读数时应特别注意。DJ_6 级仪器的读数误差最大为 $±12″$,DJ_2 级仪器的读数误差最大为 $±2″ \sim ±3″$。

4. 竖盘指标水准器的整平误差

在读取竖盘读数前,须先将指标水准器整平。DJ_6 级仪器的指标水准器分画值一般为 $±30″$,DJ_2 级仪器一般为 $±20″$。这项误差是影响竖直角的主要因素,操作时应注意。

三、外界条件的影响

外界条件对角度测量的影响是多方面的,也是很复杂的,如天气的变化、地面土质疏松的差异、地形的起伏、以及周围建筑物的状况等,都会影响测角的精度,概括起来主要有以下几个方面:

1. 大气折光的影响

当光线通过密度不均匀的空气介质时,会折射而形成一条曲线,并弯向密度大的一方。如图 3 - 37 所示,当安置在 A 点的经纬仪观测 B 点时,其理想的方向线应为 A、B 两点的直线方向,但由于大气折光的影响,望远镜实际所照准的方向是一条曲线在 A 点处的切线方向,即图中的 AC 方向,这个方向与弦线 B 之间有一个夹角 δ,这个值即为大气折光的影响。大气折光可以分解成水平和垂直两个分量,

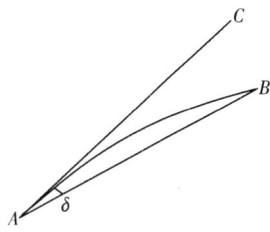

图 3 - 37

通常称为旁折光和垂直折光,也分别对水平角和垂直角的观测产生影响。要减弱旁折光对水平角观测的影响,选择点位时应使其视线离开障碍物 1 m 以外,同时选择较有利的观测时间。要减弱垂直折光对垂直角观测的影响,应使视线高于地面 1 m 以上,同时选择较有利的观测时间,并尽可能避免长边。

2. 大气层密度和大气透明度对目标成像的影响

角度观测时,要求目标成像稳定和清晰,否则将降低照准的精度。目标成像的稳定与否取决于视线通过大气层密度的变化情况,而大气层密度的变化程度又取决于太阳对地面的热辐射程度以及地形的特征,如果大气层密度均匀,目标成像就稳定,否则目标成像就会产生上下左右跳动,减弱其影响的方法是选择较好的观测时段。目标成像的清晰与否取决于大气的透明程度,而大气透明度又取决于空气中尘埃和水蒸气的多少以及太阳辐射的程度,减弱其影响的方法仍然是选择有利的观测时间。

3. 温度变化对轴线的影响

观测时,如果仪器遭受太阳的直接照射,各轴线之间的正确关系可能发生变化,从而降低观测精度。一般要求在野外观测时,使用遮阳伞以免仪器受太阳的直接照射。

思考与练习

1. 什么是水平角和竖直角？如何定义竖直角的符号？

2. 经纬仪对中和整平的目的是什么？怎样进行对中和整平？

3. 在观测竖直角时,为什么指标水准管的气泡必须居中？

4. 如图3－38所示,怎样决定所测的是 α 或 β 角？

5. 整理表3－5的竖直角观测记录(盘左瞄准高目标,竖盘读数小于90°)

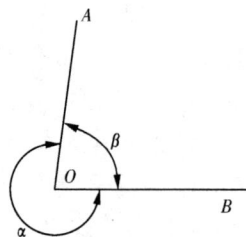

图3－38

表3－5　竖直角观测记录

测站	测点	盘位	竖盘读数	半测回竖直角	一测回竖直角	指标差
1	2	3	4	5	6	7
o	A	左	96°32′48″			
		右	263°27′30″			

6. 试述测回法测水平角的步骤,并根据表3－6的记录计算水平角值及平均角值。

表3－6　水平角观测记录（测回法）

测站	盘位	目标	水平度盘读数 ° ′ ″	水平角 半测回值 ° ′ ″	水平角 一测回值 ° ′ ″	备　注
O	盘左	A	183　06　36			
		B	3　36　30			
	盘右	B	183　36　24			$\Delta\beta=$
		A	3　16　12			

7. 试述用方向观测法测水平角的步骤,并根据表3－7的记录计算各个方向的方向值。

表3－7　方向法观测手簿

测站	测点	水平度盘读数 盘　左 ° ′ ″			水平度盘读数 盘　右 ° ′ ″		左－右 (2c) ″	$\dfrac{左+右}{2}$ ° ′ ″	方向值 ° ′ ″	备注
1	2	3	4	5	6	7	8	9	10	11	12
O	A	0	02	06.2 / 04.8	180	02	15.7 / 18.3				
	B	37	44	12.3 / 13.8	217	44	12.6 / 14.4				
	C	110	29	06.0 / 07.1	290	28	54.3 / 56.6				
	D	150	15	04.7 / 06.3	330	14	56.0 / 58.0				
	A	0	02	07.1 / 08.8	180	02	18.9 / 17.1				

8. 什么是竖盘指标差？怎样测定它的大小？怎样决定其符号？

9. 经纬仪应满足哪些理想关系？如何进行检验？

10. 在测量水平角和竖直角时,为什么要用两个盘位？影响水平角及竖直角测量精度的因素有哪些？各应如何消除或降低其影响？

第4章

距离测量与直线定向

确定地面点的位置,除了测量水平角和高程外,还要测量地面上两点间的水平距离和两点间直线与子午线(南北方向线)间的关系,有了距离和方向,地面上两点间的相互关系就确定了。

距离测量的常用方法有:钢尺量距、电磁波测距和光学测距等。

直线方向可用罗盘仪测定磁北方向,也可用太阳高度法或陀螺仪确定真北方向。

§4.1 钢尺量距

一、量距工具

1. 钢尺

钢尺由薄钢带制成,宽 10~15 mm,厚 0.4 mm,尺长有 20 m、30 m、50 m 等几种。如图 4-1 所示,钢尺可分为端点尺和刻线尺两种。端点尺是以尺环外缘作为尺子的零点,而刻线尺是以尺的前端刻一细线作为尺的零点。钢尺性脆易折,使用中防止打结、扭拉和车轧。用后应及时擦净、上油,以防生锈。

2. 其他辅助工具

其他辅助工具有测钎、标杆、垂球,精

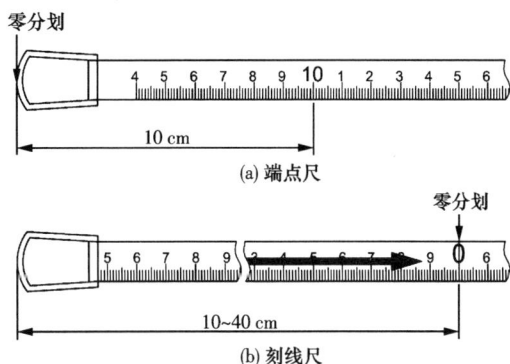

图 4-1

密量距时,还需要有弹簧秤和温度计。测钎用于标定尺段[见图 4-2(a)],标尺用于直线定线[见图 4-2(b)],垂球用于在不平坦地面丈量时将钢尺的端点垂直投影到地面,弹簧秤用于对钢尺施加规定的拉力,温度计用于测定钢尺量距时的温度,以便对钢尺丈量的距离施加温度改正,如图 4-3 所示。

二、直线定线

当地面两点之间的距离大于钢尺的一个尺段时,就需要在直线方向上标定若干分段点,以便于用钢尺分段丈量。直线定线的目的是使这些分段点在待量直线端点的连线上,其方法有以下两种：

1. 目测定线

目测定线适用于钢尺量距的一般方法。如图 4-4 所示，设 A、B 两点互相通视，要在 A、B 两点的直线上标出分段点 1、2 点。先在 A、B 点上竖立标杆。甲站在 A 点标杆后约 1 m 处，指挥乙左右移动标杆，直到甲在 A 点沿标杆的同一侧看到 A、2、B 三支标杆成一条线为止。同法可以定出直线上的其他点。两点间定线，一般应由远到近，即先定 1 点，再定 2 点。定线时，乙所持标杆应竖直，利用食指和拇指夹住标杆的上部，稍微提起，利用重心使标杆自然竖直。此外，为了不挡住甲的视线，乙应持标杆站立在直线方向的左侧或右侧。

2. 经纬仪定线

经纬仪定线适用于钢尺量距的精密方法。设 A、B 两点互相通视，将经纬仪安置在点 A，用望远镜纵丝瞄准 B 点，制动照准部，望远镜上下转动，指挥在两点间某一点上的助手，左右移动标杆，直至标杆像为纵丝所平分。为了减小照准误差，精密定线时，可以用直径更细的测钎或垂球线代替标杆。

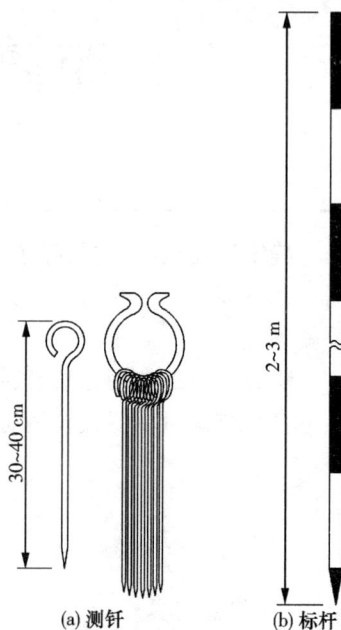

(a) 测钎　　(b) 标杆

图 4-2

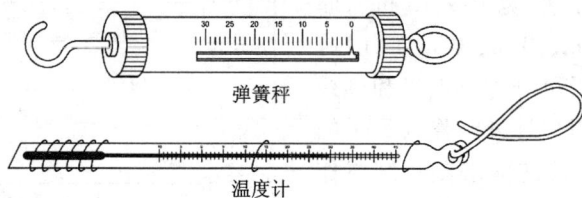

弹簧秤

温度计

图 4-3

图 4-4

三、钢尺量距的一般方法

1. 平坦地面的距离丈量

丈量工作一般由两人进行。如图 4-5 所示,清除待量直线上的障碍物后,在直线两端点 A、B 竖立标杆,后尺手持钢尺的零端位于 B 点,前尺手持钢尺的末端和一组测钎沿 BA 方向前进,行至一个尺段处停下。后尺手用手势指挥前尺手将钢尺拉在 BA 直线上,后尺手将钢尺的零点对准 B 点,当两人同时把钢尺拉紧后,前尺手在钢尺末端的整尺段分画处竖直插下一根测钎(如在水泥地面上丈量插不下测钎时,也可以用粉笔在地面上划线做记号)得到 1 点,即量完一个尺段。前、后尺手抬尺前进,当后尺手到达插测钎或划记号处时停住,再重复上述操作,量完第二尺段。后尺手拔起地上的测钎,依次前进,直到量完 BA 直线的最后一段为止。

图 4-5

最后一段距离一般不会刚好是整尺段的长度,称为余长。丈量余长时,前尺手在钢尺上读取余长值,则最后 A、B 两点间的水平距离为:

$$D_{AB} = n \times 尺段长 + 余长 \tag{4-1}$$

式中:n 为整尺段数。

在平坦地面,钢尺沿地面丈量的结果就是水平距离。

为了防止丈量中发生错误和提高量距的精度,需要往、返丈量。符合精度要求时,取往、返距离的平均值作为丈量结果。

2. 倾斜地面的距离丈量

(1)平量法

沿倾斜地面丈量距离,当地势起伏不大时,可将钢尺拉平丈量。如图 4-6 所示,丈量由 A 点向 B 点进行,甲立于 A 点,指挥乙将尺拉在 AB 方向线上。甲将尺的零端对准 A 点,乙将钢尺抬高,并且目估使钢尺水平,然后用垂球尖将尺段的末端投影到地面上,插上测钎。若地面倾斜较大,

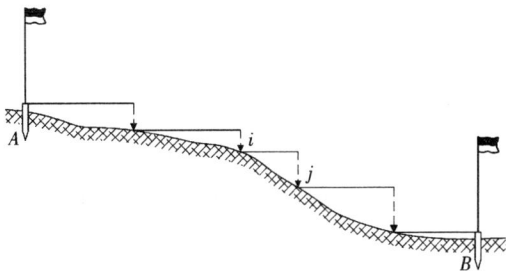

图 4-6

将钢尺抬平有困难时,可将一个尺段分成分几个小段来平量,如图中的 ij 段。

(2)斜量法

当倾斜地面的坡度比较均匀时,如图 4 - 7
所示,可以沿着斜坡丈量出 A、B 的斜距 L,测出
地面倾斜角 α 或两端点的高差 h,然后按下式计
算 A、B 的水平距离 D:

$$D = L\cos\alpha = \sqrt{L^2 - h^2} \quad (4-2)$$

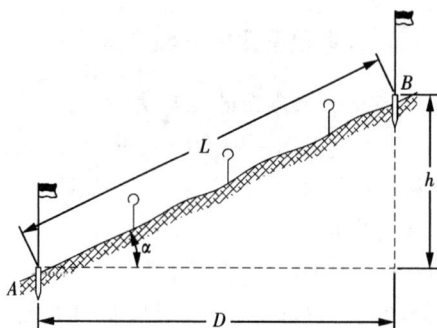

图 4 - 7

四、钢尺量距的精密方法

用一般方法量距,其相对误差只能达到
1/1 000 ~ 1/5 000,当要求量距的相对误差更小
时,例如,1/10 000 ~ 1/40 000,这就要求用精密
方法进行丈量。

精密方法量距的主要工具为钢尺、弹簧秤、温度计等。其中,钢尺必须经过检验,并得
到其检定的尺长方程式。

随着电磁波测距仪的逐渐普及,现在,测量人员已经很少使用钢尺精密方法丈量距
离,需要了解这方面内容的读者,请参考有关的书籍。

五、成果整理

评定距离丈量的精度,是用相对误差来表示。所谓相对误差,是以往、返测距的较差
$\Delta D = D_{AB} - D_{BA}$ 的绝对值与往、返测距的平均值之比,并将分子化为 1 的分数表示,即

$$K = \frac{|D_{AB} - D_{BA}|}{\overline{D}_{AB}} = \frac{1}{\overline{D}_{AB}/\Delta D} \quad (4-3)$$

在平坦地区,用钢尺量距精度应高于1/3 000,在山区也应不低于1/1 000。
例如:A、B 的往测距离为 162.73 m,返测距离为 162.78 m,则相对误差 K 为

$$K = \frac{|162.73 - 162.78|}{162.755} = \frac{1}{3\ 255} < \frac{1}{3\ 000}$$

六、钢尺量距的误差分析及注意事项

1. 钢尺量距的误差分析

钢尺量距的主要误差来源有下列几种:

(1)尺长误差

如果钢尺的名义长度和实际长度不符,则产生尺长误差。尺长误差是积累的,丈量的
距离越长,误差越大。因此,新购置的钢尺必须经过检定,测出其尺长改正值。

(2)温度误差

钢尺的长度随温度而变化,当丈量时的温度与钢尺检定时的标准温度不一致时,将产
生温度误差。按照钢的膨胀系数计算,温度每变化1 ℃,丈量距离为 30 m 时,对距离影响
为 0.4 mm。

(3)钢尺倾斜和垂曲误差

在高低不平的地面上采用钢尺水平法量距时,钢尺不水平或中间下垂而成曲线时,都

会使量得的长度比实际要大。因此,丈量时必须注意钢尺水平,整尺段悬空时,中间应有人托住钢尺,否则会产生很大的垂曲误差。

(4)定线误差

丈量时,钢尺没有准确地放在所量距离的直线方向上,使所量距离不是直线而是一组折线,造成丈量结果偏大,这种误差称为定线误差。丈量 30 m 的距离,当偏差为 0.25 m 时,量距偏大 1 mm。

(5)拉力误差

钢尺在丈量时所受拉力应与检定时的拉力相同。若拉力变化 ±2.6 kg,尺长将改变 ±1 mm。

(6)丈量误差

丈量时,在地面上标志尺端点位置处插测钎不准,前、后尺手配合不佳,余长读数不准等,都会引起丈量误差,这种误差对丈量结果的影响可正可负,大小不定。在丈量中要尽量做到对点准确,配合协调。

2. 钢尺的维护

①钢尺易生锈,丈量结束后应用软布擦去尺上的泥和水,涂上机油,以防生锈。

②钢尺易折断,如果钢尺出现卷曲,切不可用力硬拉。

③丈量时,钢尺末端的持尺员应该用布或者纱手套包住钢尺,切不可手握尺盘或尺架用力,以免将钢尺拖出。

④在行人和车辆较多的地区量距时,中间要有专人保护、以防止钢尺被车辆碾压而折断。

⑤不准将钢尺沿地面拖拉,以免磨损尺面分画。

⑥收卷钢尺时,应按顺时针方向转动钢尺摇柄,切不可逆转,以免折断钢尺。

§4.2 电磁波测距

电磁波测距使用电磁波(光波或微波)作为载波传输测距信号以测量两点间距离的一种方法。与传统的钢尺量距相比,它具有测程长、精度高、作业快、工作强度低等优点。电磁波测距仪按其所采用的载波可分为:①用微波段的无线电波作为载波的微波测距仪;②用激光作为载波的激光测距仪;③用红外光作为载波的红外测距仪,后两者又统称为光电测距仪。微波和激光测距仪多属于长程测距,测程可达 60 km,一般用于大地测量,而红外测距仪属于中、短程测距仪(测程为 15 km 以下),一般用于小地区控制测量、地形测量、地籍测量和工程测量等。

一、光电测距仪的基本原理

如图 4-8 所示,光电测距仪是通过测量光波在待测距离 D 上往、返传播一次所需要的时间 t_{2D},依式(4-4)来计算待测距离 D:

$$D = \frac{1}{2} C \, t_{2D} \tag{4-4}$$

式中：$C = \dfrac{C_0}{n_g}$ 为光在大气中的传播速度，C_0 为光在真空中的传播速度，迄今为止，人类所测得的精确值为 $C_0 = 299\ 792\ 458$ m/s；n_g 为大气折射率（$n_g \geq 1$），它是光的波长 λ、大气温度 t 和气压 p 的函数，即

$$n_g = f(\lambda, t, p) \tag{4-5}$$

由于 $n_g \geq 1$，所以，$C \leq C_0$，也即光在大气中的传播速度要小于其在真空中的传播速度。

红外测距仪一般采用 GaAs（砷化镓）发光二极管发出的红外光作为光源，其波长 $\lambda = 0.85 \sim 0.93$ μm。对一台红外测距仪来说，λ 是一个常数，则由式（4-5）可知，影响光速的大气折射率 n_g 只随大气的温度 t、气压 p 而变化，这就要求我们在光电测距作业中，必须实时测定现场的大气温度和气压，并对所测距离施加气象改正。

根据测量光波在待测距离 D 上往、返一次传播时间 t_{2D} 的不同。光电测距仪可分为脉冲式和相位式两种。目前红外测距仪均采用相位法测距，本节主要介绍相位法测距原理。

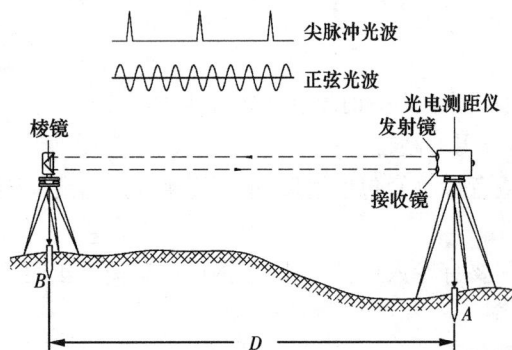

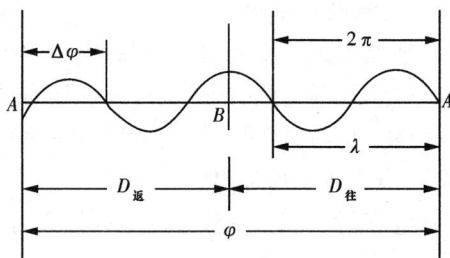

图 4-8   图 4-9

相位法光电测距是将发射光波的光调制成正弦波的形式，通过测量正弦光波在待测距离 D 上往返传播的相位移 φ，间接求出时间 t_{2D}，来确定两点间的距离。将调制光波传播的距离展开如图 4-9，相位移 φ 是以为 2π 周期变化的，则 φ 可以分解为 n 个 2π 整数周期和不足一个整数周期相位移 $\Delta\varphi$，也即有

$$\varphi = n \cdot 2\pi + \Delta\varphi \tag{4-6}$$

另一方面，设调制光波的频率为 f，由于频率的定义是一秒钟振荡的次数，振荡一次的相位移为 2π，则调制光波经过 t_{2D} s 后的相位移为

$$\varphi = 2\pi f t_{2D} \tag{4-7}$$

由式（4-6）和式（4-7）可以解出 t_{2D} 为

$$t_{2D} = \frac{n \cdot 2\pi + \Delta\varphi}{2\pi f} = \frac{1}{f}\left(n + \frac{\Delta\varphi}{2\pi}\right) = \frac{1}{f}(n + \Delta n) \tag{4-8}$$

将式（4-8）代入式（4-4），得

$$D = \frac{C}{2f}(n + \Delta n) = \frac{\lambda}{2}(n + \Delta n) \tag{4-9}$$

式中：$\lambda = \dfrac{C}{f}$ 为调制波波长；$\dfrac{\lambda}{2}$ 为测尺长度，又称光尺；n 为相位移的整周期数；Δn 为不足

一整周期的小数，$\Delta n = \dfrac{\Delta\varphi}{2\pi}$。

用式(4-9)求距离的方法，与用钢尺丈量距离是相似的，只是在钢尺量距中，可以用测钎记录丈量过的整尺段。在相位法测距中，仪器的相位计只能记录相位尾数 $\Delta\varphi$，而不能记录距离大于调制波长时的相位移整周期数 n。为了能得到距离的单值解，可将调制波频率降低，使调制波长 λ 大于待测距离的二倍，这时待测距离的相位移即变为 $\Delta\varphi$。将相位计记录的 $\Delta\varphi$ 通过距离转换，在测距仪的显示窗中显示出来。

由于仪器的测相精度只有 1/1 000，故当距离愈长时，距离测量误差的绝对值愈大。例如，$f_1 = 15$ MHz 时，测尺长度 $\lambda/2 = 10$ m，距离误差为 ±0.01 m；当 $f_2 = 150$ kHz 时，$\lambda/2 = 1\,000$ m，距离误差则为 ±1 m。为了解决扩大测程与提高精度的矛盾，可以采用一组测尺配合测距，以短测尺(又称粗测尺)保证测距的精度；以长测尺(又称粗测尺)保证测程，两者组合在一起就得到一个完整的距离。这如同我们使用的手表，通过时针、分针、秒针三者的组合，读出准确的时间。

二、光电测距仪的检测

为了提高作业速度和充分发挥仪器的潜在力，光电测距仪使用之前，应对其进行检测，以便根据误差的大小，采取适当措施以提高观测成果的质量。

常进行的检测项目有：三轴平行性检测、加常数、乘常数、周期误差检测。由于周期误差数值不大，一般测量成果改正中不考虑其影响，故本节仅作三轴平行性、加常数、乘常数检测方法的介绍。

1. 三轴平行性的检测

测距仪的发射、接收光轴与望远镜的视准轴三者平行时，测距仪能得到最大强度的反射光波信号。但仪器在使用、运输过程中，可能会导致三轴不平行，使测距仪得到的反射信号强度大大减弱，甚至会接收不到信号，影响测距工作的进行。因而在每项工作开始前，应对测距仪进行检测。

进行三轴平行性检测时，将单块棱镜安置在距仪器至少 100 m 处，先使望远镜的十字丝照准觇标，记下电流计指针摆动的位置或显示窗中显示的反射信号强度(具体的数值或强度符号)，然后转动仪器的微动螺旋，使望远镜左右及上下移动，若电流计指针继续向大的位置摆动或反射信号强度增加，说明三轴不平行，若偏差大则应校正。

2. 加常数和乘常数的检测

由式(4-9)知，测距成果精度受到多种因素影响。一种是与距离长短无关的因素，如 $\Delta\varphi$ 的测定误差、仪器出厂前的预置加常数误差等，这些称固定误差；另一种是与距离成比例的误差，如光速值误差、调制频率误差、大气折射率的误差等，它们直接影响测尺长度 $\lambda/2$ 的精度，称比例误差。

检测出这两种误差值的大小，并对观测结果加以改正，通常称加常数、乘常数改正。检测方法很多，最常用的是六段基线全组合比较法，对观测数据采用一元线性回归拟合法处理。

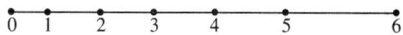

图 4-10

将一条长度接近于仪器测程(或大多数测距边长度)的高精度(1/100 万)基线,分为长度不等的六段(见图4-10),观测时组合成21段,每一段观测时都要记录温度、气压、竖直角、斜距,以便进行气象改正和水平距离归算。

根据各段距离观测得出的平距 D_i 和其相应段的基线长度 $\hat{D}_i$ 之差 y_i,用一元线性回归方程

$$y = a + bx \qquad (4-10)$$

可以计算加常数和乘常数,其公式如下:

$$\left. \begin{array}{l} b = \dfrac{[x_i \cdot y_i] - n \cdot \bar{x} \cdot \bar{y}}{[x_i^2] - n \cdot \bar{x}^2} \\ a = \bar{y} - b\bar{x} \end{array} \right\} \qquad (4-11)$$

式中:a 为加常数(通常用 K 表示);b 为乘常数(通常用 R 表示);x_i 为各段基线长,即 $\hat{D}_i$;y_i 为各段观测值与基线值之差,$y_i = \hat{D}_i - D_i$;n 为测段数,为21;$\bar{x}$、$\bar{y}$ 为 x_i、y_i 的平均值。

求得的加常数以 mm 表示,乘常数 10^{-6} 表示,它代表每公里改正的 mm 数,即 mm/km。

3. 加常数简易测定法

有时由于工作需要,只是检测一下加常数是否有大的变动,可以如图4-11所示,在地面用木桩标出一直线 ABC,桩顶用小钉标志点位和方向。用测距仪测出 AB、BC、AC 的长度,则

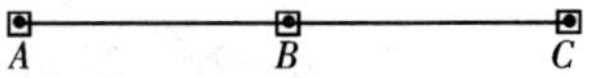

$$AC + K = (AB + K) + (BC + K)$$
$$K = AC - (AB + BC) \qquad (4-12)$$

图4-11

这种方法简便,但精度不高,只能用于检查加常数是否有大的变动,一般不能直接用于成果改正中。

三、光电测距的成果计算

1. 气象改正

由于距离值是由调制波长 λ 来推算的,而 $\lambda = \dfrac{C}{f} = \dfrac{C_0}{n_g f}$,由式中看出,$\lambda$ 数值随着大气折射率 n_g 的变化而不同;而 n_g 又因气象条件(气压、温度)的不同而改变,从而导致测尺长度 $\lambda/2$ 随之改变。测距仪的设计制造是在一个固定的气象条件下选择调制频率,而测距时的气象条件与设计的固定气象条件不同,使 $\lambda/2$ 值改变而影响测距结果,因此就要根据测距时的实际气象条件对成果进行改正,称为气象改正。

每种测距仪在使用手册中都给出了气象改正公式或图表,如 TC1610 的改正公式为:

$$\Delta D_1 = 281.8 - \dfrac{0.29065p}{1 + 0.00366t} \qquad (4-13)$$

式中:ΔD_1 为气象改正值,10^{-6};p 为气压,10^2Pa;t 为温度,℃。

2. 加常数及乘常数改正

加常数以 mm 为单位;而乘常数则以 10^{-6} 表示,将它乘以 km 为单位的距离,则得到距离的乘常数改正值,以 mm 为单位,如 $R = +4 \times 10^{-6}$,测得距离为 2 500 m,则改正值为

$4 \times 2.5 = +10$ mm。

由于公式中已考虑了它们的符号,故在观测成果处理中,直接将加常数、乘常数值的代数和相加即可。是否需要进行此项改正,应根据要求的测距精度而定。

3. 倾斜改正

仪器测得的斜距平均值加上气象改正、加常数和乘常数改正,得到改正后的斜距,之后还应归算为水平距离,其公式为:

$$D = S \cdot \cos\alpha \text{ 或 } D = S \cdot \sin Z \qquad (4-14)$$

式中:S 为改正后的斜距;α 为竖直角;Z 为天顶距。

下面举例说明其成果处理的过程与方法。

【例4-1】 用某台 TC1610 全站仪,测得 AB 两点斜距为 1 578.567 m,测量时的 $p = 910(10^2 \text{Pa})$,$t = 25$ ℃,竖直角 $\alpha = +15°30'00''$;仪器加常数 $K = +2$ mm,乘常数 $R = +2.5 \times 10^{-6}$,求 AB 的水平距离。

解:

(1)气象改正值

由式(4-13)知,气象改正值为

$$\Delta D_1 = \left(218.8 - \frac{0.29065p}{1+0.00366t} \right) \times S$$

$$= \left(218.8 - \frac{0.29065 \times 910}{1+0.00366 \times t} \right) \times 1.578567 = 62.3 \text{ mm}$$

(2)加常数改正

$$\Delta D_2 = +2 \text{ mm}$$

(3)乘常数改正

$$\Delta D_3 = +2.5 \times 1.578 = +3.9 \text{ mm}$$

(4)改正后斜距 S

$$S = 1 578.567 + \Delta D_1 + \Delta D_2 + \Delta D_3 = 1 578.635 \text{ m}$$

(5)AB 的水平距离 D

$$D = S\cos\alpha = 1 578.635\cos15°30'00'' = 1 521.221 \text{ m}$$

四、光电测距的误差分析和精度评定

1. 测距的误差分析

光电测距的基本计算公式为

$$D = \frac{\lambda}{2}(n + \Delta n) + K = \frac{C_0}{2n_g f}\left(n + \frac{\Delta\varphi}{2\pi} \right) + K \qquad (4-15)$$

式中:λ 为调制光波长;C_0 为真空光速;n_g 为大气的折射率;f 为调制波频率;$\Delta\varphi$ 为相位差;n 为相位移整周数;K 为仪器的加常数。

由上式看出,由 C_0、n_g、f 的误差而引起的测距误差与 D 成正比;由 $\Delta\varphi$ 及 K 的误差而引起的测距误差与 D 无关;另外还有一些误差在公式中未表现出来,如对中误差、照准误差、反射镜倾斜误差、周期误差等。其中与距离长短有关的误差称比例误差;与距离长短无关的误差称固定误差。

真空光速 C_0 的相对精度已达 1×10^{-9}，按照测距仪的精度，其影响可略而不计。

折射率 n_g 的误差，决定于气象参数测定的精度。参数测定的精度，一方面受气压计、温度计误差的影响，另一方面受气压、温度测定精度的影响。如果大气改正达到的精度，则空气温度须测量到 1 ℃，大气压力测量到 300 Pa。

调制频率的精度会随着振荡器晶体老化而改变，故应定期测定。

$\Delta \varphi$ 的测定精度受多种因素的影响，其中包括测相并关电路的时间延迟，时标脉冲的频率误差、信噪比的影响、幅相误差及照准误差等，这些误差影响与距离无关，故称为非比例误差或固定误差。

在自动数字测相中，是在一定的时控信号范围内填充若干检相方波，而每一个检相方波里再填充若干个时标脉冲，再根据所有检相方波里时标脉冲个数的平均值来求距离。时标频率不准，直接影响 $\Delta \varphi$ 值。

信噪比是测距信号与仪器中光、电噪声强度之比。当信噪比为 4:1 时，其对测距的最大影响为 2.5 mm，故在制造仪器时，要考虑仪器内部的屏蔽。

幅相误差是由于接收信号强弱不同而造成的测距误差。测距仪的参考信号强度是固定不变的，而接收信号则与距离远近、反射镜的块数和大气透明度有关。接收信号弱，则 $\Delta \varphi$ 大；反之则 $\Delta \varphi$ 变小，都影响测距精度，故目前多数测距仪都以数值显示来判断测距信号强度，并使之适中。

照准误差是由于发光管相位不均匀造成，导致反射镜截获光束位置不同，$\Delta \varphi$ 不同。其原因一是望远镜照准觇标的误差；二是测距仪三轴不平行；三是由于反光镜块数的改变，这在工作中应认真检查。

加常数 K 是在进行光路校准和预置常数后的残差，它是对测距仪检测而得到，故受检测精度的影响。

知道了测距误差来源，可以采取相应的措施消除或减弱其影响。

2. 精度评定

在测距工作中，对于仪器误差，有的进行改正，有的则不作改正，两种方法所得结果的精度是不同的。

测距精度，一般是指经过加常数和乘常数改正之后的观测值精度。此时影响精度的主要因素为常数的测定误差和观测误差。测距精度可以下式计算：

$$m_D = \pm \sqrt{m_d^2 + m_K^2 + m_R^2} \qquad (4-16)$$

式中：m_D 为测距中误差；m_K 为加常数 K 的检测中误差；m_R 为乘常数 R 的检测中误差；m_d 为观测中误差。

标称精度，是指仪器未经加常数、乘常数改正的测距精度。它代表了某一类测距仪的整体精度，在说明书中常用下式表示：

$$m_D = \pm (A + B \times 10^{-6}) \qquad (4-17)$$

式中：A 为与距离无关的固定误差，mm；B 为与距离长度有关的比例误差系数，mm/km。

如 TC1610 的标称精度为 $m_D = \pm (2 \text{ mm} + 2 \times 10^{-6})$，是人们常说的测距精度。

§4.3　光学测距简介

一、基本原理

光学测距是根据几何光学原理,应用三角原理进行测距的技术。如图 4 – 12,A、B 两个地面点,A 点设经纬仪,B 点设立一把尺子。利用视线构成等腰三角形 $\triangle AMN$,其中 $MN \perp AB$,$MB = BN$,$\angle MAN = \alpha$,$MN = l$。图中根据余切定理可知 A、B 两点的距离 D 为

$$D = \frac{l}{2}\cot\left(\frac{\alpha}{2}\right) \qquad (4 - 18)$$

从式(4 – 18)可见,光学测距的基本原理:光学测得角度 α,读取尺子长度 l,利用式(4 – 18)计算 A、B 两点的距离 D。在距离不长(100 ~ 300 m),应用要求不高的情况下,光学测距是一种可行的测距方法。

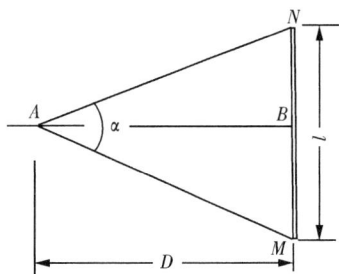

图 4 – 12

二、光学测距的方式

光学测距的方式依角度 α 和尺长 l 的测量方法不同而异,主要有:

1. **定角测距方式**:即角度 α 是一个常数,只要测量尺子的长度 l 就可以获得距离 D,这种方式称为定角测距方式。如视距法和视差法就是属于定角测距方式。

2. **定长测距方式**:即尺子长度 l 不变,只要用经纬仪测量角度 α 就可以获得距离 D,这种方式称为定长测距方式。如横基尺法就是定长测距方式。

此外还有即测角 α 又测尺长 l 的方式等。

§4.4　直线定向

确定地面点的平面位置,仅知道直线的长度是不够的,还必须确定直线与标准方向之间的水平夹角。确定地面直线与标准方向间的水平夹角称为直线定向。

一、标准方向的种类

1. **真子午线方向**

如图 4 – 13 所示,地表任一点 P 与地球旋转轴所组成的平面与地球表面的交线称为 P 点的真子午线,P 点的真子午线的切线方向,称为 P 点的真子午线方向;可以应用天文测量方法或者陀螺经纬仪来测定地表任一点的真子午线方向。

由于地球上各点的真子午线都向两极收敛而汇集于两级,所以,虽然各点的真子午线方向都指向真北和真南,但在经度不同的点上,真子午线方向互不平行。两点真子午线方向间的夹角称为子午线收敛角。

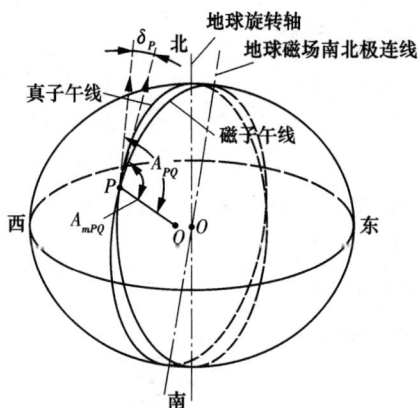

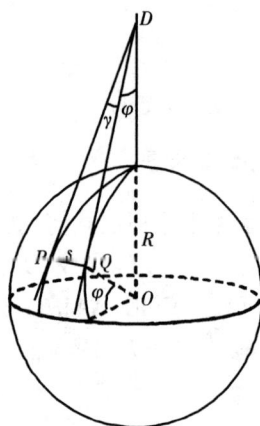

图 4 - 13   图 4 - 14

子午线收敛角可近似计算如下：图 4 - 14 中将地球看成一个圆球，其半径为 R，设 $P(x_p、y_p)$、$Q(x_q、y_q)$ 为位于同一纬度上的两点，相距为 s。P、Q 两点真子午线的切线就是 P、Q 两点的真子午线方向，它们与地轴相交于 D，它们之间的夹角就是 P、Q 两点间的子午线收敛角。从图 4 - 14 可以得出：

$$\gamma = \rho \cdot \frac{s}{QD} = \rho \frac{s}{R} \tan\varphi \qquad (4-19)$$

考虑子午线收敛角的方向性，则有：

$$\gamma_{pq} = \rho \frac{y_q - y_p}{R} \tan\varphi = -\gamma_{qp} \qquad (4-20)$$

从式(4-20)可以看出：子午线收敛角随纬度的增大而增大。

当 P、Q 两点不在同一纬度时，可取两点的平均纬度代入 φ。

2. 磁子午线方向

地表任一点 P 与地球磁场南北极连线所组成的平面与地球表面的交线称为 P 点的磁子午线，P 点的磁子午线的切线方向，称为 P 点的磁子午线方向；可以应用罗盘仪测定，在 P 点安置罗盘，磁针自由静止时其轴线所指的方向即为 P 点的磁子午线方向。

3. 坐标纵轴方向

第一章已述及，我国采用高斯平面直角坐标系，每一 6°带或 3°带内都以该带的中央子午线作为坐标纵轴，因此，该带内直线定向，就用该带的坐标纵轴为标准方向。如采用假定坐标系，则用假定的坐标纵轴作为标准方向。

二、确定直线方向的方法

确定直线方向就是确定直线和标准方向之间的角度关系，有下面两种方法：

1. 方位角

由标准方向的指北端起，按顺时针方向量到直线的水平角称为该直线的方位角。方位角的取值范围是 0° ~ 360°。利用上述介绍的三个标准方向，可以对地表任一直线 PQ 定义三种方位角。

①真方位角(A):由过 P 点的真子午线方向的北端起,顺时针到 PQ 的水平角。

②磁方位角(A_m):由过 P 点的磁子午线方向的北端起,顺时针到 PQ 的水平角。

③坐标方位角(α):由过 P 点的坐标纵轴方向的北端起,顺时针到 PQ 的水平角。

2. 象限角

直线与标准方向构成的锐角称为直线的象限角。象限角由标准方向的指北端或指南端开始向东或向西计量,角值自 $0° \sim 90°$。用象限角表示直线的方向,除了要说明象限角的大小外,还应在角值前冠以直线所指的象限名称,象限的名称有"北东"、"北西"、"南东"、"南西"四种。象限名称的第一个字必定是"北"或"南",第二个字是"东"或"西"。象限的顺序按顺时针方向排列。象限角的表示方法见图 4 - 15。采用象限角时,亦可以真子午线方向、磁子午线方向或坐标纵轴方向作为标准方向。

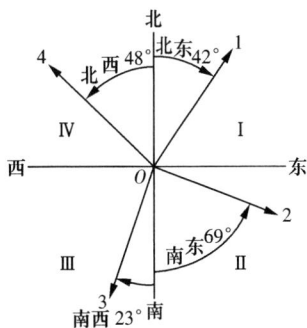

象限角 R 和方位 A 的关系如下:

第 Ⅰ 象限　$R = A$

第 Ⅱ 象限　$R = 180° - A$

第 Ⅲ 象限　$R = A - 180°$

第 Ⅳ 象限　$R = 360° - A$

这些关系从图上是很容易得出的。

图 4 - 15

三、几种方位角之间的关系

1. 真方位角与磁方位角之间的关系

由于地球的南北极与地磁南北极并不重合,因此,过地表任一点的真子午线方向与磁子午线方向常不重合,两者之间的夹角称为磁偏角,用 δ 表示。其正负的定义为:以真子午线方向北端为基准,磁子午线方向北端东偏为正,西偏为负。图 4 - 13 中的 $\delta_P > 0$,同时不难看出:真方位角与磁方位角之间的关系为:

$$A_{PQ} = A_{mPQ} + \delta \qquad (4-21)$$

我国磁偏角的变化大约在 $+6° \sim -10°$ 之间。

2. 真方位角与坐标方位角之间的关系

第一章中述及,中央子午线在高斯平面上是一条直线,作为该带的坐标纵轴,而其他子午线投影后为收敛于两极的曲线,如图 4 - 16 所示。地表任一点 P 的真子午线方向与坐标纵轴方向之间的夹角,为 P 点的子午线收敛角,用 γ_p 表示,则:

$$\gamma_p = \rho \frac{y_p}{R} \tan\varphi \qquad (4-22)$$

其正负的定义为:以真子午线方向北端为基准,坐标纵轴方向北端东偏为正,西偏为负。

真方位与坐标方位角之间的关系,如图 4 - 17 所示,可用下式进行换算:

$$A_{12} = \alpha_{12} + \gamma_1 \qquad (4-23)$$

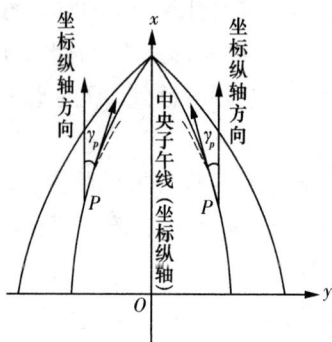
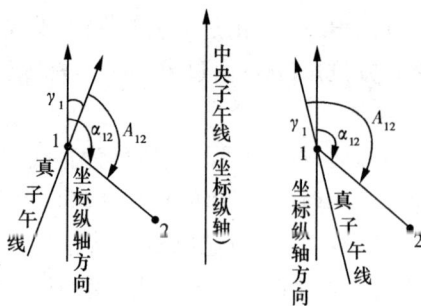

图 4－16　　　　　　　　　　　　　**图 4－17**

3. 坐标方位角与磁方位角之间的关系

若已知某点的磁偏角 δ 与子午线收敛角 γ，则坐标方位角与磁方位角之间的换算式为：

$$\alpha = A_m + \delta - \gamma \tag{4-24}$$

四、直线的正反方向

测量工作中的直线有正反两个方向，在直线起点量得的直线方向称直线的正方向，反之在直线终点量得该直线的方向称为直线的反方向。如图 4－18，直线 1—2 的点 1 是起点，点 2 是终点；在起点 1 得直线 1—2 的正方位角为 A_{12} 或 α_{12}，而在终点 2 得直线 1—2 的反方位角为 A_{21} 或 α_{21}。同一直线的正反真方位角的关系为：

$$A_{21} + \gamma_{21} = A_{12} \pm 180° \text{ 或 } A_{12} + \gamma_{12} = A_{21} \pm 180° \tag{4-25}$$

而正反坐标方位角的关系为：

$$\alpha_{21} = \alpha_{12} \pm 180° \tag{4-26}$$

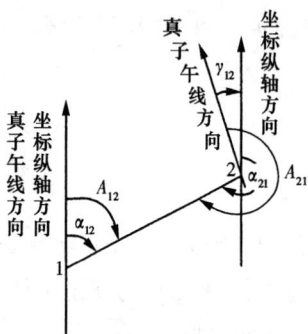
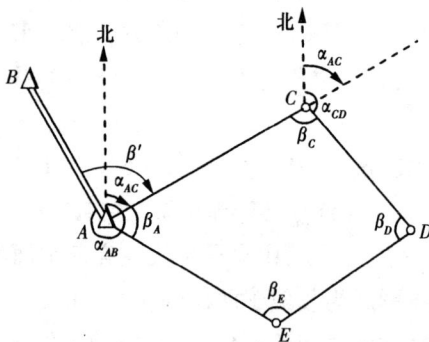

图 4－18　　　　　　　　　　　　　**图 4－19**

当采用象限角时，如以坐标纵轴方向为标准方向，正反象限角的关系是角值不变，但象限相反，即北东与南西互换，北西与南东互换。

由以上的变换关系可以看出，采用坐标方位角计算最为方便，因此在直线定向中一般均采用坐标方位角。

五、坐标方位角的推算

为了整个测区坐标系统的统一,测量工作中并不直接测定每条边的方向,而是通过与已知点(其坐标为已知)的连测,以推算出各边的坐标方位角。如图 4 – 19,A、B 为已知点,AB 边的坐标方位角 α_{AB} 为已知,通过连测求得 AB 边与 AC 边的连接角为 β',测出了各点的右(或左)角 β_A、β_C、β_D 和 β_E。现在要推算 AC、CD、DE 和 EA 边的坐标方位角。所谓右(或左)角是指位于以编号顺序为前进方向的右(或左)边的角度。

由图 4 – 19 可以看出

$$\alpha_{AC} = \alpha_{AB} + \beta'$$
$$\alpha_{CD} = \alpha_{CA} - \beta_{C(右)} = \alpha_{AC} + 180° - \beta_{C(右)}$$
$$\alpha_{DE} = \alpha_{CD} + 180° - \beta_{D(右)}$$
$$\alpha_{EA} = \alpha_{DE} + 180° - \beta_{E(右)}$$
$$\alpha_{AC} = \alpha_{EA} + 180° - \beta_{A(右)}$$

将算得 α_{AC} 与原已知值进行比较,以检核计算中有无错误。计算中,如果 $\alpha + 180°$ 小于 $\beta_{(右)}$,应先加 360° 再减 $\beta_{(右)}$。

如果用左角推算坐标方位角,由图 4 – 19 可以看出

$$\alpha_{CD} = \alpha_{AC} + 180° + \beta_{C(左)}$$

计算中如果 α 值大于 360°,应减去 360°。

从而可以写出推算坐标方位角的一般公式为

$$\alpha_{前} = \alpha_{后} + 180° \pm \beta \qquad (4 - 27)$$

式(4 – 27)中,β 为左角取正号,β 为右角取负号。

§4.5　用罗盘仪测定磁方位角

一、罗盘仪的构造

罗盘仪是测量直线磁方位角的仪器,如图 4 – 20 所示。该仪器构造简单,使用方便,但精度不高,外界环境对仪器的影响较大,如钢铁建筑和高压电线都会影响其精度。当测区内没有国家控制点可用而需要在小范围内建立假定坐标系的平面控制网时,可用罗盘仪测量磁方位角,作为该控制网起始边的坐标方位角。

罗盘仪的主要部件有望远镜、磁针、度盘和基座。

罗盘仪的望远镜与经纬仪的望远镜结构基本相似,也有物镜调焦、目镜调焦螺旋和十字丝分画板等。磁针支承在度盘中心的顶针上,可以自由转动,静止时所指方向即为磁子午线方向。为保护磁针和顶针,不用时应旋紧磁针固定螺旋,可将磁针托起紧压在玻璃盖上。一般磁针的指北端染成黑色或蓝色,用来辨别指北或指南端。度盘安装在度盘盒内,随望远镜一起转动。度盘上刻有 1° 或 30′ 的分画。度盘内装有两个互相垂直的管水准器,用手控制气泡居中,使罗盘仪水平。

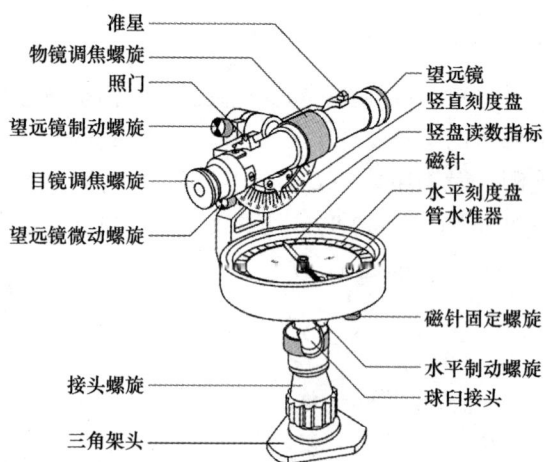

准星
物镜调焦螺旋
照门
望远镜制动螺旋
目镜调焦螺旋
望远镜微动螺旋

望远镜
竖直刻度盘
竖盘读数指标
磁针
水平刻度盘
管水准器

磁针固定螺旋

接头螺旋

水平制动螺旋
球臼接头

三角架头

图 4 - 20

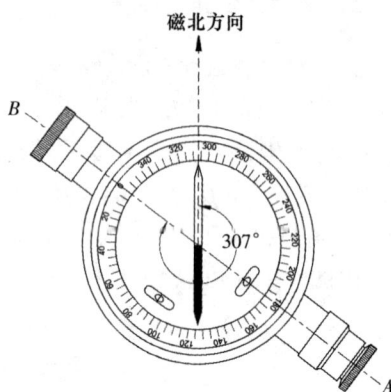

磁北方向

307°

B

A

图 4 - 21

二、罗盘仪测定直线磁方位角的方法

欲测直线 AB 的磁方位角,将罗盘仪安置在直线起点 A,挂上垂球对中后,用手前、后、左、右转动度盘,使水准器气泡居中。松开磁针固定螺旋,让它自由转动,然后转动罗盘,用望远镜照准 B 点标志,待磁针静止后,按磁针北端所指的度盘分画值读数,即为 AB 边的磁方位角值,如图 4 - 21 所示。

使用时,要避开高压电线和避免铁质物体接近罗盘,在测量结束后,要旋紧固定螺旋将磁针固定。

§4.6 用陀螺经纬仪测定真方位角

用天文方法测量真方位角受到天气、时间和地点等许多条件的限制,观测和计算也较麻烦,用陀螺经纬仪可以避免这些缺点,特别是用于某些地下工程中。

经纬仪是由陀螺仪和经纬仪组合而成的一种定向仪器。陀螺是一个悬挂着的能作高速旋转的转子。当转子高速旋转时,陀螺仪有两个重要的特性:一是陀螺仪定轴性,即在无外力作用下,陀螺轴的方向保持不变;另一是陀螺仪的进动性,即在陀螺轴受外力作用时,陀螺轴将按一定的规律产生进动。因此在转子高速旋转和地球自转的共同作用下,陀螺轴可以在测站的真北方向两侧作有规律的往复转动,从而可以得出测站的真北方向。

一、陀螺经纬仪的构造

图 4 - 22 是国产 JT15 陀螺经纬仪的结构图,使用它测定地面任一点的真子午线方向的精度可以达到 ±15″。陀螺经纬仪由 DJ6 经纬仪和陀螺仪组成,陀螺仪安装在 DJ6 经纬仪上的连接支架上。

陀螺仪由摆动系统、观察系统和锁紧限幅机构组成。

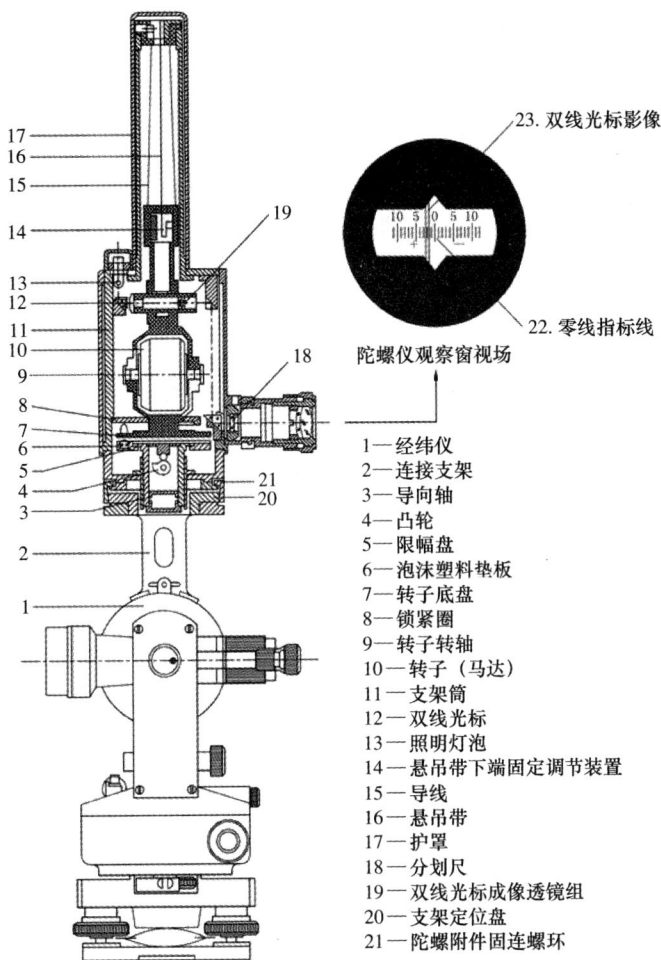

23. 双线光标影像

22. 零线指标线

陀螺仪观察窗视场

1—经纬仪
2—连接支架
3—导向轴
4—凸轮
5—限幅盘
6—泡沫塑料垫板
7—转子底盘
8—锁紧圈
9—转子转轴
10—转子（马达）
11—支架筒
12—双线光标
13—照明灯泡
14—悬吊带下端固定调节装置
15—导线
16—悬吊带
17—护罩
18—分划尺
19—双线光标成像透镜组
20—支架定位盘
21—陀螺附件固连螺环

图 4 - 22

1. 摆动系统

摆动系统包括悬吊带 16、导线 15、转子(马达)10、转子底盘 7 等,它们是整个陀螺仪的灵敏部件。转子要求运转平稳,重心要通过悬吊带的对称轴,可以通过转子底盘上的六个螺钉进行调节。悬吊带采用特种合金材料制成,断面尺寸为 0.56×0.03 mm,拉断力为 2.4 kg,实际荷重为 0.78 kg。

2. 观测系统

观测系统是用来观察摆动系统的工作情况的。照明灯泡 13 将灵敏部件上的双线光标 12 照亮,通过成像透镜组 19 使双线光标成像在分画板 18 上,以便在观察窗中观察。

3. 锁紧限幅机构

锁紧限幅机构包括凸轮 4、限幅盘 5、转子底盘 7、锁紧圈 8,用凸轮 4 使限幅盘沿导向轴 3 向上滑动,使限幅盘 5 托起转子的底盘靠在与支架连接的锁紧圈 8 上。限幅盘上的三个泡沫塑料块 6 在下放转子部分时,能起到缓冲和摩擦限幅的作用。

79

二、陀螺经纬仪的操作方法

陀螺仪转子的额定旋转速度 $\geqslant 21500\ r/min$，可以形成很大的内力矩，如果操作不正确，很容易毁坏仪器，因此，正确使用陀螺仪非常重要。

在需要测定真子午线方向的点上安置好经纬仪后，应按下列步骤操作陀螺经纬仪：

1. 粗定向：将仪器附带的罗盘仪安装在支架上的定位盘 20 上，旋转经纬仪照准部，使视线方向指向近似的真子午线北方向（误差 $\pm 1° \sim 2°$），将经纬仪的水平微动螺旋旋至行程的中间位置，制动照准部，取下罗盘仪。

2. 安置陀螺仪：将陀螺仪安装到支架上的定位盘 20 上，旋紧固连螺环 21，接好电源线，打开电源开关，启动陀螺转子，信号灯亮，当其转速达到额定转速后（大约需要 3 min）信号灯熄灭（有些仪器是信号灯颜色改变，具体参见仪器使用手册）。缓慢旋松锁紧机构，将摆动系统平稳放下，在陀螺仪的观察窗中观察陀螺的进动方向和速度，如果陀螺的进动速度很慢，就可以开始进行观测。观测方法有逆转点法和中天法。

3. 观测完成后，要先旋紧锁紧机构，将摆动系统托起，才能关闭电源，拔掉电源线。待陀螺仪转子完全停止转动以后才允许卸下陀螺仪装箱。

三、陀螺经纬仪的观测方法

1. 逆转点法

陀螺仪转轴在东、西两处的反转位置称为逆转点。逆转点法的实质就是通过旋转经纬仪的水平微动螺旋，在陀螺仪的观察窗中，用零线指标线 22 跟踪双线光标影像 23，当摆动系统到达逆转点时，在经纬仪读数窗中读取水平度盘读数 a_1（称为逆转点读数）。摆动系统到达逆转点并稍作停留后，将开始向真子午线方向摆动，反方向旋转经纬仪的水平微动螺旋继续跟踪摆动系统直至下一个逆转点，并读取水平度盘读数 a_2。重复上述基本操作，可以分别获得 $n+2$ 个逆转点读数为 $a_1, a_2, \cdots, a_{n+2}$，见图 4-23 所示。最后按照下式可以计算出个中点位置：

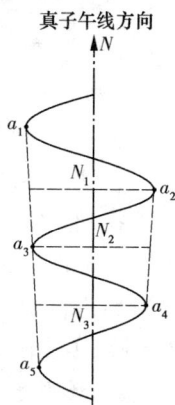

真子午线方向

$$\left.\begin{aligned}
N_1 &= \frac{1}{2}\left(\frac{a_1+a_3}{2}+a_2\right) \\
N_2 &= \frac{1}{2}\left(\frac{a_2+a_4}{2}+a_3\right) \\
&\quad\vdots \\
N_n &= \frac{1}{2}\left(\frac{a_n+a_{n+2}}{2}+a_{n+1}\right)
\end{aligned}\right\} \qquad (4-28)$$

图 4-23

当 n 个中点位置的互差不超限时，则取其平均值作为真子午线方向。

$$\bar{N} = \frac{[N]}{n} \qquad (4-29)$$

逆转点法跟踪时，为了证实陀螺经纬仪工作是否正常和判断是否跟踪到了逆转点，还需要用秒表记录下连续两次经过同一个逆转点的时间,以计算跟踪周期。

2. 中天法

中天法要求粗定向的误差 $\leqslant \pm 20'$,经纬仪照准部固定在这个近似真子午线方向上不动。按照上述介绍的操作规程启动并放下陀螺仪转子后,在陀螺仪观察窗的视场中,双线光标影像 23 将围绕零线指标线 22 左右摆动。参见图 4 - 24 的操作过程如下:

①当双线光标影像 23 经过零线指标线 22 时,启动秒表,读取时间 t_1(称中天时间)。

②当双线光标影像 23 到达逆转点时,在分画板上读取摆幅读数 a_E。

③当双线光标影像 23 返回零线指标线 22 时,读取中天时间 t_2。

④当双线光标影像 23 到达另一个逆转点时,在分画板上读取摆幅读数 a_W。

⑤当双线光标影像 23 返回零线指标线 22 时,读取中天时间 t_3。

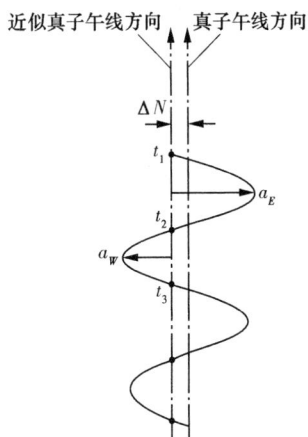

图 4 - 24

可以多次重复上述基本操作,以提高测量精度,最后真子午线方向的计算公式为

$$N = N' + \Delta N \qquad (4-30)$$

式中:N' 为近似真子午线方向,ΔN 为改正值,计算公式为

$$\Delta N = c \cdot a \cdot \Delta t \qquad (4-31)$$

式中:$a = \dfrac{|a_E| + |a_W|}{2}$,$\Delta t = (t_3 - t_2) - (t_2 - t_1)$,$c$ 是比例常数,其值可以通过两次定向测量获得。第一次让近似值 N'_1 偏东 $15' \sim 20'$,第二次让近似值 N'_2 偏西 $15' \sim 20'$,这样就可以列出下列方程:

$$\left.\begin{array}{l} N = N'_1 + c \cdot a_1 \cdot \Delta t_1 \\ N = N'_2 + c \cdot a_2 \cdot \Delta t_2 \end{array}\right\} \qquad (4-32)$$

由此解出 c 为:

$$c = \frac{N'_2 - N'_1}{a_1 \Delta t_1 - a_2 \Delta t_2} \qquad (4-33)$$

c 值与纬度有关。c 值测定后,可以在同一纬度地区长期使用,每隔一定的时间抽测检查,不必每次都重新测定。

中天法观测的特点是:不需要像逆转点法那样紧张地跟踪。

思考与练习

1. 在距离丈量之前,为什么要进行直线定线? 如何进行定线?

2. 用钢尺丈量 AB 两点间的距离,往测为 192.35 m,返测为 192.43 m,试计算量距的相对误差?

3. 试述红外测距仪采用的相位法测距原理?

4. 红外测距仪为什么要采用精尺和粗尺两把光尺？

5. 红外测距仪主要检验哪些项目？这些项目的检验工作一般应如何进行？

6. 红外测距仪在测得斜距后，一般还需进行哪几项改正？

7. 什么叫直线定向？为什么要进行直线定向？

8. 真方位角、磁方位角、坐标方位角三者的关系是什么？

9. 在图4-25中，过 a 点的真子午线方向为坐标纵轴方向，在图上标出 ab、bc、ca 三条直线的真方位角和坐标方位角，并列出各边真方位角和坐标方位角的关系式。

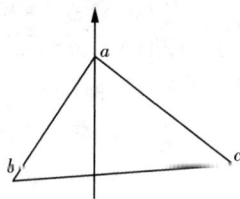

图4-25

10. 已知 A 点的磁偏角为西偏21′，过 A 点的真方位角与中央子午线的收敛角为 +3′，直线 AB 的坐标方位角 $\alpha = 64°20′$，求 AB 直线的真方位角与磁方位角。

11. 不考虑收敛角的影响，计算表中空白部分。

直线名称	正方位角	反方位角	正象限角	反象限角
AB				南西24°32′
AC			南东52°56′	
AD		60°12′		
AE	338°14′			

12. 图4-26中，已知 $\alpha_{12} = 65°$，β_2 及 β_3 的角值均注于图上，试求 2-3 边的正坐标方位角及 3-4 边的反坐标方位角。

13. 怎样使用罗盘仪测定直线的磁方位角？

14. 如何用陀螺仪测定直线的真方位角？

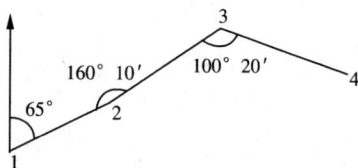

图4-26

第 5 章

全站仪和全站测量

§5.1　全站仪

全站仪是全站型电子速测仪的简称,它集电子经纬仪、光电测距仪和微处理器于一体。在实际测量中,大多数情况下需要对地面点的平面位置和高程同时测定,这种测量工作称为全站测量,全站仪可快速实现此要求。

一、全站仪基本原理结构

全站仪在结构上可分为组合型和整体型二类。组合型全站仪的特点是光电测距仪和电子经纬仪既可组合在一起,又可分开使用;整体型全站仪的特点是光电测距仪和电子经纬仪集成为一个整体,不能分离。当前生产的全站仪大多是整体型的。图 5 - 1 所示的是南方测绘仪器公司生产的整体型全站仪。

无论哪种类型的全站仪,其基本原理结构是相同的。

图 5 - 2 是全站仪基本结构框图。框图左部是集中了全站仪照准部的测量 4 大光电系统,即测距、测水平角、测竖直角和水平补偿系统。键盘指令是测量过程的控制系统,测量人员按动键盘的按键便启动内部的键盘指令指挥全站仪的测量工作过程。以上各系统通过 I/O 接口接入总线与数字计算机联系起来。

微处理机是全站仪的核心部件,它如同计算机的 CPU,主要由寄存器系列(缓冲寄存器、数据寄存器、指令寄存器)、运算器和控制器组成。微处理机的主要功能是根据键盘指令启

图 5 - 1

动全站仪进行测量工作,执行测量过程的检验和数据的传输、处理、显示、储存等工作,保证整个光电测量工作有条不紊地完成。输入输出单元是与外部设备连接的装置(接口)。数据存储器是测量成果数据库。为便于测量人员设计软件系统,处理某种用途的测量参数,全站仪中的数字计算机还设有程序存储器。

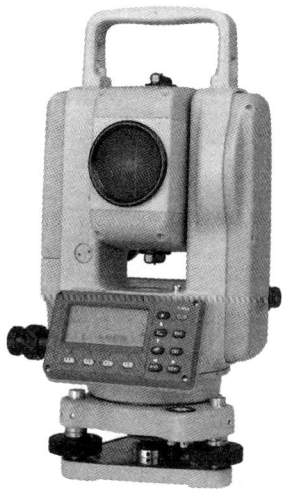

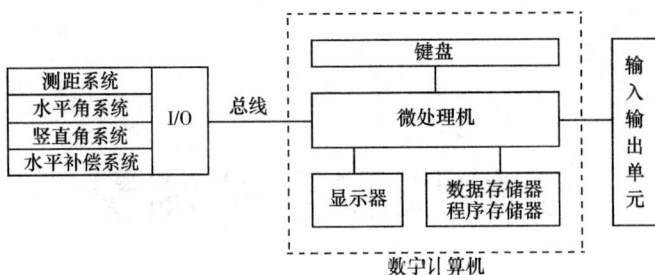

图 5 – 2

二、全站仪的基本功能

1. 测量功能

(1) 单测量——单次测角或单次测距。

(2) 全测量——角度、距离的同时测量。

(3) 跟踪测量——跟踪测距或测角。

(4) 连续测量——角度、距离的连续测量。

2. 数据输入存储功能

(1) 角度、距离、高差的输入存储。

(2) 点位坐标、方位角、高程的输入存储。

(3) 参数(如温度、气压、棱镜常数等)的输入存储。

(4) 测量术语、代码、指令的输入存储。

3. 计算与显示功能

(1) 观测值(水平角、竖直角、斜距)的显示。

(2) 水平距离、高差的计算显示。

(3) 点位坐标、高程的计算显示。

(4) 存储参数的显示。

4. 测量的记录、通讯传输功能

(1) 将测量成果以数据文件的形式记录存储于仪器内存或存储卡内。

(2) 可以直接将内存中的数据文件传送到计算机,也可以从计算机将坐标数据文件和编码库数据直接装入仪器内存。

三、全站仪的光电测角原理

由于全站仪是光电测距仪与电子经纬仪组合或集成而成的仪器,所以,全站仪的测距原理与光电测距仪的原理相同,测角原理和电子经纬仪的原理相同。测距原理在第4章中已作过论述,不再赘述。下面介绍全站仪的光电测角原理,即电子经纬仪的测角原理。

光电测角,即以光电技术进行角度测量,是用光电信号的形式表达角度测量结果的技术过程。实现这一技术过程的仪器就是电子经纬仪。图 5 – 3 是电子经纬仪内部光电测角原理结构示意图。从图中可见,电子经纬仪仍保留光学经纬仪已有照准部、度盘和相应轴系的基本结构形式。但是电子经纬仪具有如下特点：

①完全摈弃光学经纬仪光学度盘的角度表达形式，采用与光电技术相适应的光电度盘。

②改变光学系统读数机构，由光电信号发生器、光电传输电路及相应的光电测微机构形成新的光电读数系统。

③由微处理器处理光电测角的角度信息，根据操作指令直接在显示窗显示测量结果。

目前，光电测角有三种度盘形式，即编码度盘、光栅度盘和格区式度盘。下面分述其测角原理，以期对光电测角的技术有初步了解。

1. 编码度盘测角原理

编码度盘属于绝对式度盘，即度盘的每一个位置，均可读出绝对的数值。图 5 - 4 为一编码度盘。整个圆盘被均匀地分成 16 个扇形区间，每个扇形区间由里到外分成 4 个环带，称为

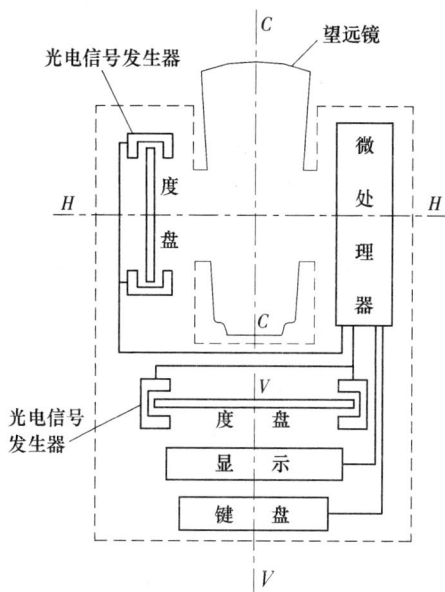

图 5 - 3

4 条码道。图中黑色部分表示透光区，白色部分表示不透光区。透光表示二进制代码"1"，不透光表示为"0"。这样通过各区间的 4 个码道的透光和不透光，即可由里向外读出 4 位二进制数来。由码道组成的状态如表 5 - 1 所示。

表 5 - 1　码道组成状态示意表

区间	二进制编码	角值	备注
0	0000	0°00′	
1	0001	22°30′	码盘有 4 个码道，区间为 16，其角度分辨率为 360°/16 = 22°30′，故此时角值以 22°30′ 为步长递增。
2	0010	45°00′	
⋮	⋮	⋮	
12	1100	270°00′	
13	1101	292°30′	
14	1110	315°00′	
15	1111	337°30′	

利用这样一种度盘测量角度，关键在于识别照准方向所在的区间，例如已知角度的起始方向在区间 1 内，某照准方向在区间 8 内，则中间所隔 6 个区间所对应的角度值即为该角角值。

图 5 - 5 所示的光电读数系统可译出码道的状态，以识别所在的区间。图中 8 个二极管的位置不动，度盘上方的 4 个发光二极管加上电压后就发光。当度盘转动停止后，处于度盘下方的光电二极管就接收来自上方的光信号。由于码道分为透光和不透光两种状态，接收管上有无光照就取决于各码道的状态。如果透光，光电二极管受到光照后阻值大大减小，使原处于截止状态的晶体三极管导通，输出高电位（设为 1），而不受光照的二极管阻值很大，晶体三极管仍处于截止状态，输出低电位（设为 0）。这样，度盘的透光与不

透光状态就变成电信号输出。通过对两组电信号的译码,就可得到两个度盘位置,即为构成角度的两个方向值。两个方向值之间的差值就是该角值。

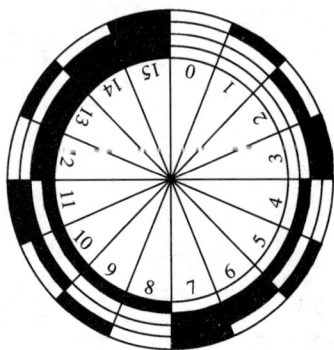 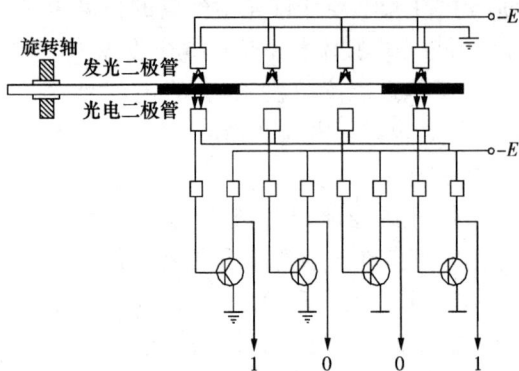

图 5 - 4   图 5 - 5

上面谈到的码盘有 4 个码道,区间为 16,其角度分辨率为 $22°30'$。显然,这样的码盘不能在实际中应用。要提高角度分辨率,必须缩小区间间隔。要增加区间的状态数,就必须增加码道数。由于测角的度盘不能制作的很大,因此码道数就受到光电二极管尺寸的限制。例如要求角度分辨率达到 $10'$,就需要 11 个码道(即 $2^{11} = 2\ 048$,$360°/2\ 048 = 10'$)。由此可见,单利用编码度盘测角是很难达到很高精度的。因此在实际中是用码道和各种细分法相结合进行读数。

2. 光栅度盘测角原理

在光学玻璃圆盘上全圆 $360°$ 均匀而密集地刻划出许多径向刻线,构成等间隔的明暗条纹 - 光栅,称做光栅度盘,如图 5 - 6 所示。通常光栅的刻线宽度与缝隙宽度相同,二者之和称为光栅的栅距。栅距所对应的圆心角即为栅距的分画值。如在光栅度盘上下对应位置安装照明器和光电接收管,光栅的刻线不透光,缝隙透光,即可把光信号转换为电信号。当照明器和接收管随照准部相对于光栅度盘转动,由计数器计出转动所累计的栅距数,就可得到转动的角度值。因为光栅度盘是累计计数的,所以通常称这种系统为增量式读数系统。

仪器在操作中会顺时针转动和逆时针转动,因此计数器在累计栅距数时也有增有减。例如在瞄准目标时,如果转动过了目标,需反向转动瞄准目标,计数器就应减去多转的栅距数。所以这种读数系统具有方向判别的能力,顺时针转动时就进行加法计数,而逆时针转动时就进行减法计数,最后结果为顺时针转动时相应的角值。

由于度盘直径不能太大,刻线即使非常密,度盘的栅距分画值仍不能满足实际测量要求。为了提高测角精度,还必须用电子方法对栅距进行细分。栅距太小时,细分和计数都不易准确,所以在光栅测角系统中都采用了莫尔条纹技术,借以将栅距放大,再细分和计数。莫尔条纹如图 5 - 7 所示,是用与光栅度盘相同密度、相同栅距的一段光栅(称为指示光栅),与光栅度盘以微小的间距重叠起来,并使两光栅刻线互成一微小的夹角 θ,这时就会出现放大的明暗交替的条纹,这些条纹就是莫尔条纹。莫尔条文的特性是:两光栅的夹角 θ 越小,相邻明暗条文间的间距 w(简称纹距)就越大。其关系为:

$$w = \frac{d}{\theta} \cdot \rho' \qquad\qquad (5-1)$$

式中:θ 的单位为(′),$\rho' = 3438$。例如,当 $\theta = 20'$ 时,$w = 172d$,即纹距比栅距大了 172 倍。这样,通过莫尔条纹,就可以对纹距进一步细分,以达到提高测角精度的目的。

图 5-6

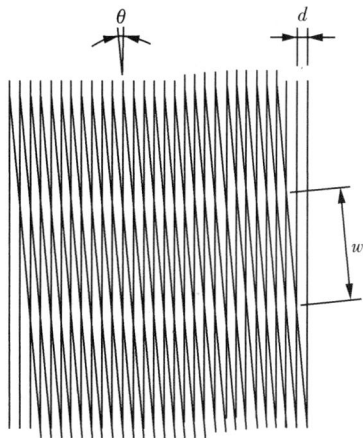

图 5-7

3. 格区式度盘动态测角原理

图 5-8 为格区式度盘,度盘刻有 1024 个分画,每个分画间隔包括一条刻线和一个空隙(刻线不透光,空隙透光),其分画值为 φ_0。测角时度盘以一定的速度旋转,因此称为动态测角。度盘上装有两个指示光栏,L_S 为固定光栏,L_R 可随照准部转动,为可动光栏。两光栏分别安装在度盘的内外缘。测角时,可动光栏 L_R 随照准部旋转,L_S 与 L_R 之间构成角度 φ。度盘在马达带动下以一定的速度旋转,其分画被光栏 L_S 和 L_R 扫描而计取两个光栏之间的分画数,从而求得角度值。

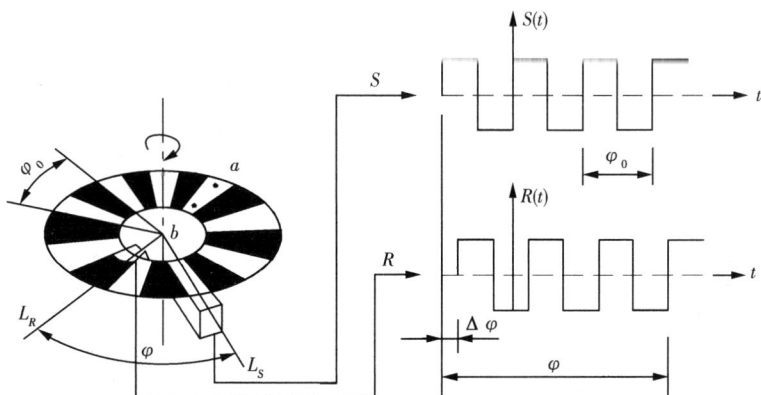

图 5-8

由图 5-8 可知,$\varphi = n\varphi_0 + \Delta\varphi$,即 φ 角等于 n 个整周期 φ_0 与不足整周期的 $\Delta\varphi$ 之和。n 与 $\Delta\varphi$ 分别由粗测和精测求得。

(1)粗测

在度盘同一径向的外内缘上设有两个标记 a 和 b，度盘旋转时，从标记 a 通过 L_S 时起，计数器开始计取整间隔 φ_0 的个数，当另一标记 b 通过 L_R 时计数器停止记数，此时计数器所得到的数值即为 φ_0 的个数 n。

（2）精测

度盘转动时，通过光栏 L_S 和 L_R 分别产生两个信号 S 和 R，$\Delta\varphi$ 可通过 S 和 R 的相位关系求得。如果 L_S 和 L_R 处于同一位置，或相隔的角度是分画间隔 φ_0 的整倍数，则 S 和 R 同相，即二者相位差为零；如果 L_R 相对于 L_S 移动的间隔不是 φ_0 的整倍数，则分画通过 L_R 和分画通过 L_S 之间就存在着时间差 ΔT，亦即 S 和 R 之间存在相差 $\Delta\varphi$。

$\Delta\varphi$ 与一个整周期 φ_0 的比显然等于 ΔT 与周期 T_0 之比，即

$$\Delta\varphi = \frac{\Delta T}{T_0}\varphi_0$$

ΔT 为任意分画通过 L_S 之后，紧接着另一分画通过 L_R 所需要的时间。

粗测和精测数据经微处理器处理后组合成完整的角值。

§5.2 全站测量原理

全站测量要求在一个测站上同时测定地面点的平面位置和高程。为了实现这些功能，全站仪除了具有测距和测角的基本功能外，一般还有坐标测量、对边测量、三角高程测量、悬高测量、自由设站等功能，不同型号仪器的功能差别也较大。

一、坐标测量原理

如图 5 - 9 所示，在测站点 A 上安置全站仪，照准已知方向 AB 或控制点 B，输入测站点 A 的坐标、测站至已知方向的方位角 α_{AB} 或控制点 B 的坐标后，照准目标点 P 上的反射棱镜，测量距离 d_{AP} 和角度 β，则可用式（5 - 2）求得目标点 P 的坐标，即

$$\left.\begin{array}{l} \alpha_{AP} = \alpha_{AB} + \beta \\ x_P = x_A + \Delta x_{AP} = x_A + d_{AP}\cos\alpha_{AP} \\ y_P = y_A + \Delta y_{AP} = y_A + d_{AP}\sin\alpha_{AP} \end{array}\right\} \qquad (5-2)$$

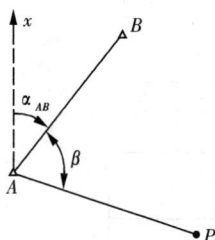

图 5 - 9

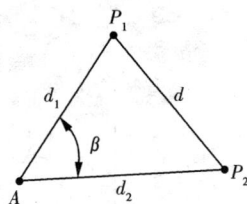

图 5 - 10

二、对边测量原理

如图 5 - 10 所示，在测站点 A 上依次测量至反射镜 P_1、P_2 的距离 d_1、d_2 和相应的水

平角 β，则可用式（5 - 3）求得 P_1 至 P_2 间的距离 d，即

$$d = \sqrt{d_1^2 + d_2^2 - 2d_1 \cdot d_2 \cdot \cos\beta} \qquad (5 - 3)$$

三、三角高程测量原理

1. 三角高程测量基本原理

三角高程测量基本原理如图 5 - 11 所示，已知 A 点高程 H_A，欲求 B 点高程 H_B。将仪器安置在 A 点，照准 B 目标顶端 M，测得竖直角 α_A。量取仪器高 i_A、棱镜高 v_B（或称觇标高）。如果测得仪器至目标顶端 M 的斜距 S，则高差 h_{AB} 为

$$h_{AB} = S \cdot \sin\alpha_A + i_A - v_B \qquad (5 - 4)$$

如果测得仪器至目标的平距为 D，则高差 h_{AB} 为

$$h_{AB} = D \cdot \tan\alpha_A + i_A - v_B \qquad (5 - 5)$$

则 B 点高程为

$$H_B = H_A + h_{AB} \qquad (5 - 6)$$

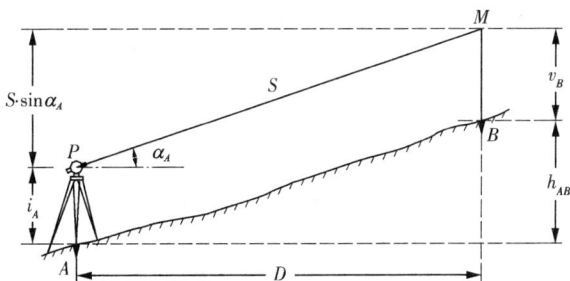

图 5 - 11

2. 地球曲率和大气折光对高差的影响

上述公式是在水准面为水平面、观测视线为直线的假定条件下导出的。在地面上两点间的距离较短时是适用的。两点间距离较长时就要顾及地球曲率，加以曲率改正，称为球差改正，用符号 p 表示。同时，观测视线受大气垂直折光的影响而成为一条向上凸起的弧线，必须加以大气垂直折光差改正，称为气差改正，用符号 r 表示。以上两项改正合称为球气差改正，又称二差改正，用符号 f 表示。

如图 5 - 12 所示，A、B 为地面上两点，D 为 A、B 两点间的水平距离，$\overset{\frown}{PE}$ 和 $\overset{\frown}{AF}$ 分别为过 P 点和 A 点的水准面。水平线 PG 与水准面 $\overset{\frown}{PE}$ 相切，GE 就是由于地球曲率而产生的误差 p。$\overset{\frown}{PN}$ 为光程曲线，由于大气折光的影响，当位于 P 点的望远镜指向与 PN 相切的 PM 方向时，来自 N 的光正好落在望远镜的横丝上，此时，仪器置于 A 点测得 P 点与 N 之间的竖直角 $\alpha_A = \angle MPG$，MN 即为大气垂直折光带来的误差 r。由于 A、B 两点间的水平距离 D 与地球平均曲率半径 R 之比值很小，例如当 $D = 3$ km 时，其所对的圆心角约为 $2°8'$，故可认为 PG 近似垂直于 MG，故 $MG = D\tan\alpha_A$。从图中可得：

$$h_{AB} = BF = MG + GE + EF - MN - NB = D\tan\alpha_A + p + i_A - r - v_B$$

则

$$h_{AB} = D\tan\alpha_A + i_A - v_B + p - r \qquad (5 - 7)$$

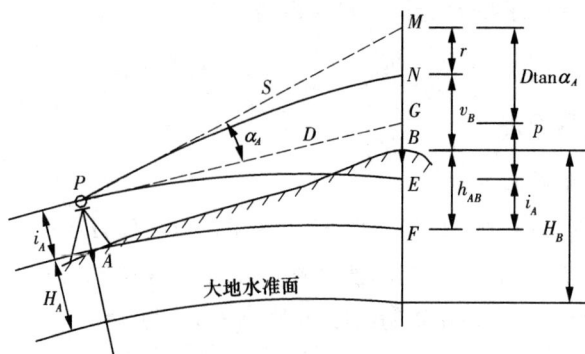

图 5 – 12

式中:f 为球气差,由第 2 章的论述可知 $f = p - r = \dfrac{D^2}{2R} - K\dfrac{D^2}{2R} \approx 0.43\dfrac{D^2}{R}$,则

$$h_{AB} = D\tan\alpha_A + i_A - v_B + f \qquad (5-8)$$

三角高程测量一般都采用对向观测,则由 B 点向 A 点观测时可得:

$$h_{BA} = D\tan\alpha_B + i_B - v_A + f \qquad (5-9)$$

取对向观测的平均值得:

$$\bar{h}_{AB} = \frac{1}{2}(h_{AB} - h_{BA}) = \frac{1}{2}[D\tan\alpha_A - D\tan\alpha_B + (i_A - i_B) - (v_B - v_A)] \qquad (5-10)$$

可见取对向观测平均值,在理论上可以消除地球曲率和大气折光的的影响。但是,在实际工作中折光系数 K 受多种因素影响,变化较大,即使在同一条边上进行往返观测,由于时间地点的差异,K 值也不可能完全相同,所以与地球曲率的影响不同,大气折光的影响在实际工作中是不能完全消除的,只能选择合适的测量方案加以减弱。

3. 三角高程测量的观测和数据处理

(1)三角高程对向测量

首先进行往测。在测站上安置全站仪,量取仪器高,在待测目标点上安置觇标或反射棱镜,量取觇标高或棱镜高,将测站高程、仪器高和棱镜高输入全站仪储存。用望远镜照准觇标或反射棱镜中心,测量记录竖直角、斜距(平距)和高差。单向测量时必须进行盘左、盘右观测,较差不超限时取平均。

然后将仪器迁站进行返测。安置全站仪在待测目标点上,按同样方法测量待测点至原测站的竖直角、斜距(平距)和高差。比较往、返测高差值,较差不超限时取往测和返测高差的平均值作为两点间的高差成果。

对向观测宜在较短时间内进行。计算时,应考虑地球曲率和折光差的影响,可通过加球气差改正或往返测取平均的方法加以消减。

光电测距三角高程测量的各项技术要求,应符合表 5 – 2 的规定。

(2)三角高程控制测量及计算

三角高程控制,宜在平面控制点的基础上布设成三角高程网或高程导线。四等应起闭于不低于三等水准的高程点上,五等应起闭于不低于四等水准的高程点上。其边长均不应超过 1 km,边数不应超过 6 条。当边长不超过 0.5 km 或单纯作高程控制时,边数可增加一倍。

边长应采用不低于 II 级精度(当测距长度为 1 km 时,仪器精度为 5 mm < |m_D| ≤ 10 mm,m_D 为仪器的标称精度)的测距仪测定。四等应往返各一测回,五等应采用一测回。测距时,要同时测定气温和气压值,并对所测距离进行气象改正。仪器高和觇标高应在观测前后量测,四等采用量杆量测,较差不大于 2 mm;五等可用钢尺量测,较差不大于 4 mm。较差不超限时取用两次量测的平均值,取值均精确至 1 mm。

三角高程路线各边的高差计算见表 5 - 3。

表 5 - 2　光电测距三角高程测量的主要技术要求

等级	仪器	测回数 (中丝法)	指标差较差 (″)	竖直角较差 (″)	对向观测高差 较差(mm)	附合或环形 闭合差(mm)
四等	DJ$_2$	3	≤7	≤7	40$\sqrt{D}$	20$\sqrt{\sum D}$
五等	DJ$_2$	2	≤10	≤10	60$\sqrt{D}$	30$\sqrt{\sum D}$

注:D 为光电测距长度(km)

表 5 - 3　三角高程路线高差计算表

测站点	III 10	401	401	402	402	III 12
觇　点	401	III 10	402	401	III 12	402
觇　法	直	反	直	反	直	反
α	+3°24′15″	-3°22′47″	-0°47′23″	+0°46′56″	+0°27′32″	-0°25′58″
S(m)	557.157	577.137	703.485	703.490	417.653	417.697
$h' = S\sin\alpha$(m)	+34.271	-34.024	-9.696	+9.604	+3.345	-3.155
i(m)	1.565	1.537	1.611	1.592	1.581	1.601
v(m)	1.695	1.680	1.590	1.610	1.713	1.708
$f = 0.43\dfrac{D^2}{R}$(m)	0.022	0.022	0.033	0.033	0.012	0.012
$h = h' + i - v + f$(m)	+34.163	-34.145	-9.642	+9.619	+3.225	-3.250
h 平均(m)	+34.154		-9.630		+3.238	

各边高差计算完成后,需计算路线闭合差 f_h,当 f_h 满足表 5 - 2 的规定时,应将 f_h 反号按边长成正比分配给各边高差,最后按改正后的高差推算出各点的高程。

四、悬高测量原理

架空的电线和管道等因远离地面无法设置反射棱镜,采用悬高测量,就能测量其高度。如图 5 - 13 所示,将反射棱镜安置在欲测目标 P 之下的 B 点,将反射棱镜高 h_1 输入全站仪,先照准反射棱镜进行测量,再旋转望远镜照准欲测目标 P,悬高测量程序便能计算、显示地面至目标 P 的高度 h。

目标的高度计算式为

$$\left. \begin{array}{l} h = h_1 + h_2 \\ h_2 = S\cos\alpha_1(\tan\alpha_2 - \tan\alpha_1) \end{array} \right\} \qquad (5 - 11)$$

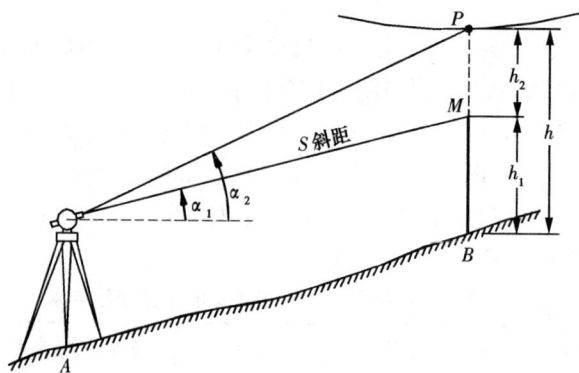

图 5 – 13

五、自由测站

自由测站也称边角联合后方交会。如图 5 – 14 所示，p 点为待定点，$A, B, \cdots E$ 为已知点。在 p 点安置全站仪，依次对已知点进行角度或距离测量，达到足够观测时，全站仪就可计算显示 p 点坐标。一般情况下，有两个已知点就可以实现自由测站。多余观测条件下 p 点坐标的计算需用测量平差方法求解。具有自由设站功能的全站仪多具备测量平差功能。

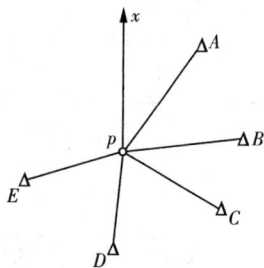

图 5 – 14

§5.3　全站仪的使用简介

全站仪的生产厂家和型号多种多样，不同厂家和型号的全站仪使用方法均有区别，因此，下面介绍全站仪的一些较为通用的基本操作和使用时的注意事项，以期对全站仪的使用有初步了解。

一、测量使用前的准备、检查工作

为了保证测量工作的顺利进行和观测成果精度，使用全站仪前应作好各项准备和检查工作，包括全站仪自身和附属配件的检查。主要工作有全站仪主要轴线的检验，全站仪的加常数、乘常数、周期误差的检验，三轴平行性检验，反射棱镜对中器和对中杆的检验校正，气压计、温度计的检验，小钢尺(或量杆)的检验，全站仪电池、步话机及其充电器的检查等。

二、全站仪的基本操作

1. 安置全站仪和反射棱镜，对中，整平方法与经纬仪相同，反射棱镜对准全站仪。

2. 根据测量要求，在全站仪中进行初步设置。主要包括测量单位、测量模式(如角度测量、距离测量、坐标测量等)、及对应初始数据的输入等设置。

(1)角度测量模式

设置测量单位和度盘注计方向(水平角测量应选择顺时针注计度盘或逆时针注计度盘,竖直角测量应选择以天顶方向为零基准或水平方向为零基准的测量模式)。

(2)距离测量模式

设置加常数、乘常数、棱镜常数和测量单位,测量大气压和温度并输入全站仪。

(3)三角高程测量

除进行角度测量模式和距离测量模式下的设置外,根据三角高程测量原理,还需用小钢尺或量杆量仪器高和反射棱镜高,将仪器高、反射棱镜高和测站高程输入全站仪。

(4)坐标测量模式

设置内容有:1)角度测量、距离测量、三角高程测量模式下的设置;2)测站坐标的设置;3)当后视已知方向或控制点时,方位角或后视点坐标的设置。

3. 根据测量要求,进入相应测量模式后,用全站仪精确照准目标点的反射棱镜,检查反射信号强度,若符合要求,则按相应"测量"键,等待测量结果显示,记录。

三、注意事项

1. 全站仪是精密贵重仪器,使用及保管中要注意防震、防尘、防潮。

2. 在太阳下工作时给全站仪打伞,绝对禁止将望远镜正对太阳,以免造成人身伤害和仪器损害。

3. 在煤矿、受煤灰污染地区或靠近其他易燃物的地方测量时,注意全站仪是否具有防爆性能,否则禁止使用。

4. 全站仪不要在高压线附近设站,以免受强电磁场干扰。精密测量时,附近有电磁干扰的设备(如手机、步话机等)均应关闭。

5. 观测时,在望远镜视场内不能有多余的反射棱镜或光滑的反光物体,接受的反射信号强度也不可太弱,否则有较大测量误差。

思考与练习

1. 什么是全站测量?

2. 简述全站仪的基本原理结构框图的构成要素。

3. 全站仪有哪些基本功能?

4. 全站仪的光电测角有哪些原理?

5. 坐标测量、对边测量、三角高程测量、悬高测量及自由测站分别可以用来解决哪些测量问题?

6. 三角高程测量为何要进行对向观测?

7. 分别简述进行角度测量、距离测量、坐标测量和三角高程测量时,全站仪的基本操作程序。

第6章

GPS 测量

§6.1　全球定位系统(GPS)概述

全球定位系统(Global Positioning System ,简称 GPS),授时与测距导航系统/全球定位系统,简称 GPS 全球定位系统,是随着现代科学技术的迅速发展而建立起来的新一代卫星导航和精密定位系统。GPS 全球定位系统是由美国国防部于 1973 年开始组织三军共同研制,并于 1993 年基本完成。该系统由空间星座、地面控制和用户接收机三部分组成。

1. 全球定位系统组成

(1)空间星座部分

GPS 空间星座部分由 24 颗工作卫星和 3 颗备用卫星组成。工作卫星分布在 6 个轨道面内。每个轨道面内分布有 3 ~ 4 颗卫星,卫星轨道相对于地球赤道面的倾角为 55°,轨道平均高度为 20200 公里。卫星运行周期为 11 小时 58 分钟。因此,在同一测站每天出现的卫星布局大致相同,只是每天提前 4 分钟。每颗卫星每天约有 5 个小时在地平线以上,同时位于地平线以上的卫星数目随时间和地点而异,最少 4 颗,最多 11 颗。这样布局可以保证地球上任何时间、任何地点至少可以同时观测到四颗以上的卫星。加之卫星信号的传播和接收不受天气的影响,因此GPS 是一个全球性、全天候的连续实时的导航和定位系

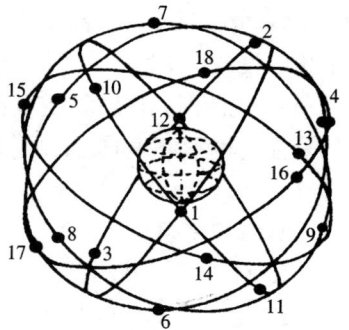

图 6 - 1

统。全球定位系统建成后,其工作卫星在空间的分布如图 6 - 1 所示。GPS 卫星上安装有轻便的原子钟、微处理器、电文存储和信号发射设备,由太阳能电池提供电源,卫星上备有少量燃料,用来调节卫星轨道和姿态,并可在地面监控站的指令下,启动备用卫星。

(2)地面监控系统

GPS 地面监控系统由分布在全球的五个地面站组成。其中 1 个主控站,3 个注入站。五个监控站均为数据自动采集中心,配有双频 GPS 接收机、高精度原子钟、环境数据传感器和计算设备,并为主控站提供各种观测数据。主控站(位于美国科罗拉多)为系统管理和数据处理中心,其主要内容是利用本站和其他监控站的观测数据推算各卫星的星历、卫

星钟差和大气延迟修正参数,提供全球定位系统的时间基准,并将这些参数传入注入站,调整偏离轨道的卫星至预定轨道,启用备用卫星代替失效卫星等。注入站将主控站推算和编制的卫星星历、卫星钟差、导航电文和其他控制指令等注入相应卫星的存储系统,并监测注入信息的正确性。除了主控站外,整个 GPS 地面监控系统无人值守,各项工作高度自动化和标准化。

(3)用户设备部分

用户设备包括 GPS 接收机主机、天线、电源和数据处理软件所组成。主机的核心为微电脑、石英振荡器,还有相应的输入、输出接口和设备。在专用软件控制下,主机进行作业卫星选择、数据采集、处理和存储,对整个设备的系统状态进行检查、报警和部分非致命故障的排除,承担整个接收系统的自动管理。天线通常采用全方位型的,以便采集来自各个方位的,任意非负高度角的卫星信号。由于卫星信号微弱,在天线基座中有一个前置放大器,将信号放大后,再用同轴电缆输入主机。电源部分为主机和天线供电,可使用经过整流、稳压后的市电,也可以使用蓄电池。

2. GPS 全球定位系统信号

GPS 卫星发射的是一对相干波 L_1 和 L_2,波长和频率分别为:

$$f_{L_1} = 1\ 575.42\ \text{MHz}, \quad \lambda_{L_1} = 19\ \text{cm}$$
$$f_{L_{21}} = 1\ 227.60\ \text{MHz}, \quad \lambda_{L_2} = 24\ \text{cm}$$

L_1 和 L_2 作为载波载有两种调制信号,一类为导航信号,另一类为电文信号。导航信号又分为码率为 1.023 Mb/s,频率为 $\lambda_{C/A} = 293$ m 的粗码(C/A 码)和码率为 10.23 Mb/s,频率为 $\lambda_{P_1} = 29.3$ m 的精码(P 码)。粗码(C/A 码)信号编码每 1 ms 重复一次,可以快速捕捉信号,按设计用于粗略定位;精码(P 码)码信号编码每七天重复一次,且各颗卫星不同,结构十分复杂,不易捕捉,但可以用于精确定位。电文信号同时以 50bit/s 的速率调制在载波 L_1 和 L_2 上,内容包括卫星星历表、各项改正数和卫星工作状态。通过电文信号,接收机可以选择图形最佳的一组信号进行观测,以利于定位数据处理。

3. 相对于经典的测量技术来说,这一新技术的主要特点

(1)全球地面覆盖

功能多,精度高;实时定位;应用广泛。

(2)观测站之间无需通视

既要保持良好的通视条件,又要保障测量控制网的良好结构,这一直是经典测量技术在实践方面的困难问题之一。GPS 测量不要求观测站之间相互通视,因而不再需要建造觇标,这一优点既可大大减少测量工作的经费和时间,同时也使点位的选择变得甚为灵活。不过为了使接收 GPS 卫星的信号不受干扰,必须保持观测站的上空开阔(净空)。

(3)定位精度高

现已完成的大量实验表明,目前在小于 50 km 的基线上,其相对定位精度可达 $(1 \times 10^{-6}) \sim (2 \times 10^{-6})$,而在 100~500 km 的基线上可达 $10^{-6} \sim 10^{-7}$。随着观测技术与数据处理方法的改善,可望在大于 1 000 km 的距离上,相对定位精度可达到或优于 10^{-8}。

(4)观测时间短

目前,利用经典的静态定位方法,完成一条基线的相对定位所需要的观测时间,根据

要求的精度不同,一般为 1 ~ 3 h。为了进一步缩短观测时间,提高作业速度,近年来发展的短基线(例如不超过 20 km)快速相对定位法,其观测时间仅需数分钟。

(5)提供三维坐标

GPS 测量,在精确测定观测站平面位置的同时,可以精确测定观测站的大地高程。GPS 测量的这一特点,不仅为研究大地水准面的形状和确定地面点的高程开辟了新途径,同时也为其在航空物探,航空摄影测量及精确导航中的应用,提供了重要的高程数据。

(6)操作简便

GPS 测量的自动化程度很高,在观测中测量员的主要任务只是安置并开关仪器,量取仪器高,监视仪器的工作状态和采集环境的气象数据,而其他观测工作,如卫星的捕获,跟踪观测和记录等均由仪器自动完成。另外,GPS 用户接收机一般重量较轻,体积较小,因此携带和搬运都很方便。

(7)全天候作业

GPS 观测工作,可以在任何地点,任何时间连续地进行,一般也不受天气状况的影响。

§6.2 GPS 观测量及定位计算

一、GPS 定位的观测方程

1. 伪距法

GPS 全球定位系统的基本定位方法,是通过测量信号从卫星到接收机的传播时间,得到卫星与接收机之间的距离,然后根据多个这样的距离来解算接收机天线所在的位置坐标。假定卫星和接收机的时钟都是与 GPS 系统的时间(或 UTC 时间)保持完全同步,即不存在卫星钟差与接收机钟差,并且为简化起见,也不考虑大气层折射延迟(包括电离层和对流层)等的影响,则此时卫星至地面接收机的距离 ρ,与信号传播时间 τ 之间有如下简单关系:

$$\rho = c\tau \tag{6-1}$$

式中:c 为光速。

实际上卫星钟与接收机钟一般并没有与 GPS 系统时间完全同步,再考虑到大气层折射延迟的影响,因此测量得到的并非真正的卫星至接收机的几何直线距离,而是所谓的伪距 PR:

$$PR = \rho + c\Delta t \tag{6-2}$$

式中:$\Delta t = \Delta t_R - \Delta t_S + \Delta t_a$;$\Delta t_R$ 为接收机时钟与 GPS 系统时间的同步差;Δt_S 为卫星钟与 GPS 系统时间的同步差;Δt_α 为大气层折射延迟影响(包括电离层和对流层的折射延迟);$\rho^2 = (X_S - X_R)^2$;X_S、X_R 分别为 GPS 卫星和接收机在协议地球坐标系(WGS84 系)中的地心矢量。

在式(6-2)中,Δt_S 可以由卫星广播电文查出,并在观测方程中作相应的改正;Δt_R 一般是直接作为未知数,与测站坐标等其他未知数一并求解;Δt_α 为大气层折射所致的多余时间延迟,其中电离层折射影响可以通过双频观测技术予以消除,对单频接收机则可通过有关模型予以粗略改正;对流层折射效应可以通过选择适当延迟模型予以估算,例如 Hopfield 模型或 Saastamoinen 模型等。

由于存在测站三维位置坐标和接收机时钟改正量四个未知数,故至少需同时对四个卫星进行观测才能对方程(6-2)求解,求出四个未知数。定位原理如图 6-2 所示。其定位精度:无 SA(美国为了防止未经许可的用户把 GPS 用于军事目的,采用的选择可用性技术)时,C/A 码单点定位精度为 15～30 m;有 SA 时,C/A 码单点定位精度为 100 m;军用 P 码单点定位精度为 3 m。

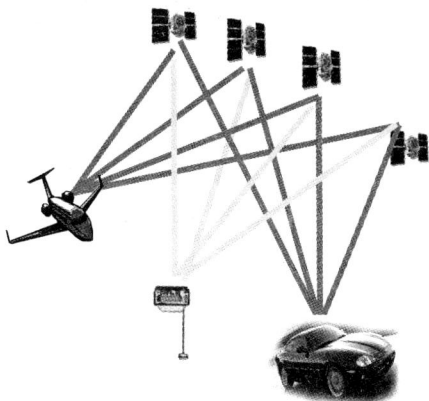

图 6-2　GPS 单机实时定位原理

2. 多普勒伪距法

由于 GPS 卫星绕地球运行,地面点 P 与 GPS 卫星之间存在着相对运动,其结果是使 P 点接收到的 GPS 信号中存在有多普勒频移:

$$f_d = f_S - f_R \approx f_S \frac{V_S}{c} \tag{6-3}$$

式中:f_S 为卫星发射信号频率,f_R 为在 P 点接收到的卫星信号频率,V_S 为卫星相对于 P 点运动的径向速度,c 为光速。

实际观测量并非是 f_d,而是所谓的积分多普勒计数:

$$N_P = \int_{t_1}^{t_2} (f_0 - f_R) \mathrm{d}t \tag{6-4}$$

式中:f_0 为 P 点处接收机参考频率,t_1、t_2 为积分区间的端点。积分多普勒计数实际上是接收机本振信号与接收信号在一段时间上的积分拍频。

N_P 与卫星至接收机的距离变化量之间存在有下列关系:

$$\Delta R = R_2 - R_1 = \frac{c}{f_0} [N_P - (f_0 - f_S) \cdot (t_2 - t_1)] \tag{6-5}$$

将上式线性化,并考虑大气层折射延迟的影响、卫星钟与接收机时钟误差等影响,即可得到实用的观测方程。

3. 载波相位测量方法

由于载波的波长远小于测距码的波长,所以在分辨率相同的情况下,载波相位的观测精度远较码相位的观测精度高。载波相位观测值的定义为:

$$\Phi = \Phi^S(t_S) - \Phi_R(t_R) \tag{6-6}$$

式中:$\Phi^S(t_S)$ 为接收机于 t_S 时刻收到的卫星信号的相位,$\Phi_R(t_R)$ 为接收机同时刻产生的参考信号的相位,t_S、t_R 是 GPS 系统时间或 UTC 时间。

对于连续波,载波相位测量的观测方程可表示为:

$$\Phi = \frac{2\pi}{\lambda} [\rho(t_S) - N\lambda + c\Delta t] \tag{6-7}$$

式中:$\rho(t_S)$ 为信号发射时刻(t_S)的卫星至接收机距离,$\lambda = c/f_S$ 为信号波长,f_S 为卫星信号频率,N 为初始观测时刻传播路径上整波长数目(整周未知数),Δt 包括卫星钟与接收机钟误差和大气层折射延迟等影响。

从上式中可以看到,用精密的载波相位测量值解算时,除了同样要考虑卫星钟与接收机钟的时间同步差,以及大气层折射延迟影响外,还有整周未知数的问题。只有这些问题都解决了,才能得出高精度的卫星测量定位结果。

4. 干涉测量方法

GPS 干涉测量方法是由射电天文学中 VLBI(甚长基线干涉测量)技术发展而来的,其基本观测量是卫星信号到达两个测站的时间差(干涉时延)$\delta\tau$ 或基线相位差 $\Delta\Phi$。观测方程分别为:

$$\delta\tau = (PR_i - PR_j)/c = (\rho_i - \rho_j)/c + (\Delta t_i - \Delta t_j) \qquad (6-8)$$

$$\Delta\Phi = \Phi_i - \Phi_j = \frac{2\pi}{\lambda}[\rho_i - \rho_j - (N_i - N_j)\lambda + c(\Delta t_i - \Delta t_j) \qquad (6-9)$$

而

$$\delta\tau = \frac{\lambda}{c}\left[\frac{\Delta\Phi}{2\pi} + (N_i - N_j)\right]$$

式中:i、j 为测站编号,

N_i、N_j 分别为测站 i 和测站 j 与某颗 GPS 卫星有关的初始整周未知数,Δt_i、Δt_j 为测站 i 和测站 j 接收机时间与 GPS 系统时间的同步差,$\lambda = c/f_s$ 为卫星发射信号的波长。

将式(6-9)与式(6-7)相比较,不难发现,载波相位观测值经过简单的变换(单差)就可以得到与干涉测量方法相同的观测方程。

目前 GPS 接收机主要采用的是伪距法和载波相位测量方法,而干涉测量方法和多普勒方法则退居次要地位。

二、GPS 卫星测量的误差来源

GPS 卫星在距离地面约 20200 公里的高空,向地面上的广大用户发送测距信号和导航电文等信息。GPS 定位的观测量不可避免地会受到多种误差源影响。按照这些误差源的来源,一般可分为三种情况:①与 GPS 卫星有关的误差;②与信号传播有关的误差;③与接收设备有关的误差。以下作简要的分析:

1. 与 GPS 卫星有关的误差

(1)卫星星历误差

它是指广播星历或其他轨道信息给出的卫星位置与卫星真实位置之间的差值。前面已经提到过,GPS 卫星星历是由布设在地面上、具有一定数量与空间分布的监测站连续跟踪观测 GPS 卫星,并结合环境要素等其他信息,再由主控站对卫星作精密定轨计算得到的。而广播星历又是由定轨结果外推得出,因此广播星历的精度是有限的,另外由于 SA 政策的实施,人为地对广播星历精度又作了降低,这都不利于高精度用户对广播星历的使用。一些国际性科学研究组织为了克服这种困难,建立了全球范围大量分布的卫星跟踪站,对观测数据做精密的定轨计算,可以提供高精度的后处理用 GPS 星历,其中 IGS 精密星历,据称其绝对定轨精度已达 5 cm。国际上进行了一些大范围的 GPS 会测实验,采用 IGS 精密星历,并使用 Bernese 等高精度后处理软件,结果精度普遍达到 10^{-8} 以上。

(2)卫星钟误差

由于卫星位置是时间的函数,所以 GPS 的观测量均以精密测时为前提。虽然 GPS 卫星均配有高精度的原子钟,但它们与理想的 GPS 时之间仍会有偏差或漂移,难以避免。对于此,导航电文是用二阶多项式表示这种偏差量:

$$\delta t^{j} = a_0 + a_1(t - t_{0e}) + a_2(t - t_{0e})^2 \qquad (6-10)$$

式中:t_{0e} 为参考历元,a_0 为卫星钟的固定钟差,a_1 为卫星钟的钟速,a_2 为卫星钟的钟速变化率(钟漂)。这些值都在导航电文中给出。而对于 IGS 精密星历,在解算出各历元时刻 GPS 卫星的轨道位置时,一般也提供了关于此卫星的时钟偏差量,准确度在 0.5 ~ 5.0 ns 以内,由此引起的等效距离误差在 0.5 m 左右。

2. 与信号传播有关的误差

与 GPS 信号传播有关的误差主要是大气折射误差和多路径效应。而大气折射误差根据其性质,往往区分为电离层折射影响和对流层折射影响。实际上,这里对流层折射影响也包括有来自平流层与中间层的折射,因此也可合称为中性大气折射影响,但一般还是简单地称为对流层折射。

所谓多路径效应,是指接收机天线除直接接收到来自 GPS 卫星的信号外,还可能收到天线周围地物反射来的信号。这两种信号叠加在一起将会引起测量参考点(相位中心)的变化,而且这种变化随天线周围反射面的性质而异,难以控制。多路径效应具有周期性误差,其变化幅度可达数厘米。

消除或减弱多路径效应,除了采用载波相位测量方法外,一般是采用造型适宜且屏蔽良好的天线。这种天线一般装备有抑径板或抑径圈,可以阻挡来自水平面以下的多路径信号被接收。但是实际上,有些多路径信号并不是来自地面的反射,而是竖立的高大建筑物表面,经过这种表面反射的多路径信号,往往也具有较大的高度角值,可以从水平面以上进入接收机天线。因此在进行 GPS 测量选址工作时,还应当考虑多路径信号产生的可能性,尽量避开这种高大建筑物。

3. 与接收设备有关的误差

这类误差主要有:观测误差、接收机钟差、相位中心误差和载波相位观测的整周不定性误差等。

(1)观测误差

分观测的分辨误差与接收机天线相对测站点的安置误差。一般认为观测的分辨误差约为信号波长的 1%。由于载波的波长远小于 GPS 伪随机测距码的波长,因此采用载波相位观测量一般可以达到更高的精度。而天线的安置误差主要有天线的置平与对中误差和量取天线高的误差。只要在观测中认真操作,可以尽量减少这些误差的影响。

(2)接收机的钟差

对于这种误差,一般是在数据处理中作为未知数来解出。另外在作差分法相对定位时,也可以通过在不同卫星之间求差来消除这部分影响。

(3)天线的相位中心误差

GPS 测量的观测值都是以天线的相位中心为准的,而我们一般只能观察到天线的几何中心,因此要求天线的几何中心与相位中心一致,这应在天线的生产和设计上达到,是天线生产厂家的任务。另外,若采用同种型号的接收机天线,可以近似认为相位中心与几何中心的偏离情况是一样的,因此用观测值的求差和相对定位能削弱这种影响,但这时要求统一按天线的方向标定向,使各天线的指北极都指向正北方向。

关于载波相位测量的整周不定性误差,主要是指观测中整周未知数的跳变现象(周跳)。另外也有在数据处理时求解整周未知数时的失败,不能将整周未知数固定为某一整数,而只能取实数解的情况。周跳的发生是与多种因素有关的,如信号受阻挡失锁、接收机内部热噪声影响、电离层活动出现异常变化等。

三、差分法载波相位测量和观测量的线性组合

设在某基线两端安设 GPS 接收机 $T_i(i=1,2)$,对卫星 sk 和 sj 与历元 t_1 和 t_2 进行同步观测,则对任一频率 $f_{L_i}(i=1,2)$,有独立的载波相位观测量 $\phi_1^j(t_1)$、$\phi_1^j(t_2)$、$\phi_1^k(t_1)$、$\phi_1^k(t_2)$、$\phi_2^j(t_1)$、$\phi_2^j(t_2)$、$\phi_2^k(t_1)$、$\phi_2^k(t_2)$。这些观测量被称为基本观测量,而相应的基本观测方程为

$$\lambda\phi_1^j(t) = \rho_1^j(t) + c[\delta t_1(t) - \delta t_j(t)] - \lambda N_1^j(t_0) + \Delta_{1,IP}^j(t) + \Delta_{1,T}^j(t) \quad (6-11)$$

式中:$\delta t_1(t)$ 为历元 t 时测站 1 的接收机钟差,$\delta t_j(t)$ 为历元 t 时卫星 j 的时钟误差,$\Delta_{1,IP}^j(t)$ 为电离层折射延迟量,$\Delta_{1,T}^j(t)$ 为对流层折射延迟量。$\rho_1^j(t)$ 为信号发射时刻 t 的卫星 j 至接收机 T_1 的距离,$\lambda = c/f_{L_i}$ 为信号波长,$N_1^j(t_0)$ 为初始观测时刻 t_0 卫星 j 至接收机 T_1 的传播路径上整波长数目(整周未知数)。

为了克服关于大气折射延迟改正不够准确,以及减少未知数等原因,常对以上观测量作差分处理。一般用到的有单差、双差、和三差法。

1. 单差法

单差观测量通常是指不同观测站同步观测相同卫星所得观测量之差,其表达形式为

$$\phi_{1,2}^j(t) = \phi_2^j(t) - \phi_1^j(t) \quad (6-12)$$

相应的观测方程为

$$\begin{aligned}\lambda\phi_{1,2}^j(t) = &\rho_2^j(t) - \rho_1^j(t) + c[\delta t_2(t) - \delta t_1(t)] - \lambda[N_2^j(t_0) - N_1^j(t_0)] \\ &+ \Delta_{2,IP}^j(t) - \Delta_{1,IP}^j(t) + \Delta_{2,T}^j(t) - \Delta_{1,T}^j(t)\end{aligned} \quad (6-13)$$

可见其中已经消去了两站共视卫星 sj 的时钟误差 $\delta t_j(t)$,另外对流层折射与电离层折射部分也都有所消弱。单差法操作如图 6-3 所示。

2. 双差法

双差观测量是在单差法基础上,对不同测站同步观测一组卫星所得单差之差,即

$$\phi_{2,1}^{k,j}(t) = \phi_{2,1}^k(t) - \phi_{2,1}^j(t) = [\phi_2^k(t) - \phi_1^k(t)] - [\phi_2^j(t) - \phi_1^j(t)] \quad (6-14)$$

相应的观测方程为

$$\begin{aligned}\lambda\phi_{2,1}^{k,j}(t) = &\rho_2^k(t) - \rho_1^k(t) - \rho_2^j(t) + \rho_1^j(t) \\ &- \lambda[N_2^k(t_0) - N_1^k(t_0) - N_2^j(t_0) + N_1^j(t_0)]\end{aligned} \quad (6-15)$$

这样进一步消除了两站的接收机时钟误差项。为了简便起见,式中忽略了有关大气折射延迟的双差项。双差法操作如图 6-4 所示。

3. 三差法

三差法是在双差法基础上,进一步对不同历元之间,不同测站同步观测的同一组卫星

所得双差观测量作差分,即

$$\phi_{2,1}^{k,j}(t_2,t_1) = \phi_{2,1}^{k,j}(t_2) - \phi_{2,1}^{k,j}(t_2) = \left[\phi_2^k(t_2) - \phi_1^k(t_2) - \phi_2^j(t_2) + \phi_1^j(t_2)\right]$$
$$- \left[\phi_2^k(t_1) - \phi_1^k(t_1) - \phi_2^j(t_1) + \phi_1^j(t_1)\right] \qquad (6-16)$$

相应的观测方程为

$$\lambda\phi_{2,1}^{k,j}(t_2,t_1) = \left[\rho_2^k(t_2) - \rho_1^k(t_2) - \rho_2^j(t_2) + \rho_1^j(t_2)\right]$$
$$- \left[\rho_2^k(t_1) - \rho_1^k(t_1) - \rho_2^j(t_1) - \rho_1^j(t_1)\right] \qquad (6-17)$$

这样一来,就进一步消去了双差观测方程中含有整周未知数的项。

差分法载波相位测量虽然可以消去一系列多余参数项(即指不含有测站坐标的项),但是在组成差分观测方程的同时,减少了观测方程的个数,另外也增加了观测量之间的相关性,这些都不利于提高最后解的精度。一般是采用双差法求解最终结果,而三差法则只是用于确定整周未知数或求得测站坐标的近似解。

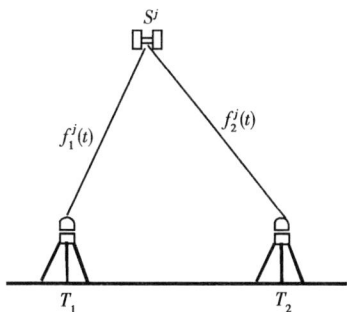

图 6-3　测站间同步观测量的单差

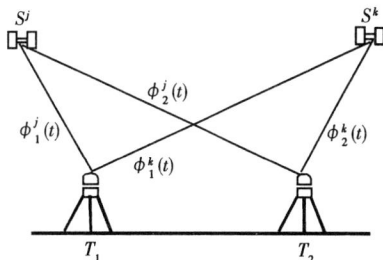

图 6-4　测站间同步观测量之双差

§6.3　GPS 测量的观测工作和作业模式

一、GPS 测量的观测工作

观测工作的内容主要包括:观测计划的拟定和观测工作的实施等。

1. 观测计划的拟定

观测工作,或数据采集,是 GPS 测量的主要外业工作,所以,当观测工作开始之前,仔细地拟定观测计划,对于顺利地完成观测任务,保障测量成果的精度,提高效益是极为重要的。

拟定观测计划的依据是:GPS 网的布设方案,规模大小,精度要求,GPS 卫星星座,参加作业的 GPS 接收机数量以及后勤保障条件(运输、通信)等。观测计划的主要内容应包括:GPS 卫星的可见性图及最佳观测时间的选择,采用的接收机类型和数量,观测区的划分和观测工作的进程以及接收机的高度计划等。

2. 观测工作的实施

观测工作实施主要包括:天线安置,观测作业,观测记录和观测数据的质量判定等。

(1)天线安置

天线的妥善安置,是实现精密定位的重要条件之一。其安置工作一般应满足以下要求：

①静态相对定位时，天线安置应尽可能利用三脚架，并安置在标志中心的上方直接对中观测。在特殊情况下，方可进行偏心观测，但归心元素应精密测定。

②当天线需安置在三角点觇标的基板上时，应先将觇标顶部拆除，以防止对信号的干扰。这时可将标志中心投影到基板上，作为安置天线的依据。

③天线底板上的圆水准器气泡必须居中。

④天线的定向标志线，应指向正北，并顾及当地磁偏角影响，以减弱相位中心偏差的影响。定向误差依定位的精度不同而异，一般应不超过 ±3°~5°。

⑤雷雨天气安置天线时，应注意将其底盘接地，防止雷击。

天线安置后，应在各观测时段的前后，各量测天线高一次，测量的方法按仪器的操作说明执行。两次量测结果之差不应超过 3 mm，并取其平均值采用。

所谓天线高，系指天线的相位中心，至观测点标志中心顶端的垂直距离。一般分为上、下两段，上段是从相位中心至天线底面的距离，这一段的数值由厂家给出，并作为常数；下段是从天线底面，至观测点标志中心顶端的距离，这一段由用户临时测定。天线高的量测值应为上下两段距离之和。

（2）观测作业

在开机实施观测工作之前，接收机一般需按规定经过预热和静置。观测作业的主要任务是捕获 GPS 卫星信号，并对其进行跟踪、处理和量测，以获取所需要的定位信息和观测数据。

利用 GPS 接收机作业的具体操作步骤和方法，随接收机的类型和作业模式不同而异。而且，随着接收机设备软件和硬件的不断发展，接收机设备的操作方法也将有所变化，自动化的水平将不断提高。用户可按随机操作手册执行。

一般来说，在外业观测工作中，操作人员应注意以下事项：

①当确认外接电源电缆及天线等各项联结完全无误后，方可接通电源，启动接收机。

②开机后，接收机的有关指令和仪表数据显示正常时，方能进行自测试和输入有关测站和时段控制信息。

③接收机在开始记录数据后，用户应注意查看有关观测卫星数量、卫星号、相位测量残差，实时定位结果及其变化、存储介质记录等情况。

④在观测过程中，接收机不得关闭并重新启动；不准改变卫星高度角的限值；不准改变天线高。

⑤每一观测时段中，气象资料一般应在时段始末及中间各观测记录一次，当时段较长时（如超过 60 分），应适当增加观测次数。

⑥观测站的全部预定作业项目，经检查均已按规定完成，且记录与资料均完整无误后，方可迁站。

（3）观测记录和测量手簿

在外业观测过程中，所有的观测数据和资料，均须妥善记录。记录的形式主要有以下两种：

1）观测记录

观测记录,由接收设备自动形成,均记录在存储介质(如磁带、磁卡或记忆卡等)上,其内容包括:

①载波相位观测值及相应的观测历元。

②同一历元的测码伪距观测值。

③GPS卫星星历及卫星钟差参数。

④实时绝对定位结果。

⑤测站控制信息及接收机工作状态信息。

2)测量手簿

测量手簿,是在接收机启动前及观测过程中,由用户随时填写的。其记录格式和内容可参看有关书籍。其中,观测记事栏记载观测过程中发生的重要问题,问题出现的时间及其处理方式。为了保证记录的准确性,测量手簿必须在作业过程中随时填写,不得事后补记。上述观测记录和测量手簿,都是GPS精密定位的依据,必须妥善地保管。

二、GPS测量的作业模式

所谓GPS测量的作业模式,亦即利用GPS定位技术,确定观测站之间相对位置所采用的作业方式。它与GPS接收设备的软件和硬件密切相关。同时,不同的作业模式,因作业方法和观测时间的不同,而具有不同的应用范围。

近年来,特别由于GPS测量数据处理软件系统的发展,为确定两点之间的相对位置,已有多种作业模式可供选择。目前,在GPS接收系统硬件和软件的支持下,较为普遍采用的作业模式,主要有静态相对定位、快速静态相对定位、准动态相对定位和动态相对定位等。现将这些不同作业模式的特点及其适用范围,简单地介绍如下。

1. 经典静态相对定位模式

作业方法:采用两套(或两套以上)接收设备,分别安置在一条(或数条)基线的端点,根据基线长度和要求的精度,同步观测4颗以上卫星数时段,每一时段长1~3小时。

定位精度:基线测量的精度可达5 mm + 1 ppm × D,D为基线长度,以公里计。

特点:这种作业模式所观测的独立基线边,应构成某种闭合图形(如图6-5),以利于观测成果的检核,增强网的强度,提高成果的可靠性和精确性,基线长度可由数公里至上千公里。

适应范围:①建立地壳运动或工程变形监测网;②建立全球性或国家级大地控制网;③建立长距离检校基线;④进行岛屿与大陆联测;⑤建立精密工程测量控制网。

2. 快速静态相对定位模式

作业方法:①在测区的中部选择一个基准站(或参考站),并安置一台接收机,连续跟踪所有可见卫星;②另一台接收机,依次到各点流动设站,并且在每个流动站上,静止观测数分钟,以便按快速解算整周未知数的方法解算整周未知数。如图6-6所示。该作业模式要求,在观测中必须至少跟踪4颗卫星,同时流动站与基准站相距,不超过15 km。

定位精度:流动站相对基准站的基线中误差,可达$(5\sim10)\text{mm} + 1 \times 10^{-6} \times D$。

特点:接收机在流动站之间移动时,不必保持对所测卫星的连续跟踪,因而可关闭电源以降低能耗。该模式作业速度快,精度高。缺点是,在采用两台接收机作业的情况下,

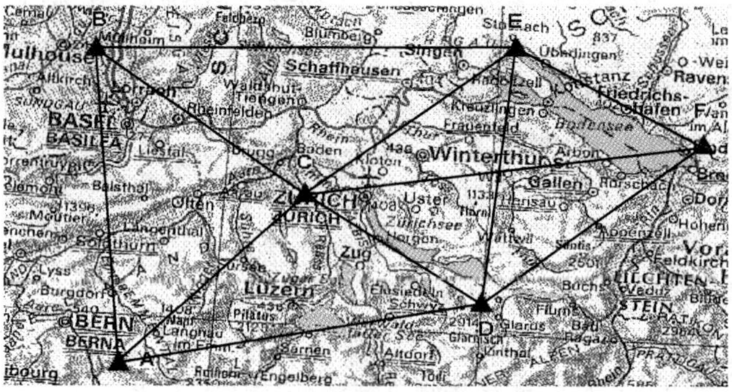

图 6-5 经典静态相对定位

直接观测边不构成闭合图形,可靠性较差。

适用范围:①小范围的控制测量及其加密;②工程测量、边界测量;③地籍测量及碎部测量等。

图 6-6 快速静态相对定位模式

3. 准动态相对定位模式

作业方法:①在测区选择一基准站,并在其上安置一台接收机,连续跟踪所有可见卫星;②置另一台流动的接收机于起始点(例如图 6-7 中 1 号点)观测数分钟,以便快速确定整周未知数;③在保持对所测卫星连续跟踪的情况下,流动的接收机依次迁到 2,3,… 号流动点各观测数分钟。

该作业模式要求,作业时必须至少有 4 颗以上分布良好的卫星可供观测;在观测过程中,流动接收机对所测卫星信号不能失锁;一旦发生失锁现象,应在失锁后的流动点上,将观测时间延长至数分钟;流动点与基准站相距,目前一般应不超过 15 km。

定位精度:基准测量的中误差可达 $(10 \sim 20)$ mm + $1 \times 10^{-6} \times D$。

特点:该作业模式效率甚高。在作业过程中,即使偶然发生失锁,只要在失锁的流动点上,延长观测数分

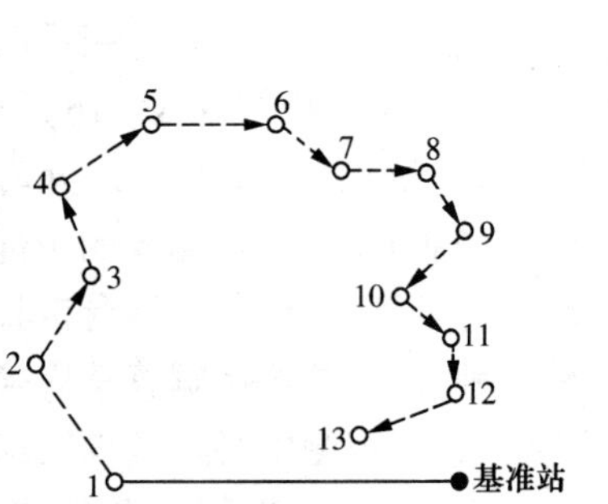

图 6-7 准动态相对定位模式

钟,仍可继续按该模式作业。

应用范围:①开阔地区的加密测量;②工程定位及碎部测量;③剖面测量和路线测量;④地籍测量等。

4. 动态相对定位模式

作业方法:①建立一个基准站,并在其上安置一台接收机,连续跟踪所有可见卫星;②另一台接收机,安置在运动的载体上(见图6-8),在出发点按快速静态相对定位法,静止观测数分钟,以进行初始化;③运动的接收机从出发点开始,在运动过程中,按预定的采样间隔自动观测。

该作业模式要求,至少同步观测4颗以上分布良好的卫星,并在运动过程中保持连续跟踪;同时,运动点与基准站的距离,目前应不超过15 km。

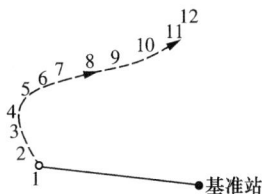

图6-8 动态相对定位模式

定位精度:运动点相对基准之基线测量精度,可达$(1-2)\text{cm}+1\times10^{-6}\times D$。

特点:速度快,精度高,可实现载体的连续实时定位。

应用范围:①精密测定载体的运动轨迹;②道路中心测量;③航道测量;④开阔地区的剖面测量和水文测量等。

三、实时动态测量系统及其应用

1. GPS 实时动态定位方法概述

实时动态(real time kinematic - RTK)测量系统,是 GPS 测量技术与数据传输技术相结合,而构成的组合系统。它是 GPS 测量技术发展中的一个新的突破。

RTK 测量技术,是以载波相位观测为根据的实时差分 GPS(RTD GPS)测量技术。大家知道,GPS 测量工作的模式已有多种,如静态、快速静态、准动态和动态相对定位等。但是,利用这些测量模式,如果不与数据传输系统相结合,其定位结果均需通过观测数据的测后处理而获得。由于观测数据需在测后处理,所以上述各种测量模式,不仅无法实时地给出观测站的定位结果,而且也无法对基准站和用户站观测数据的质量,进行实时的检核,因而难以避免在数据后处理中发现不合格的测量成果,需要进行返工重测的情况。

过去解决这一问题的措施,主要是延长观测时间,以获得大量的多余观测,来保障测量结果的可靠性。但是,这样一来,便显著地降低了 GPS 测量工作的效率。

实时动态测量的基本思想是,在基准站上安置一台 GPS 接收机,对所有可见 GPS 卫星进行连续地观测,并将其观测数据,通过无线电传输设备,实时地发送给用户观测站。在用户站上,GPS 接收机在接收 GPS 卫星信号的同时,通过无线电接收设备,接收基准站传输的观测数据,然后根据相对定位的原理,实时地计算并显示用户站的三维坐标及其精度(见图6-9)。

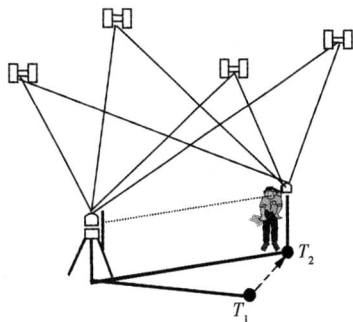

图6-9 实时相对定位(RTK 或 RTGDPS)示意

这样,通过实时计算的定位结果,便可监测基站与用户站观测成果的质量和解算结果的收敛情况,从而可实时地判别解算结果是否成功,以减少冗余观测,缩短观测时间。

RTK 测量系统的开发成功,为 GPS 测量工作的可靠性和高效率提供了保障,这对 GPS 测量技术的发展和普及,具有重要的现实意义。不过,这一测量系统的应用,也明显地增加了用户的设备投资。

2. 实时动态(RTK)测量系统的设备配置

RTK 测量系统的构成,主要包括三部分:①GPS 接收设备;②数据传输系统;③软件系统。

(1)GPS 接收设备

RTK 测量系统中,至少包含二台接收机,分别安置在基准站和用户站上。基准站应设在测区内地势较高,视野开阔,且坐标已知的点上。在城区可考虑设在楼顶平台上。作业期间,基准站的接收机应连续跟踪全部可见 GPS 卫星,并将观测数据通过数据传输系统,实时地发送给用户站。

当基准站为多用户服务时,应采用双频 GPS 接收机,且其采样率应与用户站接收机采样率最高的相一致。

(2)数据传输系统

数据传输系统(或简称数据链),由基准站的发射台与用户站的接收台组成,它是实现实时动态测量的关键设备。

数据传输设备,要充分保证传输数据的可靠性,其频率和功率的选择主要决定于用户站与基准站间的距离,环境质量,数据的传输速度。

(3)支持实时动态测量的软件系统

①快速解算,或动态快速解算整周未知数。

②根据相对定位原理,采用适当的数据处理方法(例如序贯平差法),实时解算用户站在 WGS-84 中的三维坐标。

③根据已知转换参数,进行坐标系统的转换。

④解算结果质量的分析与评价。

⑤作业模式(例如,静态,快速静态,准动态和动态等工作模式)的选择与转换。

⑥测量结果的显示与绘图。

3. 实时动态(RTK)测量的作业模式与应用

根据用户的要求,目前实时动态测量采用的作业模式,主要有:

(1)快速静态测量

采用这种测量模式,要求 GPS 接收机在每一用户站上,静止地进行观测。在观测过程中,连同接收到的基准站的同步观测数据,实时地解算整周未知数和用户站的三维坐标。如果解算结果的变化趋于稳定,且其精度已满足设计的要求,便可适时的结束观测工作。

采用这种模式作业时,用户站的接收机在流动过程中,可以不必保持对 GPS 卫星的连续跟踪,其定位精度可达 1~2 cm。这种方法可应用于城市、矿山等区域性的控制测量,工程测量和地籍测量等。

（2）准动态测量

同一般的准动态测量一样,这种测量模式,通常要求流动的接收机。在观测工作开始之前,首先在某一起始点上静止地进行观测,以便采用快速解算整周未知数的方法实时地进行初始化工作。初始化后,流动的接收机在每一观测站上,只需静止观测数历元,并连同基准站的同步观测数据,实时地解算流动站的三维坐标。目前,其定位的精度可达厘米级。

这种方法,要求接收机在观测过程中,保持对所测卫星的连续跟踪。一旦发生失锁,便需重新进行初始化的工作。

准动态实时测量模式,通常主要应用于地籍测量、碎部测量、路线测量和工程放样等。

（3）动态测量

动态测量模式,一般需首先在某一起始点上,静止地观测数分钟,以便进行初始化工作。之后,运动的接收机按预定的采样时间间隔自动地进行观测,并连同基准站的同步观测数据,实时地确定采样点的空间位置。目前,其定位的精度可达厘米级。

这种测量模式,仍要求在观测过程中,保持对观测卫星的连续跟踪。一旦发生失锁,则需重新进行初始化。这时,对陆上的运动目标来说,可以在卫星失锁的观测点上,静止地观测数分钟,以便重新初始化,或者利用动态初始化（AROF）技术,重新初始化,而对海上和空中的运动目标来说,则只有应用 AROF 技术,重新完成初始化的工作。

实时动态测量模式,主要应用于航空摄影测量和航空物探中采样点的实时定位,航道测量,道路中线测量,以及运动目标的精密导航等。

目前,实时动态测量系统,已在约 20 km 的范围内,得到了成功的应用。相信,随着数据传输设备性能和可靠性的不断完善和提高,数据处理软件功能的增强,它的应用范围将会不断地扩大。

思考与练习

1. GPS 全球定位系统由哪些部分组成,各部分的功能如何?

2. 阐述 GPS 卫星定位原理及定位的优点。

3. GPS 卫星定位的方法有哪些? 各有何特点?

4. GPS 卫星测量的误差来源有哪些?

5. GPS 接收机基本观测值有哪些?

6. 什么叫单差、双差、三差?

7. GPS 测量的作业模式有哪些?

第7章

测量误差与平差

§7.1　测量误差与评定精度的标准

一、测量误差及其来源

1. 测量误差

对同一个量进行重复观测,就会发现,所得到的各个观测值都有一些差异。例如,对同一距离重复丈量若干次,量得的长度通常互有差异;对某一平面三角形的三内角进行观测,三内角观测值之和常常不等于180°,也存在差异。之所以出现这些差异,就是各观测值中都带有误差的缘故。测量和观测是同义词,将交替使用。

设某一量的真值为 X,实际观测所得数值为观测值 L_i,由于观测值 L_i 中带有测量误差,因此各个观测值不可能等于真值,其与真值之差定义为观测值的真误差 Δ_i。

$$\Delta_i = L_i - X \qquad\qquad (7-1)$$

2. 测量误差的来源

测量误差的产生,原因很多,概括起来有以下三方面:

(1)测量仪器

测量工作通常是利用测量仪器进行的。由于每一种测量仪器均会存在构造上的缺陷或仪器本身精密度有一定限度,所以观测值必然带有误差。例如,钢卷尺的名义长度与实际长度不相等、水准仪的视准轴不平行于水准管轴、经纬仪的视准轴不垂直于横轴等都会在测量过程中产生误差。

(2)观测者

由于观测者感觉器官的鉴别能力有一定的限度,所以在操作过程中会产生误差。同时,观测者的技术水平和工作态度,也对误差的产生有直接影响。其主要表现在对中、照准和读数等工作中。

(3)外界条件

测量时所处的外界条件,如温度、湿度、气压、风力、大气折光等因素都会对观测值产生影响,例如,气象条件会对光电测距和钢尺量距产生直接影响,大气折光对角度测量和高程测量有直接影响,因而在外界条件下的观测也必然带有误差。

3. 观测条件与精度

由于测量仪器、观测者和外界条件三方面的因素是引起误差的主要来源,因此,我们把这三方面的因素综合起来称为观测条件。显然,观测条件的好坏与测量成果的质量密切相关。若观测条件好一些时,测量中所产生的误差平均说来就可能相应的小一些,测量成果的质量就会好一些,也就可以说测量精度高一些;反之,观测条件差一些时,测量成果的质量就会差一些,测量精度也就低一些。如果在相同观测条件下进行的观测,测量成果的质量可以说是相同的,这些观测称为等精度观测,在不同观测条件进行的观测则称为不等精度观测。

不管观测条件如何,在整个测量过程中,由于受到上述因素的影响,测量的结果就会产生这样或那样的误差,因此,在测量中产生误差是不可避免的。由于在测量结果中含有误差是不可避免的,因此研究误差理论的目的不是为了去消除误差,而是要对误差的来源、性质及其产生和传播的规律进行研究,以便解决测量工作中遇到的一些实际问题。例如:在一系列的观测值中,如何确定最可靠值;如何来评定测量的精度;以及如何确定误差的限度等。

二、测量误差的分类及处理

测量误差按其对测量结果影响性质的不同,可分为系统误差、偶然误差和粗差三类。

1. 系统误差

在相同的观测条件下对某一未知量进行一系列观测,若误差在大小或符号上表现出系统性,或者在观测过程中按一定的规律变化,或者为某一常数,这种误差称为系统误差。

系统误差主要来源于仪器工具上的某些缺陷(如钢卷尺名义长度与实际长度不一致)、观测者的某些习惯的影响(如有些人习惯地把读数估读得偏大或偏小)和外界环境(如风力、温度及大气折光等)的影响。例如,用名义长度为 30 m 而实际长度为 30.000 5 m 的钢卷尺量距,每丈量一整尺段就有 0.5 mm 的误差,量距误差的符号不变,且其大小与尺段数成正比;水准仪因视准轴与水准管轴不平行而引起的水准尺读数误差,它与视线的长度成正比且符号不变,这些误差都是属于系统误差。可见,系统误差具有积累性,对测量结果影响较大,应该采用各种方法来消除或减弱它对测量成果的影响,以达到实际上可以忽略不计的程度。一种方法是通过合理的操作程序实现,例如,在水准测量中,可以通过保持前视和后视距离相等的测量手段,消除视准轴与水准管轴不平行对观测高差所产生的影响;另一种是对观测值进行公式改正,例如,钢尺量距中,可对测量结果加尺长改正和温度改正,以减弱尺长系统误差对所量距离的影响等。

2. 偶然误差

在相同的观测条件下,对某一未知量进行一系列观测,若单个误差的符号和大小都不相同,看不出明显规律,这种误差称为偶然误差。

产生偶然误差的原因很多,主要是由人的感觉器官能力的限制(如人眼的分辨能力有限)或无法估计的因素(如气象因素)等共同造成,其数值的正负、大小纯属偶然。例如,在测量中估读值可能偏大也可能偏小,误差值的大小也不一;水平角测量中照准目标,可能偏左也可能偏右,这些都属于偶然误差。因此,偶然误差在测量过程中是不可避免的。

研究发现,虽然单个偶然误差的出现是随机的,但是在相同条件对某一量进行重复观测,出现的大量偶然误差,却存在一定的统计规律,这种统计规律为偶然误差的数据处理提供了可能性。

3．粗差

粗差是指超出正常观测条件所出现的、而且数值超出规定的误差。

粗差多是由于观测者的粗心或其他因素影响而造成的。例如观测时大数读错、照准错误的目标等。粗差对于观测成果影响极大，在测量成果中不允许有粗差存在。

为了防止发生粗差，在细心工作的同时，还必须作有效的检查。用不同的方式进行重复观测或利用数学条件进行检查等都是有效地发现粗差的方法。一旦发现粗差，该观测值必须舍弃或重测。因此这种错误或粗差，在一定程度上可以避免。

随着科技的进步，关于粗差的误差理论也得到了较快发展。20 世纪 60 年代后期，荷兰巴尔达（W. Baarda）教授提出的测量可靠性理论和数据探测法，为粗差的理论研究和实用检验方法奠定了基础。到目前为止，已经形成了粗差定位、估计和假设检验等理论体系，为粗差的剔除提供了一些有效的解决方法。

在一系列观测值中剔除粗差及消减系统误差的影响后，该观测列中主要存在偶然误差，这样的观测列，就称为带有偶然误差的观测列。本章的主要研究对象是带有偶然误差的观测列。

三、偶然误差的特性

偶然误差就其单个而言具有随机性，但在总体上却具有一定的统计规律。

下面结合某观测实例，用统计方法进行分析。在相同的观测条件下，观测了 162 个三角形的全部内角，三角形的内角和的真值 180° 为已知，因此，可以按式(7 - 1)计算出每个三角形内角和的真误差，即三角形闭合差

$$\Delta_i = \left(\sum \beta \right)_i - 180° \quad i = 1,2,\cdots,162$$

将计算所得 162 个真误差以 0.2″ 为误差区间（$\Delta d = 0.2″$），按绝对值的大小和正负号分别排列，并统计出误差出现在各个区间的个数 v_i 和频率 v_i/n（n 为真误差的总个数），在表 7 - 1 中列出。

表 7 - 1 三角形内角和真误差统计表

误差的区间（″）	Δ_i 为正值			Δ_i 为负值		
	个数 v_i	频率 $\frac{v_i}{n}$	$\frac{v_i}{n\Delta d}$	个数 v_i	频率 $\frac{v_i}{n}$	$\frac{v_i}{n\Delta d}$
0 ~ 0.2	21	0.130	0.650	21	0.130	0.650
0.2 ~ 0.4	19	0.117	0.585	19	0.117	0.585
0.4 ~ 0.6	15	0.093	0.465	12	0.074	0.370
0.6 ~ 0.8	9	0.056	0.280	11	0.068	0.340
0.8 ~ 1.0	9	0.056	0.280	8	0.049	0.245
1.0 ~ 1.2	5	0.031	0.155	6	0.037	0.185
1.2 ~ 1.4	1	0.006	0.030	3	0.018	0.090
1.4 ~ 1.6	1	0.006	0.030	2	0.012	0.060
1.6 以上	0	0	0	0	0	0
	80	0.495		82	0.505	

为了直观表示偶然误差的分布,可将表 7 - 1 的数据用直方图来表示,如图 7 - 1。图中横坐标表示三角形内角和的真误差 Δ_i,纵坐标表示各区间内误差出现的频率与区间间隔 Δd 的比值,即纵坐标为 $\dfrac{v_i/n}{\Delta d}$。在每一误差区间上,根据其相应的 $\dfrac{v_i/n}{\Delta d}$ 值画出一矩形,则各矩形的面积等于误差出现在该区间内的频率 v_i/n,而所有矩形面积总和等于 1。该图在统计学上称为频率直方图。

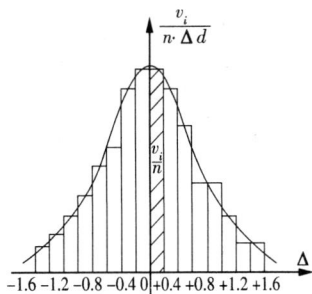

图 7 - 1

若在同样的观测条件下,所观测的三角形个数无限增大 $(n \to \infty)$,同时将误差区间无限缩小 $(\Delta d \to 0)$,则图 7 - 1 中各矩形的顶部形成的折线就逐渐变成一条光滑曲线。此曲线称为“误差分布曲线”,在概率论中称为正态分布曲线,它完整地表示了偶然误差出现的概率 P。

误差分布曲线的数学方程式为

$$f(\Delta) = \frac{1}{\sigma\sqrt{2\pi}} e^{-\frac{\Delta^2}{2\sigma^2}} \tag{7 - 2}$$

式中:Δ 为偶然误差,σ 为与条件有关的一个参数,在数学上称之为标准差或均方差。

根据表 7 - 1 和图 7 - 1 可以总结出偶然误差的四大特性如下:

① 在一定的观测条件下,偶然误差的绝对值不会超过一定的限值,即超过一定限值的误差,其出现的概率趋近零,简称有界性;

② 绝对值较小的误差比绝对值较大的误差出现的概率大,简称单峰性;

③ 绝对值相等的正负误差出现的概率相同,简称对称性;

④ 偶然误差的数学期望为零,简称补偿性,即

$$E(\Delta) = 0 \text{ 或 } \lim_{n \to \infty} \frac{\sum_{i=1}^{n} \Delta_i}{n} = \lim_{n \to \infty} \frac{[\Delta]}{n} = 0 \tag{7 - 3}$$

式(7 - 3)表明,偶然误差的理论平均值为零,这个特性可由第三特性导出。

图 7 - 1 的误差分布曲线对应着某一种观测条件,当观测条件不同时,其相应误差曲线的形状将随之改变。

四、衡量精度的指标

测量误差理论的主要任务之一,是要评定测量成果的精度。

所谓精度,就是指误差分布的密集或离散的程度,也就是离散度的大小,假如两组观测成果的误差分布相同,则两组观测成果的精度相同;反之,若误差分布不同,精度也就不同。

在相同的观测条件下所进行的一组观测,对应着一种误差分布。为了衡量不同观测条件下观测值精度的高低,当然可以将各组观测误差,通过绘制直方图或误差分布曲线的方法来比较。但在实际工作中,这样做比较麻烦,有时也很困难。而且在实际测量问题中,人们需要对精度有一个数字概念。这种具体数字应能反映误差分布的离散程度,称这

种具体数字为衡量精度的指标。

衡量精度的指标有很多种,下面介绍几种常用的精度指标。

1. 中误差

标准差的平方称为方差,其定义式为

$$\sigma^2 = D(\Delta) = E(\Delta^2) = \lim_{n\to\infty} \frac{[\Delta\Delta]}{n}$$

在测量上为了使评定精度的指标与观测值具有相同的量纲,取 σ 作为衡量精度的指标,测量中称 σ 为观测值的中误差,其定义式为

$$\sigma = \pm\sqrt{D(\Delta)} = \pm\sqrt{E(\Delta^2)} = \pm\lim_{n\to\infty}\sqrt{\frac{[\Delta\Delta]}{n}} \qquad (7-4)$$

σ 的大小反映观测精度的高低。

如图7-2,曲线Ⅰ、Ⅱ分别对应着不同的两组观测条件,它们均属于正态分布。$\Delta = 0$ 时,$f_1(\Delta) = \dfrac{1}{\sigma_1\sqrt{2\pi}}$,$f_2(\Delta) = \dfrac{1}{\sigma_2\sqrt{2\pi}}$。$\dfrac{1}{\sigma_1\sqrt{2\pi}}$ 和 $\dfrac{1}{\sigma_2\sqrt{2\pi}}$ 是这两组误差分布曲线的峰值,其中曲线Ⅰ的峰值较曲线Ⅱ的高,即 $\sigma_1 < \sigma_2$,所以第Ⅰ组观测

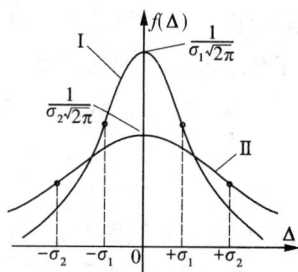

图7-2

小误差出现的概率较第Ⅱ组的大。由于误差分布曲线与横坐标轴之间的面积恒等于数字1,所以当小误差出现的概率较大时,大误差出现的概率必然要小。因此曲线Ⅰ表现为较陡峭,即分布比较集中,或称离散度较小,因而观测精度较高。而曲线Ⅱ相对来说曲线较为平缓,即离散度较大,因而观测精度较低。

对误差分布曲线的数学方程式(7-2)求二阶导数,并使其等于零,可得

$$f''(\Delta) = \frac{1}{\sigma\sqrt{2\pi}}\left(\frac{\Delta^2}{\sigma^2} - 1\right)e^{-\frac{\Delta^2}{2\sigma^2}} = 0$$

式中:$e^{-\frac{\Delta^2}{2\sigma^2}}$ 不为零,因此有 $\left(\dfrac{\Delta^2}{\sigma^2} - 1\right) = 0$,故 $\Delta = \pm\sigma$。这说明误差分布曲线的拐点位于 $\Delta = \pm\sigma$ 处,也表明中误差的几何意义是误差分布曲线上两个拐点的横坐标值。

σ^2 和 σ 都是 $n\to\infty$ 时 Δ^2 和 Δ 的理论平均值,但是实际测量工作中不可能对观测量作无穷多次观测,因此,只能根据有限的观测值的真误差求出中误差的估值 $\hat{\sigma}$ 来代表观测值的精度。在测量中常用 m 来表示真误差的估值 $\hat{\sigma}$。即

$$m = \hat{\sigma} = \pm\sqrt{\frac{[\Delta\Delta]}{n}} \qquad (7-5)$$

在测量工作中,一般都把中误差的估值 m 称为中误差。

【例7-1】 设有甲、乙两组观测值,各组均为等精度观测,甲组的真误差为:$+3''$,$+2''$,$-2''$,$-1''$,$0''$,$-3''$;乙组的真误差为:$+6''$,$-7''$,$-3''$,$-4''$,$+5''$,$+2''$。试分别求出两组观测值的中误差。

解:根据公式 $m = \pm\sqrt{\dfrac{[\Delta\Delta]}{n}}$ 可得

$$m_{\text{甲}} = \pm\sqrt{\frac{(+3)^2 + (+2)^2 + (-2)^2 + (-1)^2 + (0)^2 + (-3)^2}{6}} = \pm 2.12''$$

$$m_{\text{乙}} = \pm\sqrt{\frac{(+6)^2 + (-7)^2 + (-3)^2 + (-4)^2 + (+5)^2 + (+2)^2}{6}} = \pm 4.81''$$

$\pm 2.12''$ 和 $\pm 4.81''$ 分别是甲、乙两组观测值的中误差，由于 $m_{\text{甲}} < m_{\text{乙}}$，所以甲组的观测精度高于乙组。而从直观来看，也可看出甲组观测的小误差比较集中，离散度较小，因而其观测精度高于乙组。

若单独观察各组观测的真误差与中误差，可以发现，对于一组同精度的观测，各观测值的真误差虽然各不相同，但是各观测值的中误差却是相同的。

2. 容许误差

根据偶然误差的第一个特性知道，在一定观测条件下，偶然误差的绝对值不会超过一定限值。那么怎样来求得这个限值呢？

现在先来求误差出现在 $[-\sigma, +\sigma]$ 之间的概率 $P(-\sigma < \Delta < +\sigma)$，它应该等于图 7-3 中阴影部分的面积。即

$$P(-\sigma < \Delta < +\sigma) = \int_{-\sigma}^{+\sigma} f(\Delta)\,\mathrm{d}\Delta = \frac{1}{\sigma\sqrt{2\pi}}\int_{-\sigma}^{+\sigma} e^{-\frac{\Delta^2}{2\sigma^2}}\,\mathrm{d}\Delta$$

利用概率论中的正态分布表，可以计算出：

$$P(-\sigma < \Delta < +\sigma) = \frac{1}{\sigma\sqrt{2\pi}}\int_{-\sigma}^{+\sigma} e^{-\frac{\Delta^2}{2\sigma^2}}\,\mathrm{d}\Delta = 0.683$$

即偶然误差出现在区间 $[-\sigma, +\sigma]$ 内的概率为 0.683，或者说误差出现在该区间外的概率为 0.317。同法可得：

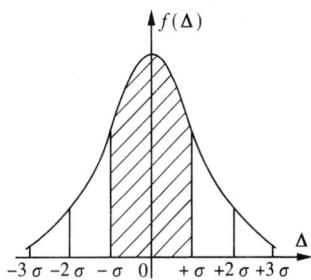

图 7-3

$$P(-2\sigma < \Delta < +2\sigma) = \frac{1}{\sigma\sqrt{2\pi}}\int_{-2\sigma}^{+2\sigma} e^{-\frac{\Delta^2}{2\sigma^2}}\,\mathrm{d}\Delta = 0.955$$

$$P(-3\sigma < \Delta < +3\sigma) = \frac{1}{\sigma\sqrt{2\pi}}\int_{-3\sigma}^{+3\sigma} e^{-\frac{\Delta^2}{2\sigma^2}}\,\mathrm{d}\Delta = 0.997$$

从上面的数据可以看出，绝对值大于一倍中误差的偶然误差，其出现的概率为 31.7%；绝对值大于二倍中误差的偶然误差，其出现的概率为 4.5%；而绝对值大于三倍中误差的偶然误差，出现的概率仅为 0.3%。

在测量工作中，要求观测误差有一定的限值。若以中误差作为观测误差的限值，则将有近 32% 的观测会超过限值而被认为不合格，显然这样要求过分苛严。而大于三倍中误差的误差出现的机会只有 3‰，在有限的观测次数中，实际上不大可能出现。所以可取三倍的中误差作为偶然误差的极限值，称极限误差。在实际工作中，就根据它来确定测量误差的限值，称为容许误差 $\Delta_{\text{容}}$。并以中误差的估值 m 代替 σ。

故 $$\Delta_{\text{容}} = 3m$$

在测量实践中，为了对工作提出较严格的要求，更多的是取二倍的中误差作为容许误差。

即 $$\Delta_{\text{容}} = 2m$$

当观测误差超过容许误差时,则可认为属于观测中的错误,该观测值应舍去不用或进行重测。

3. 相对误差

在某些测量工作中,单靠中误差还不能完全反映出观测质量的好坏。例如,分别丈量了 300 m 和 30 m 的两段距离,若观测值的中误差都是 ±1 cm,虽然两者的中误差相同,但是不能认为两者精度相等,显然前者要比后者的精度高。因此,当观测值的误差与观测值的大小有关时,须采用另一种办法来衡量精度,通常采用相对误差。相对误差等于误差的绝对值与观测值之比。相对误差是一个比值,是一个不名数,通常用分子为 1 的分式来表示。即

$$相对误差 = \frac{误差的绝对值}{观测值} = \frac{1}{N}$$

相对误差的分母越大,该观测值的精度就越高。如上述两段距离的相对误差分别为 $\frac{1}{30\ 000}$ 和 $\frac{1}{3\ 000}$,显然前者精度较高。

相对误差的定义中,作为分子的误差可以用不同的精度标准,如用中误差、容许误差、闭合差或较差等,则其相对误差被分别称为相对中误差、相对容许误差、相对闭合差或相对较差。

与相对误差对应,中误差、容许误差、闭合差和较差等均称为绝对误差,绝对误差都是有单位的,且应冠以正负号。当观测值的误差与观测值的大小无关时,如角度、方向等观测值,其精度用绝对误差来衡量。

§7.2 误差传播定律及其应用

一、误差传播定律

在测量工作中,一些未知量不能直接进行观测,是由一些直接观测值,通过函数关系式计算得出。例如,水准测量中两点高差 h,由后视读数 a 减去前视读数 b 求得,a、b 是直接观测值,而高差 h 则为 a、b 的函数。由于直接观测值带有误差,因此未知量也必然受到影响而产生误差,那么在数据处理时经常会遇到已知观测值及其中误差求未知量中误差的问题。误差传播定律就是说明观测值的中误差与其函数的中误差之间关系的定律,它在测量中有着广泛的用途。

若已知独立观测值 $x_1, x_2, \cdots, x_n$ 的中误差分别为 $m_{x_1}, m_{x_2}, \cdots, m_{x_n}$,设 Z 为独立观测值 $x_1, x_2, \cdots, x_n$ 的函数,即

$$Z = f(x_1, x_2, \cdots, x_n) \tag{a}$$

设 $x_1, x_2, \cdots, x_n$ 的真误差分别为 $\Delta x_1, \Delta x_2, \cdots, \Delta x_n$,相应函数 Z 的真误差为 Δ_Z,则

$$Z + \Delta_Z = f(x_1 + \Delta x_1, x_2 + \Delta x_2, \cdots x_n + \Delta x_n)$$

将上式用级数展开,并舍去二次及其以上各项,得

$$Z + \Delta_Z = f(x_1, x_2, \cdots, x_n) + \left(\frac{\partial f}{\partial x_1} \Delta x_1 + \frac{\partial f}{\partial x_2} \Delta x_2 + \cdots + \frac{\partial f}{\partial x_n} \Delta x_n \right) \tag{b}$$

由(b)式减去(a)式得函数 Z 的真误差表达式:

$$\Delta_Z = \left(\frac{\partial f}{\partial x_1} \Delta x_1 + \frac{\partial f}{\partial x_2} \Delta x_2 + \cdots + \frac{\partial f}{\partial x_n} \Delta x_n \right) \tag{c}$$

式中: $\frac{\partial f}{\partial x_1}, \frac{\partial f}{\partial x_2}, \cdots$ 为函数 Z 分别对 $x_1, x_2, \cdots$ 的偏导数,并将观测值代入偏导数表达式后所得的值,故均为常数。

若对各独立观测值都观测了 N 次,则可列出 N 个如(c)式那样的真误差关系式。将这 N 个关系式平方后再取总和,可得

$$[\Delta_Z{}^2] = \left(\frac{\partial f}{\partial x_1} \right)^2 [\Delta x_1{}^2] + \left(\frac{\partial f}{\partial x_2} \right)^2 [\Delta x_2{}^2] + \cdots + \left(\frac{\partial f}{\partial x_n} \right)^2 [\Delta x_n{}^2]$$
$$+ \sum_{\substack{i,j=1 \\ i \neq j}}^{n} \frac{\partial f}{\partial x_i} \cdot \frac{\partial f}{\partial x_j} [\Delta x_i \cdot \Delta x_j] \tag{d}$$

将式(d)等号两边均除以 N,可得

$$\frac{[\Delta_Z{}^2]}{N} = \left(\frac{\partial f}{\partial x_1} \right)^2 \frac{[\Delta x_1{}^2]}{N} + \left(\frac{\partial f}{\partial x_2} \right)^2 \frac{[\Delta x_2{}^2]}{N} + \cdots$$
$$+ \left(\frac{\partial f}{\partial x_n} \right)^2 \frac{[\Delta x_n{}^2]}{N} + \sum_{\substack{i,j=1 \\ i \neq j}}^{n} \frac{\partial f}{\partial x_i} \cdot \frac{\partial f}{\partial x_j} \frac{[\Delta x_i \cdot \Delta x_j]}{N} \tag{e}$$

由于观测值相互独立,则 $\Delta x_i \cdot \Delta x_j$ 当 $i \neq j$ 时也是偶然误差。根据偶然误差的第四特性可知,式(e)中的末项当 $N \to \infty$ 时趋于零。即

$$\lim_{N \to \infty} \frac{[\Delta x_i \cdot \Delta x_j]}{N} = 0 \tag{f}$$

因此式(e)可写成:

$$\lim_{N \to \infty} \frac{[\Delta_Z{}^2]}{N} = \lim_{N \to \infty} \left\{ \left(\frac{\partial f}{\partial x_1} \right)^2 \frac{[\Delta x_1{}^2]}{N} + \left(\frac{\partial f}{\partial x_2} \right)^2 \frac{[\Delta x_2{}^2]}{N} + \cdots \right.$$
$$\left. + \left(\frac{\partial f}{\partial x_n} \right)^2 \frac{[\Delta x_n{}^2]}{N} \right\} \tag{g}$$

根据中误差的定义,式(g)可以写成

$$\sigma_Z^2 = \left(\frac{\partial f}{\partial x_1} \right)^2 \sigma_{x1}^2 + \left(\frac{\partial f}{\partial x_2} \right)^2 \sigma_{x2}^2 + \cdots + \left(\frac{\partial f}{\partial x_n} \right)^2 \sigma_{xn}^2$$

当 N 为有限值时,可写为

$$m_Z^2 = \left(\frac{\partial f}{\partial x_1} \right)^2 m_{x1}^2 + \left(\frac{\partial f}{\partial x_2} \right)^2 m_{x2}^2 + \cdots + \left(\frac{\partial f}{\partial x_n} \right)^2 m_{xn}^2 \tag{7-6}$$

或

$$m_Z = \pm \sqrt{\left(\frac{\partial f}{\partial x_1} \right)^2 m_{x1}^2 + \left(\frac{\partial f}{\partial x_2} \right)^2 m_{x2}^2 + \cdots + \left(\frac{\partial f}{\partial x_n} \right)^2 m_{xn}^2} \tag{7-7}$$

二、求任意函数中误差的一般步骤

1. 列出独立观测值的函数式

$$Z = f(x_1, x_2, \cdots, x_n)$$

2. 求出真误差关系式。为此可对函数式进行全微分,得

$$dZ = \frac{\partial f}{\partial x_1}dx_1 + \frac{\partial f}{\partial x_2}dx_2 + \cdots + \frac{\partial f}{\partial x_n}dx_n$$

因 $dZ, dx_1, dx_2, \cdots$ 都是微小的变量,可看成是相应的真误差 $\Delta_Z, \Delta x_1, \Delta x_2, \cdots$,因此上式就相当于真误差关系式,系数 $\left(\frac{\partial f}{\partial x_1}\right), \left(\frac{\partial f}{\partial x_2}\right), \cdots$ 均为常数。

3. 求出中误差关系式(把 $dZ, dx_1, dx_2, \cdots$ 换成对应量的中误差的平方、对应系数也取平方后求和),可得

$$m_Z^2 = \left(\frac{\partial f}{\partial x_1}\right)^2 m_{x1}^2 + \left(\frac{\partial f}{\partial x_2}\right)^2 m_{x2}^2 + \cdots + \left(\frac{\partial f}{\partial x_n}\right)^2 m_{xn}^2$$

按照上述方法或直接用式(7-7),可以导出几种常用的求简单函数中误差的公式,如表7-2所列,计算时可直接应用。

表7-2　常用函数的中误差公式

函　数　式	函数的中误差
1. 倍数函数　$Z = kx$	$m_Z = km_x$
2. 和差函数　$Z = x_1 \pm x_2 \pm \cdots \pm x_n$	$m_Z = \pm\sqrt{m_{x1}^2 + m_{x2}^2 + \cdots + m_{xn}^2}$
	$m_{x1} = m_{x2} = \cdots = m_{xn} = m_x$ 时,$m_Z = m_x\sqrt{n}$
3. 线性函数　$Z = k_1x_1 \pm k_2x_2 \pm \cdots \pm k_nx_n$	$m_Z = \pm\sqrt{k_1^2m_{x1}^2 + k_2^2m_{x2}^2 + \cdots + k_n^2m_{xn}^2}$

在应用误差传播定律求函数中误差时应注意以下三点:

(1)要正确列立函数式。

(2)函数式中观测值必须是独立的。

(3)函数式中同时有角度观测值和长度观测值时,单位要统一。

否则将会得出错误结果。结合以下算例进行说明。

【例7-2】　测量某正方形建筑场地周长,四条边长的测量结果为 $a = 32.60$ m,边长测量中误差均为 $m_a = \pm 0.01$ m。求该场地的周长及其中误差。

解:周长 $L = 4 \times 32.60 = 130.40$ m。

求周长中误差:

(1)列出函数式:$L = a + a + a + a$

(2)求出真误差关系式:$dL = 1 \times da + 1 \times da + 1 \times da + 1 \times da$

(3)求出中误差关系式:$m_L = \sqrt{m_a^2 + m_a^2 + m_a^2 + m_a^2} = 2m_a = \pm 0.02$ m。

若按表7-2中的第1式计算周长的中误差,得 $m_L = 4m_a = \pm 0.04$ m,则是错误的。因此,正确列立函数式是关键。

【例7-3】　某水准路线,从 A 出发经过 B 到 C 结束,已知 $h_1 = h_{AB} = +2.345$ m,$h_2 = h_{BC} = -0.200$ m,$m_{h1} = \pm 3$ mm,$m_{h2} = \pm 4$ mm。求 A、C 两点间高差及其中误差。

解:A、C 两点间高差 $h_{AC} = h_1 + h_2 = +2.345 - 0.200 = +2.145$ m。

求高差 h_{AC} 的中误差:

(1)列出函数式:$h_{AC} = h_1 + h_2$

(2)求出真误差关系式:$dh_{AC} = dh_1 + dh_2$

(3)求出中误差关系式:$m_{hAC} = \pm\sqrt{m_{h1}^2 + m_{h2}^2} = \pm 5$ mm。

【例 7 - 4】　某水准路线,从 A 出发经过 B 到 C 结束,已测量 A、B 两点间高差 h_{AB},且 $m_{h_{AB}} = \pm 3$ mm。若要使 A、C 两点间高差的中误差 $m_{h_{AC}} = \pm 5$ mm。问测量 B、C 两点间高差的中误差为多少方可满足此要求?

解:先看如下解法:

①列出函数式:$h_{BC} = h_{AC} - h_{AB}$

②求出真误差关系式:$dh_{BC} = dh_{AC} - dh_{AB}$

③求出中误差关系式:$m_{h_{BC}} = \pm \sqrt{m_{h_{AC}}^2 + m_{h_{AB}}^2} = \pm \sqrt{(\pm 5)^2 + (\pm 3)^2} = \pm 5.8$ mm $\neq \pm 4$ mm。

采用上述解法为什么会得出与例 7 - 3 相矛盾的结果呢? 究其原因,主要是在列立函数式的过程中,等式右侧的观测值 $h_{AC} = f(h_{AB}, h_{BC})$ 和 h_{AB} 是相关的,不满足误差传播定律推证中的假定,因此会产生错误。

正确的解法仍是采用例 7 - 3 的方法。关键在于求出正确的真误差表达式 $dh_{AC} = dh_{AB} + dh_{BC}$,保证等式左边是函数的真误差,等式右边是由独立观测值的真误差所组成的表达式,只有这样才可得正确解 $m_{h_{BC}} = \pm \sqrt{m_{h_{AC}}^2 - m_{h_{AB}}^2} = \pm 4$ mm。

【例 7 - 5】　距离测量中,丈量得倾斜距离 $s = 50.00$ m,其中误差 $m_s = \pm 0.05$ m,测得倾斜角 $\alpha = 15°00'00''$,其中误差 $m_\alpha = \pm 30''$,求相应水平距离 D 及其中误差。

解:求水平距离值 $D = s \cdot \cos\alpha = 50 \times \cos 15° = 48.296$ m

求 D 的中误差

(1)列出函数式

$$D = s \cdot \cos\alpha$$

(2)求出真误差关系式

$$dD = \frac{\partial D}{\partial s} \cdot ds + \frac{\partial D}{\partial \alpha} \cdot d\alpha$$

式中　$\dfrac{\partial D}{\partial s} = \cos\alpha = \cos 15° = 0.9659$;

$\dfrac{\partial D}{\partial \alpha} = -s \cdot \sin\alpha = -50 \times \sin 15° = -12.9410$;

$d\alpha$ 的单位是弧度。

(3)求出中误差关系式

$$m_D = \pm \sqrt{\left(\frac{\partial D}{\partial s}\right)^2 m_s^2 + \left(\frac{\partial D}{\partial \alpha}\right)^2 m_\alpha^2}$$

$$= \pm \sqrt{0.9659^2 \times 0.05^2 + (-12.9410)^2 \times \left(\frac{\pm 30''}{206\,265}\right)^2} \pm 0.048 \text{ m}。$$

三、误差传播定律的应用

1. 水准测量的精度分析

(1)按测站数求高差中误差

在 A、B 两点间进行水准测量,共设置了 n 个测站,各测站测得的高差分别为 $h_1, h_2,$

$\cdots,h_n$，则 A、B 两点间的高差 h 为：

$$h = h_1 + h_2 + \cdots + h_n$$

设每一测站所得高差的中误差均为 $m_{站}$，则按误差传播定律，高差 h 的中误差为：

$$m_h = m_{站}\sqrt{n} \qquad (7-8)$$

结论1：当各测站观测高差的精度相同时，水准测量高差的中误差与测站数的平方根成正比。

（2）按水准路线长求高差中误差

在一般情况下，各测站所测的两转点间的距离 l 大致都相等，故水准路线全长 $L = nl$，则 $n = \dfrac{L}{l}$，代入式（7-8）得

$$m_h = m_{站}\sqrt{n} = m_{站}\sqrt{\frac{L}{l}} = \frac{m_{站}}{\sqrt{l}}\sqrt{L}$$

令 $\mu = \dfrac{m_{站}}{\sqrt{l}}$，则

$$m_h = \mu\sqrt{L} \qquad (7-9)$$

结论2：当测站高差中误差 $m_{站}$ 和两转点间的距离 l 相同时，μ 为一定值，则水准测量的高差中误差与水准路线长度的平方根成正比。

当 $L = 1$ km 时，μ 值就代表每公里水准测量的高差中误差。根据误差传播定律，可得每公里往返测量高差中数（即平均值）的中误差的计算式为：

$$m_{h中} = \frac{\mu}{\sqrt{2}} \qquad (7-10)$$

我国水准仪系列中 DS_{05}、DS_1 和 DS_3 等的角码数字所表示的仪器精度，即为每公里往返测量高差中数的偶然中误差，要求分别不大于 0.5 mm、1 mm 和 3 mm。

（3）铁路线路水准测量的容许高程闭合差

在铁路线路水准测量中，要求每公里往返测高差平均值的中误差为 ±7.5 mm，若取二倍的中误差为容许误差，试求 L 公里往返测的容许高程闭合差。

①求每公里单程水准测量高差中误差 $m_{km单} = \pm 7.5\sqrt{2}$ mm。

②求 L 公里单程水准测量高差中误差 $m_{L单} = m_{km单}\sqrt{L} = \pm 7.5\sqrt{2} \cdot \sqrt{L}$ mm。

③求 L 公里往返测高差之差（即闭合差）的中误差 $m_{fh} = m_{L单}\sqrt{2} = \pm 15\sqrt{L}$ mm。

④若取二倍的中误差为容许误差，则 L 公里往返测的容许高程闭合差为：

$$F_h = 2m_{fh} = \pm 30\sqrt{L}\text{ mm}$$

式中 L 是以公里为单位的单程水准路线长。

2. 水平角测量的精度分析

我国经纬仪系列中 DJ_1、DJ_2 和 DJ_6 等的角码数字所表示的仪器精度，是指一测回水平方向中误差分别不大于 1″、2″ 和 6″。一测回方向是盘左、盘右方向值的平均值，即

$$一测回方向 = \frac{(盘左方向值) + (盘右方向值 \pm 180°)}{2}$$

DJ$_6$级经纬仪按照仪器设计标准，一测回方向的中误差不大于±6″，所以用这类仪器测量水平角的限差(即容许误差)可计算如下：

(1)一测回角值的中误差

设一测回方向的中误差为 $m_{方} = \pm 6''$。因为一测回角值是两个方向值之差，所以一测回角值的中误差为：

$$m_{\beta} = m_{方}\sqrt{2} = \pm 6''\sqrt{2}$$

(2)半测回角值的中误差

一测回的角值是上、下半测回角值的平均值，故半测回角值的中误差为：

$$m_{半} = m_{\beta}\sqrt{2} = \pm 12''$$

(3)上、下半测回角值之差的限差

由半测回角值的中误差±12″，可得上、下半测回角值之差的中误差为：

$$m_{\Delta} = m_{半}\sqrt{2} = \pm 12''\sqrt{2} = \pm 17''$$

取中误差的两倍为容许误差，故容许误差为±34″。根据理论分析和实际统计资料，对于DJ$_6$级经纬仪上、下半测回角值之差的限差，一般工程测量规定为±40″，铁路线路测量规定为±30″。

(4)测回间角值较差的限差

DJ$_6$级经纬仪测量水平角一测回角值的中误差 $m_{\beta} = \pm 6''\sqrt{2}$，用测回法测量水平角两个测回，两测回间角值较差的中误差是一测回角值中误差的$\sqrt{2}$倍，即 $m_{\Delta} = \pm 6''\sqrt{2} \cdot \sqrt{2} = \pm 12''$。取两倍中误差为容许误差，则测回间角值较差的容许误差为 $2m_{\Delta} = \pm 24''$。

3. 丈量距离的精度分析

(1)丈量距离的偶然中误差

用长度为l的钢尺共丈量了n个尺段，全长$D = nl$，若每尺段的偶然中误差都是m，则全长D的偶然中误差为：

$$m_D = m\sqrt{n} \qquad (7-11)$$

令
$$\mu = \frac{m}{\sqrt{l}}$$

则
$$m_D = \mu\sqrt{D} \qquad (7-12)$$
所以丈量距离的偶然中误差与尺段数(或距离)的平方根成正比。

(2)丈量距离的系统中误差

如果钢尺的实际长度与名义长度不一致，具有长度误差$\Delta l'$，$\Delta l'$属于系统误差，其对全长的影响为：

$$\Delta D' = n \cdot \Delta l'$$

设m'为尺段的系统中误差，令$\lambda = \dfrac{m'}{l}$，则

全长的系统中误差为：

$$m'_D = \lambda \cdot D \qquad (7-13)$$
所以丈量距离的系统中误差与距离成正比。

(3)同时考虑偶然误差和系统误差时，丈量距离的中误差为：

$$m_D = \pm \sqrt{\mu^2 D + \lambda^2 D^2} \qquad\qquad (7-14)$$

4. 光电测距的精度分析

已知光电测距的基本公式为:$D = \dfrac{c_0}{2n_g f}\left(n + \dfrac{\Delta\varphi}{2\pi}\right) + K$

根据误差传播定律可得

$$m_D^2 = \left(\frac{\partial D}{\partial c_0}\right)^2 m_{c0}^2 + \left(\frac{\partial D}{\partial n_g}\right)^2 m_{ng}^2 + \left(\frac{\partial D}{\partial f}\right)^2 m_f^2 + \left(\frac{\partial D}{\partial \Delta\varphi}\right)^2 m_{\Delta\varphi}^2 + \left(\frac{\partial D}{\partial K}\right)^2 m_K^2$$

式中

$$\frac{\partial D}{\partial c_0} = \frac{1}{2n_g f}\left(n + \frac{\Delta\varphi}{2\pi}\right) = \frac{D-K}{c_0} \approx \frac{D}{c_0}$$

$$\frac{\partial D}{\partial n_g} = \frac{-c_0}{2n_g^2 f}\left(n + \frac{\Delta\varphi}{2\pi}\right) = -\frac{D-K}{n_g} \approx -\frac{D}{n_g}$$

$$\frac{\partial D}{\partial f} = \frac{-c_0}{2n_g f^2}\left(n + \frac{\Delta\varphi}{2\pi}\right) = -\frac{D-K}{f} \approx -\frac{D}{f}$$

$$\frac{\partial D}{\partial \Delta\varphi} = \frac{c_0}{2n_g f}\cdot\frac{1}{2\pi} = \frac{\lambda}{2}\cdot\frac{1}{2\pi}$$

$$\frac{\partial D}{\partial K} = 1$$

故距离 D 的中误差为:

$$m_D^2 = \left(\frac{D}{c_0}\right)^2 m_{c0}^2 + \left(\frac{-D}{n_g}\right)^2 m_{ng}^2 + \left(\frac{D}{f}\right)^2 m_f^2 + \left(\frac{\lambda}{4\pi}\right)^2 m_{\Delta\varphi}^2 + m_K^2$$

或

$$m_D^2 = D^2\left(\frac{m_{c0}^2}{c_0^2} + \frac{m_{ng}^2}{n_g^2} + \frac{m_f^2}{f^2}\right) + \left(\frac{\lambda^2}{16\pi^2}m_{\Delta\varphi}^2 + m_K^2\right) \qquad (7-15)$$

由此可知:光电测距的误差包括两部分,一部分是与距离成比例的比例误差;而另一部分是与距离无关的固定误差。

§7.3　等精度独立观测值的最可靠值及其中误差

一、等精度独立观测值的最可靠值

测量误差理论的另一个主要任务,是确定观测量的最可靠值。观测量的最可靠值是指最接近真值的值,也称为最或然值。最可靠值与最或然值是同义词,将交替使用。那么等精度独立观测量的最可靠值应如何计算呢?

设对某一观测量进行了 n 次等精度独立观测,得观测值 $L_1, L_2, \cdots, L_n$,其算术平均值为 $x = \dfrac{L_1 + L_2 + \cdots + L_n}{n} = \dfrac{[L]}{n}$,该观测量的真值为 X,则各观测值的真误差为:

$$\Delta_1 = L_1 - X$$
$$\Delta_2 = L_2 - X$$

$$\vdots$$

$$\Delta_n = L_n - X$$

取以上各式的和并除以观测次数 n 得：

$$\frac{[\Delta]}{n} = \frac{[L]}{n} - \frac{nX}{n} = x - X$$

对上式两边取极限 $\lim\limits_{n \to \infty}$，由偶然误差第四特性 $\left(\lim\limits_{n \to \infty}\frac{[\Delta]}{n} = 0 \right)$ 可得：

$$\lim_{n \to \infty} x = X \tag{7 - 16}$$

由此可见，当观测量 n 无限大时，算术平均值的极限是观测值的真值。当 n 有限时，算术平均值最接近真值，因此等精度独立观测量的最可靠值是算术平均值 x。

二、算术平均值的中误差

设等精度独立观测值 $L_1, L_2, \cdots, L_n$ 的中误差为 m，且等精度独立观测量最可靠值的计算式可写为如下形式：

$$x = \frac{[L]}{n} = \frac{1}{n}L_1 + \frac{1}{n}L_2 + \cdots + \frac{1}{n}L_n$$

应用误差传播律，可得等精度独立观测量最可靠值的中误差 M 为

$$M^2 = \left(\frac{1}{n^2}m^2 \right) \cdot n = \frac{m^2}{n}$$

故
$$M = \frac{m}{\sqrt{n}} \tag{7 - 17}$$

由式(7 - 17)可得结论：等精度独立观测量最可靠值的中误差 M 是单次观测值中误差 m 的 $\frac{1}{\sqrt{n}}$ 倍。

此结论具有直观的实践指导意义：在测量工作中增加观测次数取平均值或提高单次观测的精度（例如采用高精度仪器或改进观测方法等措施）是提高成果精度的有效方法。

三、按最或然误差求观测值中误差（白塞尔公式）

观测值的最或然误差是观测量的最或然值 x 与观测值 L_i 之差，也称观测值的改正数，用 v_i 表示。故

$$v_i = x - L_i \tag{7 - 18}$$

根据公式(7 -5)要求观测值的中误差，首先要已知各观测值的真误差 Δ_i。但实际工作中，除少数情况外观测量的真值一般是不易求得的，所以真误差 Δ_i 一般也无法得。因此，在多数情况下，我们只能按观测值的最或然误差来求得观测值的中误差。其公式推导如下：

已知　　　　　　　　　　　　$\Delta_i = L_i - X$
以上两式相加得　　　　　　　$v_i + \Delta_i = x - X$
令 $\delta = x - X$，则上式成为：

$$\Delta_i = \delta - v_i \tag{a}$$

经 n 次观测得到 n 个(a)式，将各等式两边自乘后求和，得：

$$[\Delta\Delta] = n \cdot \delta^2 - 2\delta[v] + [vv] \qquad\qquad\text{(b)}$$

根据式(7-18)可得：

$$[v] = n \cdot x - [L] = n\frac{[L]}{n} - [L] = 0$$

所以

$$[v] = 0 \qquad\qquad (7-19)$$

式(7-19)用于计算检核。

由于式(b)中$[v]=0$，所以

$$[\Delta\Delta] = n \cdot \delta^2 + [vv] \qquad\qquad\text{(c)}$$

已知 $\delta = x - X = \dfrac{[L]}{n} - X = \dfrac{(L_1 - X) + (L_2 - X) + \cdots + (L_n - X)}{n} = \dfrac{\Delta_1 + \Delta_2 + \cdots + \Delta_n}{n}$

所以 $\delta^2 = \dfrac{1}{n^2}(\Delta_1^2 + \Delta_2^2 + \cdots + \Delta_n^2 + 2\Delta_1\Delta_2 + 2\Delta_1\Delta_3 + \cdots + 2\Delta_{n-1}\Delta_n)$

$$= \frac{[\Delta\Delta]}{n^2} + \frac{2(\Delta_1\Delta_2 + \Delta_1\Delta_3 + \cdots + \Delta_{n-1}\Delta_n)}{n^2}$$

根据偶然误差特性，当$n\to\infty$时，上式第二项趋于零。

故

$$\delta^2 = \frac{[\Delta\Delta]}{n^2} \qquad\qquad\text{(d)}$$

因

$$[\Delta\Delta] = n \cdot m^2 \qquad\qquad\text{(e)}$$

将式(d)、式(e)代入式(c)，得

$$n \cdot m^2 = \frac{[\Delta\Delta]}{n} + [vv] = m^2 + [vv]$$

最后可得

$$m = \pm\sqrt{\frac{[vv]}{n-1}} \qquad\qquad (7-20)$$

式(7-20)就是按最或然误差求观测值中误差的公式，称为"白塞尔公式"。

则算术平均值的中误差为 $M = \dfrac{m}{\sqrt{n}} = \pm\sqrt{\dfrac{[vv]}{n(n-1)}} \qquad\qquad (7-21)$

【例7-6】 对某段距离用同等精度丈量了6次，丈量结果列于表7-3中，试求这段距离的最或然值、观测值的中误差及最或然值的中误差。

解：

表7-3 同精度独立观测的数据处理

次序	观测值 L_i(m)	最或然值 x(m)	最或然误差 v(mm)	vv(mm^2)
1	126.235		0	0
2	126.240		−5	25
3	126.232		3	9
4	126.231	$x = \dfrac{[L]}{n} = \dfrac{757.412}{6} = 126.235$	4	16
5	126.238		−3	9
6	126.236		−1	1
求和	757.412		−2	60
$m = \pm\sqrt{\dfrac{[vv]}{n-1}} = \pm\sqrt{\dfrac{60}{6-1}} = \pm3.5\text{mm} \qquad M = \dfrac{m}{\sqrt{n}} = \pm\dfrac{3.5}{\sqrt{6}} = \pm1.4\text{ mm}$				

表 7 – 3 中$[v] = -2$,来源于计算 x 时由凑整引起的误差,$[v]$ 的最大值可达 $n \times (\pm 0.5$ 末位数),如果 $[v]$ 超限,说明计算有误。

§7.4　按真误差求观测值的中误差

一般而言,大部分直接观测量的真值不能求得,只能用最或然误差来求观测值的中误差,但是某些观测量的函数的真值却是可知的。例如,对同一个量进行两次观测,两次观测值之差理论上应为零,故零就是两次观测值之差的真值;又如三角形三内角之和应为 $180°$,所以 $180°$ 就是三角形内角和的真值。在这种情况下,观测量函数的真误差是可以求出的,从而可根据真误差来求观测值的中误差。

一、按双观测值之差求观测值的中误差

设对某一观测量进行同精度的双次观测,得观测值 L' 和 L'',其较差为 d。
故
$$d = L' - L'' \tag{a}$$
因为较差的真值为零,所以式(a)的值就是较差与其真值之差,即较差的真误差。

设有个同精度的双观测值之差 $d_1, d_2, \cdots, d_n$,即 n 个较差的真误差,按中误差的定义可得较差 d 的中误差为:
$$m_d = \pm \sqrt{\frac{[\Delta\Delta]}{n}} = \pm \sqrt{\frac{[dd]}{n}} \tag{b}$$

设 m 为单次观测值 L' 或 L'' 的中误差,根据误差传播定律,其与较差 d 的中误差之间的关系式为:
$$m_d = m\sqrt{2} \tag{c}$$
将式(b)代入式(c),得按双观测值之差求观测值中误差的计算式:
$$m = \pm \sqrt{\frac{[dd]}{2n}} \tag{7 - 22}$$

二、按三角形的角度闭合差求测角中误差

设按同样的精度观测了 n 个三角形的所有内角,得各三角形的角度闭合差 $w_1, w_2, \cdots, w_n$。角度闭合差 $w = \sum\beta - 180°$,因为三角形内角和的真值是 $180°$,所以 w 也就是三角形内角和的真误差。按中误差定义式,三角形内角和 $\sum\beta$ 的中误差为:
$$m_{\sum\beta} = \pm \sqrt{\frac{[\Delta\Delta]}{n}} = \pm \sqrt{\frac{[ww]}{n}} \tag{d}$$
已知
$$\sum\beta = \beta_1 + \beta_2 + \beta_3 \tag{e}$$
设测角中误差为 m,因为是同精度观测,所以
$$m_{\beta_1} = m_{\beta_2} = m_{\beta_3} = m \tag{f}$$
根据误差传播定律,由式(e)得:
$$m_{\sum\beta} = m\sqrt{3} \tag{g}$$

故,测角中误差为:

$$m = \frac{m_{\sum \beta}}{\sqrt{3}} \qquad \text{(h)}$$

将式(d)代入式(h),得按三角形的角度闭合差求测角中误差的计算式:

$$m = \pm \sqrt{\frac{[ww]}{3n}} \qquad (7-23)$$

上式称为菲列罗公式,是三角测量中用来评定测角精度的重要公式。

§7.5　不等精度独立观测值的最可靠值及其中误差

对某一未知量进行不等精度观测时,各观测结果的中误差也各不相同,各观测值具有不同程度的可靠性。在求未知量的最可靠值时,就不能如等精度观测那样简单地取算术平均值。因为较可靠的观测值,应对最后结果产生较大影响。

各不等精度观测值的可靠程度,可用一个数值来表示,称为各观测值的权。权为权衡轻重的意思,观测值精度愈高,权就越大。

一、权

设观测值 $L_1, L_2, \cdots, L_n$ 的中误差分别为 $m_1, m_2, \cdots, m_n$;其相应的权分别为 $p_1, p_2, \cdots, p_n$;则权的定义式为:

$$p_i = \frac{\mu^2}{m_i^2} \qquad (7-24)$$

即

$$p_1 = \frac{\mu^2}{m_1^2}, \quad p_2 = \frac{\mu^2}{m_2^2}, \cdots p_n = \frac{\mu^2}{m_n^2}$$

式中 μ 为可任意选定的比例常数。

可见,当 $m_i = \mu$ 时,则 $p_i = 1$,通常称等于 1 的权为单位权,权为 1 的观测值又称为单位权观测值,而 μ 为单位权观测值的中误差,简称为单位权中误差。

由式(7-24)可得各观测值的权之间的比例关系:

$$p_1 : p_2 : \cdots : p_n = \frac{\mu^2}{m_1^2} : \frac{\mu^2}{m_2^2} : \cdots : \frac{\mu^2}{m_n^2} = \frac{1}{m_1^2} : \frac{1}{m_2^2} : \cdots : \frac{1}{m_n^2} \qquad (7-25)$$

或

$$p_1 m_1^2 = p_2 m_2^2 = \cdots = p_n m_n^2 = \mu^2 \qquad (7-26)$$

由此可知,一组观测值的权的比值等于它们的中误差平方的倒数之比。在确定一组观测值的权时,只要选取同一个常数 μ(单位权中误差),其权的比例关系不会改变,所以,权反映了观测值之间相互精度关系。

【例7-7】　已知观测值为 L_1、L_2、L_3,它们的中误差分别为 $m_1 = \pm 1$ mm, $m_2 = \pm 2$ mm, $m_3 = \pm 3$ mm,试确定观测值的权。

解:

取 $\mu = \pm 1$ mm 时,$p_1 = \frac{\mu^2}{m_1^2} = 1$, $\quad p_2 = \frac{\mu^2}{m_2^2} = \frac{1}{4}$, $\quad p_3 = \frac{\mu^2}{m_3^2} = \frac{1}{9}$

取 $\mu = \pm 2$ mm 时, $p_1 = \dfrac{\mu^2}{m_1^2} = 4$, $p_2 = \dfrac{\mu^2}{m_2^2} = 1$, $p_3 = \dfrac{\mu^2}{m_3^2} = \dfrac{4}{9}$

取 $\mu = \pm 3$ mm 时, $p_1 = \dfrac{\mu^2}{m_1^2} = 9$, $p_2 = \dfrac{\mu^2}{m_2^2} = \dfrac{9}{4}$, $p_3 = \dfrac{\mu^2}{m_3^2} = 1$

算例表明,无论 μ 值如何选取,权之间的比例关系并没有改变,这说明衡量精度时,权的绝对数值不是主要的,关键在于它们之间的比例关系。

观测精度的高低可以用权或中误差表示,观测精度愈高,权则愈大,而中误差则愈小。权和中误差不同,中误差是表达各观测值精度的一个绝对数字,而权则是比较各观测值精度高低的一组相对数字。

二、确定权的方法

按中误差来确定权是求权的基本方法,但对于一些测量工作,有简便方法确定权。

【例 7-8】 在相同的观测条件下,对某一个未知量分别用不同的次数 n_1, n_2, n_3 进行观测,得相应的算术平均值为 L_1, L_2, L_3,求 L_1, L_2, L_3 的权。

解:已知观测值为: L_1, L_2, L_3

设观测值的中误差为: m_1, m_2, m_3

若已知观测一次的中误差为 m,则根据误差传播定律:

$$m_1 = \frac{m}{\sqrt{n_1}}, \quad m_2 = \frac{m}{\sqrt{n_2}}, \quad m_3 = \frac{m}{\sqrt{n_3}}$$

按式(7-24),相应的权为:

$$p_i = \frac{\mu^2}{m_i^2} = \frac{\mu^2}{\dfrac{m^2}{n_i}} = \left(\frac{\mu^2}{m^2}\right) n_i$$

在选定 μ 值时,通常令 $c = \dfrac{\mu^2}{m^2}$,即令 $\mu^2 = c \cdot m^2$

则
$$p_i = c \cdot n_i \tag{7-27}$$

结论 1:同精度观测时,算术平均值的权与观测次数成正比。

当 $c = 1$,即 $\mu = m$ 时,观测一次的权 $p_1 = 1$,这表示观测一次观测值的权为单位权,观测一次观测值的中误差就是单位权中误差。

【例 7-9】 用同样观测方法,经由长度为 L_1、L_2、L_3 的三条不同水准路线,测量两点间的高差,分别得出高差为 h_1、h_2、h_3。已知每公里观测高差的中误差为 m_{km},求三个高差的权。

解:按误差传播定律,经由三条不同路线所得高差的中误差为:

$$m_1 = m_{km}\sqrt{L_1}, \quad m_2 = m_{km}\sqrt{L_2}, \quad m_3 = m_{km}\sqrt{L_3}$$

按式(7-24),相应的权为:

$$p_i = \frac{\mu^2}{m_i^2} = \frac{\mu^2}{m_{km}^2 \cdot L_i}$$

令 $c = \dfrac{\mu^2}{m_{km}^2}$,即令 $\mu^2 = c \cdot m_{km}^2$

则
$$p_i = \frac{c}{L_i} \qquad (7-28)$$

结论2:当每公里观测高差的精度相同时,水准路线观测高差的权与路线长度成反比。

设 $L_1 = 1$ km, $L_2 = 2$ km,当 $c = 1$,即 $\mu = m_{km}$ 时,$p_1 = 1$,$p_2 = \frac{1}{2}$,此时 1 km 水准路线观测高差的权为单位权,1 km 水准路线观测高差的中误差就是单位权中误差。

若令 $c = 2$,则 $\mu = \sqrt{2} m_{km}$,$p_1 = 2$,$p_2 = 1$,μ 就是 2 km 水准路线观测高差的中误差,其相应的权为1,这表示 2 km 水准路线观测高差的权为单位权,2 km 水准路线观测高差的中误差就是单位权中误差。

由此可见,选取不同的 c 值,权的数值也随之改变,单位权中误差的值和对应的实际含义也会随之改变,可是权之间的比例关系却不会改变。

在水准测量中,也可按水准路线的测站数定权。已知各测站观测高差中误差为 $m_{\text{站}}$,按误差传播定律,水准测量的高差中误差 m_{hi} 与测站数 n_i 的平方根成正比,即

$$m_{hi} = m_{\text{站}} \sqrt{n_i}$$

令 $c = \dfrac{\mu^2}{m_{\text{站}}^2}$,即令 $\mu^2 = c \cdot m_{\text{站}}^2$

则
$$p_i = \frac{c}{n_i} \qquad (7-29)$$

结论3:当各测站观测高差的精度相同时,水准路线观测高差的权与测站数成反比。

因此,在水准测量中,可以用路线长度或测站数来定权,但是前者要求每公里观测精度相同,后者要求各测站观测精度相同。一般而言,在起伏不大的地区,每公里测站数相近,可按路线长度定权,而在起伏较大地区,每公里测站数相差较大,则按测站数定权。

三、加权平均值及其中误差

设对同一未知量进行了 n 次不等精度观测,观测值 $L_1, L_2, \cdots, L_n$,相应的权分别为 p_1,$p_2, \cdots, p_n$,则加权平均值 x 是不等精度观测值的最可靠值(证明参见例7-11)。加权平均值的计算式为:

$$x = \frac{p_1 L_1 + p_2 L_2 + \cdots + p_n L_n}{p_1 + p_2 + \cdots + p_n} = \frac{[pL]}{[p]} \qquad (7-30)$$

下面计算加权平均值的中误差 M:

将式(7-30)展开,得

$$x = \frac{p_1}{[p]} L_1 + \frac{p_2}{[p]} L_2 + \cdots + \frac{p_n}{[p]} L_n$$

根据误差传播定律和式(7-26),可得

$$M^2 = \frac{p_1^2}{[p]^2} m_1^2 + \frac{p_2^2}{[p]^2} m_2^2 + \cdots + \frac{p_n^2}{[p]^2} m_n^2$$

$$= \frac{p_1}{[p]^2} p_1 m_1^2 + \frac{p_2}{[p]^2} p_2 m_2^2 + \cdots + \frac{p_n}{[p]^2} p_n m_n^2$$

$$= \frac{p_1}{[p]^2}\mu^2 + \frac{p_2}{[p]^2}\mu^2 + \cdots + \frac{p_n}{[p]^2}\mu^2$$

$$= \left(\frac{p_1}{[p]^2} + \frac{p_2}{[p]^2} + \cdots + \frac{p_n}{[p]^2} \right)\mu^2$$

$$= \frac{\mu^2}{[p]}$$

故
$$M = \frac{\mu}{\sqrt{[p]}} \tag{7-31}$$

M 就是加权平均值的中误差。根据权的定义式可知$[p]$就是加权平均值 x 的权。

按式(7-31)计算加权平均值的中误差时,需要先求出单位权中误差 μ,下面推导 μ 的计算公式。

设有一组不等精度观测值 $L_1,L_2,\cdots,L_n$;其权分别为 $p_1,p_2,\cdots,p_n$;相应的中误差分别为 $m_1,m_2,\cdots,m_n$,真误差为 $\Delta_1,\Delta_2,\cdots,\Delta_n$。将各观测值 L_i 乘以 $\sqrt{p_i}$,得到一组虚拟观测值 L_i',即

$$L_i' = L_i \sqrt{p_i}$$

则 L_i' 的真误差为
$$\Delta_i' = \Delta_i \sqrt{p_i}$$

故虚拟观测值 L_i' 的中误差为
$$m_{L'i}^2 = p_i \cdot m_i^2 = \frac{\mu^2}{m_i^2} \cdot m_i^2 = \mu^2$$

则虚拟观测值 L_i' 的权
$$p_i' = \frac{\mu^2}{m_{L'i}^2} = \frac{\mu^2}{\mu^2} = 1$$

说明这组虚拟观测值的权都等于 1,各虚拟观测值精度相同,虚拟观测值的中误差就是单位权中误差,所以可用中误差的定义式求虚拟观测值的中误差,即单位权中误差。则

$$\mu = \pm\sqrt{\frac{[\Delta'\Delta']}{n}} = \pm\sqrt{\frac{((\sqrt{p_1}\Delta_1)^2 + (\sqrt{p_2}\Delta_2)^2 + \cdots + (\sqrt{p_n}\Delta_n)^2)}{n}}$$

得单位权中误差
$$\mu = \pm\sqrt{\frac{[p\Delta\Delta]}{n}} \tag{7-32}$$

代入式(7-31)中,可得
$$M = \pm\sqrt{\frac{[p\Delta\Delta]}{n[p]}} \tag{7-33}$$

式(7-33)即为用真误差计算加权平均值中误差的表达式。

实用中常用观测值的改正数 $v_i = x - L_i$ 来计算中误差,x 为加权平均值,与白赛尔公式的推导方法类似,可得

计算检核式
$$[pv] = 0 \tag{7-34}$$

按观测值改正数计算单位权中误差的表达式
$$\mu = \pm\sqrt{\frac{[pvv]}{n-1}} \tag{7-35}$$

按观测值改正数计算加权平均值中误差的表达式

$$M = \pm \sqrt{\frac{[pvv]}{(n-1)[p]}} \qquad\qquad (7-36)$$

【例 7 – 10】 在图 7 – 4 中,从已知水准点 A、B、C、D 经四条水准路线,测得 E 点的高程及水准路线长见表 7 – 4。求 E 点高程的最或然值及其中误差,及每公里高差的中误差。

解:计算在表 7 – 4 中进行。

各水准路线的权可按式(7 – 28)计算,即 $p_i = \dfrac{c}{s_i}$,s_i 为相应水准路线长。

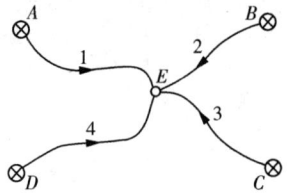

图 7 – 4

取 $c = 1$,即以 1 km 的水准测量为单位权观测,单位权中误差就是每公里高差中误差。

表 7 – 4 不等精度观测的数据处理

水准路线	E 点的观测高程(m)	路线长(km)	权 $p_i = \dfrac{1}{s_i}$	v(mm)	pv	pvv
1	2	3	4	5	6	7
1	58.759	1.52	0.66	+8	+5.3	42.4
2	58.784	1.43	0.70	−17	−11.9	202.3
3	58.758	1.51	0.66	+9	+5.9	53.1
4	58.767	1.62	0.62	0	0	0
[ ]			2.64		−0.7	297.8

$$x = \frac{[pL]}{[p]} = 58.767 \text{ m} \qquad \mu = \pm\sqrt{\frac{[pvv]}{n-1}} = \pm\sqrt{\frac{297.8}{3}} = \pm 10 \text{ mm}$$

$$M = \frac{\mu}{\sqrt{[p]}} = \frac{\pm 10}{\sqrt{2.64}} = \pm 6.2 \text{ mm} \qquad 故 \quad x = 57.767 \pm 0.006 \text{ m}$$

理论上 $[pv]$ 应等于零,表 7 – 4 中 $[pv] = -0.7$ 是由于计算加权平均值的凑整误差引起的。$[pv]$ 的最大值为 $[p] \times (\pm 0.5$ 末位数),如果 $[pv]$ 超限,说明计算有误。

§7.6 最小二乘原理与条件平差

一、测量平差概述

在测量中,为了确定某些几何量的大小所建立的网称为几何模型。例如,为了确定点的高程而建立了水准网,为了确定点的坐标而建立了平面控制网等。能够唯一确定一个几何模型所必要的观测,简称必要观测,必要观测数用 t 来表示。例如:

(1)如图 7 – 5,为了确定 $\triangle ABC$ 的形状(相似形)而不管其大小时,只要知道其中任意 2 个内角的大小就行了。此时必要观测数 $t = 2$,必要观测可选定为 $\hat{L}_1$,$\hat{L}_2$ 或 $\hat{L}_1$,$\hat{L}_3$ 或 $\hat{L}_2$,$\hat{L}_3$。

(2)如图 7 – 6,为了确定水准网中 A、B、C、D 这四个水准点之间的高低关系,只要知道其中 3 个高差就行了。此时必要观测数 $t = 3$,必要观测可选定为 $\hat{h}_1$,$\hat{h}_3$,$\hat{h}_4$ 或 $\hat{h}_4$,$\hat{h}_5$,$\hat{h}_6$。

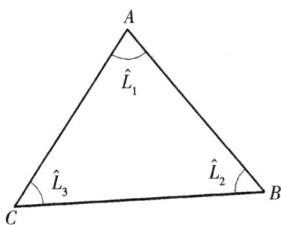

图 7-5

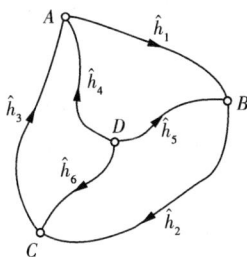

图 7-6

对于任一几何模型,选定的 t 个必要观测量之间必须不存在函数关系,也就是说其中任一观测量不能表达成其余 $(t-1)$ 个观测量的函数,这 t 个必要观测量为函数独立量,简称独立量。一个几何模型的独立量个数最多为 t。以(2)的情况为例,$t=3$,选 $\hat{h}_1,\hat{h}_2,\hat{h}_3$ 为 3 个必要观测就不行,因为 $\hat{h}_1+\hat{h}_2+\hat{h}_3=0$,即这 3 个观测量不是独立量。

在实际工作中,为了确定一个几何模型,就必须进行观测。如果总共观测了该模型中 n 个量的大小,当观测个数少于该模型必要观测数,即 $n<t$ 时,显然无法确定该模型,即出现了数据不足的情况;若观测了 t 个独立量,$n=t$,则可唯一确定该模型,在这种情况下,如果观测结果中含有粗差或错误,都将无法发现,在测量工作中是不允许这样做的。为了能及时发现粗差或错误,并提高测量成果精度,就必须使 $n>t$,令

$$r=n-t \qquad (7-37)$$

式中:n 为观测值个数,t 称为必要观测数,r 称为多余观测数。

在一个几何模型中,除了 t 个必要观测量以外,若存在一个多余观测,则必然产生一个相应的函数关系式,这种函数关系式被称为条件方程。因此,条件方程的个数等于多余观测数 r。

以(1)的情况为例,当选取 $\hat{L}_1$、$\hat{L}_2$ 为必要观测时,若存在一个多余观测 $\hat{L}_3$,则产生一个条件方程

$$\hat{L}_1+\hat{L}_2+\hat{L}_3-180°=0 \qquad (7-38)$$

以(2)的情况为例,当选取 $\hat{h}_1$、$\hat{h}_3$、$\hat{h}_4$ 为必要观测时,若存在三个多余观测 $\hat{h}_2$、$\hat{h}_5$、$\hat{h}_6$,则会产生三个条件方程

$$\left.\begin{aligned} \hat{h}_1+\hat{h}_2+\hat{h}_3&=0\\ \hat{h}_2+\hat{h}_5-\hat{h}_6&=0\\ \hat{h}_3-\hat{h}_4+\hat{h}_6&=0 \end{aligned}\right\} \qquad (7-39)$$

因此,条件方程就是以满足某种几何模型而列立的数学表达式。式(7-39)是 3 个线性无关的条件方程,其个数等于多余观测数。

条件方程的个数要等于多余观测数 r,是指在众多可能组成的条件方程中,只要列出 r 个彼此线性无关的条件方程,其余的条件方程都是所选 r 个条件方程的线性组合,即这部分条件方程均可由所选的 r 个条件方程导出,所选的 r 个条件方程得到满足,其余可能的所有条件方程必然也得到满足。

由于观测值不可避免地存在观测误差,所以将观测值代入条件方程就会出现"矛

盾"。仍以(1)的情况为例,若观测值为 L_1、L_2、L_3,考虑观测误差有 $\hat{L}_1 = L_1 + v_1$, $\hat{L}_2 = L_2 + v_2$, $\hat{L}_3 = L_3 + v_3$,则条件方程为 $(L_1 + v_1) + (L_2 + v_2) + (L_3 + v_3) - 180° = 0$。显然,仅用观测值组成条件时,方程是不成立的,即 $L_1 + L_2 + L_3 - 180° = w \neq 0$,式中的 w 被称为闭合差或不符值。现在的问题就是如何通过数据处理来求得该三角形的三个内角的最佳估值,使得它们之和等于180°,从而消除观测值之间出现的矛盾。测量平差可以解决这样的问题。

测量平差,即是测量数据调整的意思,其基本定义是,依据某种最优化准则,由一系列带有观测误差的测量数据,求未知量的最佳估值及精度的理论和方法。如何处理由于多余观测引起的观测值之间的不符值或闭合差,求出未知量的最佳估值并评定结果的精度是测量平差的基本任务。未知量的最佳估值在测量中被称为平差值。测量平差是测绘学中一个专有名词,从其基本定义可以看出,其理论和方法对于其他任何学科,只要是处理带有误差的观测数据均可适用,应用范围十分广泛。

在测量工作中,只带有偶然误差的观测列占大多数,是较为普遍的情况,它是测量平差学科研究的基础内容,也是应用最广和理论研究最重要的基础部分,一般认为属于经典测量平差范畴。如果观测中不但存在偶然误差,还包含有系统误差或粗差,这种数据处理就有一定的难度,这些被认为属于近代测量平差范畴,当然,在设法消除或减弱系统误差或粗差影响条件下,其基本任务仍是求未知量的最佳估值和评定其精度。

在测量平差理论中最广泛采用的准则是最小二乘法,也称高斯–勒戎德乐方法。自19世纪初到20世纪50~60年代一百多年来,测量平差学者在基于偶然误差的依最小二乘准则的平差方法上作了许多研究工作,提出了一系列解决各类测量问题的经典测量平差方法,主要有条件平差、附有参数的条件平差、间接平差和附有限制条件的间接平差等,这些平差方法也是解决测量数据处理的基本方法。自20世纪50~60年代开始,随着计算机技术的进步和生产实践中高精度的需要,测量平差和误差理论取得了很大的发展。出现了序贯平差、附加系统参数的平差、秩亏自由网平差和最小二乘配置原理等许多近代测量平差方法。如今,面对不断出现和发展的测绘新技术,如何应用已有方法、研究并提出新的平差理论和方法,以适应现代数据处理的需要仍是测量平差学者值得研究的问题。

本节主要介绍最小二乘原理和条件平差,为解决测量实际问题及学习测量平差的其他方法建立基础。

二、最小二乘原理

在生产实践中,经常会遇到利用一组观测数据来估计某些未知参数的问题。例如,一个作匀速运动的质点在时刻 t 的位置 y,可以用如下的线性函数来描述:

$$y = \alpha + t \cdot \beta \qquad (7-40)$$

式中 α 是质点在 $t = 0$ 时刻的初始位置,β 是平均速度,它们均是待估计的未知参数,通常称这类问题为线性参数的估计问题。对于这一问题,如果没有观测误差,则只要在两个不同时刻 t_1 和 t_2 观测出质点的相应位置 y_1 和 y_2,由式(7-40)分别建立两个方程,就可以解出 α 和 β 值了。但是,实际上在观测时,考虑到观测值带有偶然误差,所以总是作多余观测。在这种情况下,为了求得 α 和 β,就需要在不同时刻 $t_1, t_2, \cdots, t_n$ 来测定其位置,得

一组观测值 $y_1, y_2, \cdots, y_n$，这时，由上式可以得到

$$v_i = (\alpha + t_i \cdot \beta) - y_i, \quad (i = 1, 2, \cdots, n) \tag{7-41}$$

式中：v_i 是观测值 y_i 的改正数（或称偏差、残差）。

若令

$$Y = \begin{bmatrix} y_1 \\ y_2 \\ \vdots \\ y_n \end{bmatrix} \quad B = \begin{bmatrix} 1 & t_1 \\ 1 & t_2 \\ \vdots & \vdots \\ 1 & t_n \end{bmatrix} \quad \hat{X} = \begin{bmatrix} \alpha \\ \beta \end{bmatrix} \quad V = \begin{bmatrix} v_1 \\ v_2 \\ \vdots \\ v_n \end{bmatrix}$$

则式(7-41)可表示为

$$V = B\hat{X} - Y \tag{7-42}$$

如果我们将对应的 y_i、$t_i(i=1,2,\cdots,n)$ 用图解表示，则可作出图 7-7 所示的图形。从图中可以看出，由于存在观测误差的缘故，根据观测数据绘出的点 - 观测点，描绘不成直线，而有些"摆动"。

这里就产生这样一个问题，用什么准则，来对参数 α 和 β 进行估计，从而使估计的直线 $y = \alpha + t \cdot \beta$ "最佳"地拟合于各观测点？ 对这里的"最佳"一词可以有不同的理解。例如，可以认为：各观测点到直线最大距离取最小值时，直线是"最佳"的；也可以认为，各观测点到直线的偏差的绝对值之和取最小值时，直线是"最佳"的，等等。在不同的"最佳"要求下，可以求得相应问题中参数 α 和 β 的不同的估值。但是，在解这类问题时，一般应用的是最小二乘原理。按照最小二乘原理的要求，认为"最佳"地拟合于各观测点的估计曲线，应使各观测点到该曲线的偏差的平方和达到最小。

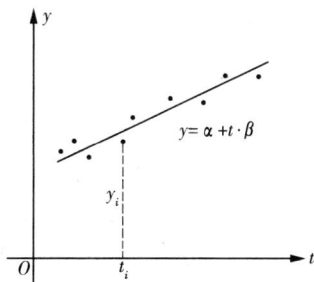

图 7-7

所谓最小二乘原理，就是要在满足

$$\sum_{i=1}^{n} v_i^2 = \sum_{i=1}^{n} (\alpha + t_i \cdot \beta - y_i)^2 = 最小 \tag{7-43}$$

的条件下解出参数的估值 α 和 β。式(7-43)也可表示为

$$V^T V = (B\hat{X} - Y)^T (B\hat{X} - Y) = 最小 \tag{7-44}$$

式中 $\hat{X}$ 表示未知参数的估计向量。

满足式(7-44)的估计 $\hat{X}$ 称为未知量的最小二乘估计，这种求估计量的方法就称为最小二乘法。从以上的推导可以看出，只要具有式(7-41)的线性关系的参数估计问题，不论观测值属于何种统计分布，都可按最小二乘原理进行参数估计，所以它在实践中被广泛使用。

如果观测值是服从正态分布的随机变量，那么，最小二乘估计和数理统计中的最大似然估计将会得到相同的估计结果。由于在测量中带有偶然误差的观测值是服从正态分布的随机变量，所以按最大似然法求得的参数估计与最小二乘估计是相同的。

设 $L_1, L_2, \cdots, L_n$ 为独立观测值，其权分别为 $p_1, p_2, \cdots, p_n$，可由最大似然估计推导出最小二乘原理的一般形式

$$V^T P V = \min \qquad (7-45)$$

式中

$$V = \hat{L} - L = \begin{bmatrix} v_1 \\ v_2 \\ \vdots \\ v_n \end{bmatrix} \quad \hat{L} = \begin{bmatrix} \hat{L}_1 \\ \hat{L}_2 \\ \vdots \\ \hat{L}_n \end{bmatrix} \quad L = \begin{bmatrix} L_1 \\ L_2 \\ \vdots \\ L_n \end{bmatrix} \quad P = \begin{bmatrix} p_1 & 0 & \cdots & 0 \\ 0 & p_2 & \cdots & 0 \\ \vdots & \vdots & \ddots & \vdots \\ 0 & 0 & \cdots & p_n \end{bmatrix} (7-46)$$

V 是改正数向量，L 是观测值向量，$\hat{L}$ 是观测值的估计向量，P 是观测值的权阵。

特别的，当为等精度观测时，则 $P = E$，最小二乘原理为

$$V^T V = \min \qquad (7-47)$$

按最大似然估计求得的参数估计称为最似然值或最或然值，故在测量中由最小二乘原理所求的估值也称为最或然值。

【例 7-11】 设对某未知量 $\tilde{X}$ 进行了 n 次不等精度观测，观测值 $L_1, L_2, \cdots, L_n$，相应的权分别为 $p_1, p_2, \cdots, p_n$，试按最小二乘原理求该未知量的估值。

解：设该未知量的估值为 $\hat{X}$，则观测值向量 L、观测值的估计向量 $\hat{L}$、改正数向量 V、权阵 P 分别为

$$L = \begin{bmatrix} L_1 \\ L_2 \\ \vdots \\ L_n \end{bmatrix} \quad \hat{L} = \begin{bmatrix} \hat{X} \\ \hat{X} \\ \vdots \\ \hat{X} \end{bmatrix} \quad V = \begin{bmatrix} v_1 \\ v_2 \\ \vdots \\ v_n \end{bmatrix} = \begin{bmatrix} \hat{X} - L_1 \\ \hat{X} - L_2 \\ \vdots \\ \hat{X} - L_n \end{bmatrix} \quad P = \begin{bmatrix} p_1 & 0 & \cdots & 0 \\ 0 & p_2 & \cdots & 0 \\ \vdots & \vdots & \ddots & \vdots \\ 0 & 0 & \cdots & p_n \end{bmatrix}$$

根据最小二乘原理，应满足

$$V^T P V = \min$$

为此，将 $V^T P V$ 对 V 取一阶导数，并令其等于零，得

$$\frac{\mathrm{d} V^T P V}{\mathrm{d} V} = 2(p_1 v_1 + p_2 v_2 + \cdots + p_n v_n) = 0$$

将 $v_i = \hat{X} - L_i$ 代入得 $\quad 2p_1(\hat{X} - L_1) + 2p_2(\hat{X} - L_2) + \cdots + 2p_n(\hat{X} - L_n) = 0$

由此解得

$$\hat{X} = \frac{p_1 L_1 + p_2 L_2 + \cdots + p_n L_n}{p_1 + p_2 + \cdots + p_n}$$

由此可见，按最小二乘原理求得的不等精度观测的最或然值就是加权平均值。

三、条件平差

条件平差是以条件方程为出发点，根据 $V^T P V = \min$ 准则，求未知量的最佳估值的计算方法。从数学上讲，这是一个求条件极值的问题。

设某平差问题，有 n 个带有相互独立的正态随机误差的观测值 $L_1, L_2, \cdots, L_n$，其相应的权为 $p_1, p_2, \cdots, p_n$，改正数为 $v_1, v_2, \cdots, v_n$，平差值为 $\hat{L}_i = L_i + v_i(i = 1, 2, \cdots, n)$，必要观测数为 t，当 $n > t$ 时，存在 $r = (n-t)$ 个多余观测，则平差值 $\hat{L}_i$ 应满足 r 个平差值条件方程。随着具体问题的不同，平差值条件方程既有线性形式，也有非线性形式，这里推导公式时，

假设全部条件均为线性形式。至于非线性问题可通过台劳公式将其转换为线性问题求解。

设有 r 个平差值条件方程

$$\left.\begin{array}{c} a_1\hat{L}_1 + a_2\hat{L}_2 + \cdots + a_n\hat{L}_n + a_0 = 0 \\ b_1\hat{L}_1 + b_2\hat{L}_2 + \cdots + b_n\hat{L}_n + b_0 = 0 \\ \vdots \\ r_1\hat{L}_1 + r_2\hat{L}_2 + \cdots + r_n\hat{L}_n + r_0 = 0 \end{array}\right\} \qquad (7-48)$$

式中：$a_i, b_i, \cdots, r_i(i=1,2,\cdots,n)$ 为各平差值条件方程的系数，$a_0, b_0, \cdots, r_0$ 为平差值条件方程的常数项，系数和常数项随不同的平差问题取不同的值，它们与观测值无关。例如，对于只有一个平差值条件方程的式(7-38)来说，$a_1 = a_2 = a_3 = +1, a_0 = -180°$。

将 $\hat{L}_i = L_i + v_i(i=1,2,\cdots,n)$ 代入式(7-48)，得条件方程

$$\left.\begin{array}{c} a_1v_1 + a_2v_2 + \cdots + a_nv_n + w_a = 0 \\ b_1v_1 + b_2v_2 + \cdots + b_nv_n + w_b = 0 \\ \vdots \\ r_1v_1 + r_2v_2 + \cdots + r_nv_n + w_r = 0 \end{array}\right\} \qquad (7-49)$$

式中：$w_a, w_b, \cdots, w_r$ 为条件方程的闭合差，或称为条件方程的不符值，即

$$\left.\begin{array}{c} w_a = a_1L_1 + a_2L_2 + \cdots + a_nL_n + a_0 \\ w_b = b_1L_1 + b_2L_2 + \cdots + b_nL_n + b_0 \\ \vdots \\ w_r = r_1L_1 + r_2L_2 + \cdots + r_nL_n + r_0 \end{array}\right\} \qquad (7-50)$$

现设

$$A = \begin{bmatrix} a_1 & a_2 & \cdots & a_n \\ b_1 & b_2 & \cdots & b_n \\ \vdots & \vdots & \ddots & \vdots \\ r_1 & r_2 & \cdots & r_n \end{bmatrix} \quad \hat{L} = \begin{bmatrix} \hat{L}_1 \\ \hat{L}_2 \\ \vdots \\ \hat{L}_n \end{bmatrix} \quad A_0 = \begin{bmatrix} a_0 \\ b_0 \\ \vdots \\ r_0 \end{bmatrix}$$

$$L = \begin{bmatrix} L_1 \\ L_2 \\ \vdots \\ L_n \end{bmatrix} \quad V = \begin{bmatrix} v_1 \\ v_2 \\ \vdots \\ v_n \end{bmatrix} \quad W = \begin{bmatrix} w_a \\ w_b \\ \vdots \\ w_r \end{bmatrix} \quad P = \begin{bmatrix} p_1 & 0 & \cdots & 0 \\ 0 & p_2 & \cdots & 0 \\ \vdots & \vdots & \ddots & \vdots \\ 0 & 0 & \cdots & p_n \end{bmatrix}$$

则式(7-48)和式(7-49)的矩阵表达式分别为

$$A\hat{L} + A_0 = 0 \qquad (7-51)$$

$$AV + W = 0 \qquad (7-52)$$

同样，式(7-50)的矩阵形式为

$$W = AL + A_0 \qquad (7-53)$$

根据最小二乘原理，要求 $V^TPV = \min$。

可按求条件极值的拉格朗日乘数法求解。设 $K = \begin{bmatrix} k_a & k_b & \cdots & k_r \end{bmatrix}^T$，$K$ 称为联系数

向量。组成函数

$$\Phi = V^TPV - 2K^T(AV + W) \qquad (7-54)$$

将 Φ 对 V 取一阶导数,并令其等于零,得

$$\frac{\mathrm{d}\Phi}{\mathrm{d}V} = 2V^TP - 2K^TA = 0$$

移项后两边转置,得

$$PV = A^TK$$

再用权阵的逆阵 P^{-1} 左乘上式两边,得

$$V = P^{-1}A^TK \qquad (7-55)$$

式(7-55)称为改正数方程。

将 n 个改正数方程(7-55)和 r 个条件方程(7-52)联立求解,就可以求得一组唯一的解,此解包括 n 个改正数和 r 个联系数。在测量中,将式(7-55)和式(7-52)合称为条件平差的基础方程。显然,由基础方程解出的一组改正数 $v_1, v_2, \cdots, v_n$,不仅能消除闭合差,也必能满足 $V^TPV = \min$ 的要求。

解算基础方程时,是先将式(7-55)代入式(7-52)中,得

$$AP^{-1}A^TK + W = 0 \qquad (7-56)$$

令

$$N = AP^{-1}A^T \qquad (7-57)$$

则有

$$NK + W = 0 \qquad (7-58)$$

上式称为联系数法方程,简称法方程。

如果将法方程的系数矩阵 N 转置,得

$$N^T = (AP^{-1}A^T)^T = (A^T)^T(P^{-1})^TA^T = AP^{-1}A^T = N$$

可见,N 是一个 r 阶对称方阵。法方程系数矩阵 N 的秩 $R(N) = r$,而法方程的未知数,即联系数的个数也是 r,所以可以解得联系数向量 K 的唯一解,即

$$K = -N^{-1}W \qquad (7-59)$$

式中:N^{-1} 是法方程系数矩阵 N 的逆阵。

从法方程求解出联系数向量 K 后,将 K 代入改正数方程(7-55)式,求出改正数向量 V,再求平差值 $\hat{L} = L + V$,这样就完成了按条件平差求平差值的工作。

因为权阵 P 为一个对角阵,所以可得:

改正数方程(7-55)式的纯量形式为

$$v_i = \frac{1}{p_i}(a_ik_a + b_ik_b + \cdots + r_ik_r) \quad i = 1, 2, \cdots n \qquad (7-60)$$

法方程式(7-58)的纯量形式为

$$\left.\begin{array}{c} \left[\dfrac{aa}{p}\right]k_a + \left[\dfrac{ab}{p}\right]k_b + \cdots + \left[\dfrac{ar}{p}\right]k_r + w_a = 0 \\[3mm] \left[\dfrac{ab}{p}\right]k_a + \left[\dfrac{bb}{p}\right]k_b + \cdots + \left[\dfrac{br}{p}\right]k_r + w_b = 0 \\[1mm] \vdots \\[1mm] \left[\dfrac{ar}{p}\right]k_a + \left[\dfrac{br}{p}\right]k_b + \cdots + \left[\dfrac{rr}{p}\right]k_r + w_r = 0 \end{array}\right\} \qquad (7-61)$$

四、按条件平差求平差值的计算步骤及示例

综上所述,按条件平差求平差值的计算步骤可归纳为:

(1)根据平差问题的具体情况,列立条件方程(7-52)式。条件方程的个数等于多余观测数 r。列立的条件方程应互相独立,非线性条件方程应变换成为线性形式。

(2)根据条件式的系数、闭合差及观测值的权组成法方程(7-58)式或(7-61)式,法方程的个数等于多余观测数 r。

(3)解算法方程,求出联系数向量 K。

(4)将 K 代入改正数方程(7-55)式或(7-60)式,求出改正数向量 V。

(5)求出平差值 $\hat{L} = L + V$。

(6)为了检核平差计算的正确性,常用平差值 $\hat{L}$ 重新列出平差值条件方程,看其是否满足方程。

【例 7-12】　设对图 7-5 中的三个内角作同精度观测,得观测值:$L_1 = 60°00'06''$、$L_2 = 89°59'54''$、$L_3 = 30°00'09''$。试按条件平差法求三内角的平差值。

解:

1. 列立条件方程式。

本平差问题,观测数 $n=3$,必要观测数 $t=2$,则多余观测 $r=n-t=1$,故有一个条件方程。角度的平差值应满足内角和等于 $180°$ 这一几何条件,则平差值条件方程为

$$\hat{L}_1 + \hat{L}_2 + \hat{L}_3 - 180° = 0$$

以 $\hat{L}_i = L_i + v_i$ 及 L_i 的值代入上式得条件方程

$$v_1 + v_2 + v_3 + w_a = 0$$

式中闭合差

$$w_a = (L_1 + L_2 + L_3) - 180° = +9''$$

上列条件用矩阵表示为

$$\begin{bmatrix} +1 & +1 & +1 \end{bmatrix} \begin{bmatrix} v_1 \\ v_2 \\ v_3 \end{bmatrix} + 9'' = 0$$

2. 根据条件式的系数、闭合差及观测值的权组成法方程。

因为观测精度相同,其权 $p_1 = p_2 = p_3 = 1$,则观测值的权阵 P 为单位阵,即 $P = E$,故法方程系数矩阵为

$$N = AP^{-1}A^T = \begin{bmatrix} +1 & +1 & +1 \end{bmatrix} \begin{bmatrix} 1 & 0 & 0 \\ 0 & 1 & 0 \\ 0 & 0 & 1 \end{bmatrix} \begin{bmatrix} +1 \\ +1 \\ +1 \end{bmatrix} = +3$$

或

$$\left[\frac{aa}{p}\right] = 1 + 1 + 1 = +3$$

则根据 $AP^{-1}A^TK + W = 0$，得法方程

$$3k_a + 9'' = 0$$

3. 解算法方程，求出联系数 $k_a = -3''$。

4. 将 $k_a = -3''$ 代入改正数方程，求出改正数向量 V。

$$V = \begin{bmatrix} v_1 \\ v_2 \\ v_3 \end{bmatrix} = P^{-1}A^TK = \begin{bmatrix} 1 & 0 & 0 \\ 0 & 1 & 0 \\ 0 & 0 & 1 \end{bmatrix} \begin{bmatrix} +1 \\ +1 \\ +1 \end{bmatrix} \begin{bmatrix} -3'' \end{bmatrix} = \begin{bmatrix} -3'' \\ -3'' \\ -3'' \end{bmatrix}$$

即

$$v_1 = v_2 = v_3 = -\frac{w_a}{3} = -3''$$

5. 求平差值 $\hat{L}$。

$$\hat{L} = \begin{bmatrix} \hat{L}_1 \\ \hat{L}_2 \\ \hat{L}_3 \end{bmatrix} = \begin{bmatrix} L_1 \\ L_2 \\ L_3 \end{bmatrix} + \begin{bmatrix} v_1 \\ v_2 \\ v_3 \end{bmatrix} = \begin{bmatrix} 60°00'03'' \\ 89°59'51'' \\ 30°00'06'' \end{bmatrix}$$

6. 检核计算的正确性，将平差值 $\hat{L}_i$ 代入条件式，得

$$60°00'03'' + 89°59'51'' + 30°00'06'' = 180°。$$

可见各角的平差值满足三角形内角和等于180°的几何条件，即闭合差为零，故计算正确。

因此，按条件平差法求解，可得到三角形角度闭合差的分配原则：将角度闭合差反号后平均分配，这也和实际工作的处理方法一致。

思考与练习

1. 测量误差理论的主要任务是什么？

2. 说明由下列原因所产生的各种误差的性质和消减方法：

望远镜的视差；水准测量时气泡没有精确符合；水准仪的视准轴与水准管轴不平行；估读水准尺不准；水准尺不直立；水准仪下沉；尺垫下沉；地球曲率的影响；大气折光的影响；丈量时钢尺尺长不准、温度的变化、拉力的变化、定线不准；经纬仪上主要轴线互相不垂直；经纬仪对中不准；目标偏心；读数误差；照准误差。

3. 偶然误差概率分布曲线能说明哪些问题？

4. 用钢尺丈量两条直线，第一条长 1 500 m，第二条长 500 m，中误差均为 ±20 mm，问哪一条的精度高？用经纬仪测两个角，$\beta_1 = 10°12'06''$，$\beta_2 = 20°24'12''$，测角中误差均为 ±12″，问哪个角精度高？

5. 两等精度观测的角度之和的中误差为 ±10″，问每一个角的中误差是多少？

6. 一个角度测量了四次,其平均值的中误差为 $\pm 5''$,若要使其精度提高一倍,问还应测量多少次?

7. 光电测距三角高程测量中,测得斜距为 $S = 136.256$ m ± 0.003 m,竖直角为 $\alpha = -2°32'24'' \pm 3''$,仪器高为 $i = 1.686$ m ± 0.001 m,棱镜高为 $v = 1.850$ m ± 0.001 m。若不考虑地球曲率和大气折光的影响,试求测站点与目标点间的水平距离 D、高差 h 以及它们的中误差 m_D、m_h。

8. 等精度观测某三角形三内角 L_1、L_2、L_3,测角精度为 $\pm 5''$。将三角形角度闭合差 w 反号后平均分配至各内角观测值,可得改正后的各内角 $\hat{L}_i = L_i + (-w)/3$,容许误差为中误差的两倍,试求(1)三角形角度闭合差的容许闭合差;(2)改正后各内角 $\hat{L}_i$ 的中误差。

9. 在水准测量中,已知每次读水准尺的中误差为 ± 2 mm,假定每测站路线平均长为 100 m,容许误差为中误差的两倍,试求在测段长为 L km 的水准路线上,往返测的高程容许闭合差。

10. 在同样观测条件下,对某直线丈量了六次,观测结果为:246.535 m、246.548 m、246.523 m、246.529 m、246.550 m、246.537 m,试(1)计算该直线的最或然值;(2)按最或然误差求最或然值的中误差及其相对中误差。

11. 如图 7-8,水准测量从 A、B、C 三个水准点向 Q 点进行,观测结果列在表 7-5 中,试按最或然误差求 Q 点高程的最或然值及其中误差。

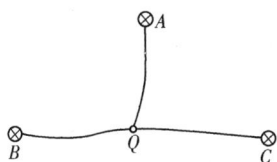

图 7-8

表 7-5　水准测量结果

水准点的高程(m)	观测高差(m)	水准路线长度(km)
A:20.145	AQ: +1.538	2.5
B:24.030	BQ: -2.330	4.0
C:19.898	CQ: +1.782	2.0

12. 如图 7-6,为了确定水准网中 A、B、C、D 这四个水准点之间的高低关系,对 $\hat{h}_1$、$\hat{h}_2$、$\hat{h}_3$、$\hat{h}_4$、$\hat{h}_5$ 这 5 个观测量进行了观测,试列此平差问题的条件方程。

13. 若在同样观测条件下,对某距离丈量了三次,测量结果为 $L_1 = 10.002$ m,$L_2 = 9.998$ m,$L_3 = 10.000$ m。试用条件平差原理求解该距离的平差值。

第8章

小区域控制测量

§8.1 控制测量概述

在绪论中已经指出,测量工作必须遵循"从整体到局部,先控制后碎部"的原则,先建立控制网,然后根据控制网进行碎部测量和测设。控制网分为平面控制网和高程控制网两种。测定控制点平面位置(x、y)的工作,称为平面控制测量。测定控制点高程(H)的工作,称为高程控制测量。

在全国范围内建立的控制网,称为国家控制网。它是全国各种比例尺测图的基本控制,并为确定地球的形状和大小提供研究资料。国家控制网是用精密测量仪器和方法依照施测精度按一、二、三、四等四个等级建立的,它的低级点受高级点逐级控制。

如图 8 – 1 所示,一等三角锁是国家平面控制网的骨干。二等三角网布设于一等三角锁环内,是国家平面控制网的全面基础。三、四等三角网为二等三角网的进一步加密。建立国家平面控制网,主要采用三角测量的方法。表 8 – 1 为我国国家三角网的主要技术要求。

表 8 – 1 我国国家三角网主要技术要求

等 级	平均边长(km)	测角中误差(″)	起始边相对中误差	最弱边相对中误差
一	20 ~ 25	± 0.7	1/350 000	1/150 000
二	13	± 1.0	1/350 000	1/150 000
三	8	± 1.8		1/80 000
四	2 ~ 6	± 2.5		1/40 000

图 8 – 2 是国家水准网布设示意图,一等水准网是国家高程控制网的骨干。二等水准网布设于一等水准环内,是国家高程控制网的全面基础。三、四等水准网为国家高程控制网的进一步加密。建立国家高程控制网,采用精密水准测量的方法。

在城市或厂矿等地区,一般应在上述国家控制点的基础上,根据测区的大小、城市规划和施工测量的要求,布设不同等级的城市平面控制网,以供地形测图和施工放样使用。

在小区域(面积 15 km² 以下)内建立的控制网,称为小区域控制网。小区域控制网应尽可能以国家或城市已建立的高级控制网为基础进行连测,将国家或城市高级控制点的坐标和高程作为小区域控制网的起算和校核数据。若测区内或附近无国家或城市控制点,或附近有这种高级控制点而不便连测时,则建立测区独立控制网。此外,为工程建设而建立的专用控制网,或个别工程出于某种特殊需要,在建立控制网时,也可以采用独立控制网。

建立小区域平面控制网可采用 GPS 测量、导线测量、三角测量、各种形式边角组合测量等方法。平面控制测量方法的选择应因地制宜,经济合理。在小区域内布设平面控制网,也采用高级到低级分级布网,其目的是保证控制点有必要的精度和密度。在测区中最

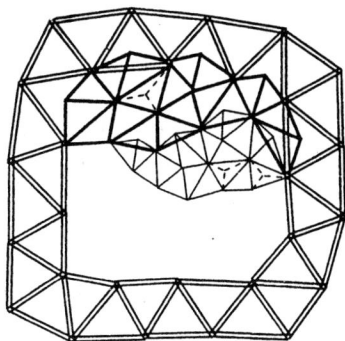

```
═══一等三角锁
───二等三角网
───三等三角网
----三、四等插点
```

图 8 - 1

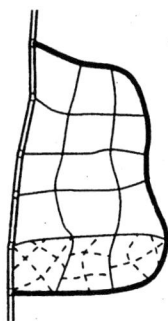

```
═══一等水准路线
───二等水准路线
───三等水准路线
---- 四等水准路线
```

图 8 - 2

高一级的控制称为首级控制,最低一级即直接用于测图的控制称为图根控制。在很小的区域内,也可不设首级控制,直接布设图根控制。

测图控制点的密度,要根据地形条件及测图比例尺来决定。平坦地区测图控制点(包括图根点及高级点)的密度可参考表 8 - 2 的规定。山区和地形复杂的地区应适当加密。

表 8 - 2　测图控制点的密度

测图比例尺	1:500	1:1 000	1:2 000	1:5 000
测图控制点密度(点数/km²)	150	50	15	5

高程控制测量的方法主要有水准测量和三角高程测量。小区域的高程控制也是按照由高级到低级分级布设的原则。按照《工程测量规范》规定,高程控制网的等级分为二、三、四、五等水准及图根水准。视测区大小,各等级水准均可作为测区的首级高程控制。首级网应布设成环形路线,加密时宜布设成附合路线或结点网。独立的首级网,应以不低于首级网的精度与国家水准点连测。水准点应有一定的密度,一般沿水准路线每 1 ~ 3 km 埋设一点,埋设后应绘制点之记。水准观测须待埋设的水准点稳定后方可进行。

各级水准测量主要技术要求见表 8 - 3。在丘陵或山地,高程测量也可采用三角高程测量。光电测距三角高程测量可替代四等水准测量。

表 8 - 3　水准测量主要技术要求

等级	每公里高差中误差(mm)	路线长度(km)	水准仪的型号	水准尺	观测次数		往返较差,附合或环线闭合差	
					与已知点联测	附合路线或环线	平地(mm)	山地(mm)
二等	2	-	DS_1	因瓦	往返各一次	往返各一次	$4\sqrt{L}$	-
三等	6	≤50	DS_1	因瓦	往返各一次	往一次	$12\sqrt{L}$	$4\sqrt{n}$
			DS_3	双面		往返各一次		
四等	10	≤16	DS_3	双面	往返各一次	往一次	$20\sqrt{L}$	$6\sqrt{n}$
五等	15	-	DS_3	单面	往返各一次	往一次	$30\sqrt{L}$	-
图根	20	≤5	DS_{10}		往返各一次	往一次	$40\sqrt{L}$	$12\sqrt{n}$

　　注:①结点之间或结点与高级点之间,其路线的长度不应大于表中规定的 0.7 倍;

　　　　②L 为往返测段、附合或环线的水准路线长度(km);n 为测站数。

§8.2 导线测量

导线测量是进行平面控制测量主要方法之一,特别是地物分布比较复杂的建筑区,视线障碍较多的隐蔽区和带状地区,多采用导线测量方法。

一、导线的形式

根据测区的地形以及已有高级控制点的情况,导线可布设成闭合导线、附合导线和支导线三种,如图 8-3 所示。

1. 闭合导线

导线从一点开始,经过一系列导线点,最后又回到原来的起始点,形成的多边形,称闭合导线。闭合导线多用于宽阔地区的控制。

2. 附合导线

布设在两个高级控制点之间的导线,称附合导线。附合导线适用于狭长地区的控制。

3. 支导线

由一已知点和一已知边的方向出发,既不附合到另一已知点,又不回到原起始点的导线,称支导线。因支导线缺乏检核条件,故其边数不能超过 4 条,只能用于图根控制。

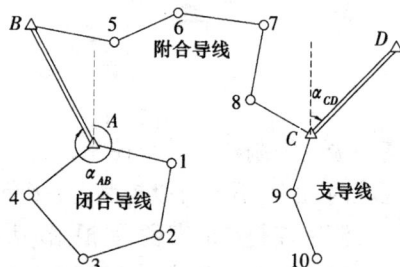

图 8-3

二、导线的等级及其主要技术要求

在小区域内作为平面控制的导线,一般分成一级导线、二级导线、三级导线和图根导线四个等级。表 8-4 和表 8-5 分别为《工程测量规范》中对一、二、三级导线和图根导线的主要技术要求。

表 8-4 导线测量的主要技术标准

导线级别	导线长度（km）	平均边长（km）	测角中误差（″）	测距中误差（mm）	测距相对中误差	方位角闭合差（″）	导线全长相对闭合差
一级	4	0.5	5	15	≤1/30 000	$10\sqrt{n}$	≤1/15 000
二级	2.4	0.25	8	15	≤1/14 000	$16\sqrt{n}$	≤1/10 000
三级	1.2	0.1	12	15	≤1/7 000	$24\sqrt{n}$	≤1/5 000

注:①表中 n 为测站数;

②当测图的最大比例尺为 1:1 000 时,导线的平均边长及总长可适当放长,但最大长度不应大于表中规定的 2 倍。

表 8-5 图根导线测量的主要技术标准

导线长度（m）	相对闭合差	边长	测角中误差(″)		方位角闭合差(″)	
			一般	首级控制	一般	首级控制
≤1.0 M	≤1/2 000	≤1.5 倍测图最大视距	30	20	$60\sqrt{n}$	$40\sqrt{n}$

注:①表中 M 为测图比例尺,n 为测站数;

②隐蔽或施测困难地区,导线相对闭合差可适当放宽,但不应大于 1/1 000。

三、导线测量的外业

1. 踏勘、选点和埋设标志

踏勘是为了了解测区的范围、地形条件及已有控制点的情况,以便根据测图的要求确定导线的等级、形式和布置方案。如果测区范围内有可供参考的地形图时,应先在图上进行研究,然后再去实地踏勘。

导线点的选点原则是:既要便于测绘地形,又要便于导线本身的测量,并保证满足各项技术要求。为此,选点时应注意下列各点:

①为便于测角,相邻导线点间必须通视良好。

②为便于测边,应考虑各种测距方法的要求。如使用测距仪,测距边应通视良好,视线离地面 1.3 m 以上,并避开发热体和强电磁场的干扰。如用钢尺,测距边应平坦而无障碍。

③为便于测绘地形,导线点应选在地势较高视野开阔的地方。

④导线的边长应符合技术要求的规定,相邻边长不要相差悬殊。

⑤导线应均匀分布在测区,便于控制整个测区。

导线点选定后,在泥土地面上,要在点位上打一木桩,桩顶钉上一小钉,作为临时性标志,如图 8 - 4 所示;在碎石或路面上,可以用顶上凿有十字纹的大铁钉代替木桩。若导线点需要长期保存,则可以参照图 8 - 5 埋设混凝土标石。

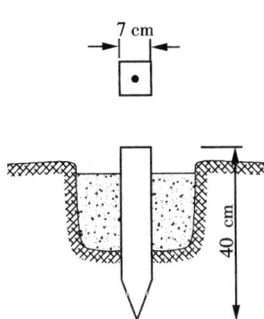

图 8 - 4

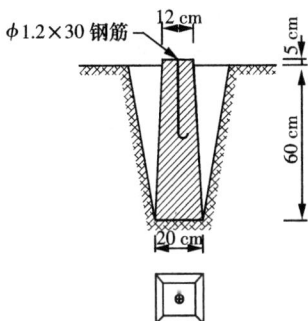

图 8 - 5

导线点埋设后,为了便于寻找,可以在点位附近房角或电线杆等明显地物上用红油漆标明指示导线点的位置。同时为每一个导线点绘制一张点之记,点之记应说明导线点的编号、标石类型及所在地,并简要绘制出点位周围的地形,如图 8 - 6 所示。

2. 量边

导线边长可采用光电测距仪、钢尺、横基尺或视距等不同的仪器和方法测量。目前最常用的是前两种。

光电测距由于精度高、观测方便等特点,已成为测量导线边长的主要方法。钢尺量距宜采用双次丈量方法,对于图根导线,其较差的相对误差不应大于 1/3 000;当尺长改正数大于 1/10 000 时,应加尺长改正;量距时平均尺温与检定时温度相差 ±10℃时,应进行温度改正;尺面倾斜大于 1.5% 时,应进行倾斜改正。

3. 测角

用测回法测量导线左角或右角。按导线前进方向,在导线左侧的称为左角,在右侧的称为右角。在闭合导线中,一般都测量多边形的内角。附合导线多测量左角,在铁路测量中一般习惯于测量右角。对于支导线,为了加强检查,要求既测左角又测右角,其圆周角闭合差应不超过 ±40″。与高级点连测的导线,应测量必要的连接角。

4. 测定方向

为了计算导线点的坐标,需要求出导线边的坐标方位角。凡是与高级控制网连测的导线,导线边的坐标方位角,可由高级网的已知坐标方位角和导线的连接角、转折角推算而得。对于独立布设的导线,至少要测定一条边的坐标方位角。测量方法可用天文观测或陀螺经纬仪法。对于小区域的独立导线,也可以用罗盘仪测量起始边的磁方位角。

点 名	I－12
标石类型	混凝土标石
所在地	刘庄小学东北角外

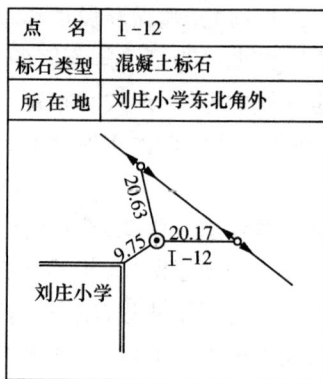

图 8－6

§8.3 导线测量的内业计算

导线计算的目的是要计算出各导线点的坐标,并检验导线测量的精度是否符合要求。计算前首先要检查外业手簿,以确保计算用原始资料的正确无误。此外,要确定起始点坐标和起始边坐标方位角等起算数据。为计算方便,可绘制一草图,注明点号和已知数据,如图 8－7 所示。

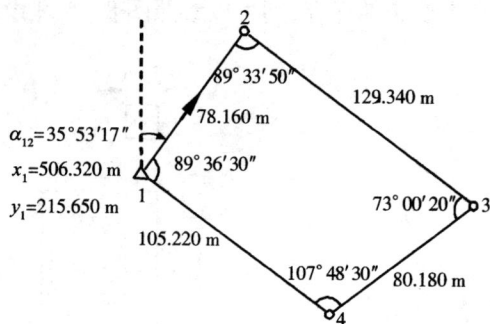

图 8－7

一、闭合导线的计算

图 8－7 中已知 1 号点的坐标 (x_1, y_1) 和 1－2 边的坐标方位角 α_{12},如果令导线前进方向为 1→2→3→4→1,则图中观测的 4 个水平角为右角。内业计算的目的是计算出 2、3、4 点的平面坐标,全部计算在表 8－6 中,计算方法与步骤介绍如下:

1. 角度闭合差的计算与调整

n 边形闭合导线内角和的理论值为

$$\sum \beta_{理} = (n - 2) \cdot 180° \qquad (8-1)$$

由于观测角中不可避免地含有误差,致使实测的内角之和 $\sum \beta_{测}$ 不等于理论值,而产生角度闭合差 f_β,为

$$f_\beta = \sum \beta_{测} - \sum \beta_{理} \qquad (8-2)$$

角度闭合差的大小,反映了角度观测的质量。各种导线的技术要求中都规定了导线角度

闭合差的容许值 F_β,即表 8 - 4 及表 8 - 5 中的方位角闭合差。如果实际角度闭合差超过了容许值,则应对角度进行检查或重测。如果实际角度闭合差在容许范围内,则可进行角度的调整,使调整后内角之和等于其理论值。由于导线的各个角基本上是在相同条件下观测的,因此,各观测值的误差可认为大致相等,所以调整时,将角度闭合差反号平均分配到各个角上。当角度闭合差不能整除时,可将余数再分配到含有短边的角上。由于仪器对中和目标偏心的原因,含有短边的角,可能产生较大的误差。

2. 用改正后的导线左角或右角推算各边的坐标方位角

根据起始边的已知坐标方位角及改正角按下列公式推算其他各导线边的坐标方位角。

$$\alpha_{前} = \alpha_{后} + 180° + \beta_{左}(适用于测左角) \quad (8-3)$$
$$\alpha_{前} = \alpha_{后} + 180° - \beta_{右}(适用于测右角) \quad (8-4)$$

本例观测右角,按式(8-4)推算出导线各边的坐标方位角,列入表 8-6 的第 4 栏。

在推算过程中必须注意:

① 当计算结果出现负值时,则加上 360°。

② 当计算结果大于 360°时,则减去 360°。

③ 闭合导线各边坐标方位角的推算,最后推算出起始坐标方位角,它应与原有的已知坐标方位角相等,否则应重新检查计算。

3. 坐标增量的计算及其闭合差的调整

(1)坐标增量的计算

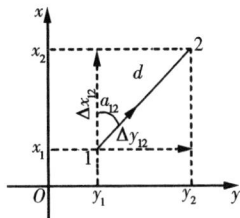

图 8-8

在平面直角坐标系中,相邻两导线点坐标之差称坐标增量,也就是导线边在纵横坐标轴上投影的长,如图 8-8 中的 Δx_{12}、Δy_{12}。如果已知 1-2 边的长度 d 和坐标方位角 α_{12},则坐标增量可按下式计算:

$$\left.\begin{array}{l} \Delta x_{12} = x_2 - x_1 = d\cos\alpha_{12} \\ \Delta y_{12} = y_2 - y_1 = d\sin\alpha_{12} \end{array}\right\} \quad (8-5)$$

坐标增量是向量,是按照导线前进的方向,凡是向北和向东的增量为止,向南或向西的增量为负(见图 8-9)。它决定于导线边的坐标方位角。坐标增量的符号与坐标方位角的正弦和余弦符号一致,所以按式(8-5)计算,自然可得出坐标增量应有的符号。

计算坐标增量,可以利用各种函数型计算器。有些函数型计算器设有极坐标和直角坐标相互转换功能,对导线的坐标计算尤为方便。例如使用 Casiofx - 150 计算器,只要顺序地键入或按下边长、〔P→R〕、坐标方位角值、和〔=〕键,即可显示出相应的 Δx 值,再按下〔X→Y〕键,即可得出 Δy 值。

(2)坐标增量闭合差的计算与调整

从图 8-9 可以看出,闭合导线的纵、横坐标增量代数和的理论值应为零,即:

$$\left.\begin{array}{l} \sum \Delta x_{理} = 0 \\ \sum \Delta y_{理} = 0 \end{array}\right\} \quad (8-6)$$

由于量边的误差和角度闭合差调整后的残余误差,往往使 $\sum \Delta x_{测}$、$\sum \Delta y_{测}$ 不等于

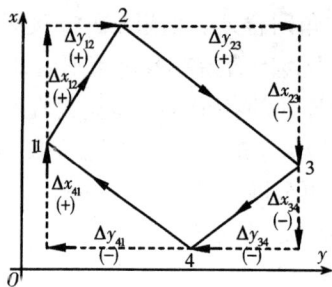
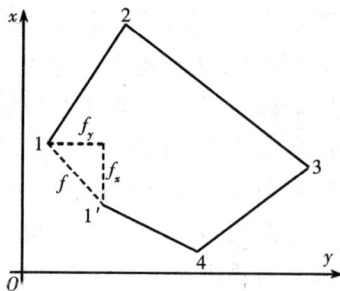

图 8 – 9   图 8 – 10

零,而产生纵坐标增量闭合差 f_x 与横坐标增量闭合差 f_y,即:

$$\left.\begin{array}{l} f_x = \sum \Delta x_{测} \\ f_y = \sum \Delta y_{测} \end{array}\right\} \qquad (8-7)$$

从图 8 – 10 中可以看出,由于坐标增量闭合差的存在,使闭合导线在 1 点处不能闭合,1 – 1′间的距离 f 为导线全长闭合差。故

$$f = \sqrt{f_x^2 + f_y^2} \qquad (8-8)$$

f 是由于测边和测角误差对导线所产生的总的影响,导线愈长这种误差的积累愈大,所以衡量导线测量的精度应该考虑到导线的总长,用导线全长相对闭合差 K 来表示。即

$$K = \frac{f}{\sum d} = \frac{1}{T} \qquad (8-9)$$

式中: $\sum d$ 为导线总长。相对闭合差 K 通常用分子为 1 的分数式表示。各种导线的容许全长相对闭合差见表 8 – 4 及表 8 – 5。

若 $K > K_{容}$,则说明成果不合格,首先应检查内业计算有无错误,然后检查外业观测成果,必要时重测。若 $K \leqslant K_{容}$,则说明符合精度要求,可以进行调整,即将 f_x、f_y 反其符号按边长成比例分配到各边的纵、横坐标增量中去。即各边坐标增量的改正数为:

$$\left.\begin{array}{l} \delta_{xi} = \dfrac{-f_x}{\sum d} d_i \\ \delta_{yi} = \dfrac{-f_y}{\sum d} d_i \end{array}\right\} \qquad (8-10)$$

纵、横坐标增量改正数之和应满足下式:

$$\left.\begin{array}{l} \sum \delta_x = -f_x \\ \sum \delta_y = -f_y \end{array}\right\} \qquad (8-11)$$

使改正后坐标增量的总和等于零。各边的坐标增量计算值加上相应的改正数,就得出调整后的坐标增量。计算在表 8 – 6 的第 8、9 栏中进行。

表 8 – 6 闭合导线坐标计算表

测站	右角观测值	调整后右角	坐标方位角	边长(m)	坐标增量计算值(m)		调整后坐标增量(m)		坐 标 (m)	
					Δx	Δy	Δx	Δy	x	y
1	2	3	4	5	6	7	8	9	10	11
1			35°53′17″	78.160	+0.017	−0.014	+63.339	+45.804	506.320	215.650
					+63.322	+45.818				
2	13″	89°34′03″							569.659	261.454
	89°33′50″		126°19′14″	129.340	+0.029	−0.024	−76.579	+104.187		
					−76.608	+104.211				
3	12″	73°00′32″							493.080	365.641
	73°00′20″		233°18′42″	80.180	+0.018	−0.015	−47.886	−64.311		
					−47.904	−64.296				
4	12″	107°48′42″							445.194	301.330
	107°48′30″		305°30′00″	105.220	+0.024	−0.019	+61.126	−85.680		
					+61.102	−85.661				
1	13″	89°36′43″							506.320	215.650
	89°36′30″		35°53′17″							
2										
Σ	359°59′10″	360°00′00″		392.900	$f_x = -0.088$	$f_y = +0.072$	0	0		

辅助计算

$$\sum \beta_{理} = (4-2) \cdot 180° = 360° \qquad \sum \beta_{测} = 359°59′10″ \qquad f = \sqrt{f_x^2 + f_y^2} = \sqrt{(-0.088)^2 + (0.072)^2} = 0.114 \text{ m}$$

$$f_\beta = \sum \beta_{测} - \sum \beta_{理} = -50″ \qquad\qquad K = \frac{f}{\sum d} = \frac{0.114}{392.900} = \frac{1}{3446} < \frac{1}{2\,000}$$

$$F_\beta = \pm 40\sqrt{n} = \pm 40\sqrt{4} = \pm 80″ \qquad f_\beta < F_\beta \qquad (\text{按图根导线计})$$

4. 导线点坐标推算

从已知坐标的起始点 1 开始,根据调整后的坐标增量,依次推算其他导线点的坐标。即

$$\left.\begin{array}{l} x_2 = x_1 + \Delta x_{12}, y_2 = y_1 + \Delta y_{12} \\ x_3 = x_2 + \Delta x_{23}, y_3 = y_2 + \Delta y_{23} \\ \cdots \end{array}\right\} \qquad (8-12)$$

导线点坐标推算在表 8 – 6 的第 10、11 栏中进行,最后应再次计算起点 1 的坐标,其值应和原已知值完全 致,这也是作为推算正确性的检核。

二、附合导线的计算

附合导线的坐标计算步骤与闭合导线相同,仅由于两者形式不同,致使角度闭合差与坐标增量闭合差的计算稍有区别。下面着重介绍其不同点。

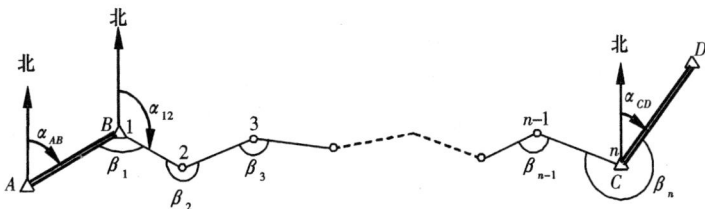

图 8 – 11

1. 角度闭合差的计算

图 8-11 所示为一附合导线，*AB* 和 *CD* 为高级控制网的两条边，其坐标方位角均为已知。假定按铁路测量要求，所测的均为导线的右角，则根据导线的右角，可依次推算各边的坐标方位角如下：

$$\alpha_{12} = \alpha_{AB} + 180° - \beta_1$$
$$\alpha_{23} = \alpha_{12} + 180° - \beta_2$$
$$\vdots$$
$$\alpha_{n-1,n} = \alpha_{n-2,n-1} + 180° - \beta_{n-1}$$
$$\alpha'_{CD} = \alpha_{n-1,n} + 180° - \beta_n$$

等号两边相加得
$$\alpha'_{CD} = \alpha_{AB} + n \cdot 180° - \sum_1^n \beta$$

即终边的坐标方位角可按下式求得：

$$\alpha'_{终} = \alpha_{始} + n \cdot 180° - \sum_1^n \beta_{测} \qquad (8-13)$$

式中：*n* 为包括连接角在内的导线右角的个数。由于终边的坐标方位角为已知，故计算值 $\alpha'_{终}$ 与已知值 $\alpha_{终}$ 之差，即为附合导线的角度闭合差，即

$$f_\beta = \alpha'_{终} - \alpha_{终} \qquad (8-14)$$

角度闭合差的分配原则与闭合导线相同，但应注意：当观测导线右角时，角度闭合差是以相同的符号平均分配到各个右角上；而当观测导线左角时，则以相反的符号平均分配到各个左角上。

2. 坐标增量闭合差的计算

附合导线各边坐标增量的代数和，理论上应该等于终点和始点已知坐标之差，即：

$$\left.\begin{array}{l} \sum \Delta x_{理} = x_{终} - x_{始} \\ \sum \Delta y_{理} = y_{终} - y_{始} \end{array}\right\} \qquad (8-15)$$

如果坐标增量总和的计算值与理论值不相等，其差值就是附合导线的坐标增量闭合差 f_x、f_y：

$$f_x = \sum \Delta x_{测} - \sum x_{理} = \sum \Delta x_{测} - (x_{终} - x_{始}) \qquad (8-16)$$
$$f_y = \sum \Delta y_{测} - \sum \Delta y_{理} = \sum \Delta y_{测} - (y_{终} - y_{始})$$

坐标增量分配的方法与闭合导线的完全相同。

表 8-7 是一个附合导线的算例，表中坐标方位角和坐标栏内数字下带有横线的均为高级控制网的已知数据。

表 8 – 7　附合导线坐标计算表

测站	右角观测值	调整后右角	坐标方位角	边长 (m)	坐标增量计算值(m)		调整后坐标增量(m)		坐 标 (m)	
					Δx	Δy	Δx	Δy	x	y
1	2	3	4	5	6	7	8	9	10	11
Ⅱ-19			317°52′06″							
Ⅱ-91	-04″ 267°29′58″	267°29′54″							4 028.530	4 006.770
			230°22′12″	133.840	-0.026 -85.367	-0.056 -103.081	-85.393	-103.137		
1	-04″ 203°29′46″	203°29′42″							3 943.137	3 903.633
			206°52′30″	154.710	-0.031 -138.000	-0.064 -69.936	-138.031	-70.000		
2	-06″ 184°29′36″	184°29′30″							3 805.106	3 833.633
			202°23′00″	80.740	-0.016 -74.657	-0.033 -30.746	-74.673	-30.779		
3	-06″ 179°16′06″	179°16′00″							3 730.433	3 802.854
			203°07′00″	148.930	-0.029 -136.972	-0.062 -58.471	-137.001	-58.533		
4	-04″ 81°16′52″	81°16′48″							3 593.432	3 744.321
			301°50′12″	147.160	-0.029 +77.627	-0.061 -125.020	+77.598	-125.081		
Ⅱ-89	-04″ 147°07′34″	147°07′30″							3 671.030	3 619.240
Ⅱ-88			334°42′42″							
Σ	1063°09′52″			665.380	-357.369	-387.254				

辅助计算

$\alpha'_{Ⅱ-89,Ⅱ-88} = \alpha_{Ⅱ-19,Ⅱ-91} + n \cdot 180° - \sum \beta_测$　　　$f_x = \sum \Delta x_测 - (x_{Ⅱ-89} - x_{Ⅱ-91})$

　　　$= 317°52′06″ + 6 \times 180° - 1\ 063°09′52″$　　　　　$= -357.369 - (3\ 671.030 - 4\ 028.530)$

　　　$= 334°42′14″$　　　　　　　　　　　　　　　　　　$= +0.131\ m$

$f_\beta = \alpha'_{Ⅱ-89,Ⅱ-88} - \alpha_{Ⅱ-89,Ⅱ-88}$　　　$f_y = \sum \Delta y_测 - (y_{Ⅱ-89} - y_{Ⅱ-91})$

　　$= 334°42′14″ - 334°42′42″$　　　　　　　　$= -387.254 - (3\ 619.240 - 4\ 006.770)$

　　$= -28″$　　　　　　　　　　　　　　　　　　$= +0.276\ m$

　　　　　　　　　　　　　$f = \sqrt{f_x^2 + f_y^2} = \sqrt{0.131^2 + 0.276^2} = 0.306\ m$

$F_\beta = \pm 40″\sqrt{n} = \pm 40\sqrt{6} = \pm 1′38″$　$f_\beta < F_\beta$(按图根导线计)　$K = \dfrac{f}{\sum d} = \dfrac{0.306}{665.380} = \dfrac{1}{2\ 174} < \dfrac{1}{2\ 000}$

三、坐标正算和坐标反算

在以上的坐标计算中,根据一点的已知坐标(x_A,y_A)以及已知的边长(d_{AB})和它的坐标方位角(α_{AB}),计算出该边的坐标增量($\Delta x_{AB},\Delta y_{AB}$),进而可求出另一点的坐标($x_B,y_B$),这类问题称为坐标正算问题。

反之,若已知两点的坐标,则可按下列公式计算出这两点间的边长和它的坐标方位角:

$$\alpha_{AB} = \arctan \frac{y_B - y_A}{x_B - x_A} = \arctan \frac{\Delta y_{AB}}{\Delta x_{AB}} \tag{8-17}$$

$$d_{AB} = \frac{y_B - y_A}{\sin \alpha_{AB}} = \frac{x_B - x_A}{\cos \alpha_{AB}} \tag{8-18}$$

或　　　　　　　　　$$d_{AB} = \sqrt{(x_B - x_A)^2 + (y_B - y_A)^2} \tag{8-19}$$

用式(8-18)可得到检核,同时可检验 α_{AB} 的正确性。α 的正确值除了决定于 Δx、Δy 的大小外,还决定于 Δx、Δy 的符号。例如 $\dfrac{\Delta y}{\Delta x} = -1$ 时,当 Δx 为负,$\alpha = 135°$,当 Δy 为负,则 $\alpha = 315°$。这类问题称为坐标反算问题,在测量工作特别是工程测量中经常要用到。

坐标反算的计算工作,可利用计算器中直角坐标转换成极坐标的功能来进行,此时计算器中显示的角值有正负之分,顺转为正,逆转为负,负值应加上360°,即为坐标方位角。

四、检查导线测量错误的方法

当导线的角度闭合差或坐标增量闭合差超过了容许值时,可以认为外业测量或内业计算中会有错误。这时应首先检查外业资料和内业的计算,若检查无误,则说明外业的测量有错,应进行检查重测。为了节省野外检查工作量,应设法找出可能发生错误的角和边,这样只需要作局部的重测。理论上说,只有当测错一个角度或一条边长时,才可以准确地定位错误发生的位置。

1. 一个角度测错的查找方法

如图8－12的附合导线,可由两端已知坐标的 A、B 点开始,分别计算出各导线点的坐标。假定在4点的测角发生了错误,则从 A 点计算到4点的坐标都是正确的,而4点以后各点的坐标将随之有错误。若从 B 点开始计算,则 B 从到4′各点的坐标都是正确的,而随后的3′,2′,…各点将有错误。所以这两组坐标中,只有4点的坐标将十分接近,其他点则相差较大。由此可以判定4点可能就是测角有错的点。闭合导线查找一个错角的方法也是一样的:从同一个已知点和同一条起始边出发,分别按顺时针方向和逆时针方向计算出各导线点的坐标。按同样原理,在两组中坐标较接近的点,可能就是测角有错的点。

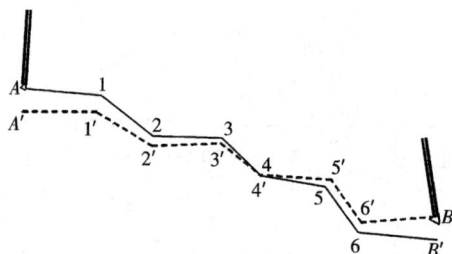

图 8－12

2. 一条边长测错的查找方法

当导线角度闭合差未超限,而全长相对闭合差超限时,说明边长测量有错。在图8－13中,设导线边2－3测错,测大了 ΔD,由于其他各边和各角没有发生错误,因此,从3点开始及以后各点均产生一个平行于2－3边的位移量 ΔD。如果不计其他边长和角度的偶然误差,则计算出的导线全长闭合差 f 应等于 ΔD,且 f 的方向与测错边2－3的方向平行,也即边长的测错值为

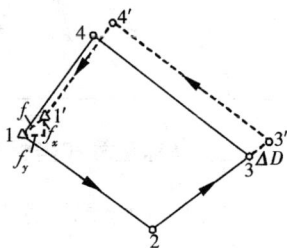

图 8－13

$$f = \sqrt{f_x^2 + f_y^2} = \Delta D \qquad (8-20)$$

测错边的坐标方位角为

$$\alpha_f = \arctan \frac{f_y}{f_x} \qquad (8-21)$$

根据上述原理可知,凡是与 f 方向平行的边长,最有可能测错。

§8.4 交会定点

交会定点是根据已知点的坐标,通过观测角度或距离,按交会方法计算出待定点的坐标,它是加密小区域平面控制点的方法之一。交会定点有前方交会、侧方交会、后方交会

和距离交会等方法。

一、前方交会

图 8 - 14 中，A、B 为已知坐标的控制点、P 为待求点。在 A、B 两点用经纬仪测量了 α、β 角，通过计算即可得出 P 点的坐标。这就是前方交会法。

这里不加推证给出前方交会的计算公式：

$$x_P = \frac{x_A \cot\beta + x_B \cot\alpha - y_A + y_B}{\cot\beta + \cot\alpha}$$

$$y_P = \frac{y_A \cot\beta + y_B \cot\alpha + x_A - x_B}{\cot\beta + \cot\alpha} \qquad (8-22)$$

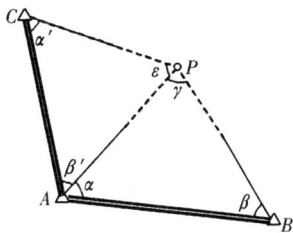

图 8 - 14

利用式 (8 - 22)，按已知点 A、B 的坐标及观测角 α、β，可直接计算出待定点 P 的坐标。该公式的推导思路是通过坐标正算计算出 P 点的坐标。由 A、B 两点的坐标计算出 α_{AB} 和 S_{AB}；由观测角 α、β 和 S_{AB} 通过正弦定理计算出 S_{AP}，同时计算出 α_{AP}；由 A、P 两点的距离和坐标方位角可计算出 A、P 两点的坐标增量，再由 A 点的坐标加上 A、P 两点坐标增量即得出 P 点的坐标。

按式 (8 - 22) 计算时，必须注意 $\triangle ABP$ 是以逆时针方向编号的，否则公式中的加减号将有改变。为了得到检核，一般都要求从三个已知点作两组前方交会。如图 8 - 14 分别按 A、B 和 C、A 求出 P 点的坐标。如果两组求出的点位的较差不大于比例尺精度的两倍，则取两组的平均值。即点位误差

$$\Delta = \sqrt{\delta_x^2 + \delta_y^2} \leqslant 2 \times 0.1M(\mathrm{mm}) \qquad (8-23)$$

式中：δ_x、δ_y 为 P 点两组坐标之差，M 为测图比例尺的分母。

二、侧方交会

在图 8 - 14 中，如果在已知点 A、B 及待定点 P 上，分别观测了 α 和 γ 角，则可计算出 β 角。这样就和前方交会一样，根据 A、B 点坐标和 α、β 角，按公式 (8 - 22) 求出 P 点的坐标，这种方法称为侧方交会。当遇到不便安置仪器的已知点时，可用侧方交会代替前方交会。为了得到检核，可在 P 点再观测 ε 角，利用第三个已知点 C 进行检核。

三、后方交会

后方交会是在待定点 P 上设站，对三个已知点 A、B、C 进行观测，如图 8 - 15，然后根据测定的水平角 α、β、γ 和已知点的坐标，计算 P 点的坐标。

计算后方交会点坐标的实用公式很多，通常采用的是一种仿权计算法。其计算公式的形式与加权平均值的计算公式相似，因此得名仿权公式。

待定点 P 的坐标按下式计算：

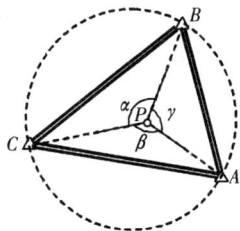

图 8 - 15

$$x_P = \frac{P_A x_A + P_B x_B + P_C x_C}{P_A + P_B + P_C}$$
$$y_P = \frac{P_A y_A + P_B y_B + P_C y_C}{P_A + P_B + P_C} \qquad (8-24)$$

式中：

$$P_A = \frac{1}{\cot \angle A - \cot \alpha}$$
$$P_B = \frac{1}{\cot \angle B - \cot \beta}$$
$$P_C = \frac{1}{\cot \angle C - \cot \gamma} \qquad (8-25)$$

待定点 P 上的三个角 α、β、γ 必须分别与已知点 A、B、C 按图 8-15 所示的关系相对应,这三个角值可按方向观测法获得,其总和应等于 360°。

在选定 P 点时,应特别注意 P 点不能位于或接近三个已知点的外接圆上,否则 P 点坐标为不定解或计算精度低。该圆称为危险圆。

四、边角联合后方交会

即全站仪中的所谓自由测站方式。指设站在待定点上,利用两个或多个已知点通过测距测角的方式进行后方交会求得测站点的坐标。

例如在图 8-16 中,A、B 为已知点,P 为待定点。设站在 P 点上,测量水平距离 D_a、D_b 和水平角 γ 来求算 P 点的坐标。

边角联合后方交会一般存在多余观测,这时要通过平差方法计算出坐标的最或然值。全站仪功能中的自由测站方式可以自动对观测数据进行平差计算得出测站的坐标。

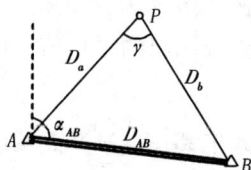

图 8-16

五、距离交会

利用光电测距仪,可采用距离交会法来加密图根点。例如在图 8-16 中,A、B 为已知点,P 为待定点。用测距仪测量水平距离 D_a、D_b 后,即可解算三角形 ABP,通过坐标正算可求出 P 点的坐标。

前方,侧方及距离交会,都可按支导线的思路来求算待定点的坐标:前方及侧方交会利用正弦定理求出支导线的边长,而距离交会利用余弦定理求出支导线的夹角。

§8.5 小三角测量

小三角测量,是指在小范围内布设边长较短的三角网的测量。它是平面控制测量主要方法之一。在观测所有三角形的内角及测量若干必要的边长之后,根据起始边的已知坐标方位角和起始点的已知坐标,即可求出所有三角点的坐标。小三角测量的特点主要是测角工作,而测距工作极少,甚至可以没有。它适用于山区或丘陵地区的平面控制。

一、小三角网的形式

根据测区的范围和地形条件以及已有控制点的情况,小三角网可布置成三角锁[见图 8 – 17(a)]、中点多边形[见图 8 – 17(b)]、大地四边形[见图 8 – 17(c)]和线形锁[见图 8 – 17(d)]。

三角网中直接测量的边称基线。三角锁一般在两端都布设一基线,中点多边形和大地四边形只需布设一条基线,线形锁则是两端附合在高级点上的三角锁,故不需设置基线。起始边附合在高级点上的三角网也不需设置基线。

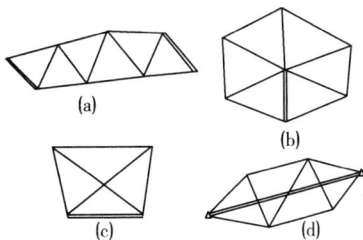

图 8 – 17

二、小三角测量的等级及技术要求

小三角测量分成一级小三角、二级小三角和图根小三角三个等级。一、二级小三角可作为国家等级控制网的加密,也可作为独立测区的首级控制。图根小三角可作为一、二级小三角的进一步加密,在小范围的独立测区,也可直接作为测图控制。各级小三角测量的技术要求见表 8 – 8。图根三角锁的三角形个数≤13,方位角闭合差 ≤ ±$40''\sqrt{n}$。

表 8 – 8 各级小三角测量的主要技术要求

三角网等级	平均边长(km)	测角中误差(″)	三角形最大闭合差(″)	起始边相对中误差	最弱边相对中误差
一级	1.0	±5	±15	1/40 000	≤1/20 000
二级	0.5	±10	±30	1/20 000	≤1/10 000
图根	≤1.7 倍最大视距	±20	±60	1/10 000	

三、小三角测量的外业

1. 选点

选点前应搜集测区内已有的地形图和控制测量资料。在已有的地形图上初步拟定布网方案,然后到实地对照、修改,最后确定点位。如果测区没有可利用的地形图,则须到野外详细踏勘,综合比较,最后选定点位。选点时应考虑到各级小三角测量的技术要求,又要考虑到测图和用图方面的要求。一般应注意以下几点:

①三角形应接近等边三角形,困难地区三角形内角也不应大于 120°或小于 30°;

②三角形的边长应符合规范的规定;

③三角点应选在地势较高,视野开阔,便于测图和加密的地方,选在便于观测和便于保存点位的地方,三角点间应通视良好;

④基线应选在地势平坦且无障碍便于丈量的地方,使用测距仪时还应避开发热体和强电磁场的干扰。

三角点选定后应埋设标志,标志可根据需要采用大木桩或混凝土标石。小三角测量一般不建造觇标,观测时可用三根竹杆吊挂一大垂球,为便于观测,可在悬挂线上加设照准用的竹筒,也可用三根铁丝竖立一标杆作为照准标志(见图 8 – 18)。三角点选定后,应编号命名并绘制点之记。

2. 角度观测

角度观测是三角测量的主要工作。观测前应检校好仪器。观测一般采用方向观测法,观测方法详见第 3 章。当方向数超过三个时应归零。各级小三角角度观测的测回数可参考表 8 - 9 的规定,角度观测的各项限差见表 8 - 10。三角形闭合差应不超过表 8 - 8 中的规定。以上条件满足后并不等于满足了角度测量的精度要求,而还应按第 7 章的菲列罗公式计算测角中误差,计算得出的结果应不超过表 8 - 8 中测角中误差规定的数值。

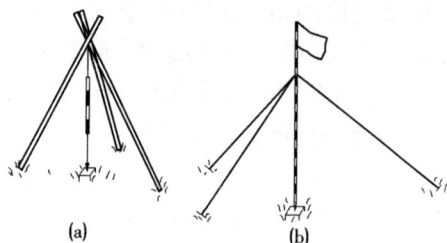

图 8 - 18

表 8 - 9　各级小三角的水平角测回数

小三角等级	方向观测测回数	
	J_2	J_6
一级	2	4
二级	1	2
图根		1

表 8 - 10　小三角测量中水平角观测的限差

项　目	J_2 "	J_6 "
半测回归零差	12	18
一测回中 $2c$ 互差	18	
同一方向值各测回互差	12	24

3. 基线测量

基线是计算三角形边长的起算数据,要求保证必要的精度。各级小三角测量对起始边的精度要求见表 8 - 8。起始边应优先采用光电测距仪观测,观测前测距仪应经过检定,观测方法同各级光电测距导线的边长测量。观测所得斜距应加气象、加常数、乘常数等改正,然后化算成平距。

4. 起始边定向

与高级网联测的小三角网,可根据高级点的坐标,用坐标反算得出的高级点间的坐标方位角和所测的连接角,推算出起始边的坐标方位角。对于独立的小三角网,可直接测定起始边的真方位角或磁方位角进行定向。

§8.6　小三角测量的内业计算

小三角测量内业计算的目的,是要求出各三角点的坐标。为此,首先要检查和整理好外业资料,准备好起算数据。计算工作包括检验各种闭合差,进行三角网的平差,计算边长及其坐标方位角,最后算出三角点的坐标。

小三角网的图形中存在各种几何关系,又称几何条件。由于观测值中均带有测量误差,所以往往不能满足这些几何条件。因此,必须对所测的角度进行改正,使改正后的角值能满足这些条件。这项工作称为平差,是三角测量内业计算中的一项主要工作。在小三角测量中,通常采用近似平差。下面仅就三角锁这种基本图形的近似平差方法进行说明。

三角锁应满足下列几何条件:即每个三角形三内角之和应等于180°,这种条件称为图形条件。另外,一般三角锁在锁段两端都设置一条基线,所以从一条基线开始经一系列三角形推算至另一基线,推算值应等于该基线的已知值,这种条件称为基线条件。三角锁平差的任务就是修正角度观测值,使满足这两种条件。近似平差一般分两步进行,平差计算的步骤和方法如下:

一、检查和整理外业资料

计算前应首先检查外业手簿,检查角度和基线测量的记录和计算是否有误,观测结果有无超限。最后整理出角度观测值、各三角形的闭合差、基线的长度等。

二、绘制计算略图

根据观测数据绘制计算略图,并对点位、三角形、角度和基线进行编号。如图 8-19,从起始边开始按推算方向对三角形进行编号。三角形三内角的编号分别用 a、b、c 及其相应三角形号作为下角号。a、b 称为传距角,a 角对着推进边,b 角对着已知边。c 角称为间隔角,其所对的边称为间隔边。计算略图上应标明点号、三角形号、角号、基线号。角度和基线的观测值则填写在平差计算表内(见表 8-11)。

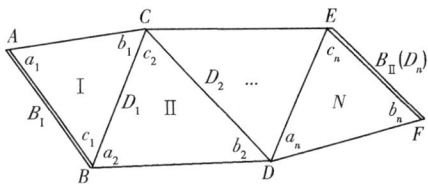

图 8-19

三、角度闭合差的计算和调整

各三角形内角之和应等于180°,即满足图形条件。如果三内角观测值之和不等于180°,则角度闭合差为:

$$f_i = a_i + b_i + c_i - 180° \tag{8-26}$$

角度闭合差应不超过表 8-8 规定的限值。如果在限值以内,则将闭合差按相反的符号平均分配到三个内角上,故对角度所作第一次改正值为:

$$v_{ai} = v_{bi} = v_{ci} = -\frac{f_i}{3} \tag{8-27}$$

各角度观测值加上相应的第一次改正值后,得第一次改正后的角值 a'_i、b'_i、c'_i。作为检核,第一次改正后的角值之和应等于180°。角度闭合差分配后的余数可分在较大的角上,使条件完全满足。

四、基线闭合差的计算和调整

从基线 B_I 推算到基线 B_{II},推算值 B'_{II} 应等于其已知值 B_{II},即满足基线条件。按起始边 B_I 和经第一次改正后的传距角 a'_i、b'_i,依次推算各三角形的边长如下:

$$D_1 = B_I \frac{\sin\alpha'_1}{\sin b'_1}$$

$$D_2 = D_1 \frac{\sin\alpha'_2}{\sin b'_2} = B_I \frac{\sin\alpha'_1 \cdot \sin\alpha'_2}{\sin b'_1 \cdot \sin b'_2}$$

$$\vdots$$

$$D_n = B'_{II} = B_I \frac{\sin\alpha'_1 \cdot \sin\alpha'_2 \cdots \sin\alpha'_n}{\sin b'_1 \cdot \sin b'_2 \cdots \sin b'_n} = B_I \frac{\prod\limits_{i=1}^{n}\sin a'_i}{\prod\limits_{i=1}^{n}\sin b'_i} \qquad (8-28)$$

式中：Π 为连乘符合，即 $\prod\limits_{i=1}^{n}\sin a'_i = \sin a'_1 \cdot \sin a'_2 \cdots \sin a'_n$，推算山的基线长 B'_{II} 如果不等于其实测长 B_{II}，则产生基线闭合差 W。即

$$W = B'_{II} - B_{II} = B_I \frac{\prod\limits_{i=1}^{n}\sin a'_i}{\prod\limits_{i=1}^{n}\sin b'_i} - B_{II} \qquad (8-29)$$

W 应不超过规定的限差，基线闭合差的限差 $W_{限}$ 可按下式计算：

$$W_{限} = \pm 2B'_{II}\sqrt{\left(\frac{m''_\beta}{\rho''}\right)^2 \left(\sum\limits_{i=1}^{n}\cot^2\alpha'_i + \sum\limits_{i=1}^{n}\cot^2 b'_i\right) + \left(\frac{m_{B_I}}{B_I}\right)^2 + \left(\frac{m_{B_{II}}}{B_{II}}\right)^2} \qquad (8-30)$$

式中：m_β 为容许的测角中误差，α'_i、b'_i 为第一次改正后的各传距角，$\dfrac{m_{B_I}}{B_I}$ 和 $\dfrac{m_{B_{II}}}{B_{II}}$ 为基线相对中误差的限值。

由于基线的精度较高，其误差可忽略不计。为了消除基线闭合差，还需改正传距角，故对传距角 a'_i、b'_i 进行第二次改正。基线条件可写成如下形式：

$$B_I \frac{\prod\limits_{i=1}^{n}\sin a_i}{\prod\limits_{i=1}^{n}\sin b_i} - B_{II} = 0 \qquad (8-31)$$

为使上述条件得到满足，把第一次改正后的角值 a'_i、b'_i 加上第二次改正数 V_{ai}、V_{bi} 后，代入上式的传距角 a_i、b_i，并令此式为 F。即

$$F = B_I \frac{\prod\limits_{i=1}^{n}\sin(a'_i + V_{ai})}{\prod\limits_{i=1}^{n}\sin(b'_i + V_{bi})} - B_{II} = 0 \qquad (8-32)$$

为解算改正数 V_{ai}、V_{bi}，需要把上式线性化。因为 V_{ai}、V_{bi} 均为微小值，故可按泰勒公式将上式展开，并只取一次项。故

$$F = F_0 + \frac{\partial F}{\partial a_1}\frac{V''_{a1}}{\rho''} + \frac{\partial F}{\partial a_2}\frac{V''_{a2}}{\rho''} + \cdots \frac{\partial F}{\partial a_n}\frac{V''_{an}}{\rho''} +$$

$$\frac{\partial F}{\partial b_1}\frac{V''_{b1}}{\rho''} + \frac{\partial F}{\partial b_2}\frac{V''_{b2}}{\rho''} + \cdots \frac{\partial F}{\partial b_n}\frac{V''_{bn}}{\rho''} = 0 \qquad (8-33)$$

式中：

$$F_0 = B_I \frac{\prod\limits_{i=1}^{n}\sin a'_i}{\prod\limits_{i=1}^{n}\sin b'_i} - B_{II} = W \qquad (a)$$

$$\frac{\partial F}{\partial a_i} = B_{\text{I}} \frac{\prod\limits_{i=1}^{n} \sin a_i'}{\prod\limits_{i=1}^{n} \sin b_i'} \cot a_i' = B_{\text{II}}' \cot a_i' \tag{b}$$

$$\frac{\partial F}{\partial b_i} = -B_{\text{I}} \frac{\prod\limits_{i=1}^{n} \sin a_i'}{\prod\limits_{i=1}^{n} \sin b_i'} \cot b_i' = -B_{\text{II}}' \cot b_i' \tag{c}$$

将(a)、(b)、(c)代入式(8-33)得:

$$W + B_{\text{II}}' \sum_{i=1}^{n} \cot a_i' \frac{V_{ai}''}{\rho''} - B_{\text{II}}' \sum_{i=1}^{n} \cot b_i' \frac{V_{bi}''}{\rho''} = 0 \tag{8-34}$$

第二次改正采用平均分配的原则,为了不破坏已经满足的图形条件,使第二次改正数 V_a 和 V_b 的绝对值相等而符号相反。即令

$$V_a'' = -V_b'' = V'' \tag{d}$$

故式(8-34)可写成

$$B_{\text{II}}' \frac{V''}{\rho''} \sum_{i=1}^{n} (\cot a_i' + \cot b_i') + W = 0 \tag{e}$$

解上式得传距角第二次改正数为:

$$V'' = V_a'' = -V_b'' = -\frac{W\rho''}{B_{\text{II}}' \sum\limits_{i=1}^{n} (\cot a_i' + \cot b_i')} \tag{8-35}$$

将第一次改正后的角值 a_i'、b_i' 分别加第二次改正数 V_a''、V_b'' 得第二次改正后的角值,即平差后角值为:

$$\left. \begin{array}{l} \hat{a}_i = a_i' + V_a'' \\ \hat{b}_i = b_i' + V_b'' \\ \hat{c}_i = c_i' \end{array} \right\} \tag{8-36}$$

五、边长及坐标的计算

根据基线 I 的长度及平差后的角值,用正弦定理依次推算出三角形的边长,边长计算可在平差计算表内进行。计算三角点的坐标时,可把各三角点组成一闭合导线 *ABDFECA* (见图 8-19)。按起始边 *AB* 的坐标方位角,推算出各边的坐标方位角;然后计算各边的坐标增量;最后根据起始点 *A* 的坐标,依次计算出其他各点的坐标。

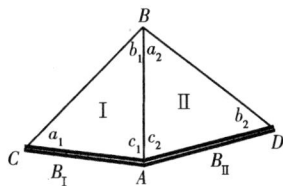

图 8-20

算例 某控制网布设形式如图 8-20,其中 *AC*、*AD* 为基线边,要求按二级小三角的精度进行测量,观测成果如表 8-11,试对该控制网进行近似平差计算。

表 8-11 近似平差计算表

三角形编号	角度编号	角度观测值 ° ′ ″	第一次改正数 ″	第一次改正后的角值 ° ′ ″	第二次改正数 ″	第二次改正后的角值 ° ′ ″	边长 (m)
1	2	3	4	5	6	7	8
I	b_1	60 44 27	−1	60 44 26	+2	60 44 28	(B_I)527.853
	c_1	56 06 36	−1	56 06 35		56 06 35	502.252
	a_1	63 09 00	−1	63 08 59	−2	63 08 57	539.812
	$\sum$	180 00 03 $f_1 = +3″$	−3	180 00 00		180 00 00	
II	b_2	46 44 26	−3	46 44 23	+2	46 44 25	
	c_2	63 51 35	−3	63 51 32		63 51 32	665.420
	a_2	69 24 08	−3	69 24 05	−2	69 24 03	(B_{II})693.849
	$\sum$	180 00 09 $f_2 = +9″$	−9	180 00 00		180 00 00	

$f_{\beta容} = \pm 30''$（按二级小三角）

$$W_{限} = \pm 2 B'_{II} \sqrt{\left(\frac{m''\beta}{\rho''}\right)^2\left(\sum \cot^2 a' + \sum \cot^2 b'\right) + \left(\frac{m_{B_I}}{B_I}\right)^2 + \left(\frac{m_{B_{II}}}{B_{II}}\right)^2}$$

已知基线长：

$B_I = 527.853$

$B_{II} = 693.849$

$$= \pm 2 \times 693.865 \sqrt{\left(\frac{10''}{\rho''}\right)^2 \times 1.59698 + \left(\frac{1}{20\,000}\right)^2 + \left(\frac{1}{20\,000}\right)^2}$$

$$= \pm 0.124\ m > 0.016\ m（未超限）$$

$$V''_a = -V''_b = \frac{-W\rho''}{B'_{II}(\sum\cot a' + \sum\cot b')} = \frac{-0.016\rho''}{693.865 \times 2.38337} = -2.0''$$

$B'_{II} = B_I \dfrac{\Pi \sin a'}{\Pi \sin b'} = 693.865$

$W = B'_{II} - B_{II} = +0.016$

检验：$W = B_I \dfrac{\Pi \sin \hat{a}}{\Pi \sin \hat{b}} - B_{II} = 693.849 - 693.849 = 0.000\ m$

§8.7 建筑基线与方格控制

一、建筑基线

在土木工程建筑中具有准确长度和对建筑工程产生控制作用的直线段，称为工程建筑基线，简称建筑基线。对面积不大又不十分复杂的建筑场地，一般在临近主要建筑物附近、平行于主要建筑物的轴线设一条或几条建筑基线。如图 8-21 所示，建筑基线有三点直线形（a）、三点直角形（b）、四点丁字形（c）、五点十字形（d）等四种形式。

建筑基线的点位可采取设计定点、测量、检核与校正的过程，也可以利用划分土地归属的边界线作为建筑基线。点位应设在不妨碍交通、便于保存的路边缘。在点位稳定后，因地制宜选择工具，按相应的技术要求测量边长和角度。测量技术要求参考表 8-12。

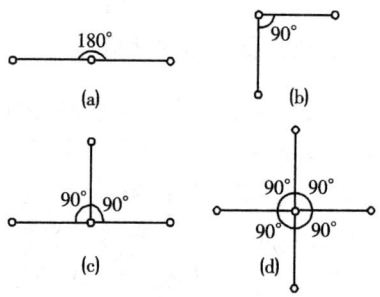

图 8-21

表 8-12

等级	边长（m）	边长相对中误差	测角中误差
1 级	100~300	1:30 000	5″
2 级	100~300	1:20 000	8″

二、建筑方格网

建筑方格网是一种基于建筑基线形成的方格形建筑控制网。图 8 - 22 中的 A、O、B、C、D 构成"十"字形的建筑基线,E、F、G、H 等点位与之形成方格控制网。其中 AOB、COD 是方格控制网的主轴线,而且 $AOB \perp COD$。

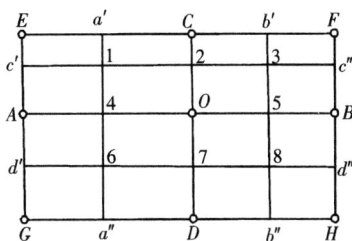

图 8 - 22

与一般控制网相比较,建筑方格网的建立有其本身的思路:

(1)根据工程建筑的需要按设计要求建立建筑方格网。如图 8 - 22,设计上预先确立点位之间的间距以及直线之间的垂直关系,建筑方格网将根据设计要求测定方格点位。注意,一般的测定方法在第 11 章另行叙述。

(2)建筑方格网点按"先主轴点后扩展方格点"的顺序测定。如图 8 - 22,建筑方格网点的测定顺序是:①先测定主轴线 AOB、COD 的主轴点位;②测定方格点 E、F、G、H 等点位;③测定外框点 a'、b'、c'、d'、a''、b''、c''、d'' 的位置;④利用外框点交会 1,2,…,8 等点位。

表 8 - 13

等级	经纬仪	测角中误差	测回	半测回归零差	$\Delta 2c$	各测回方向较差
1 级	DJ_1	5″	2	≤6″	9″	≤6″
	DJ_2	5″	3	≤8″	13″	≤8″
2 级	DJ_2	8″	2	≤12″	18″	≤12″

3. 建筑方格网点位的测定应符合有关的技术要求(见表 8 - 12,表 8 - 13),加强方格网的直线度和垂直度的检验。

方格网的直线度,指的是三点成直线时点位偏离直线的程度,一般地以 180° 标准值比价。如图 8 - 23,为了衡量 A、O、B 三点的直线度,测量 $\angle AOB$。设 $\Delta_1 = \angle AOB - 180°$,$\Delta_1$ 就是 A、O、B 三点的直线度。建筑方格网要求 $\Delta_1 \leqslant \pm 5''$。如果 Δ_1 超出规定,则应进行调整。调整方法:

①计算点位的偏值 δ,即

$$\delta = \frac{1}{2}D_2 \times \sin\left[\sin^{-1}\left(\frac{\sin\beta}{\sqrt{D_1^2 + D_2^2 - 2D_1D_2\cos\beta}}D_1\right)\right] \qquad (8-37)$$

②按图 8 - 23 的 δ 移动 A、O、B 三点到 pq 直线上。

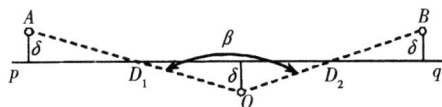

图 8 - 23

方格网的垂直度,指的是直线之间构成直角的程度,一般以 90° 标准值比较。如图 8 - 24,为了衡量 AOB 直线与直线 COD 的垂直度,测量 $\angle AOC$。设 $\Delta_2 = \angle AOC - 90°$,$\Delta_2$ 就是直线 AOB 与直线 COD 的垂直度。建筑方格网要求 $\Delta_2 \leqslant \pm 5''$。如果 Δ_2 超出规定,则应进行调整。调整方法:

①计算点位的偏值 Δa、Δb,即

$$\left.\begin{array}{l} \Delta a = AO \times \sin\Delta_2 \\ \Delta b = BO \times \sin\Delta_2 \end{array}\right\} \qquad (8-38)$$

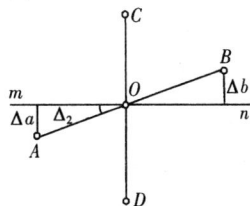

图 8 - 24

②按图 8 - 24 的 Δa、Δb 移动 A、B 到直线 mn 上。

一般地建筑方格网可采用独立坐标系统,必要时应与国家坐标系联系,并入国家坐标系统。

§8.8　三、四等水准测量

三、四等水准测量是建立测区首级高程控制最常用的方法。通常用 DS_3 级水准仪和双面水准尺进行,各项技术要求见表 8 - 3,观测和计算方法如下:

一、观测方法

1. 四等水准测量

视线长度不超过 100 m。每一测站上,按下列顺序进行观测:

①后视水准尺的黑面,读下丝、上丝和中丝读数(1)、(2)、(3)。

②后视水准尺的红面,读中丝读数(4)。

③前视水准尺的黑面,读下丝、上丝和中丝读数(5)、(6)、(7)。

④前视水准尺的红面,读中丝读教(8)。

以上的观测顺序称为后—后—前—前,在后视和前视读数时,均先读黑面再读红面,读黑面时读三丝读数,读红面时只读中丝读数。括号内数字为读数顺序。记录和计算格式见表 8 - 14,表中括号内数字表示观测和计算的顺序,同时也说明有关数字在表格内应填写的位置。

2. 三等水准测量

视线长度不超过 75 m。观测顺序应为后—前—前—后。即

①后视水准尺的黑面,读下丝、上丝和中丝读数。

②前视水准尺的黑面,读下丝、上丝和中丝读数。

③前视水准尺的红面,读中丝读数。

④后视水准尺的红面,读中丝读数。

二、计算和检核

计算和检核的内容如下(见表 8 - 14):

1. 测站上的计算和检核

(1)视距计算

后视距离 (9) = (1) - (2)

前视距离 (10) = (5) - (6)

前、后视距在表内均以 m 为单位,即(下丝 - 上丝)×100

前后视距差 (11) = (9) - (10)。对于四等水准测量,前后视距差不得超过 5 m;对于三等水准测量,不得超过 3 m。

前后视距累积差 (12) = 本站的(11) + 上站的(12)。对四等水准测量,前后视距累积差不得超过 10 m;对于三等水准测量,不得超过 6 m。

表 8－14　四等水准测量记录

测站编号	测点编号	后尺 下丝/上丝 后视距 视距差d	前尺 下丝/上丝 前视距 ∑d	方向及尺号	水准尺读数(m) 黑面	水准尺读数(m) 红面	K+黑减红(mm)	高差中数(m)	备注
		(1)(2)(9)(11)	(5)(6)(10)(12)	后 前 后－前	(3)(7)(15)	(4)(8)(16)	(13)(14)(17)	(18)	$K_7=4.687$ $K_8=4.787$
1	BM1 ∣ Z1	1.891 1.525 36.6 −0.2	0.758 0.390 36.8 −0.2	后7 前8 后－前	1.708 0.574 +1.134	6.395 5.361 +1.034	0 0 0	+1.1340	
2	Z1 ∣ Z2	2.746 2.313 43.3 −0.9	0.867 0.425 44.2 −1.1	后8 前7 后－前	2.530 0.646 +1.884	7.319 5.333 +1.986	−2 0 −2	+1.8850	
3	Z2 ∣ Z3	2.043 1.502 54.1 +1.0	0.849 0.318 53.1 −0.1	后7 前8 后－前	1.773 0.584 +1.189	6.459 5.372 +1.087	+1 −1 +2	+1.1880	
4	Z3 ∣ BM2	1.167 0.655 51.2 −1.0	1.677 1.155 52.2 −1.1	后8 前7 后－前	0.911 1.416 −0.505	5.696 6.102 −0.406	+2 +1 +1	−0.5055	

检核

$$\sum(9)=185.2 \qquad \frac{1}{2}[\sum(15)+\sum(16)]=+3.7015 \qquad 总高差=\sum(18)=+3.7015$$
$$-\sum(10)=186.3 \qquad \sum[(3)+(4)]=32.791$$
$$-1.1 \qquad -\sum[(7)+(8)]=25.388$$
$$末站(12)=-1.1 \qquad +7.403\times\frac{1}{2}=+3.7015$$
$$总视距=\sum(9)+\sum(10)=371.5$$

(2)同一水准尺红、黑面读数差的检核

同一水准尺红、黑面读数差为：

$$(13)=(3)+K-(4)$$
$$(14)=(7)+K-(8)$$

K 为水准尺红、黑面常数差，一对水准尺的常数差 K 分别为 4.687 和 4.787。对于四等水准测量，红、黑面读数差不得超过 3 mm；对于三等水准测量，不得超过 2 mm。

(3)高差的计算和检核

按黑面读数和红面读数所得的高差分别为：

$$(15)=(3)-(7)$$
$$(16)=(4)-(8)$$

黑面和红面所得高差之差(17)可按下式计算，并可用(13)－(14)来检查。式中

±100 为两水准尺常数 K 之差。

$$(17) = (15) - (16) \pm 100 = (13) - (14)$$

对于四等水准测量,黑、红面高差之差不得超过 5 mm;对于三等水准测量,不得超过 3 mm。

(4)计算平均高差

$$(18) = \frac{1}{2}[(15) + (16) \pm 100]$$

2. 总的计算和检核

在手簿每页末或每一测段完成后,应作下列检核:

(1)视距的计算和检核

$$末站的(12) = \sum(9) - \sum(10)$$
$$总视距 = \sum(9) + \sum(10)$$

(2)高差的计算和检核

当测站数为偶数时,

$$总高差 = \sum(18) = \frac{1}{2}\left[\sum(15) + \sum(16)\right]$$
$$= \frac{1}{2}\left\{\sum[(3) + (4)] - \sum[(7) + (8)]\right\}$$

当测站数为奇数时

$$总高差 = \sum(18) = \frac{1}{2}\left[\sum(15) + \sum(16) \pm 100\right]$$

§8.9　跨河水准测量

当水准路线需要跨越较宽的河流或山谷时,因跨河视线较长,超过了规定的长度,使水准仪 i 角的误差、大气折光和地球曲率误差均增大,且读尺困难。所以必须采用特殊的观测方法,这就是跨河水准测量方法。

进行跨河水准测量,首先要选择好跨河地点,如选在江河最窄处,视线避开草丛沙滩的上方,仪器站应选在开阔通风处,跨河视线离水面 2~3 m 以上。跨河场地仪器站和立尺点的布置见图 8–25。当使用两台水准仪作对向观测时,宜布置成图中的(a)或

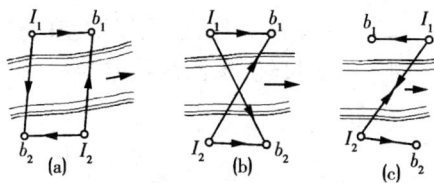

图 8–25

(b)的形式。图中 I_1、I_2 为仪器站,b_1、b_2 为立尺点,要求跨河视线尽量相等,岸上视线 I_1b_1、I_2b_2 不少于 10 m 并相等。当用一台水准仪观测时,宜采用图中(c)的形式,此时图中 I_1、I_2 既是仪器站又是立尺点。这种布置除了要观测跨河高差 $h_{b_1I_2}$ 和 $h_{b_2I_1}$ 外,还应观测同岸点高差 $h_{b_1I_1}$ 和 $h_{b_2I_2}$,以便求出 b_1b_2 的高差。

跨河水准测量,当跨河视线在 500 m 以下时,通常用精密水准仪,以光学测微法进行观测。

由于跨河视线较长,需要特制一觇板供照准和读数之用。觇板构造如图 8-26。觇板上的照准标志用黑色绘成矩形,其宽度为视线长的 1/2.5 万,长度为宽度的 5 倍。觇板中央开一小口,并在中央安装一水平指标线,指标线应平分矩形标志的宽度。

用光学测微法的观测方法如下:

①观测本岸近标尺　直接照准标尺分画线,用光学测微器读数两次。

②观测对岸远标尺　照准标尺后使气泡精密符合,测微器读数旋到 50。指挥对岸持尺者将觇板沿标尺上下移动,使觇板指标线置于水平视线附近,并精确对准标尺上的基本分画线,记下标尺读数。然后旋转倾斜螺旋使气泡精密符合,再旋进测微螺旋,对矩形标志线作 5 次照准和读数,每次读数互差不大于 $0.01S$ (mm),S 为视线长(m),如此构成一组观测。然后移动觇板重新对准标尺分画线,按同样顺序进行第二组观测。

以上①、②两步操作,称一测回的上半测回。

③上半测回完成后,立即将仪器迁至对岸,并互换两岸标尺,然后进行下半测回观测。下半测回应先测远尺再测近尺,观测每一标尺的操作与上半测回相同。

由上、下半测回组成一测回。

用两台仪器观测时,应从两岸同时作对向观测。由两台仪器各测的一测回组成一个双测回。三、四等跨河水准测量应测两个双测回。各双测回互差的限值按下式计算:

$$d = 4M_\Delta \sqrt{N \cdot S} \tag{8-39}$$

式中:M_Δ 为每公里高差中数的偶然中误差,三等水准为 ±3 mm,四等水准为 ±5 mm;N 为双测回测回数;S 为跨河视线长(km)

当用一台水准仪进行跨河水准测量时,测回数应加倍。

思考与练习

1. 控制测量的作用是什么?说明建立平面控制和高程控制的方法。

2. 导线的形式有哪几种,布设导线时应注意哪些问题?

3. 如图 8-27 所示,已知 A 点坐标 $x_A = 866.844$,$y_A = 660.246$;B 点坐标 $x_B = 842.344$,$y_B = 683.726$,$\beta = 82°45'30''$,$d_{BC} = 123.666$ m。求 C 点的坐标。

4. 已知闭合导线 123451 的观测数据及已知数据见图 8-28,按表 8-6 的形式计算出各导线点的坐标值。

5. 已知附合导线的观测数据及已知数据见图 8-29,按表 8-7 的形式计算出各导线点的坐标值。

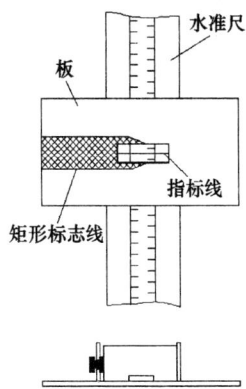

图 8-26

图 8-27

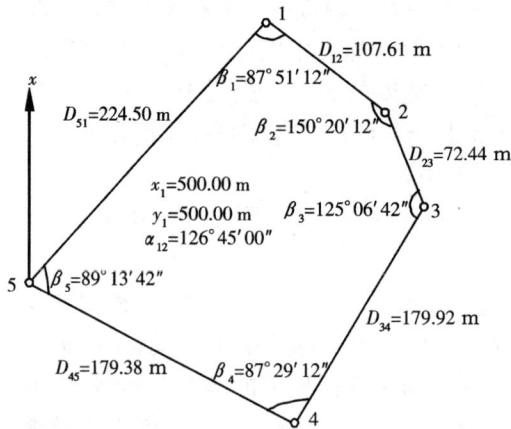

图 8 – 28

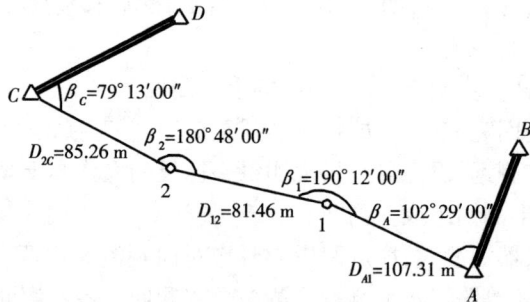

图 8 – 29

6. 已知小三角锁的下列数据,用近似平差法求出各角的平差值(见图 8 – 30)。

$a_1 = 63°09'01''$、$a_2 = 69°24'08''$、$a_3 = 38°27'00''$、$a_4 = 53°16'27''$

$b_1 = 60°44'27''$、$b_2 = 46°44'26''$、$b_3 = 102°19'34''$、$b_4 = 77°56'18''$

$c_1 = 56°06'36''$、$c_2 = 63°51'35''$、$c_3 = 39°13'19''$、$c_4 = 48°47'21''$

$B_1 = 325.715$ m ,$B_2 = 223.351$ m

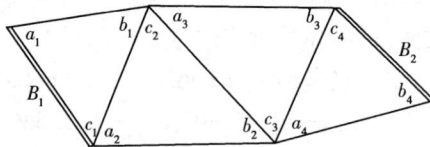

图 8 – 30

7. 试述前方交会和后方交会的基本方法和要求。

8. 试述建筑基线、建筑方格网的概念及建筑基线的类型。

9. 说明建筑方格网的测定步骤。

10. 如何检查建筑方格网的直线度、垂直度?

11. 说明三、四等水准测量的观测步骤,在计算中要作哪些检核?

12. 说明过河水准测量的方法和要求。

第9章

地形图的基本知识

§9.1 地形图概述

地球表面的物体和地表形状,在测量中可以分成地物和地貌两大类。地物是指地球表面上有明显轮廓的物体,既可以是自然形成的,如河流、湖泊、植被等,也可以是人工建成的,如道路、房屋等。地貌是指地面的高低变化和起伏形状,如山脉、丘陵、平原等。

地形图是按一定比例尺,用规定的符号表示地物、地貌平面位置和高程的正射投影图。

地形图都是用各种地形符号描绘成的线划图,它是地面实际面貌在图纸上的反映。地形图上有着丰富的信息,从图上可以迅速地了解到全区详细的地形,还可获得有关距离、角度、方向及高程等数据。因而地形图具有广泛的用途,它是进行基本建设不可缺少的重要资料(见图9-1)。

除了传统的绘制于图纸上的地形图外,还有利用航空摄影相片,经处理成正射投影相片后,再对主要地物、地貌用线划描绘在相片上的影像地图。它保留了相片上丰富的地面信息,直观而逼真,具有地形图和航摄相片两者的优点。另外,随着测量技术的发展,数字地图已经成为地形图的主要存储形式。它通过计算机

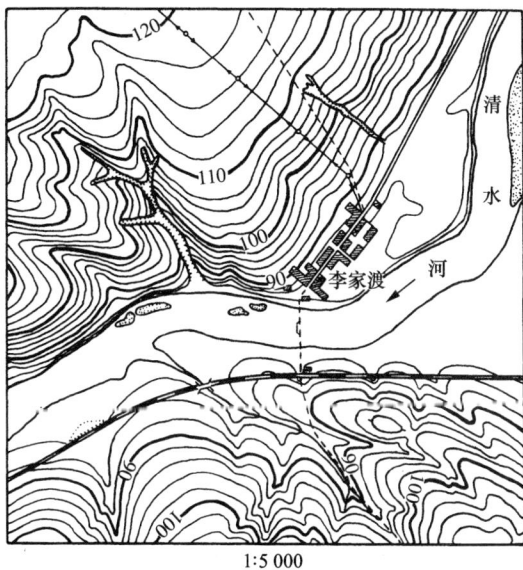

1:5 000

图 9-1

处理各种地面数据,生成数字形式的存储信息,既可转化成各种比例尺的地形图,也可直接用于工程设计。

§9.2 地形图的比例尺

地形图上任一线段的长度与地面上相应线段水平投影长度之比,称为地形图的比例尺。

一、比例尺的种类

1. 数字比例尺

数字比例尺通常用分子为1的分数式表示。设图上的线段长度为d,地面上相应线段水平投影长度为D,则数字比例尺为

$$\frac{d}{D} = \frac{1}{M} \tag{9-1}$$

式中:M为比例尺分母。

例如,当图上1 cm代表地面上水平长度10 m时,数字比例尺表示为$\frac{1}{1\,000}$或1:1 000。通过比例尺可根据实地线段长度计算出在图上相应的长度,或反之将图上长度换算成实地长度。

比例尺的大小是用它的比值来衡量的。分数值越大(比例尺的分母M越小),比例尺越大;反之,比例尺越小。比例尺愈大,图上表示的地物、地貌愈详细、愈精确。

我国地形图的比例尺通常分为三类:1:500、1:1 000、1:2 000、1:5 000称大比例尺;1:10 000、1:25 000、1:50 000、1:100 000称中比例尺;1:20万、1:50万和1:100万则称为小比例尺。不同比例尺的地形图有着不同的用途。大比例尺地形图通常用于各种工程建设的规划和设计;中比例尺地形图是我们国家的基本地图,用于国防和经济建设的规划和设计;而小比例尺图主要用于行政管理和大范围的发展规划工作。

2. 图示比例尺

为了用图方便,及减弱由于图纸伸缩而引起的误差,在绘制地形图时,常在图上绘制图示比例尺。图9-2是一1:1 000的图示比例尺,绘制时先在图上绘两条平行线,再把它分成若干相等的线段,称为比例尺的基本单位,一般为2 cm。将左端的一段基本单位又分成十等分,每等分的长度相当于实地上2 m。故每一基本单位所代表的实际长度为2 cm×1 000 = 20 m。

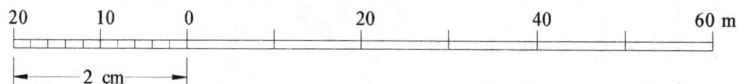

图 9-2

二、比例尺的精度

人们用肉眼在图上能分辨出的最小长度为0.1 mm,因此地形图上0.1 mm长所代表的实际长度称为比例尺的精度。大比例尺地形图的比例尺精度如表9-1所示。

表9-1 比例尺的精度

比 例 尺	1:500	1:1 000	1:2 000	1:5 000
比例尺精度(m)	0.05	0.1	0.2	0.5

比例尺精度在工作中有两个用途。一是可以确定测量地形点时量距所需精度。例如用1:1 000比例尺测图,比例尺精度为0.1 m,所以量距精度达到0.1 m即可,因为小于0.1 m的长度图上也无法表示。二是可以根据在图上要表示的最小尺寸,确定应选用的比例尺,例如需要在图上表示出0.2 m的实际长度,根据比例尺精度可知,选用的比例尺应不小于1:2 000。

§9.3　地物在地形图上的表示方法

在地形图上地物都用规定的符号来表示,根据不同的比例尺,各种地物符号都有规定的图形和尺寸。地物应按国家测绘总局颁发的《地形图图式》中所规定的符号表示于图上。根据不同专业的特点和需要,各部门也制定有专用的或补充的图式。

地物符号可以分成以下四类:

一、比例符号

对轮廓较大的地物如房屋、湖泊、田地等,其形状和大小可按测图比例尺缩小,并用规定的符号描绘在图上,这种符号称为比例符号。比例符号可以表示出地物的形状、大小和所在位置。

二、非比例符号

有些地物轮廓较小,如测量控制点、电杆、水井等,或因比例尺较小,无法将其形状和大小按比例在图上描绘,则不考虑其实际大小,而采用规定的符号来表示,这种符号称为非比例符号。非比例符号不仅其形状和大小不按比例绘出,而且符号的中心位置与该地物的中心位置关系,也随各种不同的地物而异,具体表示方法在图式中都有详细的规定。一般而言,用图形的几何中心、底线的中点或底部直角顶点作为定位点,表示地物中心所在的位置。

三、半比例符号(线形符号)

对于一些带状延伸地物如小路、小溪、通信线路、垣栅等,其长度可按比例绘制,但其宽度无法按比例绘制的符号称为半比例符号。半比例符号一般以其中心线表示地物中线的正确位置,但是城墙和垣栅等,地物中心位置在其符号的底线上。

四、地物注记

用文字、数字或特有符号加以说明者,称为地物注记。如村镇、工厂、河流、道路的名称;桥梁的长度及载重量;江河的流向;植被、土质的类别等,都以文字或特定符号加以说明。

图 9-3 是我国铁道部门所制定的地形图图式的一部分。

一、测量控制点

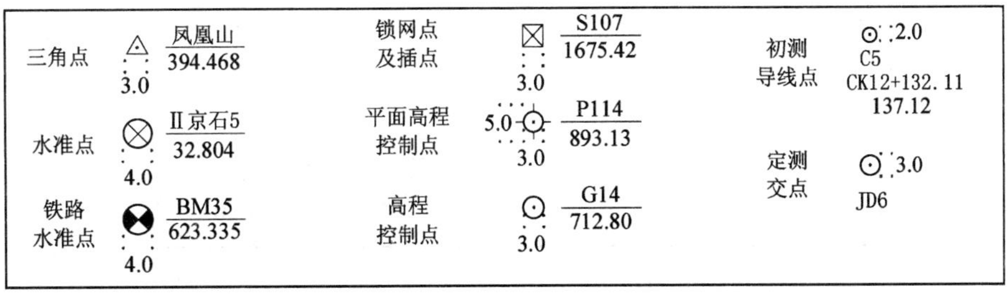

图 9-3(a)

二、房屋及独立地物

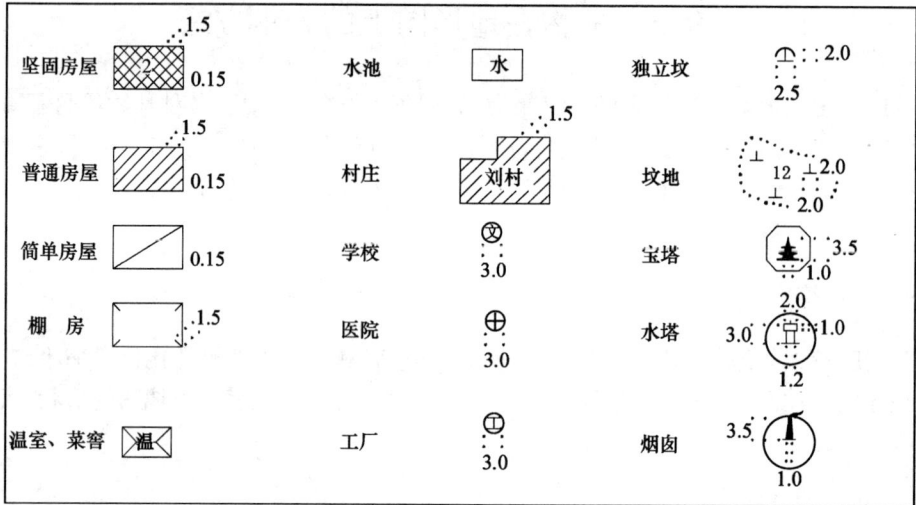

三、道路及水系

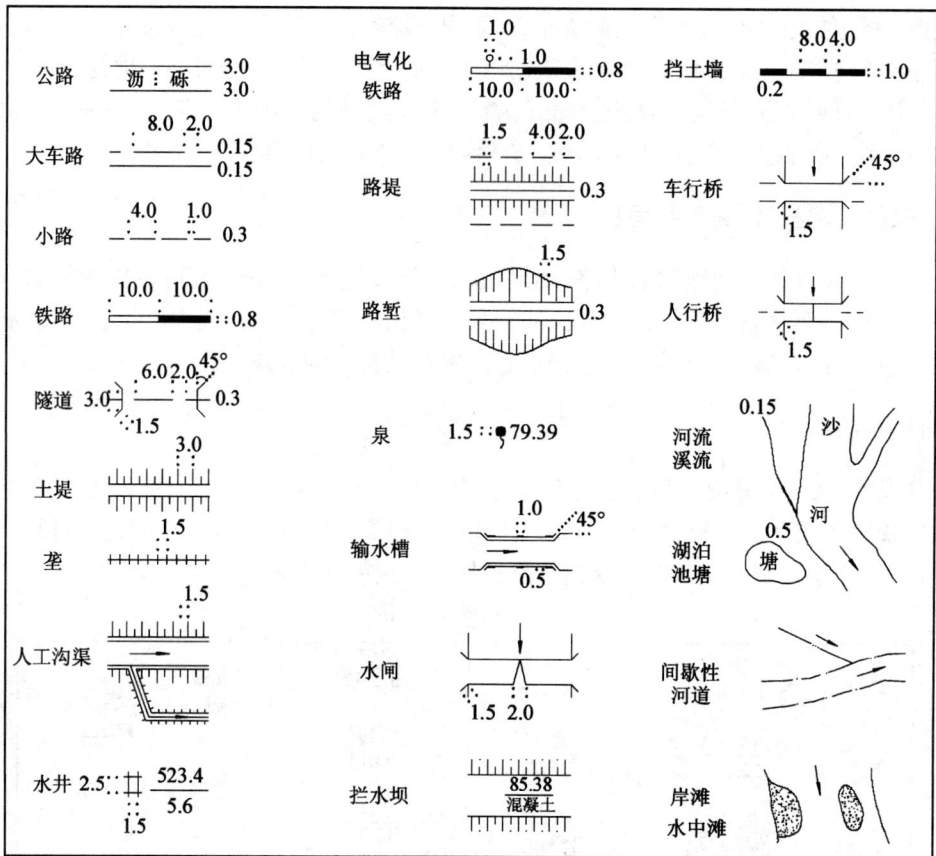

图 9-3(b)

四、坦栅、管线、境界

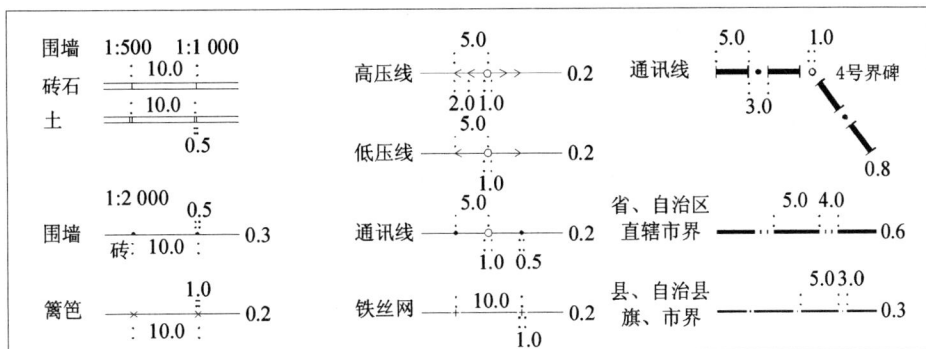

围墙　1:500　1:1 000
砖石 ⊢⊣ :10.0
土 :10.0
0.5

围墙　1:2 000　0.5
砖 :10.0 0.3

篱笆 1.0 ──×── 0.2
:10.0

高压线 5.0 ──<<─○─>>── 0.2
2.0 1.0

低压线 5.0 ──○── 0.2
1.0

通讯线 5.0 ──●── 0.2
1.0 0.5

铁丝网 10.0 ──×── 0.2

通讯线 5.0 1.0 ━━●━━○━ 4号界碑
3.0
0.8

省、自治区 5.0 4.0
直辖市界 ━━━━━ 0.6

县、自治县 5.0 3.0
旗、市界 ━━━━━ 0.3

五、地貌及植被

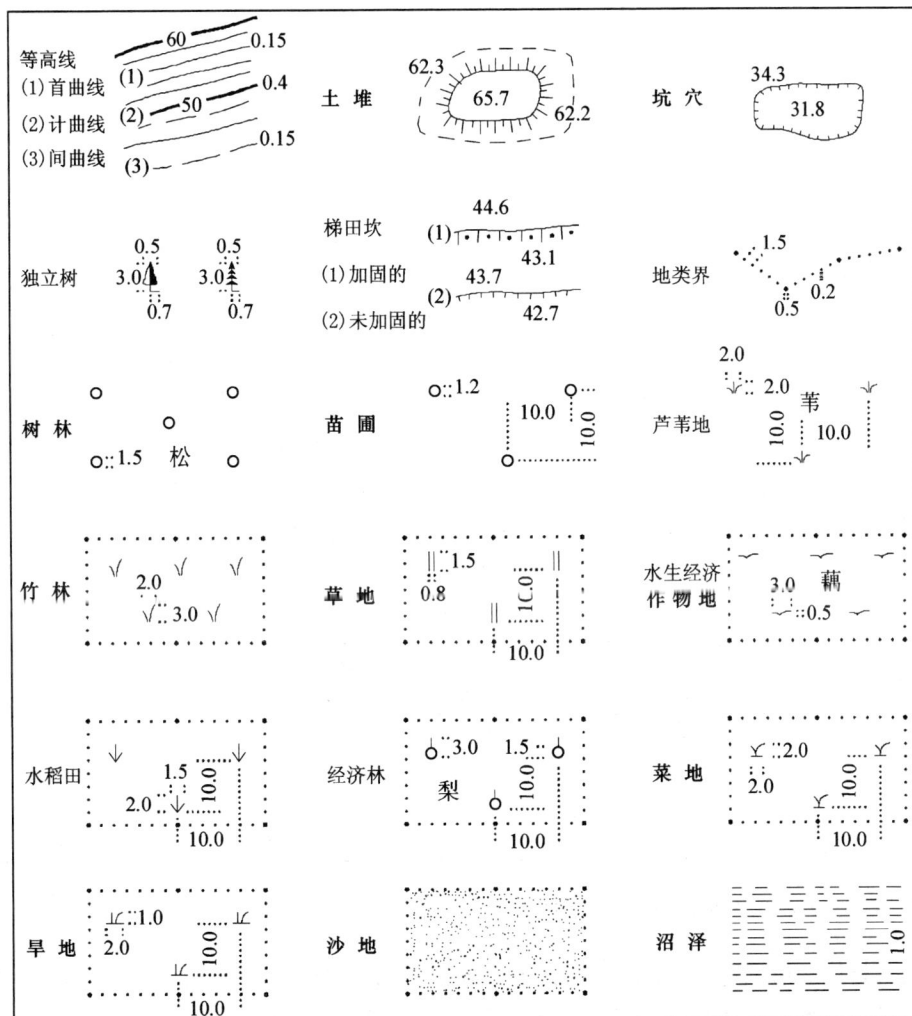

等高线
(1) 首曲线 —60— 0.15
(2) 计曲线 —50— 0.4
(3) 间曲线 0.15

独立树 0.5 0.5
3.0 3.0
0.7 0.7

树林 ○:1.5 松

竹林 2.0 3.0

水稻田 1.5 10.0
2.0 10.0

旱地 1.0 10.0
2.0 10.0

土堆 62.3 65.7 62.2

梯田坎 44.6
(1) 加固的 43.1
43.7
(2) 未加固的 42.7

苗圃 ○:1.2 10.0 10.0

草地 1.5 0.8 10.0 10.0

经济林 3.0 1.5 梨 10.0

沙地

坑穴 34.3 31.8

地类界 1.5 0.2 0.5

芦苇地 2.0 2.0 苇 10.0 10.0

水生经济 3.0 藕
作物地 :0.5

菜地 2.0 2.0 10.0 10.0

沼泽 1.0

图 9-3(c)

§9.4　地貌在地形图上的表示方法

一、用等高线表示地貌的原理

在地形图上,地貌主要是用等高线来表示。等高线是由地面上高程相同的点连接而成的连续闭合曲线。形象地说就是静止水面与地面的交线。如图 9-4 所示,若水面的高程为 20 m 时,则水面与地面的交线就是高程为 20 m 的等高线;如果水面上升 10 m,则水面与地面的交线就是高程为 30 m 的等高线。把地面上各等高线投影到同一水平面上,就

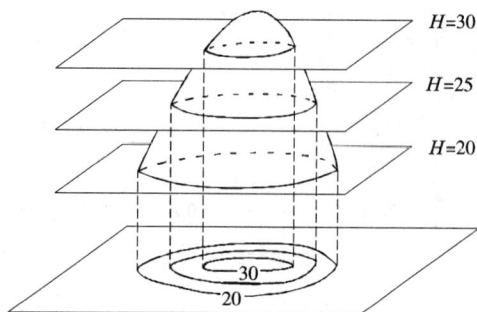

图 9-4

得出表示该地貌的等高线图。等高线表示地貌的原理也就是标高投影的原理。

二、等高距和等高线平距

相邻两等高线高程之差称等高距,也称等高线间隔,常以 h 表示。在同一幅地形图上,等高距是相同的。

相邻两等高线间的水平距离称为等高线的平距,常以 d 表示。因为在同一幅地形图上等高距是相同的,所以等高线平距 d 的大小直接与地面坡度有关。等高线平距 d 越小,地面坡度就越大;平距越大,则坡度越小;坡度相同,平距相等。因此,可以根据地形图上等高线的疏、密来判断地面坡度的缓、陡。

等高距愈小,愈能详细反映出地面变化的情况。但等高距过小,相应的平距亦小,则使图上等高线过密,图面不清晰。因此等高距的选用应与地面的坡度和测图比例尺相适应。大比例尺地形图的基本等高距一般可按表 9-2 中所列数值选用。

表 9-2　地形图的基本等高距(m)

地形类别	比例尺			
	1:500	1:1 000	1:2 000	1:5 000
平坦地	0.5	0.5	1	2
丘陵地	0.5	1	2	5
山地	1	1	2	5
高山地	1	2	2	5

三、典型地貌及其在地图上的表示方法

地面起伏的形状是多样的,对它进行分析后,就会发现它们不外乎是几种典型地貌的综合。因此熟悉这些典型地貌及其在地形图上的表示方法,有助于识读、测绘和应用地形图。

典型地貌有:

1. 山头和洼地

凸出而高于四周的地方称山头,而凹下低于四周的地方称洼地。山头和洼地的等高线都形成一组同心的闭合曲线,可根据等高线的高程向内递增还是递减来区别,为了便于识别,通常在地形图上从等高线起向低处绘出垂直的短线条,称"示坡线"[见图 9 - 5(a)、(b)]。

2. 山脊和山谷

山脊是沿着一个方向延伸的高地,山脊的等高线向山脊的低处凸出[见图 9 - 5(c)],山脊上有一条最高点的连线,即雨水向两侧流去的分界线,称山脊线或分水线。山谷是两山脊间的凹地,山谷的等高线向山谷的高处凸出[见图 9 - 5(d)],山谷有一条最低点的连线,即集合两侧流水的线,称山谷线或集水线。

山脊线和山谷线是显示地貌轮廓重要的线,又称"地性线"。地性线在地形图上不绘出,但在测图和用图中都有重要作用。

3. 山坡和阶地

从山脊到山谷或山脚的中间地段都称山坡,山坡的坡度有陡有缓,山坡上出现较平坦的地段称阶地,山坡的等高线均为同一走向的曲线,山坡较陡处等高线平距较小,较缓处平距则较大[见图 9 - 5(e)]。

4. 鞍部

山脊上低凹处形成马鞍形的地貌称鞍部。鞍部的等高线在沿山脊方向是一对山脊的等高线,在山脊的两侧则是一对山谷的等高线[见图 9 - 5(f)]。

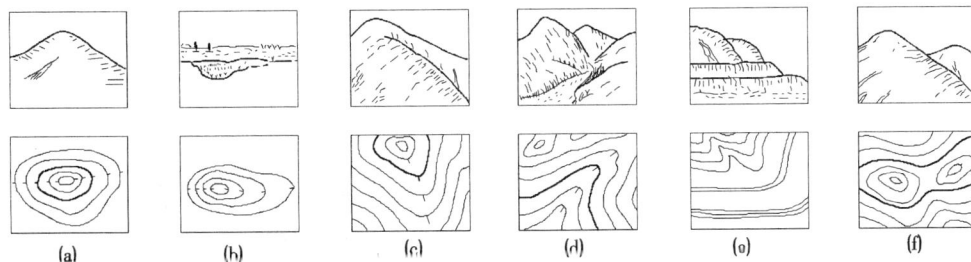

(a)　　(b)　　(c)　　(d)　　(e)　　(f)

图 9 - 5

以上各种典型地貌均可用等高线表示,但下列典型地貌则需用地貌符号来表示。

5. 陡崖

坡度陡峭的山坡称陡崖,陡崖由于其等高线过于密集且不规则,故用图 9 - 6(a)的符号来表示。

6. 冲沟

在平缓的山坡上,因雨水的冲蚀形成边坡陡峭的深沟称冲沟,又称雨裂,用图 9 - 6(b)这种符号来表示。

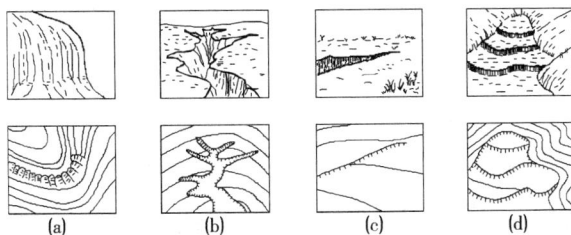

(a)　　(b)　　(c)　　(d)

图 9 - 6

7. 陡坎

凡坡度在 70°以上的天然或人工的坡坎称陡坎,用图 9 - 6(c)的符号来表示。

8. 梯田

由人工修成的阶梯式农田均称为梯田,梯田用陡坎符号配合等高线来表示,如图 9 - 6(d)所示。

四、等高线的分类

根据地面倾斜角和测图比例尺,从表 9 - 2 中选定的等高距称基本等高距,同一幅地形图上只能采用一种基本等高距。为了更详细地反映地貌和便于从图上获得高程,地形图上可出现下列几种等高线,见图 9 - 7 所示。

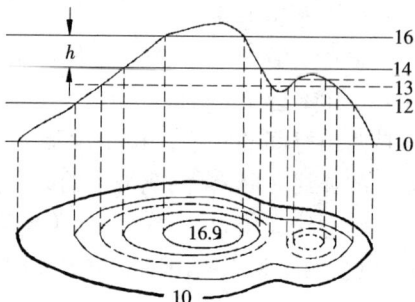

图 9 - 7

1. 基本等高线

又称首曲线,是按基本等高距所绘的等高线。基本等高线的高程应是基本等高距的整数倍数,用细实线描绘。

2. 加粗等高线

又称计曲线,是高程为五倍基本等高距的等高线,用粗线描绘,为了便于高程的计数并使图面醒目。

3. 半距等高线

又称间曲线,是用 $\frac{1}{2}$ 等高距加绘的等高线,用长虚线描绘,是为了更详细地反映出两基本等高线间的地面变化。

4. 辅助等高线

又称助曲线,是用 $\frac{1}{4}$ 等高距加绘的等高线,用短虚线描绘,用于描绘出地面上细小的变化。

五、等高线的特性

根据等高线的原理和基本地貌的等高线,可得出等高线的特性如下:

(1)同一条等高线上的各点其高程必相等。但高程相等的点不一定都在同一条等高线上,如图 9 - 7 所示的 13 m 等高线。

(2)等高线均为连结闭合的曲线,因为无限伸展的水面与地面的交线必成一闭合曲线,所以若不在本图幅内闭合,则必在图幅外闭合,因此等高线必须延伸至图幅边缘,不能在图内中断。但遇道路、房屋等地物符号和注记处可局部中断,而表示局部地貌而加绘的间曲线和助曲线,可以只在图内绘出一部分。

(3)等高线密集表示地面的坡度陡,等高线稀疏表示地面的坡度缓,间隔相等的等高线表示地面的坡度均匀。

(4)等高线不能相交,一条等高线不能分成两条,也不能两条合成一条,陡崖、陡坎等高线密集处均用符号表示。

（5）等高线与山脊线或山谷线大致成正交。

（6）等高线跨越河道、沟溪时不能横穿河道，而是先逐渐折向上游，交河岸线而中断，然后从对岸起再折向下游。

§9.5 地形图的分幅和编号

为了便于和使用地形图，地形图需要有统一分幅和编号。地形图的分幅方法有两类，一类是按经纬线分幅的梯形分幅法，另一类是按坐标格网分幅的矩形分幅法。

一、梯形分幅及其编号

梯形分幅以经线和纬线为图廓。梯形分幅用于中小比例尺的地形图，但 1:5 000 的地形图有时也采用矩形分幅。梯形分幅的编号方法如下：

1. 1:100 万比例尺地形图的分幅和编号

1:100 万地形图采用国际统一分幅和编号方法，以经差 6°纬差 4°为一幅。由经度 180°起向东分成 60 个纵带，编号自 1 至 60；由赤道起向北和向南分别到纬度 88°各分成 22 个横带，编号自 $A,B,\cdots,V$。每幅图的图号由横带的字母和纵带的号数组成。例如，图 9-8 所示，某地的经度为东经 116°28′13″，纬度为 39°54′23″，则该地所在的图幅（斜线部分）为 J-50，。在北半球和南半球分别在编号前加 N 和 S，因我国全部位于北半球，故省略 N。

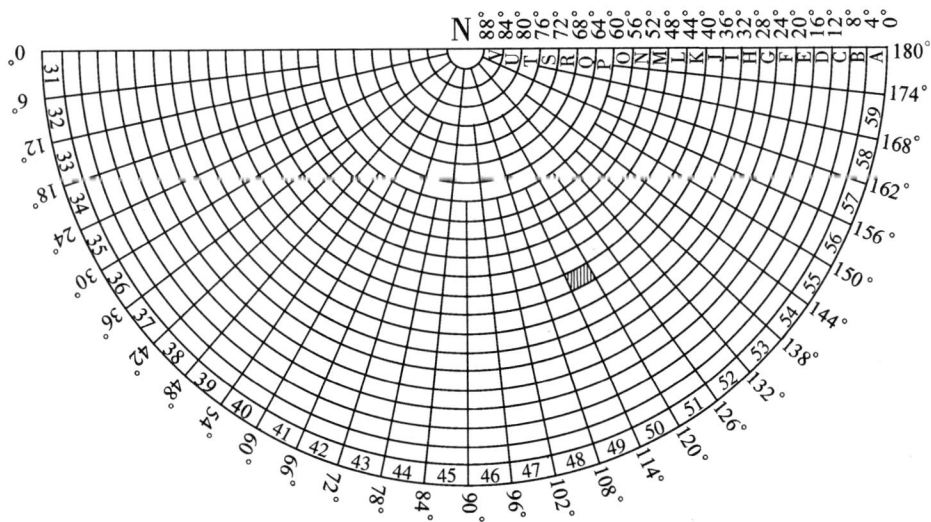

图 9-8

2. 1:10 万比例尺地形图的分幅和编号

将一幅 1:100 万地形图所包括范围划分成 12 个纵列和 12 个横行，则分成 144 幅 1:10万的图幅。每幅经差为 30′，纬差为 20′，按由西至东由北至南的次序，以 1,2,…,144

表示。其编号为在 1:100 万图幅的编号后加上 144 幅中相应的号数。如图 9 – 9,某地的 1:10 万图幅的编号为 J – 50 – 5。

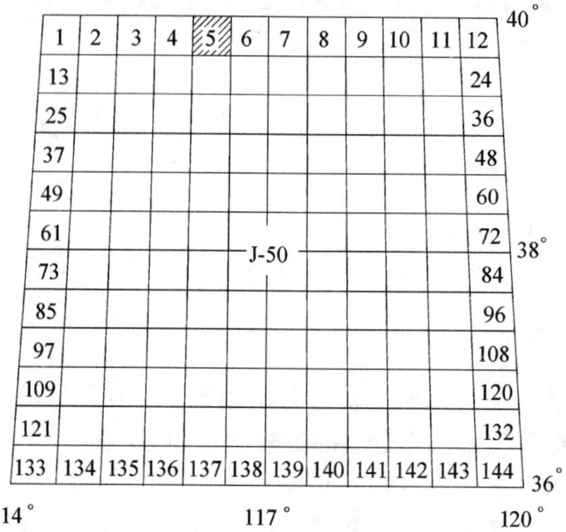

图 9 – 9

3. 1:5 万、1:2.5 万、1:1 万比例尺地形图的分幅和编号

这三种比例尺的分幅编号都是以 1:10 万比例尺图为基础的。每幅 1:10 万的图,按由西至东由北至南的次序划分成 4 幅 1:5 万的图,编号是在 1:10 万的图号后加上相应的代号 A、B、C、D。每幅 1:5 万的图又可按由西至东由北至南的次序划分成 4 幅 1:2.5 万的图,分别以 1、2、3、4 编号。每幅 1:10 万的图按由西至东由北至南的次序分成 64 幅 1:1 万的图,分别以 (1),(2),…,(64) 表示。某地上述三种比例尺的图幅编号见表 9 – 3。

4.1:5 000 比例尺地形图的分幅和编号

1:5 000 的图幅是以 1:1 万的图幅为基础,将 1:1 万的一幅图按由西至东由北至南的次序分成 4 幅,分别用代号 a、b、c、d 表示,故 1:5 000 地形图的编号是在 1:1 万的图号后加上相应的代号,图幅大小及编号见表 9 – 3。

表 9 – 3   图幅大小及编号示例

比 例 尺	图 幅 大 小		在上一列比例尺中所包含的幅数	某地的图幅编号示例
	纬 度 差	经 度 差		
1:10 万	20′	30′	在 1:100 万图幅中有 144 幅	J – 50 – 5
1:5 万	10′	15′	在 1:10 万图幅中有 4 幅	J – 50 – 5 – B
1:2.5 万	5′	7′30″	在 1:5 万图幅中有 4 幅	J – 50 – 5 – B – 2
1:1 万	2′30″	3′45″	在 1:10 万图幅中有 64 幅	J – 50 – 5 – (15)
1:5 000	1′15″	1′52.5″	在 1:1 万图幅中有 4 幅	J – 50 – 5 – (15) – a

二、矩形分幅及其编号

矩形分幅都用于大比例尺地形图,它是按统一的直角坐标格网划分的。图幅大小如表 9 – 4 所示。

表 9 – 4 矩形图幅大小

比 例 尺	图 幅 大 小(cm)	实地面积(km²)	在1:5 000 图幅内的分幅数
1:5 000	40 ×40	4	1
1:2 000	50 ×50	1	4
1:1 000	50 ×50	0.25	16
1:500	50 ×50	0.0625	64

矩形图幅的编号方法有：

1. 坐标编号法

采用图廓西南角坐标的公里数编号，x 坐标在前，y 坐标在后，一般取至 0.1 km，1:500图取至 0.01 km。例如，图 9 – 13 的图幅编号为 15.0 ～22.0。

2. 流水编号法

多用于小面积的独立测区。如图 9 – 10 所示。

3. 行列编号法

多用于小面积的独立测区。如图 9 – 11 所示。

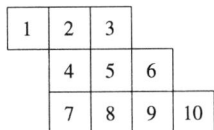

图 9 – 10

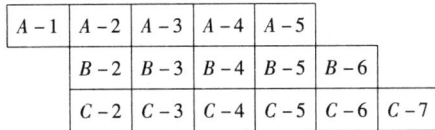

图 9 – 11

4. 连续编号法

对于面积较大地区、且有几种不同比例尺的地形图进行分幅编号时，常采用这种方法。

(1)1:5 000 地形图的编号

以图廓西南角的坐标公里数，并在前加注所在投影带中央子午线的经度作为该图的图号。

例如 117°–3914 –84，表示该图在中央子午线 117°的投影带内，图廓西南角坐标 $x = 3\,914$ km，$y = 84$ km。但在较小范围内，常省略中央子午线经度，坐标亦只取两位公里数，如图 9 – 12 用 14 – 84 编号。

(2)1:2 000 地形图的编号

以 1:5 000 的图为基础，将一幅 1:5 000 图分成四幅

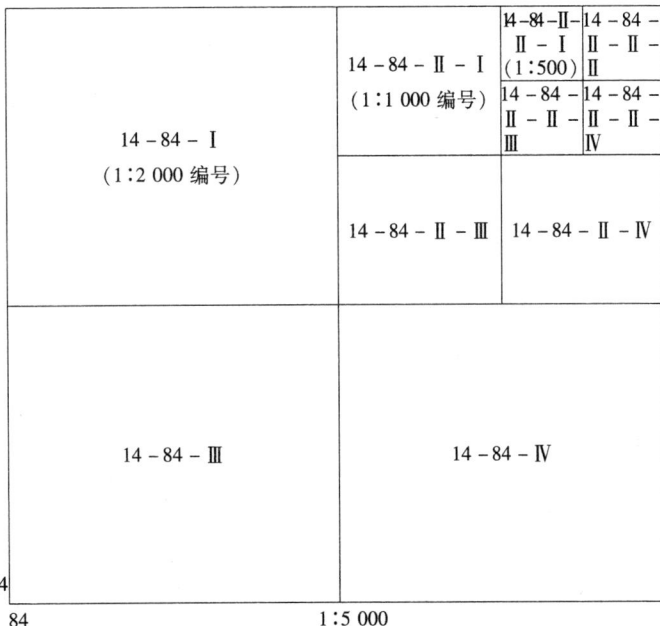

图 9 – 12

1:2 000 的地形图,在 1:5 000 的图号后加相应的代号Ⅰ、Ⅱ、Ⅲ、Ⅳ,按图 9 – 12 中的顺序表示,就是 1:2 000 图幅的编号。如 14 – 84 – Ⅰ。

(3)1:1 000 地形图的编号

将一幅 1:2 000 图分成四幅,在 1:2 000 的图号后分别加Ⅰ、Ⅱ、Ⅲ、Ⅳ,就是 1:1 000 图幅的编号。如 14 – 84 – Ⅱ - Ⅰ。

(4)1:500 地形图的编号

将一幅 1:1 000 图分成四幅,在 1:1 000 图号分别加Ⅰ、Ⅱ、Ⅲ、Ⅳ,就是 1:500 图幅的编号。如 14 – 84 – Ⅱ - Ⅱ - Ⅰ。

§9.6　地形图的图廓和注记

地形图的图廓和注记也是地形图中的重要内容。

一、矩形图幅的图廓和注记

图 9 – 13 是这种图廓的标准样式,用细线描绘的内图廓是这幅图的边线,外图廓则绘成粗线,内外图廓相隔 12 mm。在内图廓的四角注有图廓线的坐标,以 km 为单位。为便于计量坐标在内图廓内侧每隔 10 cm 画一 5 mm 长短的线条,在图幅内每隔 10 cm 绘一十字,表示坐标格网的交叉点。在图廓外有下列注记:

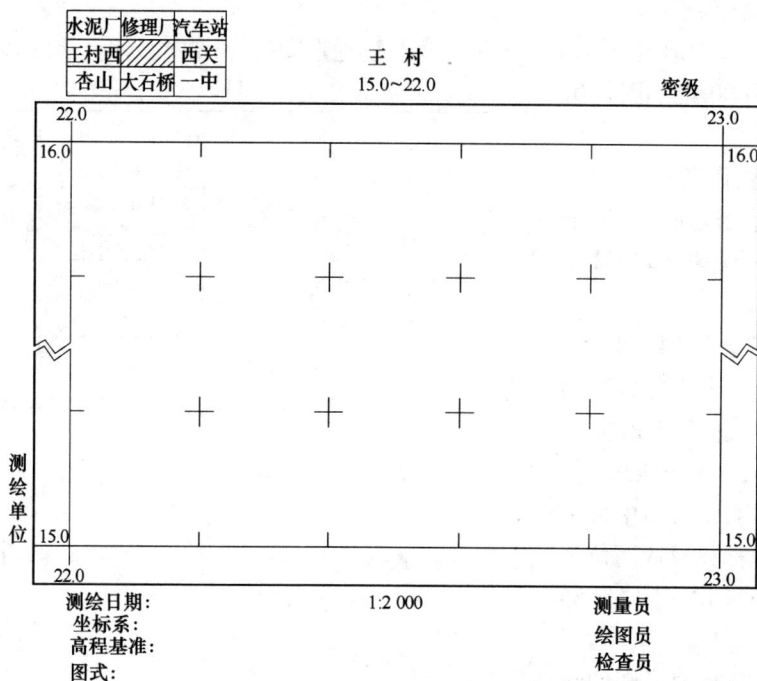

图 9 – 13

(1)图名和图号　图名以本图幅内最重要的地名来命名,图号按上节介绍的方法所作的编号。图名和图号均注在上图廓外正中位置。按图名或图号均可查取所需的图幅。

（2）邻接图表　为了便于查取相邻的图幅,在上图廓外左端绘有邻接图表。中间有斜线的代表本图,周围邻接的图幅是用图名或图号任取一种注出。

（3）保密级别　注在上图廓外右端。

（4）比例尺　注在下图廓外的中部。

（5）测绘日期、所用的坐标系统和高程基准、及地形图图式　注在下图廓外的左端。

（6）测量员、绘图员及检查员姓名　注在下图廓外的右端。

（7）测绘单位名称　注在左图廓外的下端。

二、梯形图幅的图廓和注记

梯形图幅的内图廓由经纬线构成,是图幅的边线,外图廓则绘成粗线。内图廓的四角注有图廓线的大地坐标（见图 9 – 14）。梯形图幅也是在上图廓外注有图名、图号、保密级别,在下图廓外注有比例尺、测绘日期、坐标系统、高程基准、采用的图式及测绘者姓名等,相邻图幅的图号则注在四周的内外图廓线间。此外在图廓内外尚有下列标注:

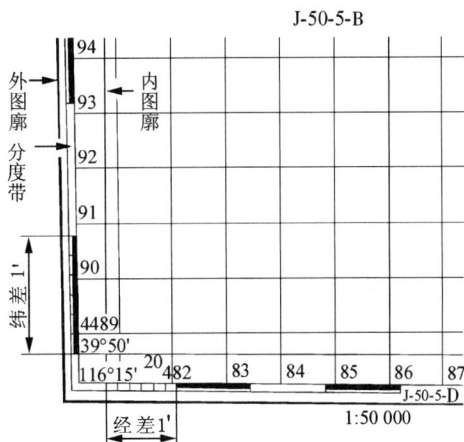

图 9 – 14

1. 分度带

在内外图廓之间绘有分度带,分度带按经差或纬差 1′ 的间隔,绘成黑白相间的条式图形。把相对边分度带上分数相同的点连接起来,就可构成大地坐标网,利用它可量取点的大地坐标。

2. 直角坐标格网

图幅内绘有间隔为 1 km 或 2 km 的直角坐标格网,又称公里网。格网线延伸到分度带,在内图廓至分度带间的延伸线段上,注有以公里为单位的坐标值。根据直角坐标格网,可求出图内任意点的直角坐标。

3. 三北方向

在南图廓线外绘有真子午线、磁子午线和直角坐标纵轴（中央子午线）方向这三者的角度关系,称为三北方向图（见图 9 – 15）。所注角值系本幅图的平均子午线收敛角和平均磁偏角。利用三北方向可进行三种方向的互相换算。有些图在南、北内图廓线上还各绘有一个小圈,分别注以 P 和 P',这两点的连线就是该图幅的平均磁子午线方向,PP' 线用于按罗盘对地形图的定向。

4. 坡度尺

在南图廓外还绘有坡度尺。坡度尺是以坡度为横坐标,以等高线平距为纵坐标的坡度平距曲线。横坐标的坡度可取任意比例尺绘制,平距则与地形图的比例尺相同。所以从图上量出等高线的平距后.可直接从坡度尺上得出相应的坡度。坡度尺按首曲线间的平距和计曲线间的平距分别绘出两条曲线（见图 9 – 16）。坡度尺的横坐标既可用倾角也可用百分数表示。

图 9 – 15

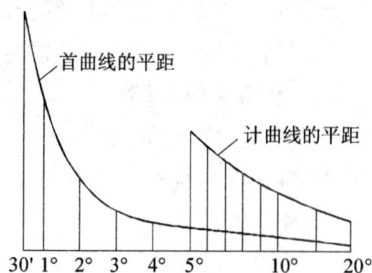

图 9 – 16

思考与练习

1. 什么是比例尺？如何划分比例尺的大小？不同比例尺的地形图各有何种用途？

2. 什么是比例尺的精度？比例尺精度在测绘工作中有何用途？

3. 比例符号、非比例符号和半比例符号各在什么情况下应用？

4. 什么是等高距？什么是平距？地形图的等高距应怎样选定？

5. 什么是等高线？等高线可分为哪几种？等高线有那些特性？试用等高线绘出山头、洼地、山脊、山谷和鞍部等典型地貌。

6. 地形图的分幅有哪几种？各用什么线作为图廓？

7. 什么是分度带、三北方向和坡度尺？

第 10 章

地形图的测绘和应用

§10.1　地形图测绘概述

地形测绘就是在控制测量的基础上测量各控制点周围的地物、地貌,并绘制成地形图,也称之为碎部测量。

地形图的测绘方法有:经纬仪测绘法、大平板仪法、经纬仪和小平板联合法、全站仪数字测图法、GPS RTK 数字测图法和摄影测量数字测图法。经纬仪测绘法、大平板仪法、经纬仪和小平板联合法属于传统的地形测绘方法,已较少采用。目前,全站仪数字测图法、GPS RTK 数字测图法和摄影测量数字测图法为常用方法,属于数字地形测量方法。

数字地形测量是在电子计算机和电子测量仪器出现以后逐步发展起来的,数字地形测量以数字形式表达测量的全部内容,所有测量技术均建立在数字形式的基础之上。

数字地形测量的基本思想是:用全站仪、GPS 或摄影测量等技术方式进行观测,采集地物和地貌的各种特征信息,将这些信息记录在数据终端上再传输给计算机,或直接传输给便携式微机,然后用计算机对有关信息进行加工处理并形成绘图数据,再用数控绘图仪自动绘制出所需的地形图。其作业流程如图 10 - 1 所示。

地面数字测图经过数据采集、数据编码、计算机图形处理和自动绘制地图来完成,数据采集和编码是计算机绘图的基础,计算机图形处理包括图形文件生成、等高线自动生成以及在交互方式下的图形编辑。

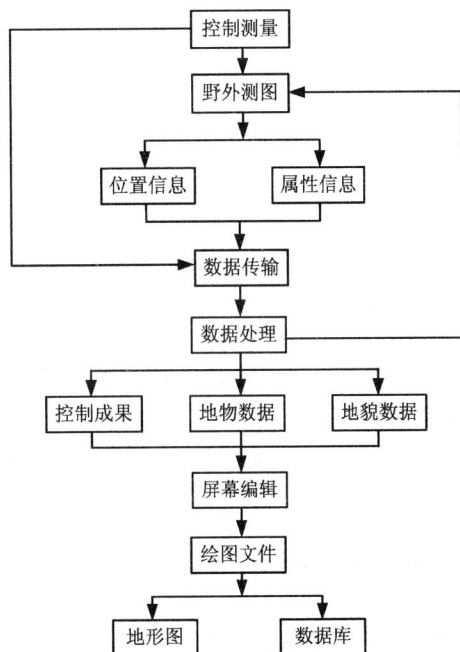

图 10 - 1

§10.2　测图前的准备工作

测绘地形图的基本工作,是以控制点为基础,测量所有地物、地貌特征点的平面位置和高程。在地形测图之前,需做好以下准备工作:

一、地形测图技术设计

在测图开始前,应编写技术设计书,拟定作业计划,以保证测量工作在技术上合理、可靠,在经济上节省人力、物力,有计划、有步骤地开展工作。

地形测图技术方案内容主要包括:任务概述、测区概况、已有资料及其分析、方案设计、人员设备安排、检查验收计划以及安全措施等。

在编制技术方案前,应预先搜集并研究测区内已有的测量成果资料,扼要说明其施测单位、施测年代、等级、精度、比例尺、规范依据、范围、平面坐标和高程系统、标石保存情况及可以利用的程度等。

二、人员组织和设备准备

依据地形测图技术方案、测量内容和工期等要求,根据相应法规和技术标准,合理组织、配备测绘技术人员,准备测图仪器和工具,并对仪器进行必要的检验和校正。

§10.3　全站仪数字测图

全站仪数字测图的主要工作包括野外数据采集和内业绘制地形图。所需基本硬件一般包括全站仪、电子记录手簿、计算机、绘图仪等,内业绘图时采用的地面数字测图软件的功能主要有:野外数据的录入和处理、图形文件的生成、等高线生成、图形编辑、注记和地图的绘制等。

一、控制测量

在已有控制点的基础上,加密控制点,以满足图根控制测量对已知点密度和精度的要求。一般平面控制采用导线测量或 GPS 网测量,高程控制采用水准测量或三角高程测量。在基本控制点的基础上,布设直接供野外数据采集所需的控制点。一般采用导线测量或 GPS RTK 测量,其密度和精度以满足测图需要为原则。

二、野外数据采集

野外数据采集按碎部点测量方法,分为全站仪测量方法和 GPS RTK 测量方法。野外数据采集除碎部点的坐标数据外还需要有与绘图有关的其他信息,如碎部点的地形要素名称、碎部点连接线形等,以由计算机生成图形文件,进行图形处理。地物和地貌的空间数据和属性信息,它们都是用数据和文字表示的,但在计算机里却是数据记录。为了识别这些数据记录所代表的属性,实现人机交互,就必须对这些数据记录进行编码。

1.数据编码

数据编码是为了实现人机交互,达到有效的组织数据和利用数据的目的。在数字地形测图中,数据编码的基础是地形码。按照 GB14912—94《大比例尺地形图机助制图规范》,野外数据采集编码的总形式为:地形码 + 信息码。

地形码是表示地形图要素的代码。按照 GB14804—93《1∶500　1∶1 000　1∶2 000 地形图要素分类与代码》标准,地形图要素分为 9 个大类:测量控制点、居民地和垣栅、工矿建(构)筑物及其他设施、交通及附属设施、水系及附属设施、境界、地貌和土质、植被。地形图要素代码由四位数字组成,从左到右,第一位是大类码,用 1~9 表示,第二位是小类码,第三、四位分别是一、二级代码。例如:一般房屋代码为 2110,简单房屋为 2120,围墙代码为 2430,高速公路为 4310,等级公路为 4320,等外公路为 4330。

信息码是表示某一地形要素测点与测点之间连接关系的代码。信息编码方法随野外采样方法而变化。

目前,国内开发的测图软件,一般根据各自的作业习惯、仪器设备和数据处理方法等设计了自己的数据编码方案,还没有形成固定的标准。数据编码从结构和数据输入上分,主要有全要素编码、块结构编码、简编码和二维编码。例如,清华山维 EPSW 采用块结构编码,其规定:在点与点连接时,需要有连接线的编码,1 为直线、2 为曲线、3 为圆弧、0 为独立点。南方 CASS 系统的野外操作码为简编码,编码区分为类别码、关系码和独立符号码,每种只由 1~3 位字符组成,例如,关系码"+"表示"本点与上一点相连,连线依测点顺序进行",关系码"-"表示"本点与上一点相连,连线依测点顺序相反方向进行"。数据编码方法各有异同,以符合规范标准、简练、便于计算机处理为原则。

2.作业方式

野外数据采集的作业方式分为两种:一种是在观测碎部点时,绘制工作草图,在工作草图上记录地形要素名称、碎部点连接关系。然后在室内将碎部点显示在计算机屏幕上,根据工作草图,采用人机交互方式连接碎部点,生成图形,称为测记法。另一种是采用笔记本电脑和 PDA 掌上电脑作为野外数据采集记录器,可以在观测碎部点后,对照实际地形生成图形,称为测绘法。

3.采集方法

数字地形测量是用数字形式来表达测量的内容,测量碎部点的常用方法为三维坐标测量方法,其测量原理包括极坐标法和三角高程测量。特殊地段平面位置数据采集可采用直角坐标法和交会法等。

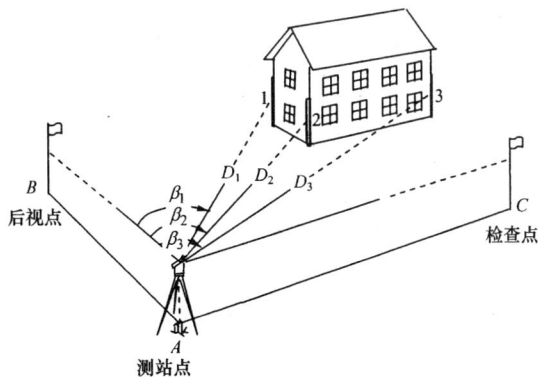

图 10-2

(1)测站上的准备工作

①如图 10-2 所示,首先在控制点 A 上安置全站仪,对中、整平后,量取仪器高 i。进入坐标测量程序,进行测站设置(输入 A 点坐标、高程、仪器高等);

②盘左照准另一控制点 B 进行后视定向（输入 B 点坐标、高程、镜高等），定向结束后，显示的水平角度应为 α_{AB}。

③为保证定向的正确性，照准 B 点的反光镜测量其坐标，应与 B 点坐标的已知值一致。也可在另一控制点 C 立反光镜，测量其坐标，应与 C 点坐标的已知值一致。

（2）跑尺

在地形特征点上立尺的工作通称为跑尺。立尺点的位置、密度、远近直接影响着成图的质量和功效。立尺员在跑尺之前，应弄清施测范围和实地情况，选定立尺点，并与观测员共同商定跑尺的路线，依次将反光镜立于地物、地貌特征点上。

（3）碎部点采集

根据作业方式不同，可采用测绘法或测记法。

（4）编绘地形图

将记录数据用测量软件通过数据线输入计算机，形成数据文件，使用专业软件绘制地形图。

三、等高线的自动绘制

地貌是地球表面高低起伏的形态。地貌形态的骨架由地貌特征点和地貌特征线构成，并用根据地貌特征点和地貌特征绘制的等高线来表示。用手工描绘等高线时，地貌形态的副真程度取决于作业人员的技术水平和经验，而由机器自动绘制等高线时，则取决于数字地形模型的构网质量和所采用的曲线插值与光滑函数。

1. 数字地形模型（DTM）

数字地形模型通常建立在三维坐标系中，模型总体是一些空间分布点的集合，它们的坐标和高程表示了地面起伏的形态。数字地形模型一般分为随机分布模型、格网模型、结构模型和等高线模型四种，在数字地形测量中，主要采用结构模型。结构模型的模型点是地貌特征点，将模型点按地性线连接起来，即可构成三角形网，如图 10 - 3 所示。构成三角形网时，有

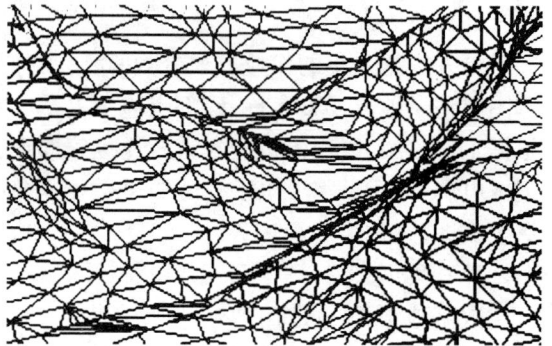

图 10 - 3

两应注意：其一，三角形网必须符合实际。地形起伏明显时，地性线便是三角形网的边；地形变化不明显时，应以寻找等高线走向为目标进行采样和构网。其二，将断裂线信息和部分地物信息直接参加构网，使断裂线区域和部分地物区域形成禁区，如陡坎、斜坡、河流、湖泊等图上区域，等高线遇到禁区即自动断开。

2. 求得等高线通过点及曲线光滑

在三角形网中，需要确定等高线点在网格边或三角形边上的位置。首先应判断三角形各边上是否有等值点，然后通过线性内插法求出等高线点的平面位置。设等高线的高程为 z，只有当 z 值介于该边的两个端点高程值之间时，等高线才通过该条边，则等高线通

过一条边的条件为:

$$\Delta z = (z - z_1)(z - z_2) \tag{10-1}$$

当 $\Delta z \leq 0$ 时,则该边上有等高线通过,否则,该边上没有等高线通过。式中,z_1、z_2 分别为该边两个端点的高程。当 $\Delta z = 0$ 时,说明等高线正好通过边的端点,为了便于处理,可在精度允许范围内将端点的高程加中一个微小值(0.0001 m),使端点高程不等于 z。

当三角形的边上有等值点时,可用内插法求得等值点的坐标,设三角形边的两个端点的三维坐标分别为 (x_1, y_1, z_1) 和 (x_2, y_2, z_2),则等高线点的平面坐标为:

$$\begin{cases} x_z = x_1 + \dfrac{x_2 - x_1}{z_2 - z_1} \cdot (z - z_1) \\ y_z = y_1 + \dfrac{y_2 - y_1}{z_2 - z_1} \cdot (z - z_1) \end{cases} \tag{10-2}$$

曲线光滑函数较多,从实用效果看,比较满意的是张力样条函数。这种函数的显著特征是有一个张力系数 σ,当 $\sigma \to 0$ 时,张力样条函数就等同于三次样条函数;当 $\sigma \to \infty$ 时,它就退化成分段线性函数。如果选择合适的 σ,将使点与点之间的曲线保持合适的长度与走向,既能消除可能出现的多余拐点,又能保持整条曲线的光滑性。

3. 通用绘图软件的等高线自动绘制流程
①读取数据文件,展绘高程点。
②建立三角网。
③自动内插等高线。
④等高线的修饰。

四、地形符号的自动绘制

实现地形符号的自动绘制的基本条件是有一个地形符号库。地形符号依平面形状可分为独立符号、线性符号和面状符号三类。这三类符号都有定位点:独立符号一般只有一个定位点,当其外轮廓需依比例表示时,需测定外轮廓定位点;线性符号的定位点一般都在线段的转折点处,若为双平行线符号,则在其中心线的转折点处;面状符号的定位点在符号周围边线上的转折点处,其内部配置符号的定位点则依图式规定的尺寸计算确定。

在此基础上,地形符号的自动绘制原理可以描述如下:各种符号以其定位点为暂定基准点,依据图式规定的符号尺寸,计算出符号中每个线段始端点和末端点的坐标增量,或圆、弧的半径,并按线段绘出抬、落笔信息、线型信息和色彩信息,每个符号给一个编码,编排成子程序,全部符号子程序组成符号库,并由绘图主程序调用。

§10.4 碎部点平面位置的测定方法

测定碎部点平面位置的方法包括极坐标法、直角坐标法、角度交会法、距离交会法等。其中,极坐标法是常用的主要方法,其他方法是辅助方法。

1. 极坐标法
极坐标法是根据测站上的一个已知方向,测定已知方向与碎部点间的角度和测量测站点至碎部点的距离,以确定碎部点位置的一种方法。它是碎部测量中应用最为广泛的测图方法。

如图 10 - 4 所示,A、B 为地面上两个已知图根控制点,今欲将房屋测绘到图纸上。置仪器于测站 A,整平、对中后,以 AB 为后视方向,A_1 瞄准房角 1,分别量取 $A1$ 的水平距离 D_1、A_1 与 AB 之间的水平角 β_1,则可按一定的比例在图纸上确定 1 点的水平位置。用同样的方法,可测得房角 2、3,然后根据房屋的形状,便可在图纸上画出房屋的位置。

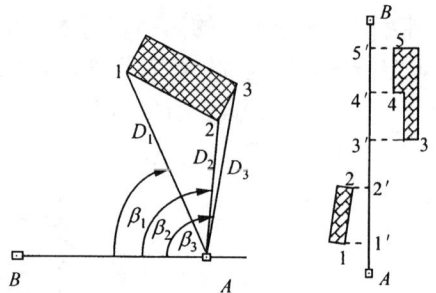

图 10 - 4 　　　　图 10 - 5

极坐标法施测的范围较大,适用于通视条件良好的开阔地区。利用极坐标法测定地物时,碎部点的位置都是独立观测的,不会产生误差的积累。少数碎部点出错时,在描绘地物、地貌时一般能从对比中发现,便于现场改正。

2. 直角坐标法

如图 10 - 5 所示,设 A、B 为图根控制点,地物点 1、2、3、4、5 靠近该边,以 AB 方向为 x 轴,以测站 A 为原点,量出各碎部点到 x 轴的垂距(y 值)以及垂足到 A 点的距离(x 值),即可定出相应地物点,这种方法称为直角坐标法。

直角坐标法适用于地物靠近图根控制点的连线且垂距较短的情况,特别适合于测量狭长小巷内两侧的地物。

3. 角度交会法

角度交会法又称方向交会法,是分别在两个已知图根控制点上对同一个碎部点进行角度交会以确定碎部点的位置的一种方法。

如图 10 - 6 所示,A、B 为图根控制点,今欲确定河对岸的碎部点 P 的平面位置。现分别在 A、B 点安置仪器,测量出碎部点 P 的方向和 A、B 连线方向的夹角 α 和 β,用图解的方法即可确定 P 点。

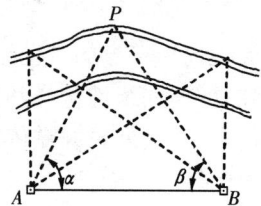

图 10 - 6

角度交会法常用于测绘目标明显、距离较远、不易到达、易于瞄准的碎部点。它的优点是可以不测距离而求得碎部点的位置,若使用恰当,可节省立尺点的数量,以提高作业速度。角度交会法常与极坐标法配合使用,以取得最佳效果。

4. 距离交会法

距离交会法是根据两个已定点对同一个碎部点进行距离交会以确定碎部点位置的一种方法。

如图 10 - 7 所示,从两已定点 1、2 分别量出到碎部点 P 的水平距离 $\overline{P1}$、$\overline{P2}$,按比例尺在图上用圆规即可交会出碎部点 P 的位置。此法适用于测量离已知点较近的碎部点。

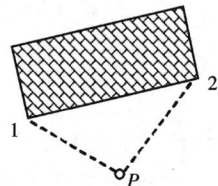

图 10 - 7

§10.5 测绘地形图的要求

一、测绘地形图的基本要求

1. 地形图的精度要求

大比例尺数字地形图地物点的平面位置精度,要求地物点相对最近野外控制点的图上点位中误差在平地和丘陵地区不得大于 0.6 mm。高程精度要求高程注记点相对最近野外控制点的高程中误差在平地和丘陵地区,1:500 不得大于 0.4 m,1:1 000 和 1:2 000 不得大于 0.5 m,等高线对最近野外控制点的高程中误差在平原和丘陵地区,1:500 不得大于 0.5 m,1:1 000 和 1:2 000 不得大于 0.7 m。高程注记点密度为图上每 100 cm^2 内 8~20 个。

2. 碎部点的最大观测距离

距离观测应符合表 10-1 的规定。

表 10-1 全站仪测图最大观测距离

测图比例尺	1:500	1:1 000	1:2 000	1:5 000	1:10 000
观测距离(m)	240	360	600	900	1200

3. 在测站上的检查

全站仪数字化测图应符合下列规定:

①仪器对中误差不得大于 5 mm,仪器高和棱镜高应量至 0.01 m。

②数据采集开始前和结束后,应对后视点的距离和高程进行检核,距离较差不应大于图上 0.1 mm,高程校差不应大于 1/6 基本等高距。检测结果超限时,本站已测得的碎部点必须重测。

二、测绘地物的要求和方法

1. 测绘地物的一般原则

测绘地物的主要工作,是将地物特征点准确地测绘到图上,因此选择好地物特征点是关键。地物特征点的选择必须考虑到绘图的需要。凡能依比例尺表示在图上的地物,必须测绘出能表现它轮廓的转折点,如房屋的转角,河流的曲折处。对不能依比例尺表示的地物,应测绘其地物中心位置,如水井、烟囱等(图 10-8)。

图 10-8

地面上具有固定位置的所有地物,原则上都应测绘,集中的居民区,视比例尺的大小可适当综合取舍。各种地物必须按规定的图式符号表示在图上。

2. 地物的测绘方法

(1)居民地的测绘

居民地房屋的排列形式很多,农村中以散列式即不规则的排列房屋较多,城市中的房屋排列比较整齐。

测绘居民地根据所需测图比例尺的不同,在综合取舍方面就有所不同。对于居民地的外轮廓,都应准确测绘。其内部的主要街道以及较大的空地应区分出来。对散列式的居民地,独立房屋应分别测绘。

测绘房屋时,一般只要测出房屋的三个房角的位置,即可确定整个房屋的位置。如图 10-9 所示,在测站 A 安置仪器,用极坐标法测出房角 1、2、3 的位置,用钢尺量出 34、45、56 的距离,根据房屋的形状即可定出房屋的位置。

对于复杂的建筑物,应测较多的点,原则上只需测绘建筑物与地面相交所组成的图形,不管上部的结构,其轮廓凹凸部分在图上小于 0.4 mm 的,可忽略不计,用直线连接。房屋应注明建筑材料和层数。

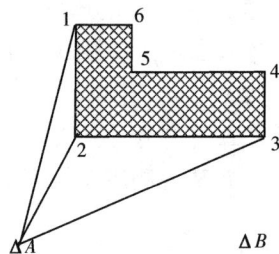

图 10-9

(2)独立地物的测绘

独立地物如水塔、烟囱等,凡其轮廓按比例在图上大于符号尺寸的,按比例测绘其轮廓并配置符号。凡在图上轮廓小于尺寸的,依非比例符号测绘,只测定其中心位置,并按图式中规定的符号定位点,在图上画出地物符号。

(3)道路的测绘

道路包括铁路、公路、城市道路、大车路、乡村小路及其附属建筑桥梁、隧道、路堑、路堤等均需测绘。选择道路特征点,应选在直线和曲线的连接点及曲线上的变换点。铁路按非比例符号表示,应立尺于轨道中心,按比例符号表示时,则应在轨顶、路肩、坡脚、路堑边等处分别立尺。公路一般立尺于路的两侧,按实际路宽描绘,公路上应注明路面材料。大车路一般路宽不一,可立尺于路中心,按平均路宽绘制。小路则测绘路的中心线。

(4)管线、垣栅的测绘

电力线及通讯线均需测绘,电线杆或铁塔的位置均进行实测。各种围墙宽度若在图上小于 0.5 mm 的,均以 0.5 mm 绘出,比例尺为 1:2 000 及更小的,则用非比例符号绘出。城墙按城基绘出,将外侧轮廓向内绘成城垛形式。

(5)水系的测绘

水系包括河流、渠道、湖泊、池塘、井等地物。通常无特征要求时均以岸边为界,如果要求测出水涯线(水面与地面的交线)、洪水位(历史上最高水位的位置)及平水位(常年一般水位的位置)时,应按要求在调查的基础上进行测绘。

河流宽度在图上小于 0.5 mm 时用单线表示,人工沟渠内侧上边用水涯线表示,宽度小于 1 mm 的用单线表示。

(6)植被的测绘

　　植被是地面各类植物的总称。要测绘出各类植物的边界,用地类界符号表示其范围,并在其范围内配置相应的植被符号和文字注记说明植被的类别。除成片植被外,地形图上还应测绘出独立树、行树、树篱等。

　　如果地类界与道路、河流、垣栅等重合时,则可不绘出地类界,但与境界、高压线等重合时,地类界应移位绘出。

　　在测绘地物的过程中,有时会发现图上绘出的地物与地面情况不符,例如本应直角的房屋角,但图上不成直角;在一条直线上的电杆,但图上不在一直线上等等。在外业要检查产生这种现象的原因,如果属于观测错误,则必须立即纠正。若不是观测错误,则可能是由于各种误差的累积所引起的,或是在两个测站上观测了同一个地物的不同部位所引起,当这些不符的现象在图上小于规范规定的地物误差时,可以采用分配的办法予以消除,使地物的形状与地面相似。

三、测绘地貌的要求和方法

1. 测绘地貌的基本方法

　　地貌的形状千姿百态,但可以把它看作是由许多不同坡度的棱线组成的多面体。这些棱线就是地性线,包括山脊线、山谷线和坡度变换线。地性线构成地貌的骨架,只要把地性线测绘出来,地貌的形态也就可以显示出来。测绘地性线必须把地性线上坡度或方向的变化点测绘出来,这些点就是地貌特征点。等高线就是根据一批地貌特征点描绘出来的。

　　测绘地貌步骤和方法如下:

　　(1)测绘地貌特征点　地貌特征点包括山顶、山脚、鞍部最低点及地性线上坡度和方向的变化点,如图 10 - 10 中所示。用第 10 - 4 节所述方法测定地貌特征点的平面位置和高程,并展绘到图纸上,高程注在点位的右侧,如图 10 - 11(a)。必须测绘所有必要的地貌特征点,所以选好特征点是测绘好地貌的关键。

图 10 - 10

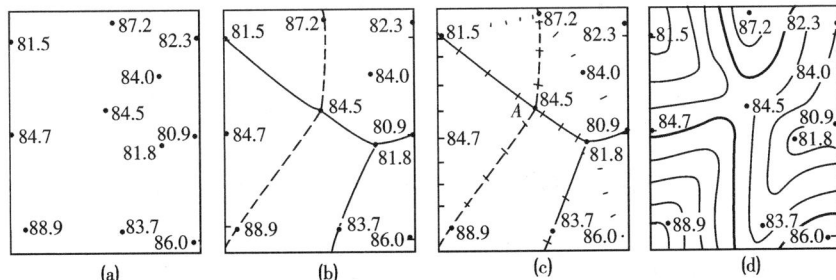

图 10 - 11

（2）绘出地性线　参照实地情况,把有关的地貌特征点连接起来,在图上绘出地性线。用虚线表示山脊线,实线表示山谷线,如图10-11(b)。

（3）定出等高线通过点　由于等高线的高程必须是等高距的整倍数,而地貌特征点的高程一般不是整数,因此要勾绘等高线,首先要找出等高线的通过点。由于地貌特征点必须选在变坡点处,所以相邻两特征点间的坡度是均匀的。在均匀的坡度上,两点的平距与高差成正比,所以根据两特征点的水平位置和高差,可以按比例求出等高线的通过点,例如在图10-11(c)中,A、B两点的高程分别为84.5 m和88.9m,设等高距为

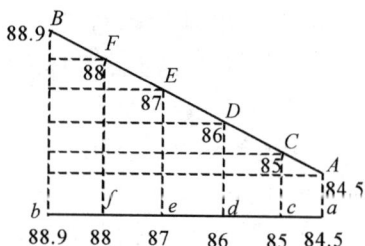

图 10-12

1m,则A、B两点间应有高程为85m、86m、87m、88m四根等高线通过。现将A、B两点间的斜坡绘成图10-12中的形式,a、b为其水平投影,C、D、E、F是等高线通过点,其水平投影为c、d、e、f,则A、C两点的平距可计算如下:

$$ac = \frac{ab}{h_{AB}} \cdot h_{AC} = \frac{ab}{88.9 - 84.5}(85.0 - 84.5)$$

如此,可得出高程为85 m的等高线通过点C,其它各条等高线通过的点,也可用同样的方法求得,这种方法称为内插法。

在实际工作中,内插等高线通过点均采用图解法或目估法。图解法是用一张透明描图纸,上面绘出若干条等间隔的平行线。把透明纸蒙在图纸上,使a、b两点间能通过四条平行线,并使a、b两点分别位于平行线间0.5和0.9处,如图10-13所示,则ab直线和四条平行线的交点就是高程为85、86、87、88等高线通过的点。用目估法确定等高线通过点是根据同一原理。例如,在

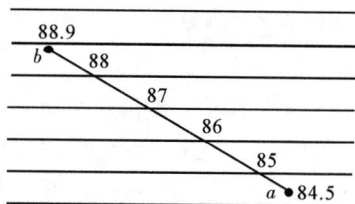

图 10-13

图10-11(c)中,A、B两点高差为4.4 m,则在a端按比例先目估出高差为1 m的平距,然后再估出高差为0.5 m的平距,即可在ab线上估出高程为85 m的点。用同样方法,在b端估出高程为88 m的点,在这两点间作三等分,即可得出高程为86 m、87 m的点。按照上述方法在其它地貌特征点间定出等高线通过点。但在内插时一定要确认两地貌特征点间为均匀坡度。

（4）勾绘等高线　在内插出各等高线通过点后,把高程相同的点用圆顺的曲线连接起来,就绘出反映地貌形状的等高线。勾绘等高线需要有一定的实践经验。首先要根据图上的地性线和特征点以控制其正确的位置,其次要对照实际的地貌来描绘,使之能更逼真更细微地反映出各部的变化。在等高线较密集处可先勾出计曲线,然后再插绘首曲线。等高线绘出后,随时与实地核对,检查有无遗漏和错误。等高线绘成后,将图上的地性线全部擦去[图10-11(d)]。

2.各种地貌的测绘方法和要求

（1）山头　山顶的最高点必须立尺。山头有尖形和圆形,在圆形山头的四周应注意在坡度变换处立尺。

（2）山脊　沿山脊线在坡度变换处、方向变换处和分岔处均应立尺。山脊亦有尖形、圆形之分,圆形山脊除在山脊线上立尺外,在左右两侧坡度变换处也均应立尺。

（3）山谷　沿山谷线在坡度变换处、方向变换处和旁侧山谷汇合处均应立尺。山谷有尖底形和圆底形,圆底形谷底线不十分明显,应找出谷底线立尺,并在两侧山坡坡度开始变化处立尺。

（4）鞍部　在鞍部最低点、沿山脊线和两侧山谷线上立尺。鞍部最低点应测记高程。

（5）用符号表示的地貌应测绘其轮廓线。陡崖应在它的上边缘及两端立尺,并在下面岩脚处立尺。冲沟应测绘其上边缘及沟底高程或比高。陡坎和梯田坎可以适当取舍,一般在主要田坎的上边缘转折点上立尺,并注记高程或比高。

四、设置临时测站点

图根点可用导线法、支导线法和 GPS RTK 法测设,起闭于初测导线点或 GPS 点。图根点相对于邻近控制点,平面点位中误差不大于图上 0.1 mm,高程中误差不大于 1/10 基本等高距。

五、地形图的质量要求

地形图的质量要求通过对产品的数据说明、数学基础、数据分类与代码、位置精度、属性精度、逻辑一致性、完备性等质量特性的要求来描述。

数据说明包括:产品名称和范围说明、存储说明、数学基础说明、采用标准说明、数据采集方法说明、数据分层说明、产品生产说明、产品检验说明、产品归属说明和备注。

数学基础是指地形图采用的平面坐标和高程基准、等高线等高距。

数据图数据分类与代码应按照 GB14804—93《1∶500　1∶1 000　1∶2 000 地形图要素分类与代码》标准执行,补充的要素及代码应在数据说明备注中加以说明。

位置精度包括:地形点、控制点、图廓点和格网点的平面精度、高程注记点和等高线的高程精度、形状保真度、接边精度等。

地形图属性数据的精度是指描述每个地形要素特征的各种属性数据必须正确无误。

地形图数据的逻辑一致性是指各要素相关位置正确,并能正确反映各要素的分布特征及密度特征。线段相交、无悬挂或过头现象,面状区域必须封闭等。

地形要素的完备性是指各种要素不能有遗漏或重复现象,数据分层要正确,各种注记要完整,并指示明确等。

数字地形图模拟显示时,其线画应光滑、自然、清晰。符号应符合相应比例尺地形图图式规定。注记应尽量避免压盖地物,其字体、字向等一般应符合地形图图式规定。

六、地形图的检查验收

对地形图的检查验收实行过程检查、最终检查和验收制度,验收工作应经最终检查合格后进行。在验收时,一般按检验批中的单位产品数量的 10% 抽取样本。检验批一般应由同一区域、同一生产单位的产品组成,同一区域范围较大时,可以按生产时间不同分别组成检验批。在验收中对样本进行详查,并对产品质量核定,对样本以外的产品一般进行概查。如样本中经验收有质量不合格产品时,必须进行二次抽样详查。验收工作完成后,编写验收报告,随产品归档。

§10.6 地形图的应用

地形图有着十分广泛的用途。它不仅给出了地物、地貌的景观,而且可从图上得出如坐标、高程等一些基本数据,对于从事各种工程规划和设计的工作,都是不可缺少的资料。下面介绍地形图应用的一些基本内容。

一、从图上求出点的坐标

(1)求点的直角坐标

例如在图 10 − 14 中,欲求出 P 点的直角坐标,可通过 P 点作平行于直角坐标格网的纵横直线,交邻近的格网线于 A、B、C、D。按比例尺量出 CP 和 AP 的距离,则可求出 P 点的坐标为:

$$x_P = x_C + CP = 3\ 813\ 000 + 395 = 3\ 813\ 395 \text{ m}$$

$$y_P = y_A + AP = 40\ 541\ 000 + 495 = 40\ 541\ 495 \text{ m}$$

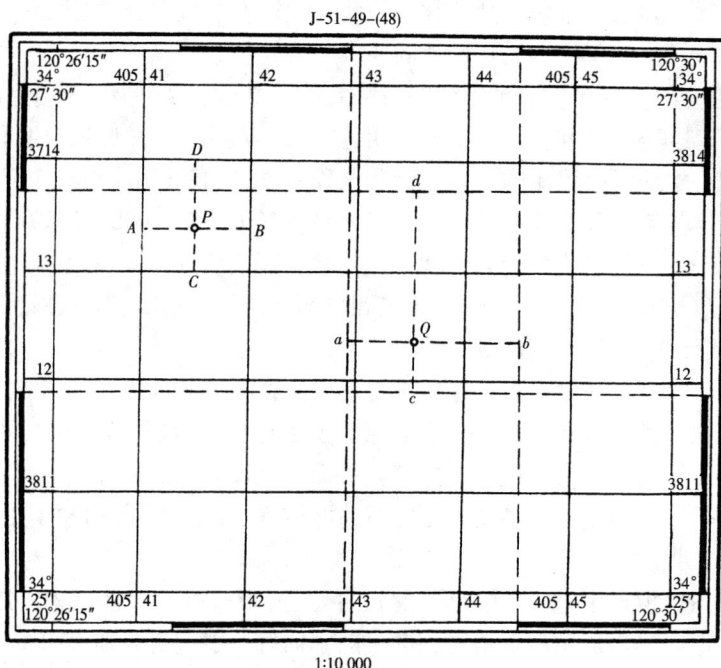

图 10 − 14

为了防止图纸伸缩带来的误差,则可按下列公式计算:

$$\left.\begin{array}{l} x_P = x_C + \dfrac{CP}{CD} \cdot l \\ y_P = y_A + \dfrac{AP}{AB} \cdot l \end{array}\right\} \tag{10 − 3}$$

式中 l 为相邻格网线间所代表的距离,故:

$$x_P = 3\,813\,000 + \frac{39.5}{99.9} \times 1\,000 = 3\,813\,395.4 \text{ m}$$

$$y_P = 40\,541\,000 + \frac{49.5}{1\,00} \times 1\,000 = 40\,541\,495.0 \text{ m}$$

(2)求点的大地坐标

例如求图 10 – 15 中 Q 点的大地坐标,先根据内外图廓中的分度带,绘出大地坐标格网。过 Q 点作平行于大地坐标格网的纵横直线,交邻近的格网线于 a、b、c、d。则按下列公式求出 Q 点的大地坐标:

$$\left.\begin{array}{l} L_Q = L_a + \dfrac{aQ}{ab} \times 1' \\[2mm] B_Q = B_c + \dfrac{cQ}{cd} \times 1' \end{array}\right\} \quad (10-4)$$

故

$$L_Q = 120°28' + \frac{62}{159} \times 1' = 120°28'23''$$

$$B_Q = 34°26' + \frac{46}{182} \times 1' = 34°26'15''$$

二、从图上求出点的高程

如果点正好位于等高线上,则点的高程就等于该等高线的高程。如果点位于两等高线之间,则可用内插法求出。如图 10 – 15 中,过待求点 P 作等高线的垂线 PA、PB,量出垂线之长,则可按下式计算 P 点的高程:

$$H_P = H_A + \frac{PA}{PA + PB} \cdot h \quad (10-5)$$

式中 h 为等高距。

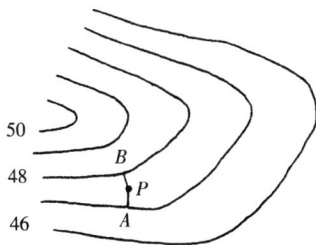

图 10 – 15

三、从图上求出两点间的距离

若求 A、B 两点间的距离(见图 10 – 16),最简便的方法是用三棱比例尺从图上直接量取。为了防止图纸伸缩而出现误差,可用两脚规量取 AB 间的长度,然后与图上的直线比例尺比较,得出两点间的长度。更精确的方法是按式(10 – 6)分别求出 A、B 两点的坐标,然后按下式计算出 A、B 两点间的实际距离。

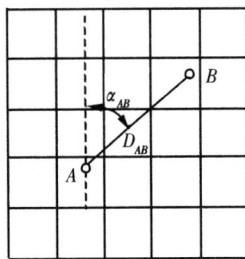

图 10 – 16

$$D_{AB} = \sqrt{(x_B - x_A)^2 + (y_B - y_A)^2} \quad (10-6)$$

四、从图上求出直线的坐标方位角

过直线的起点作平行于坐标纵轴的直线,用量角器直接量取坐标方位角 α_{AB}(见

图 10 – 16）。

要求精度较高时,先按式(10 – 3)式分别求出 A、B 两点的直角坐标值,然后按下式计算 α_{AB}。

$$\alpha_{AB} = \arctan\frac{y_B - y_A}{x_B - x_A} = \arctan\frac{\Delta y_{AB}}{\Delta x_{AB}} \qquad (10 – 7)$$

计算时应根据 Δx,Δy 的正负号,来判定 AB 方向所在的象限,然后计算出实际的坐标方位角。

五、从图上求出两点间地面的坡度

按照本节二、三所述的方法,先求出两点的高程,并计算出高差 h,再求出两点间的距离 D,则可按下式求出两点间的地面坡度或倾角。

坡度:
$$i = \frac{h}{D} \qquad (10 – 8)$$

倾角:
$$\alpha = \arctan\frac{h}{D} \qquad (10 – 9)$$

如果两点间各等高线的平距不相等,则所求的是两点间的平均坡度。

求坡度也可利用地形图上的坡度尺(见图 9 – 16)。用两脚规量出相邻两首曲线或计曲线间的平距,然后在坡度尺上找出相同的纵距,即可得出相应的地面坡度或倾角。

六、在图上按一定的坡度定线

在设计铁路、公路、渠道等线路时,常常需要定出一条线路,而其坡度要求不超过规定的限制坡度。这项工作在地形图上做十分方便。

例如图 10 – 17 为比例尺 1:5 000 等高距为 2 m 的地形图。若要从高程为 150 m 处的 A 点选一条坡度为 4% 的线路到达鞍部 B 时,可从鞍部 B 处开始。已知 B 点的高程为 159 m,它与高程为 158 m 的等高线的高差为 1 m。按公式(10 – 9),当坡度为 4%,高差为 1 m 时,相应的平距为:

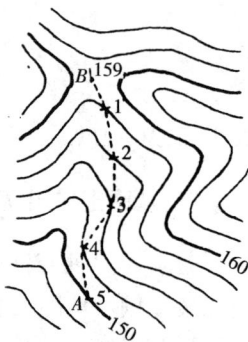

图 10 – 17

$$D = \frac{h}{i} = \frac{1}{4/100} = 25 \text{ m}$$

在 1:5 000 比例尺的图上,此平距长为 5 mm。以 B 为圆心,5 mm 长为半径,作圆弧交 158 m 等高线于点 1,则 B、1 之间就是 4% 的坡度。从等高线 158 m 至 156 m 高差为 2 m,则按 4% 的坡度相应的平距在图上应为 1 cm。再以点 1 为圆心,1 cm 为半径,作圆弧交高程为 156 m 等高线于点 2,则 1、2 点间就是 4% 的坡度。按同样方法得出 3、4、5 等点。连接这些点,就在 A、B 之间定出了具有 4% 坡度的线路。然后可按线路的要求取直或加设曲线,定出线路的最后位置。

如果按上述方法计算出的平距小于图上等高线间的平距,也就是以这平距为半径无法与相邻等高线相交时,说明该处地面最大坡度小于限制坡度。此时,线路取任意方向均不会超过限制坡度。

七、按图上一定方向绘制断面图

断面图是表现沿某一条线的地面起伏情况的一种图。断面图在工程设计中,特别是线形工程的设计中有着重要的用途。断面图是以距离为横坐标,高程为纵坐标绘出的。断面图可以在现地实测,也可以从地形图上获取资料而绘出。

根据地形图来绘制断面图的方法如下:例如要绘出图 10-18(a)中直线 *MN* 方向的断面图,可先量出 *MN* 线与各等高线交点 1,2,3,…等点到 *M* 的距离。用与地形图相同的比例尺或其他适宜的比例尺,在横坐标轴上绘出 1,2,3,…等点。根据等高线可得出这些点的高程,再用一定的比例尺,在纵坐标方向上标

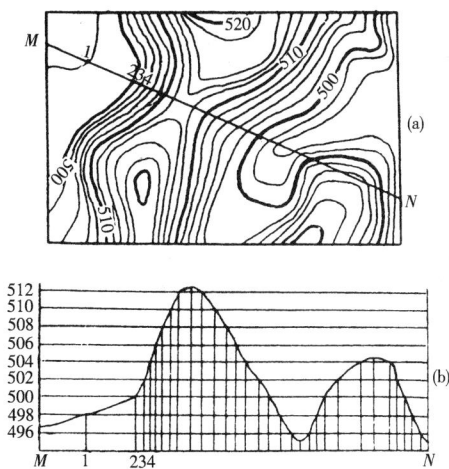

图 10-18

出各点的高程,就得出相应的地面点。连接各地面点,就绘出了沿直线 *MN* 方向的断面图 [见图 10-18(b)]。另一种方法是在地形图上沿指定线路标出相隔 20 m 或 50 m 等距离的点,然后根据等高线求出这些点的高程,以距离为横坐标,高程为纵坐标绘出断面图。在等距点间,地面坡度如有变化时,在变化处应设点。

八、在图上绘出汇水面积

凡汇集一个区域内的降水,并流经河道的某一断面,这个区域就是河道上该断面的"汇水面积"。例如图 10-19 中,在虚线范围内的降水,都将流进各沟溪而经过 *D* 点,所以这一范围就是沟溪上 *D* 点的汇水面积。根据汇水面积和该区域的降水量,可以计算出在 *D* 处的流量,为设计桥涵孔径的大小提供依据。

汇水面积的界线均由分水线(即山脊线)组成,所以在地形图上很容易确定。例如在图 10-19 中,要绘出道路跨过山谷 *D* 处的汇水面积时,可从该山谷谷源上的鞍部开始,连续绘出山谷两侧最接近的山脊线,直到道路为止,则所形成的界线就是 *D* 点汇水面积的界线。勾绘汇水面积界线时,应注意使水流能流经指定断面的范围都包括在内。

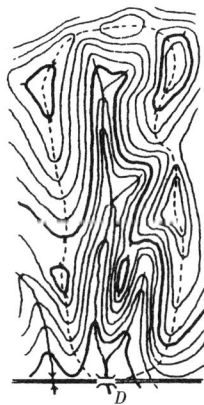

图 10-19

九、在图上绘出填挖边界线

在土方工程中,填挖土方的边界线可在地形图上找出。例如要将图 10-20 中的谷地以 *aa'* 为界填出一块水平场地。要求场地的高程为 45 m,填土的边坡为 1:1.5,即斜坡的垂直距离为 1 m 相应的水平距离为 1.5 m。则在地形图上绘出填土坡脚线的方法如下:

首先在地形图上绘出填土边坡的等高线,其等高距应与地形图的等高距相同。因水平

场地界线的高程为 45 m,所以 aa' 就是填土边坡上高程为 45 m 的等高线。由于边坡是一斜平面,所以边坡的等高线都是平行于 aa' 的间隔相等的平行线。当等高距为 1 m 时,平距均为 1.5 m。按图的比例尺绘出间隔为 1.5 m 的平行线,并注出相应的高程,这些就是边坡的等高线。地面上和边坡上高程相同的等高线的交点,就是地面与边坡斜面交线上的点。把相邻的这些交点连接起来,就可以绘出填土的边界线。用同样的方法也可以绘出挖土的边界线。

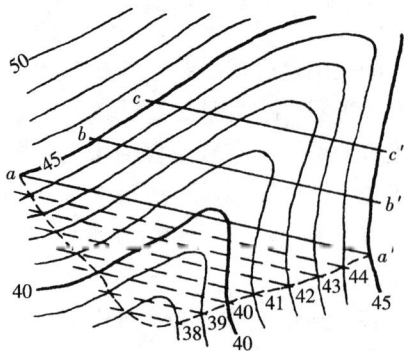

图 10 – 20

十、从图上求算面积和体积

1. 面积的计算

（1）解析法

当求算多边形的面积时,各顶点的平面坐标已经在图上量出或已经在实地测定,则可以利用多边形各顶点的坐标,用解析法计算出面积。

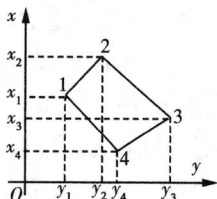

图 10 – 21

在图 10 – 21 中,1、2、3、4 为多边形的顶点,其平面坐标已知,则该多边形的每一条边及其向 y 轴的坐标投影线（图中虚线）和 y 轴都可以组成一个梯形,多边形的面积 A 就是这些梯形面积的和或差,其计算公式为:

$$A = \frac{1}{2}\left[(x_1+x_2)(y_2-y_1)+(x_2+x_3)(y_3-y_2)-(x_3+x_4)(y_3-y_4)-(x_4+x_1)(y_4-y_1)\right]$$

$$= \frac{1}{2}\left[x_1(y_2-y_4)+x_2(y_3-y_1)+x_3(y_4-y_2)+x_4(y_1-y_3)\right]$$

对任意的 n 边形,可以写出下列按坐标计算面积的通用公式:

$$A = \frac{1}{2}\sum_{i=1}^{n} x_i(y_{i+1}-y_{i-1}) \qquad (10-10)$$

注意,当 $i=1$ 时,y_{i-1} 用 y_n;当 $i=n$ 时,y_{i+1} 用 y_1。上式是将多边形各顶点投影于 y 轴推导的计算面积的公式。将各顶点投影于 x 轴可推出

$$A = \frac{1}{2}\sum_{i=1}^{n} y_i(x_{i+1}-x_{i-1}) \qquad (10-11)$$

式中:当 $i=1$ 时,x_{i-1} 用 x_n;当 $i=n$ 时,x_{i+1} 用 x_1。

（2）透明方格纸法

用于求算不规则的图形面积。如图 10 – 22 所示,要计算图中曲线内的面积,先将毫米方格纸覆盖在图形上,然后数出图形内完整的方格数 n_1 和不完整的方格数 n_2,则曲线内面积 A 的计算公式为:

$$A = \left(n_1 + \frac{1}{2}n_2\right)\frac{M^2}{10^6}\ \text{m}^2 \qquad (10-12)$$

式中:M 为地形图比例尺分母。

(3)平行线法

用于求算不规则的图形面积。如图 10-23 所示,将绘制有平行线的透明纸覆盖在图形上,使两条平行线与图形的边缘相切,则相邻两平行线间隔的图形面积可以近似视为梯形。梯形的高为平行线间距 h,图形截割各平行线的长度分别为 $l_1,l_2,\cdots l_n$,则各梯形面积

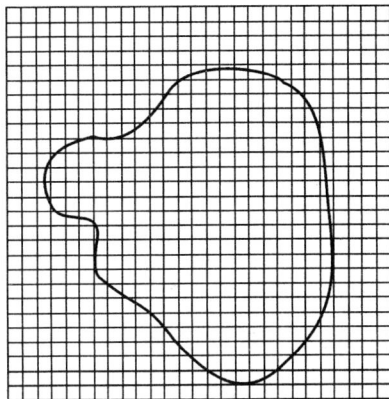 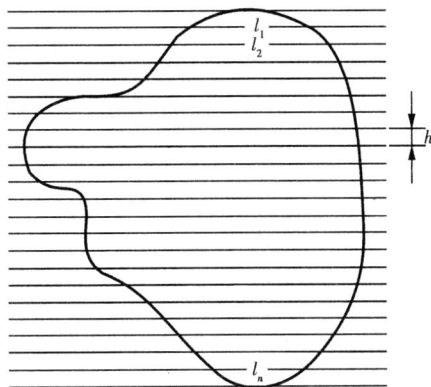

图 10-22　　　　　　图 10-23

分别为:

$$
\left.\begin{aligned}
A_1 &= \frac{1}{2}h(0 + l_1) \\
A_2 &= \frac{1}{2}h(l_1 + l_2) \\
&\cdots \\
A_{n+1} &= \frac{1}{2}(l_n + 0)
\end{aligned}\right\}
\tag{10-13}
$$

则总面积为:

$$
A = A_1 + A_2 + \cdots + A_n + A_{n+1} = h\sum_{i=1}^{n} l_i
\tag{10-14}
$$

2. 体积的计算

(1)平均断面法

这是工程上计算体积常用的方法。例如求图 10-20 中的填土体积时,可按本节七的方法绘出若干个平行于 aa' 方向的断面图,其中,aa' 和 bb' 两个断面图如图 10-24 所示。在断面图上绘出填土顶面的标高线,分别求出断面 aa' 和 bb' 上的填土面积 A_a 和 A_b。取它们的平均面积乘以两断面间的距离,可得出该两断面间填土的体积,即土方量为:

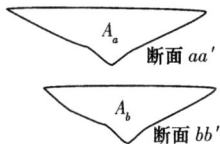

图 10-24

$$
V_{ab} = \frac{d}{2}(A_a + A_b)
\tag{10-15}
$$

式中:d 为两断面间的距离。连续求出各断面间的体积,即可得出总土方量。

（2）方格法

在平整场地的工作中,用方格法可在图上求出平整场地所需的土方量。在地形图上拟建场地内绘出正方形格网,方格网的大小取决于地形复杂程度,地形图比例尺大小,以及土方概算的精度要求。根据等高线求出各方格顶点的地面高程,标注在顶点的右上方。假设要求将原地貌按填挖土方量平衡的原则进行场地平整,必须计算平整后场地的高程,称"设计高程"。先取每一方格四个顶点的平均地面高程,再取所有方格平均地面高程的平均值,得出的就是设计高程。从计算过程可以看出,由于是取方格四顶点高程的平均值,所以每点的高程要乘以 $\frac{1}{4}$。从"设计高程"的计算方法和图 10-25 中可以看出:

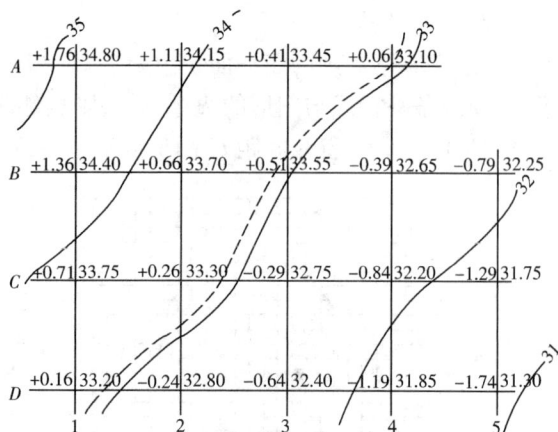

图 10-25

$A1$、$A4$ 等角点只用了一次,$A2$、$B1$ 等边点用了两次,拐点 $B4$ 用了三次,$B2$,$C2$ 等中点要用四次,所以求设计高程 $H_设$ 的计算公式可写成:

$$H_设 = \left[\frac{1}{4} \sum (角点高程) + \frac{2}{4} \sum (边点高程) + \frac{3}{4} \sum (拐点高程) + \sum (中点高程) \right] \div (方格总数)$$

$$(10-16)$$

这样算出的设计高程,可使填土和挖土的数量大致相等。在图上根据 $H_设$ 可内插出相应的等高线(图中虚线),称为填挖边界线。

用地面高程减设计高程就得出各方格顶点的填挖高。得出正值是挖土的深度,负值是添土的高度。计算土方量时填挖应分别计算。计算时可取方格每一顶点的填高(或挖深)乘以 $\frac{1}{4}$ 方格的面积,由于在计算总量时也是角点只用一次,边点用两次,拐点用三次,中点用四次,所以总填方(或挖方)量的计算式为:

$$V_{填(或挖)} = \left[\frac{1}{4} \sum (角点的填高或挖深) + \frac{2}{4} \sum (边点的填高或挖深) \right.$$
$$\left. + \frac{3}{4} \sum (拐点的填高或挖深) + \sum (中点的填高或挖深) \right] \times (方格的面积)$$

$$(10-17)$$

如果场地要设计成倾斜平面,可先把各方格顶点的设计高程计算出来,然后用同样的方法计算填挖高和填挖土量。

思考与练习

1. 地形测图前应做哪些准备工作?

2. 测量碎部点平面位置有哪些方法?

3. 地形测绘有哪些方法?

4. 用全站仪测绘地形图时,在测站上要做哪些工作?

5. 何谓地物及地貌特征点? 它们在测图中有何用途?

6. 图 10-26 是所测得的地形点高程,按等高距为 1 m 勾绘等高线。

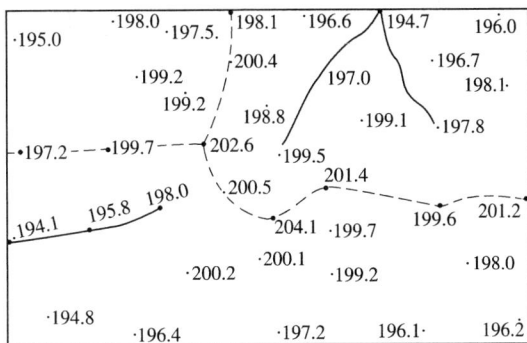

图 10-26

7. 从保证测图的精度考虑,测图时应注意哪些基本要求?

8. 地形测图完成后,应进行哪些检查?

9. 何谓坡度? 在地形图上怎样确定两点间的坡度?

10. 在图 10-27 的地形图上完成下列作业:

①用 △ 标出山头,用 × 标出鞍部,用虚线标出山脊线,用实线标出山谷线。

②用图下直线比例尺求出 A、B 点间的水平距离,并求出 A、B 两点的高程。

③绘出 A、B 之间的断面图,判断 A、B 之间是否通视?

④找出图内山坡最陡处,求出最陡的坡度是多少?

⑤从 C 到 D 作出一条坡度不大于 10% 的最短线路。

⑥绘出过 C 点的汇水面积。

11. 一个方格四个角点的填高及挖深如图 10-28 所示,分别计算该方格的填方量及挖方量。该方格的边长为 20 m。

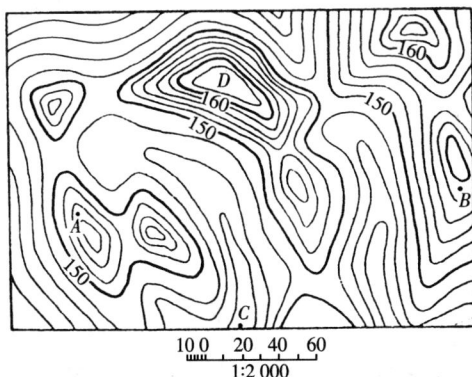

图 10-27

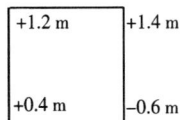

图 10-28

第 11 章

测设的基本工作

在各种工程的施工中,要把图纸上设计好的建筑物的位置(包括平面位置和高程)在实地标定出来,这项工作称施工放样,是工程测量中的一项主要工作。按设计位置把点位标定到实地的工作又称测设。测设与测定虽有相似之处,但测设不同于测定,测定是要把实地的长度、角度、高程或点位等,测出它们的量;而测设则是按已知的长度、角度、高程或点位在实地标定出来。所以测设与测定正好是相反的过程。测量的实质是测量点位的工作,而测设的实质则是测设点位的工作。为了在实地标出点的平面位置,要测设水平距离和水平角,为了标定点的高程,要测设高程。所以不论进行何种工程的放样,在实地进行的就只有测设水平距离、水平角和高程这三项工作。所以称这三项工作为测设的基本工作。

§11.1 水平距离、水平角和高程的测设

一、测设已知的水平距离

水平距离测设的任务是,从地面上一已知点开始,沿已知方向按给定的长度在地面上测设出另一端点的位置。采用的方法是钢尺法或光电测距法。

1. 钢尺法

若要求以一般精度进行测设,可在给定的方向,根据给定的距离值,从起点用钢尺丈量的一般方法,量得线段的另一端点。为了检核起见,应往返丈量测设的距离,往返丈量的较差,若在限差之内,取其平均值作为最后结果。

当测设精度要求较高时,应按钢尺量距的精密方法进行测设,也就是说,所测设水平距离的名义长度 S 等于给定的长度 D 减去尺长改正 ΔD_l、温度改正 ΔD_t 和高差改正 ΔD_h,即:

$$S = D - \Delta D_l - \Delta D_t - \Delta D_h \tag{11-1}$$

2. 光电测距法

光电测距法测设水平距离的步骤如下:

①在 A 点安置测距仪,反光镜立在 AB 方向 B' 概略位置上,如图 11-1。

②测距仪瞄准反光镜测出水平距离 D',比较 D' 与设计值

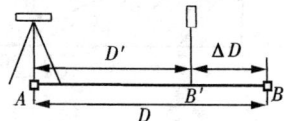

图 11-1

D 的差别,指挥反光镜沿 AB 方向前后移动。当 $D' < D$ 时,反光镜向后移动,反之向前移动。

③当 D' 与设计值 D 的差值 ΔD 较小时,可用小钢尺丈量 ΔD,使反光镜所在的点位沿 AB 方向移动 ΔD 值,确定精确的点位(必要时应在最后的点位上安置反光镜重新测距,检核所定点位的准确性)。

二、测设已知水平角

测设已知水平角是根据水平角的已知数据和一个已知方向,把该角的另一个方向测设在地面上。测设方法如下:

1. 一般方法

当测设水平角的精度要求不高时,可用盘左盘右取中数的方法。在图 11 - 2 中,O 为角的顶点,OA 为已知方向,今需从 O 点按给定值 β 测设 $\angle AOB$,要求在地面上定出 OB 的方向。

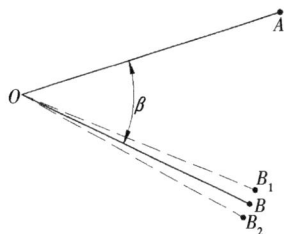

图 11 - 2

经纬仪安置在顶点 O,对中、整平后,用盘左位置照准 A 点,读水平度盘读数。松开水平制动螺旋,顺时针方向转动照准部,使水平度盘读数增加 β,在此视线方向上于地面定出一点 B_1。为了消除仪器误差,用盘右位置重复上述步骤,再次测设 β 角,并在视线方向上定出一点 B_2。若 B_1、B_2 不能重合,取 B_1、B_2 的中点 B 标定于地面,则 $\angle AOB$ 就是要测设的水平角。此法又称盘左盘右分中法。

2. 精密方法

测设水平角的精度要求较高时,可采用作垂距改正的方法,以提高测设的精度。如图 11 - 3 所示,先用一般方法测设出 $\angle AOB'$。然后根据精度需要测量 $\angle AOB'$ 若干个测回,精确测得 $\angle AOB'$ 的值,设为 β'。再量出 OB' 的长度,计算出精确角值 β' 与需要测设的角值 β 之差 $\Delta\beta = \beta - \beta'$,则可按下式计算垂距改正值:

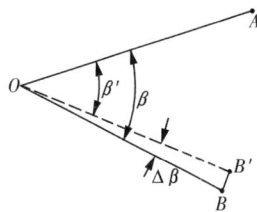

图 11 - 3

$$B'B = \frac{\Delta\beta''}{\rho''} \times OB' \qquad (11 - 2)$$

从 B' 点量出垂距 $B'B$ 得 B 点,则 $\angle AOB$ 就是所需测设的 β 角。测设 $B'B$ 时应注意测设的方向,当 $\Delta\beta$ 为正时,$B'B$ 应向角的外侧测设,反之 $\Delta\beta$ 为负时,$B'B$ 应向角的内侧测设。为检查测设是否正确,还需要进行检查测量。

三、测设已知高程

测设已知的高程,是根据邻近的水准点将给定的设计高程在实地标定出来。测设高程最常用的方法是水准测量的方法,在条件适宜时也可用钢尺直接丈量高差。在建筑设计和施工的过程中,为了计算方便,一般把建筑物的室内地坪用 ±0.000 标高表示,基础、门窗等的标高都是以 ±0.000 为依据,相对于 ±0.000 测设的。

用水准测量方法测设高程的一般方法如图 11 - 4 所示。设 A 为邻近已知其高程的水准点。其高程为 H_A，现要求在 B 点测设出设计高程为 H_B 的点。在 A、B 两点间安置水准仪，读出在 A 点的后视读数 a，再计算出在 B 点水准尺应有的前视读数 b。从图 11 - 4 可得：

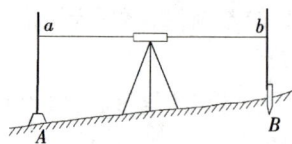

图 11 - 4

$$b = (H_A + a) - H_B \qquad (11 - 3)$$

然后在 B 点立水准尺，从水准仪中观测并指挥水准尺上下移动，直到水平视线读数正好为 b 时，紧靠尺底划出一条标志线，此线就是所需测设的高程为 H_B 的线。

在某些工程中，例如在坑道掘进中，需要测设的高程点常常设置在洞顶。如图 11 - 5 中，设 A 为已知高程的水准点，B 为待测设的高程点。在测设顶部的高程点时，应将水准尺倒立在点上。故在 B 点应有前视读数为：

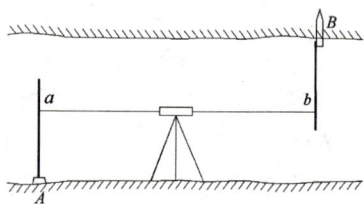

图 11 - 5

$$b = H_B - (H_A + a) \qquad (11 - 4)$$

若将尺倒立时的读数定为负值，则上式与 (11 - 3) 式相同，故计算高差的基本公式：高差等于后视读数减前视读数可适用于任何情况。例如在图 11 - 6 中，求 H_C 的计算式，可按常规方法写出如下：

$$H_A + (-a) - b_1 + b_2 - (-c) = H_C$$

当需要测设的点与已知水准点的高程相差很大时，即计算出的应有前视读数超过水准尺的长度时，则可采用悬挂钢尺的方法测设。图 11 - 7 为测设建筑工地基底高程的情况：钢尺悬挂在支架上，零点在

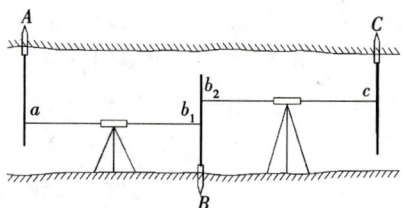

图 11 - 6

下，下端挂一重锤，A 为已知的水准点，B 为待测设的点。在地面上水准仪置于 Ⅰ，读 A 点水准尺上后视读数 a_1 及钢尺上前视读数 b_1。将水准仪置于基坑内处 Ⅱ，读钢尺上后视读数 a_2 和 B 点水准尺上前视读数 b_2，从图 11 - 7 可得

$$H_B = H_A + a_1 - b_1 + a_2 - b_2$$

若要测设高程为 H_B 的 B 点，则在 B 点水准尺上应有的前视读数 b_2 为：

$$b_2 = H_A + a_1 - b_1 + a_2 - H_B \qquad (11 - 5)$$

H_B 如果是向高处传递高程时，如图 11 - 8 所示，则 B 点水准尺上前视读数 b_2 与 (11

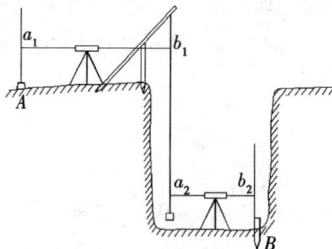

图 11 - 7

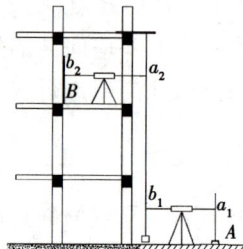

图 11 - 8

-5)式相同。所以无论是向下还是向上传递高程,计算应有前视读数的公式是相同的。

§11.2 点的平面位置的测设

测设点的平面位置,可根据施工控制网的形式、控制点的分布情况及地形情况,采用下列方法:

一、极坐标法

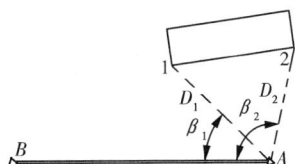

图 11-9

从已有控制点用一个角和一段距离测设点的平面位置称极坐标法,是测设点位中最常用的方法。例如图 11-9 中,从 A 点用角 β_1 及距离 D_1 可测设点 1。为此在测设前应先计算出测设数据 β_1 和 D_1。通常待测设点的坐标均由设计中给定或从图上量得,而控制点的坐标均为已知,故可按坐标反算方法求出测设数据如下:

$$\alpha_{AB} = \arctan\frac{y_B - y_A}{x_B - x_A}$$

$$\alpha_{A1} = \arctan\frac{y_1 - y_A}{x_1 - x_A}$$

$$\beta_1 = \alpha_{A1} - \alpha_{AB}$$

$$D_1 = \frac{y_1 - y_A}{\sin\alpha_{A1}} = \frac{x_1 - x_A}{\cos\alpha_{A1}}$$

计算方位角 α 时,应根据坐标差的符号正确确定 α 所在的象限。

测设时将经纬仪安置在 A 点,以 AB 为已知方向测设角度 β_1 得 A1 方向,然后沿此方向用钢尺或测距仪测设水平距离 D_1 得出点 1。用同样方法测设点 2。为了检核,在实地测量 1、2 两点间的距离,与设计长度进行比较。

二、直角坐标法

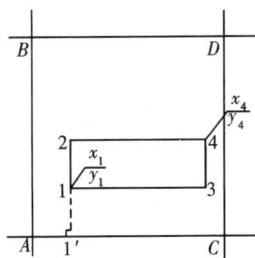

图 11-10

利用工地的主要轴线或控制网,可采用直角坐标的方法测设点的平面位置。例如图 11-10 中,A、B、C、D 为建筑方格网中的控制点,1、2、3、4 为待测设的点,它们的坐标均为已知。则测设点 1 可利用距离 $A1'$ 及 $1'1$。由于建筑物均平行于建筑方格网,所以测设数据 $A1'$ 及 $1'1$ 可利用已知的坐标求得,十分方便,例如

$$A1' = y_1 - y_A$$

$$1'1 = x_1 - x_A$$

测设时经纬仪先安置在控制点 A,照准 C 点,在 AC 方向上量出 $A1'$ 的长度得点 $1'$。然后将仪器安置在点 $1'$,照准较远的控制点 C,旋转 90°角,在此方向上测设长度 $1'1$ 得出点 1。用同样方法测设其他点。最后根据建筑物的设计尺寸检查所测设的点位。

三、角度交会法

当待测设的点位于距控制点较远或不便量距之处,常采用角度交会法。如图 11 – 11 所示,根据 P 点的设计坐标及控制点 A、B、C 的坐标,首先算出测设数据 α_1、β_1,α_2、β_2 角值。然后将经纬仪安置在 A、B、C 三个控制点上测设 α_1、β_1,α_2、β_2 各角。并且分别沿 AP、BP、CP 方向线,在 P 点附近各打两个小木桩,桩顶上钉上小钉,以表示 AP、BP、CP 方向线。将各方向的两个方向桩上的小钉用细绳拉紧,即可交出 AP、BP、CP 三个方向的交点,此点即为所求的 P 点。

由于测设误差,若三条方向线不交于一点时,会出现一个很小的三角形,称为误差三角形,当误差三角形边长在允许范围内时,可取误差三角形的重心作为 P 点的点位。若超限,则应重新交会。

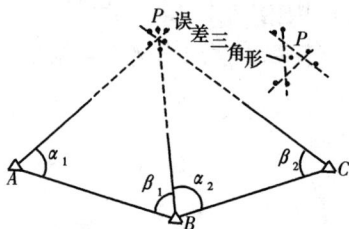

图 11 –11

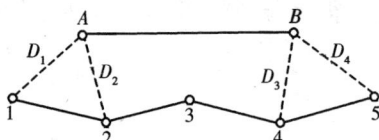

图 11 – 12

四、距离交会法

距离交会法是根据两段已知距离交会出点的平面位置。若建筑场地平坦,量距方便,且控制点离测设点又不超过一整尺的长度时,用此法比较适宜。在施工中细部位置测设常用此法。

具体做法如图 11 – 12 所示,设 A、B 是设计管道的两个转折点,从设计图纸上求得 A、B 点距附近控制点的距离为 D_1、D_2、D_3、D_4。用钢尺分别从控制点 1、2 量取 D_1、D_2,其交点即为 A 点的位置。同法定出 B 点。为了检核,还应量 AB 长度与设计长度比较,其误差应在允许范围之内。

此外,在施工测量中,为随时恢复点位,可在两根交叉的方向线上设置护桩,利用两根交叉的方向线相交来得出点位。

§11.3　已知坡度直线的测设

测设指定的坡度线,在道路建筑、敷设上、下水管道及排水沟等工程上应用广泛。坡度测设所用仪器有水准仪和经纬仪。

如图 11 – 13 所示,设地面上 A 点的高程为 H_A,现要从 A 点沿 AB 方向测设出一条坡度为 i 的直线,AB 间的水平距离为 D。使用水准仪的测设方法如下:

①首先计算出 B 点的设计高程为 $H_B = H_A - i \times D$,应用水平距离和高程的测设方法测设出 B 点;

②在 A 点安置水准仪,使一个脚螺旋在 AB 方向线上,另两个脚螺旋的连线垂直于 AB 方向线,量取水准仪高 i_A;

③用望远镜瞄准 B 点上的水准尺,旋转 AB 方向上的脚螺旋,使视线倾斜至水准尺读数为仪高 i_A 为止,仪器视线坡度即为 i;

④在中间 1、2 处打木桩,然后在桩顶上立水准尺使其读数均等于仪高 i_A,这样各桩顶的连线就是测设在地面上的设计坡度线。

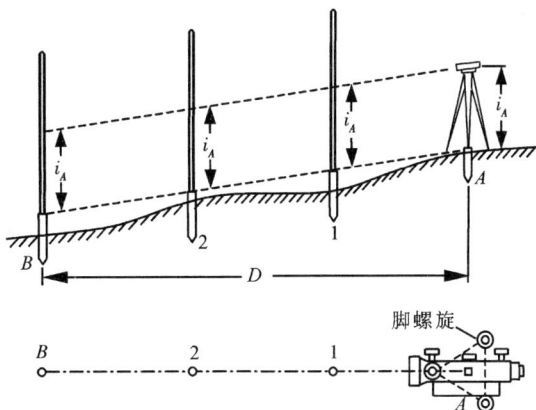

图 11 - 13

当设计坡度 i 较大,超过水准仪脚螺旋的最大调节范围时,应使用经纬仪进行测设,方法同上。如果条件允许,采用激光经纬仪或激光水准仪代替经纬仪或水准仪,则测设坡度线的中间点更为方便,因为在中间尺上可根据光斑在尺上的位置,调整尺子的高低。

思考与练习

1. 在地面上要求测设一个直角,先用一般方法测设出 $\angle AOB$,再测量该角若干测回取平均值为 $\angle AOB = 90°00'30''$,如图 11 - 14 所示。又知 OB 长度为 150 m,问在垂直于 OB 的方向上,B 点应该移动多少距离才能得到 90° 的角?

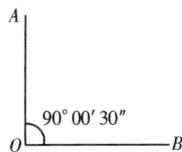

图 11 - 14

2. 利用高程为 7. 531 m 的水准点,测设高程为 7. 831 m 的室内 ±0.000 标高。设尺立在水准点上时,按水准仪的水平视线在尺上画了一条线,问在该尺上的什么地方再画一条线,才能使视线对准此线时,尺子底部就在 ±0.000 高程的位置?

3. 在坑道内要求把高程从 A 传进到 B,已 $H_A = 75. 675$ m,要求 $H_B = 75. 870$ m,观测结果如图 11 - 15 所示,问在 B 点的应有前视读数是多少?

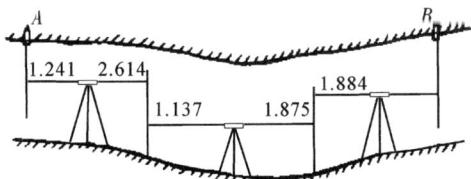

图 11 - 15

4. 如图 11 - 16 所示,已知 $\alpha_{MN} = 300°04'$,M 点的坐标为 $x_M = 14. 22$ m,$y_M = 86. 71$ m;若要测设坐标为 $x_A = 42. 34$ m,$y_A = 85. 00$ m 的 A 点,试计算 β 角和 d_{MA}。又问仪器置于 M 点,后视 N 点,水平度盘读数安置为 300°04',当水平度盘读数为多少时,视线在 MA 方向上。

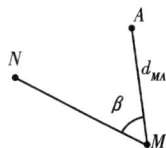

图 11 - 16

第 12 章

线路测量

§12.1 线路测量概述

一、基本概念

在线型工程建设中,如铁路、公路、输电线、供水、供气、输油等工程中所进行的测量,称为线路工程测量,简称线路测量。线路测量的基本技术内容有:

(1)根据规划设计要求,在选用中小比例尺地形图上确定规划线路的走向及相应控制点位。

(2)根据图上的设计在实地标出线型工程的基本走向,沿着基本走向进行必要的控制测量(平面控制和高程控制)

(3)结合线型工程的需要,沿着线型工程的基本走向进行带状图或平面图的测绘。比例尺根据不同线型工程实际按表 12 - 1 的要求选定。

表 12 - 1 线型工程测图比例尺

线路工程类型	带状地形图	工点地形图	纵断面图		横断面图	
			水平	垂直	水平	垂直
铁路	1:1 000	1:200	1:1 000	1:100	1:100	1:100
	1:2 000	1:200	1:2 000	1:200	1:200	1:200
	1:5 000	1:500	1:10 000	1:1 000		
公路	1:2 000	1:200	1:2 000	1:200	1:100	1:100
		1:500				
	1:5 000	1:1 000	1:5 000	1:500	1:200	1:200
架空索道	1:2 000	1:200	1:2 000	1:200		
	1:5 000	1:500	1:5 000	1:500	— —	— —
自流管线	1:1 000		1:1 000	1:100		
	1:2 000	1:500	1:2 000	1:200	— —	— —
压力管线	1:2 000		1:2 000	1:200		
	1:5 000	1:500	1:5 000	1:500	— —	— —
架空送电线路		1:200	1:2 000	1:200		
	— —	1:500	1:5 000	1:500	— —	— —

（4）根据规划设计的线路把路线点位测设到实地中。

（5）测量线型工程的基本走向的地面点位高程，绘制线路基本走向的纵断面图。根据线型工程的需要绘制横断面图。比例尺按表 12 - 1 的要求选定。

（6）按线型工程的详细设计进行施工测量。

铁路和公路是社会经济发展的重要交通线路。铁路和公路的工程测量贯穿于交通线路工程从规划、勘测设计、施工到运营管理各阶段。本书以交通线路为基础，重点介绍道路线路测量的技术原理和方法。

二、基本过程

1. 规划选线

这是交通线路建设的初始设计工作，一般的工作内容：

（1）图上选线　根据有关主管部门提出的某一交通线路建设的基本思想，利用中比例尺（1∶5 000 ~ 1∶50 000）的地形图，在图上选取线路方案。

一张现势性比较好的地形图作为规划选线的重要资料，为交通线路初始设计反映出道路线走向的地形状态，提供有比较多的地质、水文、植被、居民点、原有交通网络以及经济建设等现状。图上选线，可以在这些现有资料基础上初步确定多种交通线路的走向，估计线路的长度、桥梁涵洞的座数、隧道长度、车站位置等项目，测算各种图上选线方案的建设投资费用等。

（2）实地考察　根据图上选线的多种方案，进行野外实地视察、踏勘、调查，收集线路沿途的实际情况，进一步掌握道路沿线的实际资料。其中注意搜集：①有关的控制点；②了解沿途的工程地质情况；③查清规划线路所经过的新建筑物及交通交叉位置；④了解有关土石建筑材料情况。

地形图的现势性往往跟不上经济建设的速度，实际地形与地形图可能存在差异。因此，实地考察获得的实际资料是图上选线设计的重要补充资料。

（3）方案论证比较　即根据图上选线和实地考察的全部资料，结合主管部门的意见进行方案论证，确定规划线路的基本方案。

2. 勘测设计

勘测设计是在规划线路上进行线路勘测与设计的整个过程。这个过程可分为二阶段和一阶段两种形式。两阶段勘测设计的形式有初测与定测。

（1）初测　即在所定的规划线路上进行的勘测工作。主要技术工作内容有：控制测量和带状地形图的测量，目的为交通线路提供完整的控制基准及详细的地形资料。

①控制测量：即平面控制测量和高程控制测量。在中比例尺地形图上已经有了的交通规划线路，在实地也有了规划线路的基本走向。平面控制测量和高程控制测量在实地相应规划线路上进行。

平面控制测量：可采用卫星定位测量、导线测量和三角形网测量等方法进行施测。一般是，在交通线路工程中以 GPS 进行首级控制，其他级别可采用 GPS 或导线测量。如铁路工程线路平面控制测量按分级布设的原则建网。第一级为基础平面控制网（CPI），第二级为线路平面控制网（CPII）。CPI 采用 GPS 测量，CPII 可采用 GPS 或导线测量。

当导线与国家大地点联测时,首先应将导线测量成果改化到大地水准面上,然后再改化到高斯平面上,才能与大地点坐标进行比较检核,为此要进行导线的两化改正。特别是导线处于海拔较高或位于投影带的边缘时,必须进行两化改正。在高斯平面直角坐标系中,由于分带投影,使参考椭球体上统一的坐标系被分割成各带独立的直角坐标系。导线与国家大地点联测,有时两已知点会处于两个投影带中,因而,必须先将邻带的坐标换算为同一带的坐标才能进行检核,这项工作简称坐标换带。它包括6°带与6°带的坐标互换、6°带与3°带的坐标互换等,具体方法见附录三。

高程控制测量:在规划线路沿线及桥梁,隧道工程规划地段进行高程测量,为交通线路勘测设计建立满足要求的高程控制点,提供可靠的高程值。线路水准点一般每隔2 km设置一个,重点工程地段应根据实际情况增设水准点。

②带状地形测量:在已经建立的平面控制和高程控制基础上沿规划中线进行地形测量,按一般地形图测绘的技术要求测绘带状地形图,带状宽度100~300 m。此外,应注意测绘各种管线和原有的路桥与规划线路的关系,加测穿越规划线路的管线的净空高或负高。规划道路沿线的桥梁隧道应测绘大比例尺的工点地形图。

初测得到规划线路的大比例尺带状地形图是纸上定线设计最重要的基础图件。纸上定线设计主要技术内容是:在带状地形图上确定线路中线直线段及交点位置,表明线路中线直线段连接曲线的有关参数。

(2)定测　主要的技术工作内容:

①线路中线测量:将纸上定线设计的道路中线(直线段及曲线)放样于实地;

②线路的纵、横断面测量:为线路纵坡设计、路基路面设计提供详细高程资料。

纸上定线设计和纵坡设计、路基路面设计是伴随着初测和定测两阶段设计实现的,故称为两阶段设计。一般的铁路、公路及大桥、隧道采用两阶段设计;修建任务紧急,方案明确,工程简易的低等级公路可采用一阶段设计的技术过程。一阶段设计,一般是一次性提供公路施工的整套设计方案,作为与之相配合的勘测工作是一次性的定测,亦即上述的初测、定测的连续性测量过程。

(3)线路工程的施工放样

根据设计的图纸及有关数据放样道路的边桩、边坡、路面及其他的有关点位,保证交通线路工程建设的顺利进行。

§12.2　线路中线测量

一、线路平面组成和平面位置的标志

由于受地形、地质、技术条件等的限制和经济发展的需要,道路线路的方向要不断改变。为了保持线路的圆顺,在改变方向的两相邻直线间须用曲线连接起来,这种曲线称平面曲线。平面曲线有两种形式,即圆曲线和缓和曲线。线路平面组成,见图12-1。

圆曲线是一段具有相同半径的圆弧;缓和曲线则是曲率半径从某一个值连续匀变为另一个值的过渡曲线。一般道路干线的平面曲线都应加设缓和曲线,地方和厂矿铁路专用线在行车速度不高时,可不设缓和曲线。

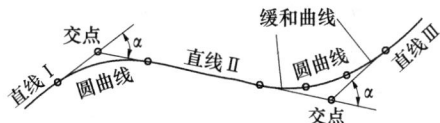

图 12 - 1

在地面上标定线路的位置,是将一系列的木桩标定在线路的中心线上,这些桩称为中线桩,简称中桩。中线桩除了标出中线位置外,还应标出各个桩的名称、编号及里程等。对线路位置起控制作用的桩称线路控制桩,直线上的控制桩有交点桩(用 *JD* 表示)和直线转点桩(用 *ZD* 表示);曲线上也有一系列控制桩,详见第 12.3 ~ 12.5 节。控制桩通常用 4 ~ 5 cm 见方的方桩钉入地面,桩顶应与地面齐平,并钉一小钉表示它精确的点位。直线和曲线上的控制桩均应设置标志桩,标志

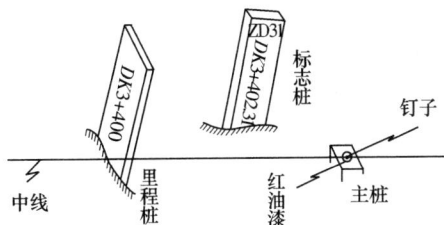

图 12 - 2

桩用宽 5 ~ 8 cm 的板桩,上面写明点的名称、编号及里程。标志桩钉在离控制桩 30 ~ 50 cm 处,直线上钉在线路前进方向的左侧,曲线上则钉在曲线的外侧,字面向着控制桩(见图 12 - 2)。为了详细标出直线和曲线的位置和里程,在直线上每 50 m,在曲线上每 20 m 钉一中线桩;里程为整百米的称百米桩,里程为整公里的称公里桩,在地形明显变化和线路与其他道路管线交叉处应设置加桩。百米桩、公里桩和加桩用宽 4 ~ 5 cm 的方桩钉设,上端标明里程,字面背着线路前进方向,桩顶上不需钉小钉。

里程是指中线桩沿线路至线路起点的距离,它是沿线路中线计量,以 km 为单位。一般以线路起点为 *DK*0 + 000,图 12 - 2 中直线转点(*ZD*)桩,该桩距线路起点 3 402.31 m,*DK* 表示定测里程。

二、线路中线测量方法及要求

线路中线测量是线路定测阶段的主要工作,它的任务是把在带状地形图上设计好的线路中线测设到地面上,并用木桩标定出来。线路中线可采用极坐标法、GPS RTK 等方法测设。

中线上应钉设公里桩、百米桩和加桩。直线上中桩间距不宜大于 50 m;在地形变化处或按设计需要应另设加桩,加桩一般宜设在整米处。圆曲线上中桩里程宜为 20 m 的整数倍。

中桩桩位误差,按《测规》要求不超过下列限差:

$$纵向为 \left(\frac{s}{2\ 000} + 0.1 \right) \text{m};横向为 } 10 \text{ cm}。$$

式中:s 为相邻中桩间的距离,m。

全站仪中线测量应符合下列要求:

①中线测量应采用Ⅲ级及以上测距精度的全站仪进行施测。

②中桩一般应直接从平面控制点测设。特殊困难条件下,可从平面控制点上发展附

合导线或支导线。支导线条数不应超过二条。

③采用极坐标法测量中桩时,测设距离不宜大于 500 m。

GPS RTK 中线测量应符合下列要求:

①参考站宜设于已知平面高程控制点上。

②求解基准转换参数时,公共点平面残差应控制在 1.5 cm 以内,高程残差应控制在 3 cm 以内。

③放线作业前,所有流动站都应对已知点进行检核并记录,平面互差应小于 2 cm,高程互差应小于 4 cm。

④重新设置参考站后,应对最后两个中桩进行复测并记录,平面互差应小于 7 cm,高程互差应小于 5 cm。

⑤中桩坐标偏差应控制在 5 cm 以内。

§12.3　圆曲线的测设

当线路从一个方向转向另一个方向时,必须用曲线来连接。其中,圆曲线是最基本的平面曲线。在铁路专用线和四级公路线路上,可以直接敷设圆曲线。

道路曲线测设常用的方法有:偏角法、切线支距法、极坐标法和 GPS RTK 等方法。

首先介绍圆曲线的测设方法。

一、圆曲线要素计算与主点测设

为了测设圆曲线的主点,要先计算圆曲线的要素。

1. 圆曲线的主点

如图 12 - 3 所示:JD 为交点,即两直线相交的点;ZY 为直圆点,按线路前进方向由直线进入圆曲线的分界点;QZ 为曲中点,为圆曲线的中点;YZ 为圆直点,按线路前进方向由圆曲线进入直线的分界点;ZY、QZ、YZ 三点称为圆曲线的主点。

2. 圆曲线要素及其计算

在图 12 - 3 中:T 为切线长,为交点至直圆点或圆

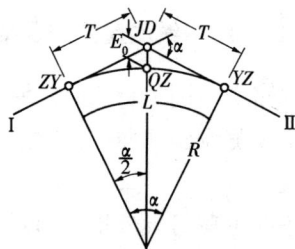

图 12 - 3

直点的长度;L 为曲线长,即圆曲线的长度(自 ZY 经 QZ 至 YZ 的圆弧长度);E_0 为外矢距,为 JD 至 QZ 的距离;T、L、E_0 称为圆曲线要素;$α$ 为转向角。沿线路前进方向,下一条直线段向左转则为 $α_左$;向右转则为 $α_右$;R 为圆曲线的半径;$α$、R 为计算曲线要素的必要资料,是已知值。$α$ 可由外业直接测出,亦可由纸上定线求得;R 为设计时采用的数据。

圆曲线要素的计算公式,由图 12 - 3 得:

$$
\left.\begin{array}{l}
\text{切线长} \quad T = R \cdot \tan \dfrac{\alpha}{2} \\[3mm]
\text{曲线长} \quad L = R \cdot \alpha \cdot \dfrac{\pi}{180°} \\[3mm]
\text{外矢距} \quad E_0 = R\left(\sec \dfrac{\alpha}{2} - 1\right)
\end{array}\right\} \qquad (12-1)
$$

式中计算 L 时，α 以度为单位。

在已知 α、R 的条件下，即可按式（12-1）计算曲线要素。

【例】已知 $\alpha = 55°43'24''$，$R = 500$ m，则曲线要素为 $T = 264.31$ m，$L = 486.28$ m，$E_0 = 65.56$ m。

3. 圆曲线主点里程计算

主点里程计算是根据计算出的曲线要素，由一已知点里程来推算，一般沿里程增加方向由 $ZY \rightarrow QZ \rightarrow YZ$ 进行推算。

若上例已知 ZY 点的里程为 $DK53 + 621.56$，则各主点里程计算如下：

ZY	$DK53 + 621\ 56$
$+ L/2$	243.14
QZ	$DK53 + 864.70$
$+ L/2$	243.14
YZ	$DK54 + 107.84$

若已知交点 JD 的里程，则需先算出 ZY 或 YZ 的里程，由此推算其他主点的里程。

4. 主点的测设

在交点（JD）上安置经纬仪，瞄准直线 I 方向上的一个转点，在视线方向上量取切线长 T 得 ZY 点，瞄准直线 II 方向上一个转点，量 T 得 YZ 点；将视线转至内角平分线上，沿此方向，从 JD 量外矢距 E_0，用盘左、盘右分中得 QZ 点。在 ZY、QZ、YZ 点均要打方木桩，钉上小钉以示点位。

二、偏角法测设圆曲线

偏角法测设曲线一般分两步进行，先测设曲线主点，然后依据主点详细测设曲线。仅将曲线主点测设于地面上，还不能满足设计和施工的需要，为此应在两主点之间加测一些曲线点，这种工作称圆曲线的详细测设。

1. 偏角法测设曲线的原理

（1）测设原理

偏角法实质上是一种方向距离交会法。

偏角即为弦切角。

偏角法测设曲线的原理是：根据偏角和弦长交会出曲线点。如图 12-4，由 ZY 点后视 JD，拨偏角 δ_1 方向与量出的弦长 c_1 交于 1 点；拨偏角 δ_2 与由 1 点量出的弦长 c_2 交于 2 点；同样方法可测设出曲线上的其他点。

（2）弧弦差的影响

道路曲线半径一般较大，20 m 的圆弧长与相应的弦长相差很小，$R = 450$ m 时，弦弧差为 2 mm，两者的差值在距离丈量的容许误差范围内，因而通常情况下，可将 20 m 的弦长当作弧长看待；只有当 $R \leq 400$ m 时，测设中才考虑弦弧差的影响。

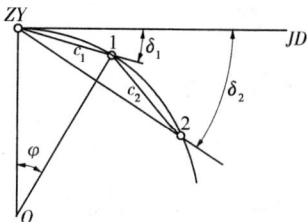

图 12 - 4

（3）偏角计算

由几何学知，曲线偏角等于其弧长所对圆心角的一半。

图 12 - 4 中，$ZY \sim 1$ 点的曲线长为 K，它所对的圆心角为 $\varphi = \dfrac{K}{R} \cdot \dfrac{180°}{\pi}$，则其相应的偏角为

$$\delta = \frac{\varphi}{2} = \frac{K}{2R} \cdot \frac{180°}{\pi} \qquad (12-2)$$

式中：R 为曲线半径；K 为置镜点至测设点的曲线长。

若测设点间曲线长相等，设第 1 点偏角为 δ_1，则各点偏角依次为

$$\delta_2 = 2 \cdot \delta_1$$
$$\delta_3 = 3 \cdot \delta_1$$
$$\vdots$$
$$\delta_n = n \cdot \delta_1$$

由于《测规》规定，圆曲线的中桩里程宜为 20 m 的整倍数，而通常在 ZY、QZ、YZ 附近的曲线点与主点间的曲线长不足 20 m，则称其所对应的弦为分弦。分弦所对应的偏角可按式（12 - 2）来计算。

上例中，ZY 里程为 53 + 621. 56，则第 1 点里程应为 53 + 640，它与 ZY 间的分弦长（曲线长）为 18. 44 m；同理，53 + 860 的曲线点与 QZ 间的分弦长为 4. 70 m。

表 12 - 2　曲线偏角资料（1）

置镜点及测设里程	点间曲线长（m）	偏角°	偏角′	偏角″	备注
ZY　53 + 621. 56		0	00	00	后视 JD
+640	18. 44	1	03	24	
+660	20	2	12	09	
⋮	⋮		⋮		
+860	20	13	39	42	
QZ　53 + 864. 70	4. 70	13	55	51	校核

2. 圆曲线详细测设举例

圆曲线详细测设前，曲线主点 ZY、QZ、YZ 已测设好，因此通常以 ZY 和 YZ 作测站，分别测设 $ZY \sim QZ$ 和 $YZ \sim QZ$ 曲线段，并闭合于 QZ 作检核。

以上例资料为依据，举例说明测设的步骤与方法。

（1）以 ZY 为测站

1）偏角计算

已知 ZY 里程为 $DK53 + 621. 56$，QZ 为 $DK53 + 864. 70$，$R = 500$ m，曲线 $ZY \to QZ$ 为顺

时针转(见图 12 -5)。偏角资料计算见表 12 -2。由于偏角值
与度盘读数增加方向一致,故称"正拨"。

2)测设方法

①置经纬仪于 ZY 点,盘左以 0°00′00″后视 JD。

②打开照准部并转动之,当水平度盘读数为 1°03′24″时制
动照准部;然后由 ZY 点开始,沿视线方向丈量 18.44 m 得 1
点,并打下木板桩。

③转动水平微动螺旋,当度盘读数为 2°12′09″时制动照准
部,由 1 点丈量 20 m,视线与钢尺 20 m 分画相交处即为 2 点。

④同法,依次测出 3,4,…直至 QZ′。

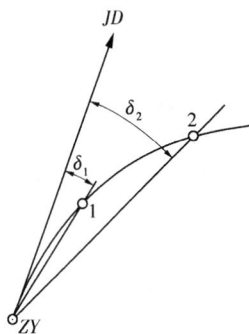

图 12 -5

测得 QZ′点后,与主点 QZ 位置进行闭合校核。当闭合差
合限时,曲线点位一般不再作调整;若闭合差超限,则应查找原因并重测。

偏角法的优点是有闭合条件做校核,缺点是测设误差累积。

(2)以 YZ 为测站

如图 12 -6,曲线 YZ→QZ 为逆时针,偏角资料计算应采用"反拨"值,见表 12 -3。由
于偏角值与度盘读数减少方向一致,故称"反拨"。其测设方法同(1)。

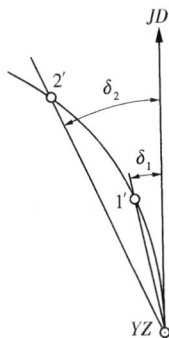

图 12 -6

表 12 -3 曲线偏角资料(2)

置镜点及测设里程	点间曲线长(m)	偏角 °	′	″	备注
YZ　54 +107.84		0	00	00	后视 JD
+100	7.84	359	33	03	
+80	20	358	24	18	
⋮	⋮	⋮			
53 +880	20	346	56	45	
QZ　53 +864.70	15.30	346	04	09	校核

三、切线支距法测设圆曲线

切线支距法,实质为直角坐标法。它是以 ZY 或 YZ
为坐标原点,以过 ZY(或 YZ)的切线为 x 轴,切线的垂线
为 y 轴。x 轴指向 JD,y 轴指向圆心 o,如图 12 -7。

曲线点的测设坐标按下式计算:

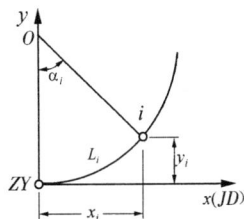

图 12 -7

$$\left.\begin{array}{l} x_i = R \cdot \sin\alpha_i \\ y_i = R(1 - \cos\alpha_i) \\ \alpha_i = \dfrac{L_i}{R} \cdot \dfrac{180°}{\pi} \end{array}\right\} \quad (12-3)$$

式中:L_i 为曲线点 i 至 ZY(或 YZ)的曲线长。L_i 一般定为 10 m,20 m,$\cdots$,已知 R,即可计算出 x_i、y_i。

测设时从 ZY 或 YZ 开始,沿切线方向直接量出 x_i 并钉桩;若 y_i 较小时,可用方向架或直角器在 x_i 点测设曲线点,当 y_i 较大时,应在 x_i 处安置经纬仪来测设。

四、极坐标法测设圆曲线

由于初测导线点在线路附近,当采用全站仪测设线路时,仪器架在导线点上,利用极坐标法测设圆曲线,不仅能够快速测设出曲线点的平面位置,同时可以测出曲线点所在地面的高程。因此,随着全站仪的日渐普及,极坐标法测设曲线已经成为非常重要的一种方法。

采用极坐标法测设曲线,首先要计算出曲线点在导线点坐标系下的坐标,然后用极坐标法测设点的平面位置的方法进行测设。如图 12 − 8,A、B 为导线点,其坐标系为 XOY,i 为圆曲线上一点,通过坐标反算可以得到 JD→ZY 的坐标方位角,通过坐标正算先算出 P 在 XOY 坐标系下坐标,再算出 i 点在 XOY 坐标系下的坐标。由 A、B、i 点的坐标,坐标反算出坐标方位角 α_{Ai} 和 α_{AB} 及距离 S_{Ai}。

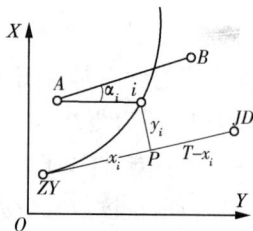

图 12 − 8

测设方法为:全站仪安置于 A 点,后视 B 点,水平度盘读数设置为 α_{AB},顺时针转动照准部,当水平度盘读数为 α_{Ai} 时,沿视线方向测设水平距离 S_{Ai} 定出 i 点。

用全站仪极坐标法放样点位的基本操作步骤为:

①将全站仪安置于 A 点,进入放样程序,进行测站设置(输入 A 点坐标、高程、仪器高等)。

②盘左照准 B 点进行后视定向(输入 B 点坐标、高程、镜高等),定向结束后,显示的水平角度应为 α_{AB}。

③为保证定向的正确性,照准 B 点的反光镜测量其坐标,应与 B 点坐标的已知值一致。

④输入放样点 i 的坐标,全站仪会显示一些计算出的数据,需要找到其中主要的两个数据:一个是水平角度的差值,一个是水平距离的差值。找到这两个数据后,首先旋转照准部使水平角度的差值这项数据变成 0°0′0″。指挥立镜人员到望远镜方向上立镜(注意:此时全站仪的望远镜水平方向不能动,只能是棱镜左右移动到望远镜方向上),然后测距。再根据测距后仪器显示的水平距离差值,指挥立镜人员前后移动,直到距离差值小于限差要求,此时反光镜位置即视为 i 点,放样结束。

极坐标法不仅可以跨越地面上的障碍,而且精度高,速度快,是一种能适用于各种地形的测设方法。

四、GPS RTK 测设圆曲线

随着 GPS 设备的普及,GPS RTK 法已经成为一种测设点位的有效方法。采用 GPS RTK 法测设曲线,先要计算出曲线点在控制点坐标系下的坐标,然后用 GPS RTK 法测设点的平面位置。首先,将基准站安置在已知点上,流动站在另一已知点上静止观测数分钟,进行初始化工作,求解坐标转换参数并存入测量手簿。然后,进入放样程序,输入放样点坐标,按手簿屏幕指示的方向和距离移动对中杆,直至达到放样点位置。

§12.4　缓和曲线

一、缓和曲线的概念与性质

缓和曲线是曲率半径从某一个值连续匀变为另一个值的一种过渡曲线,公路中又叫回旋线。缓和曲线适合以一定运行速度的车辆前轮逐渐转向的行驶轨迹,是线路中线设计的基本线形之一,这种基本线形与圆曲线相结合构成线路中线直线段转向的标准曲线。如图 12-9,在直线段与圆曲线段之间插入的 *ZH—HY* 线段是缓和曲线,它在直线分界处 *ZH* 点的曲率半径为∞,在圆曲线相接处 *HY* 点的半径与圆曲线半径 *R* 相等。缓和曲线曲线上任一点的曲率半径 ρ 与该点到曲线起点的长度成反比,即:

$$\rho \propto \frac{1}{l} \quad 或 \quad \rho l = A^2 \qquad (12-4)$$

式中:A^2 是一个常数,称曲线半径变更率。

当 $l = l_0$ 时,$\rho = R$,所以

$$Rl_0 = A^2 \qquad (12-5)$$

式中:l_0 为缓和曲线总长。

当半径 *R* 与 l_0 或 *A* 值确定了,则缓和曲线的形状也就确定了,铁路设计中一般用 l_0 作为设计缓和曲线的参数,公路设计中用 l_0 或 *A* 值来设计缓和曲线。

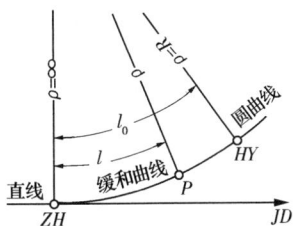

图 12-9

二、缓和曲线的插入方法

缓和曲线是在不改变直线段方向和保持圆曲线半径不变的条件下,插入到直线段和圆曲线之间,如图 12-10。这就使圆曲线沿垂直切线方向,分别向内移动距离 p_1 和 p_2。缓和曲线约一半长度处在原圆曲线范围内,另一半处在原直线范围内。插入缓和曲线后,使圆曲线的长度变短了。图 12-10 是道路线路一般平面曲线的线形,其中曲线首尾两端缓和曲线不等长,为不对称型曲线。

插入缓和曲线后,曲线主点有 5 个,它们是:直缓点 *ZH*、缓圆点 *HY*、曲中点 *QZ*、圆缓点 *YH* 及缓直点 *HZ*。

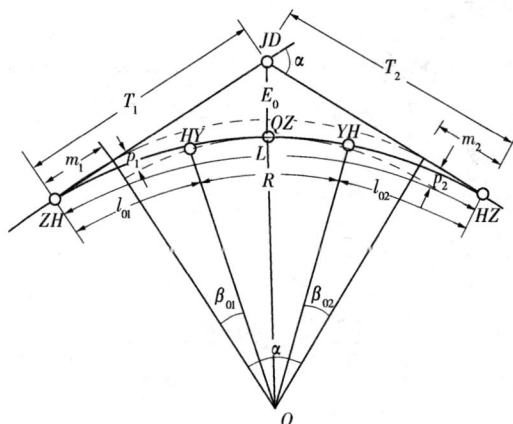

图 12-10

三、缓和曲线方程式

按照 $\rho l = A^2$ 为必要条件导出的缓和曲线方程为:

$$\left.\begin{array}{l} x = l - \dfrac{l^5}{40A^4} + \dfrac{l^9}{3\ 456A^8} - \cdots + \dfrac{(-1)^{n+1}}{(2n-2)!}\left(\dfrac{1}{2A^2}\right)^{2n-2}\dfrac{l^{4n-3}}{4n-3} \\[3mm] y = \dfrac{l^3}{6A^2} - \dfrac{l^7}{336A^6} + \dfrac{l^{11}}{42\ 240A^{10}} - \cdots + \dfrac{(-1)^{n+1}}{(2n-1)!}\left(\dfrac{1}{2A^2}\right)^{2n-1}\dfrac{l^{4n-1}}{4n-1} \end{array}\right\} \quad (12-6)$$

根据测设要求的精度,实际应用中可将高次项舍去,并顾及到 $Rl_0 = A^2$,则上式变为

$$\left.\begin{array}{l} x = l - \dfrac{l^5}{40R^2 l_0^2} \\[3mm] y = \dfrac{l^3}{6Rl_0} - \dfrac{l^7}{336R^3 l_0^3} \end{array}\right\} \quad (12-7)$$

式中: x、y 为缓和曲线上任意一点的直角坐标,坐标原点为直缓点(ZH)或缓直点(HZ);通过该点的缓和曲线切线为 x 轴。l 为缓和曲线上任一点到 ZH(或 HZ)的曲线长;l_0 为缓和曲线总长度。

当 $l = l_0$ 时,缓和曲线 HY 点(或 YH 点)的坐标为:

$$\left.\begin{array}{l} x_0 = l_0 - \dfrac{l_0^3}{40R^2} \\[3mm] y_0 = \dfrac{l_0^2}{6R} - \dfrac{l_0^4}{336R^3} \end{array}\right\} \quad (12-8)$$

对于铁路曲线,其半径 R 和缓和曲线长度 l_0 是从其相应序列中取值,并且 l_0 相对于 R 来说小得多,所以 y 可以进一步简化,舍去后面一项,所产生的影响对实地测设精度可忽略不计。如 $R = 500$ m,$l_0 = 100$ m,则舍去后面一项的最大影响 $\Delta y_0 = 2.4$ mm,可忽略不计。坐标公式可简化为:

$$
\left.
\begin{aligned}
x &= l - \frac{l^5}{40R^2 l_0^2} \\
y &= \frac{l^3}{6R l_0}
\end{aligned}
\right\}
\qquad (12-9)
$$

缓和曲线 HY 点(或 YH 点)的坐标为:

$$
\left.
\begin{aligned}
x_0 &= l_0 - \frac{l_0^3}{40R^2} \\
y_0 &= \frac{l_0^2}{6R}
\end{aligned}
\right\}
\qquad (12-10)
$$

四、缓和曲线常数的计算

β_0、δ_0、m、p、x_0、y_0 称为缓和曲线的常数。其物理含义及几何关系如图 12-9 及图 12-10 所示。

β_0 为缓和曲线切线角,即 HY(或 YH)点的切线与 ZH(或 HZ)点切线的夹角;

δ_0 为缓和曲线的总偏角;

m 为切垂距,即 ZH(或 HZ)到由圆心 O 向切线所作垂线垂足的距离;

p 为圆曲线内移量,为垂线长与圆曲线半径 R 之差。

x_0、y_0 的计算见式(12-10),其他常数的计算公式如下:

$$
\left.
\begin{aligned}
\beta_0 &= \frac{l_0}{2R} \cdot \frac{180°}{\pi} \\
\delta_0 &= \frac{1}{3}\beta_0 = \frac{l_0}{6R} \cdot \frac{180°}{\pi} \\
m &= x_0 - R \cdot \sin\beta_0 = \frac{l_0}{2} - \frac{l_0^3}{240R^2} \\
p &= y_0 + R\cos\beta_0 - R \approx \frac{l_0^2}{24R}
\end{aligned}
\right\}
\qquad (12-11)
$$

下面我们推导式(12-11)中最常用的两个常数 β_0 和 δ_0,见图 12-11。

(1)求 β_0

设 β 为缓和曲线上任一点的切线角;ρ 为该点曲线的曲率半径;l 为该点至 ZH 点的缓和曲线长。

因为 $\mathrm{d}\beta = \mathrm{d}l/\rho$,将 $\rho l = R l_0$ 代入,则

$$\mathrm{d}\beta = l \cdot \mathrm{d}l / R l_0$$

所以 $\beta = \int_0^l \mathrm{d}\beta = \int_0^l \frac{l\mathrm{d}l}{R l_0} = \frac{l^2}{2R l_0}$

当 $l = l_0$ 时,$\beta = \beta_0$

则 $\beta_0 = \frac{l_0}{2R} \cdot \frac{180°}{\pi}$

(2)求 δ_0

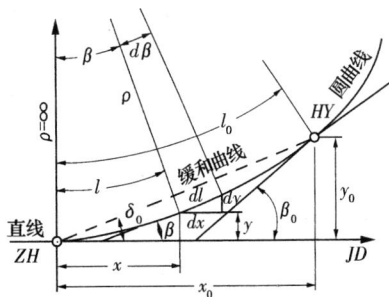

图 12-11

由图 12 – 11 知, $\tan\delta_0 = \dfrac{y_0}{x_0}$

因为 δ_0 很小, 故 $\delta_0 \approx \tan\delta_0 = \dfrac{y_0}{x_0}$

将式(12 – 10)代入上式, 并取至二次项,

所以 $$\delta_0 = \frac{l_0}{6R} = \frac{\beta_0}{3}$$

§12.5　缓和曲线连同圆曲线的测设

道路缓和曲线连同圆曲线的测设, 常用方法有: 偏角法、切线支距法、极坐标法和 GPS RTK 等方法。极坐标法和 GPS RTK 的外业测设同圆曲线, 不再赘述。

一、偏角法测设曲线

1. 曲线综合要素计算

由图 12 – 15 可知, 曲线综合要素计算公式如下:

$$\left.\begin{array}{l}
\text{第一切线长}\quad T_1 = \dfrac{R + p_2 - (R + p_1)\times\cos\alpha}{\sin\alpha} + m_1 \\[3mm]
\text{第二切线长}\quad T_2 = \dfrac{R + p_1 - (R + p_2)\times\cos\alpha}{\sin\alpha} + m_2 \\[3mm]
\text{曲线长}\quad L = l_{01} + l_{02} + \dfrac{\pi(\alpha - \beta_{01} - \beta_{02})}{180°}R \\[3mm]
\text{外矢距}\quad E_0 = \dfrac{\sqrt{(R + p_2)^2 - 2(R + p_1)(R + p_2)\cos\alpha + (R + p_1)^2}}{\sin\alpha} - R
\end{array}\right\}$$

$$(12 – 12)$$

当曲线首尾两端缓和曲线等长时为对称型曲线。铁路线路中的曲线都为对称型曲线, 对称型曲线的综合要素计算公式为:

$$\left.\begin{array}{l}
\text{切线长}\quad T_1 = m + (R + p)\cdot\tan\dfrac{\alpha}{2} \\[3mm]
\text{曲线长}\quad L = 2l_0 + \dfrac{\pi(\alpha - 2\beta_0)}{180°}R = l_0 + \dfrac{\pi R\alpha}{180°} \\[3mm]
\text{外矢距}\quad E_0 = (R + p)\cdot\sec\dfrac{\alpha}{2} - R
\end{array}\right\}\quad(12 – 13)$$

【例】已知对称型曲线 $R = 500$ m, $l_0 = 60$ m, $\alpha = 28°36'20''$, 求曲线综合要素。

由式(12 – 11)、式(12 – 13)计算得:

$T = 157.56$ m; $L = 309.64$ m; $E_0 = 16.31$ m

2. 主点的里程计算与测设

(1)主点里程计算

已知 ZH 里程为 33 + 424.67, 则主点里程为

$$ZH \qquad 33+424.67$$
$$+\quad l_0 \qquad\qquad 60$$
$$HY \qquad 33+484.67$$
$$+\frac{L}{2}-l_0 \qquad\qquad 94.82$$
$$QZ \qquad 33+579.49$$
$$+\frac{L}{2}-l_0 \qquad\qquad 94.82$$
$$YH \qquad 33+674.31$$
$$+\quad l_0 \qquad\qquad 60$$
$$HZ \qquad 33+734.31$$

（2）主点的测设

主点 ZH、HZ、QZ 的测设方法与前述圆曲线主点测设方法相同；而缓圆点 HY 和圆缓点 YH 的测设通常采用切线支距法，见图 12-11。自 ZH（或 HZ）沿切线方向量取 x_0，打桩、钉小钉，然后将经纬仪架在该桩上，后视切线沿垂直方向量取 y_0，打桩、钉小钉，得 HY（或 YH）点。

为保证主点测设精度，角度要用测回法分中定点；距离应往返丈量，在限差以内取平均值。

3. 缓和曲线的详细测设

（1）偏角计算

由图 12-12 知，缓和曲线上任一点 i 的偏角为：

$$\delta \approx \sin\delta \approx \frac{y}{l} \text{（因为 } \delta \text{ 很小）}$$

因为　　$y=\dfrac{l^3}{6Rl_0}$（见式 12-9）

所以　　$\delta=\dfrac{l^2}{6Rl_0}\cdot\dfrac{180°}{\pi}$

又因为　$\beta=\dfrac{l^2}{2Rl_0}\cdot\dfrac{180°}{\pi}$

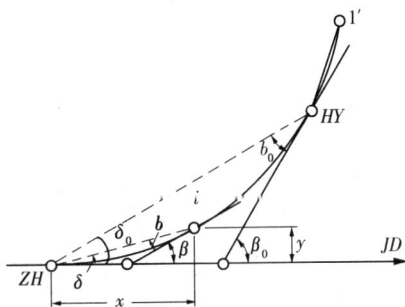

图 12-12

所以　　$\delta=\dfrac{\beta}{3}$；$b=\beta-\delta=2\delta$ \hfill （12-14）

式中：δ 为缓和曲线上任一点的正偏角，b 为该点的反偏角。

同理可得：　　　　　　$b_0=2\delta_0$ \hfill （12-15）

由式（12-14）、（12-15）可得出结论：

缓和曲线上任一点后视起点的反偏角，等于由起点测设该点正偏角的两倍。

铁路线路的缓和曲线长度均为 10 m 的整倍数，为测设方便，一般每 10 m 测设一点。

若将缓和曲线等分为 N 段,则各分段点的偏角之间有如下关系:

设 δ_1 为第 1 点的偏角, δ_i 为第 i 点的偏角,因为 $\delta_i = \dfrac{l_i^2}{6Rl_0} \cdot \dfrac{180°}{\pi}$

所以 $\qquad\qquad \delta_1:\delta_2:\cdots:\delta_n = l_1^2:l_2^2:\cdots:l_n^2$ $\qquad\qquad$ (12-16)

也就是说偏角与测点到缓和曲线起点的曲线长度的平方成正比。

在等分条件下, $l_2 = 2l_1, l_3 = 3l_1, \cdots, l_n = Nl_1$

故得: $\delta_2 = 2^2\delta_1, \delta_3 = 3^2\delta_1, \cdots, \delta_n = N^2\delta_1 = \delta_0$

所以 $\qquad\qquad\qquad\qquad \delta_1 = \dfrac{1}{N^2}\delta_0$ $\qquad\qquad$ (12-17)

因此,由缓和曲线的总偏角 δ_0,可求得缓和曲线上任一点的偏角 δ_i。

【例】已知对称型曲线 $R = 500$ m, $l_0 = 60$ m, ZH 点的里程为 $DK33+424.67$,求缓和曲线上各点的偏角。

按测规要求,缓和曲线应 10 m 一点,则

$\qquad N = 6$

由式(12-11)可知

$\delta_0 = \dfrac{\beta_0}{3} = \dfrac{l_0}{6R}\dfrac{180°}{\pi} = \dfrac{60}{6\times500} \cdot \dfrac{180°}{\pi} = 1°08'45''$

所以 $\delta_1 = \dfrac{1}{N^2}\delta_0 = \dfrac{1°08'45''}{6^2} = 1'55''$

各点偏角计算值见表 12-6。

(2)缓和曲线的测设方法

如图 12-13,将经纬仪安置于 ZH 点,后视 JD,将水平度盘安置在 $0°00'00''$ 位置,转动照准

表 12-4 偏角值计算表

里 程	偏角值
↑ ZH	$0°00'00''$
$DK33+424.67$	
$+434.67$	$\delta_1 = 1'55''$
$+444.67$	$\delta_2 = 2^2 \cdot \delta_1 = 7'38''$
$+454.67$	$\delta_3 = 3^2 \cdot \delta_1 = 17'11''$
$+464.67$	$\delta_4 = 4^2 \cdot \delta_1 = 30'33''$
$+474.67$	$\delta_5 = 5^2 \cdot \delta_1 = 47'45''$
HY $K33+484.67$	$\delta_6 = 6^2 \cdot \delta_1 = 1°08'45'' = \delta_0$

部拨偏角 δ_0,校核 HY 点位,如在视线方向上,即可开始测设其他点。依次拨 $\delta_1, \delta_2, \cdots, \delta_n$,量出点与点之间的弦长与相应视线相交,即可定出曲线点 1,2,…。

在缓和曲线的测设中,亦应注意偏角的正拨与反拨的度盘安置方法。

4. 圆曲线的详细测设

加入缓和曲线之后圆曲线的测设,其关键是确定后视方向及水平度盘安置值。如图 12-13,经纬仪安置于 HY 点上,后视 ZH,并将度盘读数安置为反偏角 b_0 值,倒转望远镜反拨圆曲线上第 1' 点的偏角 δ_1',得相应曲线点 1',直至 QZ。另一半曲线,则在 YH 点设站,以 $(360° - b_0)$ 来后视 HZ,而倒镜后圆曲线为正拨偏角值来测设。

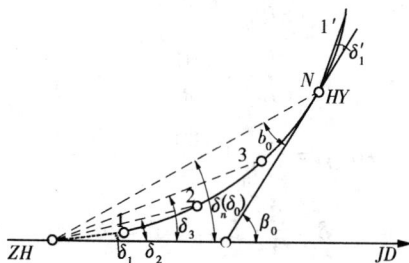

图 12-13

二、切线支距法测设曲线

1. 坐标计算公式

如图 12 - 14,它是以 $ZH($ 或 $HZ)$ 为坐标原点,以切线为 x 轴,垂直切线方向为 y 轴。

(1)缓和曲线部分

$$\left.\begin{array}{l} x = l - \dfrac{l^5}{40R^2 l_0^2} \\[3mm] y = \dfrac{l^3}{6Rl_0} \end{array}\right\} \qquad (12 - 18)$$

(2)圆曲线部分

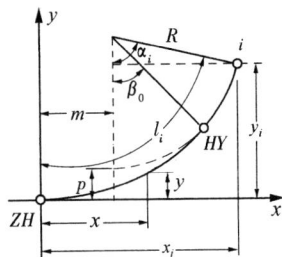

图 12 - 14

$$\left.\begin{array}{l} x_i = R \cdot \sin\alpha_i + m \\[2mm] y_i = R(1 - \cos\alpha_i) + p \end{array}\right\} \qquad (12 - 19)$$

式中:$\alpha_i = \dfrac{l_i - l_0}{R} \cdot \dfrac{180°}{\pi} + \beta_0$

2. 测设方法

与切线支距法测设圆曲线的方法相同。

三、极坐标法测设曲线

当线路附近有控制点同时具有全站仪时,采用极坐标法进行曲线放样是一种精度高,速度快的有效方法。进行极坐标法测设曲线的关键是计算出曲线点在控制点坐标系下的坐标。

由式(12 - 18)及(12 - 19)可计算出曲线上任一点的坐标,其坐标系是以 ZH 点(或 HZ 点)为原点、以切线为 x 轴所定义的,这里称为局部坐标系。同控制点的坐标系并不一致,控制点的坐标系称为整体坐标系。故不能在控制点上架设全站仪,直接利用局部坐标进行极坐标放样,必须将曲线点的局部坐标转换到整体坐标系下才能放样。

1. 坐标转换原理

如图 12 - 15,i、k 点在 $x'oy'$ 局部坐标系下的坐标分别为 x_i'、y_i'、x_k'、y_k',在 XOY 整体坐标系下的坐标分别为 x_i、y_i,x_k、y_k。局部坐标系的 x' 轴在整体坐标系下的坐标方位角为 α,局部坐标系的原点在整体坐标系下的坐标为 x_o、y_o,则坐标转换公式如下:

$$\begin{bmatrix} x_i - x_k \\ y_i - y_k \end{bmatrix} = \begin{bmatrix} \cos\alpha & -\sin\alpha \\ \sin\alpha & \cos\alpha \end{bmatrix} \begin{bmatrix} x_i' - x_k' \\ y_i' - y_k' \end{bmatrix}$$

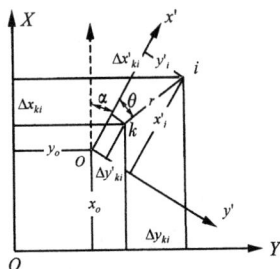

图 12 - 15

$$(12 - 20)$$

或 $\begin{bmatrix} \Delta x_{ki} \\ \Delta y_{ki} \end{bmatrix} = \begin{bmatrix} \cos\alpha & -\sin\alpha \\ \sin\alpha & \cos\alpha \end{bmatrix} \begin{bmatrix} \Delta x_{ki}' \\ \Delta y_{ki}' \end{bmatrix}$

上述公式可以通过极坐标与直角坐标的转换推导得出。推导过程如下:

$\vec{ki}$ 矢量在 $x'oy'$ 局部坐标系下的极坐标为 (r,θ)，直角坐标增量为 $(\Delta x'_{ki}, \Delta y'_{ki})$，则有：

$$\left. \begin{array}{l} \Delta x'_{ki} = r\cos\theta \\ \Delta y'_{ki} = r\sin\theta \end{array} \right\} \qquad (12-21)$$

$\vec{ki}$ 矢量在 XOY 坐标系下的极坐标为 $(r,\theta+\alpha)$，直角坐标增量为 $(\Delta x_{ki}, \Delta y_{ki})$，顾及式 $(12-21)$，则有：

$$\left. \begin{array}{l} \Delta x_{ki} = r\cos(\theta+\alpha) = r\cos\theta\cos\alpha - r\sin\theta\sin\alpha = \Delta x'_{ki}\cos\alpha - \Delta y'_{ki}\sin\alpha \\ \Delta y_{ki} = r\sin(\theta+\alpha) = r\sin\theta\cos\alpha + r\cos\theta\sin\alpha = \Delta y'_{ki}\cos\alpha + \Delta x'_{ki}\sin\alpha \end{array} \right\} \qquad (12-22)$$

当 k 点为局部坐标系的原点 o，则得出一般情况下的坐标转换公式：

$$\begin{bmatrix} x_i \\ y_i \end{bmatrix} = \begin{bmatrix} \cos\alpha & -\sin\alpha \\ \sin\alpha & \cos\alpha \end{bmatrix} \begin{bmatrix} x'_i \\ y'_i \end{bmatrix} + \begin{bmatrix} x_o \\ y_o \end{bmatrix} \qquad (12-23)$$

注意，该公式适用于测量坐标系，即局部坐标系和整体坐标系都必须是 x 轴顺时针转 $90°$ 到 y 轴。

2. 应用示例

如图 12-16，A、B 为导线点，其坐标在 XOY 坐标系下，以 A、B 为基准，用极坐标法测设曲线，就必须计算出曲线点在 XOY 坐标系下的坐标。

(1) $x'ZHy'$ 局部坐标系的转换

$ZH \rightarrow YH$ 这部分曲线的局部坐标可由式 $(12-18)$、$(12-19)$ 计算得出。由式 $(12-23)$ 知，要进行坐标转换，必须得到局部坐系原点在整体坐标系下的坐标及局部坐标系的 x' 轴在整体坐标系下的坐

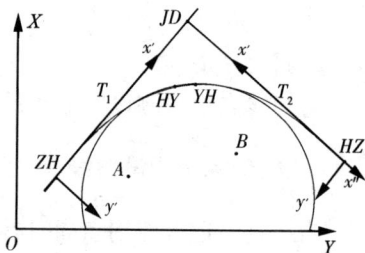

图 12-16

标方位角。由于交点的坐标通过纸上定线已得出，通过坐标反算可得出 $ZH \rightarrow JD$ 的坐标方位角；由 JD 坐标和切线长 T_1 通过坐标正算可计算出 ZH 点的坐标。

(2) $x'HZy'$ 局部坐标系的转换

由于 $x'HZy'$ 局部坐标系的 x' 轴逆时针转 $90°$ 到 y' 轴，故由式 $(12-18)$ 算出 $HZ \rightarrow YH$ 的局部坐标不能直接代入 $(12-23)$ 式。要先将 x' 轴变为 x'' 轴，才能用式 $(12-23)$ 进行转换，也就是将 x 反号、y 不变代入式 $(12-23)$ 计算出整体坐标。此时 α 为 x'' 轴的坐标方位角。

§12.6　线路坐标通用计算模型

公路曲线相对于铁路曲线来说要灵活得多：铁路曲线都为完整对称型曲线，而公路曲线可以是不对称型曲线，并且缓和曲线也可以是由某一圆曲线半径过渡到另一圆曲线半径的不完整缓和曲线。在计算缓和曲线坐标的公式中，铁路曲线取一项就可以达到测设精度的要求，而公路设计规范要求在确定缓和曲线参数时，选定的范围为：$R/3 \leqslant A \leqslant R$。故 y 坐标的公式要取两项才可以达到测设精度的要求。此时缓和曲线偏角的计算只能先计算出曲线点的坐标，再通过坐标反算计算出偏角。因此，能够快速计算出线路点位坐标

对公路测设显得尤为重要。本节介绍一种适合于任何线形,易于计算机编程实现的线路坐标通用计算模型。

一、公路平面线形要素的组合类型

公路中直线、圆曲线、缓和曲线的组合,可视情况选用以下几种组合形式:

(1)基本形:按直线→缓和曲线→圆曲线→缓和曲线→直线的顺序组合,如图 12-16。

(2)S 形:两个反向圆曲线用缓和曲线连接的组合,如图 12-17。

(3)卵形:用一个缓和曲线连接两个同向圆曲线的组合,如图 12-18。

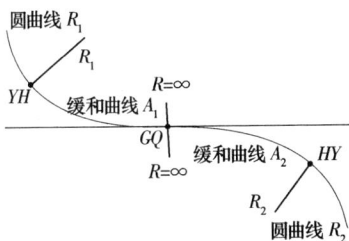

图 12-17

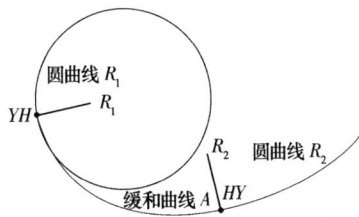

图 12-18

(4)凸形:在两个同向缓和曲线间不插入圆曲线而径相衔接的形式,如图 12-19。

(5)C 形:同向曲线的两缓和曲线在曲率为零处径相衔接(即连接处曲率为 0,$R = \infty$)的形式,如图 12-20。

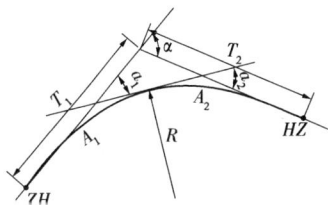

图 12-19

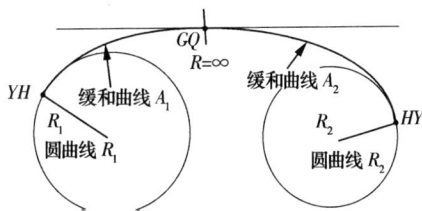

图 12-20

二、坐标通用计算模型

尽管公路线形相对铁路线形来说更为灵活,但其线形组成也同铁路线形一样,只有三种基本线元,即:直线、圆曲线和缓和曲线。针对这三种基本线元本节给出适于计算机编程实现的坐标通用计算模型。该计算模型基于每个线元的起始数据(即线元的起点坐标、方位角、半径)已知,计算线元上任意一点的坐标和坐标方位角。

1. 直线

如图 12-21 所示,已知直线起点 S 的坐标为(x_s、y_s),切线坐标方位角为 α_s,B 点在直线线元上,距离线元起点 S 的长度为 l,由坐标正算可得:

图 12-21

$$\left. \begin{array}{l} x_B = x_s + l\cos\alpha_s \\ y_B = y_s + l\sin\alpha_s \end{array} \right\} \qquad (12-24)$$

2. 圆曲线

如图 12 – 22 所示,已知圆曲线起点 S 的坐标为$(x_s$、$y_s)$,切线坐标方位角为 α_s,半径为 R,B 点在圆曲线线元上,距离线元起点 S 的长度为 l,则:

B 点坐标方位角 $\alpha_B = \alpha_s + ZorY \times \theta = \alpha_s + ZorY \times l/R$

式中:曲线左转时 $ZorY = -1$;曲线右转时 $ZorY = 1$。

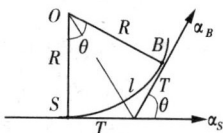

图 12 – 22

$$\left. \begin{array}{l} x_B = x_s + T\cos\alpha_s + T\cos\alpha_B = x_s + R\tan\dfrac{\theta}{2}(\cos\alpha_s + \cos\alpha_B) \\ y_B = y_s + T\sin\alpha_s + T\sin\alpha_B = y_s + R\tan\dfrac{\theta}{2}(\sin\alpha_s + \sin\alpha_B) \end{array} \right\} \qquad (12-25)$$

3. 缓和曲线

铁路线形中的缓和曲线都是完整的缓和曲线,公路线形中存在不完整的缓和曲线,如卵形线。为了不失一般性,设缓和曲线起点 S 的坐标为$(x_s$、$y_s)$半径为 R_s,切线坐标方位角为 α_s,缓和曲线参数为 A,B 点在缓和曲线线元上,距离线元起点 S 的长度为 l。由于缓和曲线线元存在线元起点半径 R_s 大于线元终点半径 R_E 和线元起点半径 R_s 小于线元终点半径 R_E 两种情况,下面分别就这两种情况给出缓和曲线坐标的计算公式。

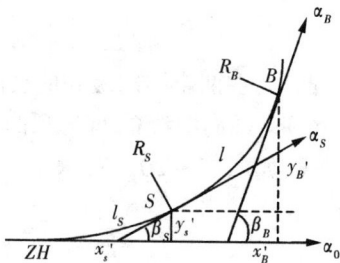

图 12 – 23

(1)$R_S > R_E$

因为 $l_S = A^2/R_S$,$l_B = l_S + l$;

所以由式(12 – 7)可计算出 S 和 B 的局部坐标 $x_s{'}$、$y_s{'}$、$x_B{'}$、$y_B{'}$,如图 12 – 23 所示。

B 点坐标方位角 $\alpha_B = \alpha_s + ZorY \times (\beta_B - \beta_S)$,其中:$\beta_S = l_S/(2R_S)$,$\beta_B = l_B/(2R_B)$

又 $R_B l_B = R_S l_S$,则 $\beta_B = l_B^2/(2R_S l_S) = (l_S + l)^2/(2R_S l_S)$

$$\left. \begin{array}{l} x_B = x_S + (x_B' - x_S')\cos\alpha_0 + (y_B' - y_S')\cos(\alpha_0 + ZorY \times 0.5\pi) \\ y_B = y_S + (x_B' - x_S')\sin\alpha_0 + (y_B' - y_S')\sin(\alpha_0 + ZorY \times 0.5\pi) \end{array} \right\} \qquad (12-26)$$

式中 $\alpha_0 = \alpha_s - ZorY \times \beta_S$;曲线左转时 $ZorY = -1$;曲线右转时 $ZorY = 1$。

(2)$R_S < R_E$

因为 $l_S = A^2/R_S$,$l_B = l_S - l$;

所以由式(12 – 7)可计算出 S 和 B 的局部坐标 $x_s{'}$、$y_s{'}$、$x_B{'}$、$y_B{'}$,如图 12 – 24 所示。

B 点坐标方位角 $\alpha_B = \alpha_s + ZorY \times (\beta_S - \beta_B)$其中 $\beta_S = l_S/(2R_S)$,$\beta_B = l_B/(2R_B)$,又 $R_B l_B = R_S l_S$,则 β_B

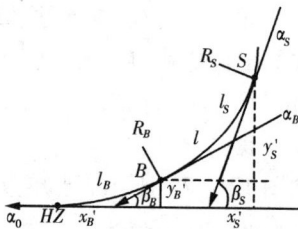

图 12 – 24

$$= l_B^2 / (2R_s l_s) = (l_s - l)^2 / (2R_s l_s)$$

$$\left. \begin{array}{l} x_B = x_S + (x_S' - x_B') \cos\alpha_0 + (y_S' - y_B') \cos(\alpha_0 - ZorY \times 0.5\pi) \\ y_B = y_S + (x_S' - x_B') \sin\alpha_0 + (y_S' - y_B') \sin(\alpha_0 - ZorY \times 0.5\pi) \end{array} \right\} \quad (12-27)$$

式中:$\alpha_0 = \alpha_s + ZorY \times \beta_s$;曲线左转时 $ZorY = -1$;曲线右转时 $ZorY = 1$。

§12.7　曲线测设的特殊问题

由于曲线本身的特殊性,或由于意外条件的限制,曲线放样往往存在与常规方法不同的特殊情况,这时道路中线测量工作,必须因地制宜,采取相应的技术措施,做好特殊情况下的曲线测设工作。

一、偏角法测设缓和曲线遇障碍

因视线受阻,仪器安置于 ZH(或 HZ)点不能一次将缓和曲线上各分段点测设完,可将经纬仪安置于任一已测设的分段点上,继续向前测设。

如图 12-25,B、T、F 为缓和曲线上的分段点,其中 B 点靠近缓和曲线起点(ZH 点或 HZ点),F 点靠近缓和曲线终点(HY 点或 YH 点),T点位于 B、F 两点之间。置镜于 T 点,则瞄准 B点和瞄准 F 点的偏角,可按下式计算:

大号到小号偏角 $\left. \begin{array}{l} \delta_B = \delta_1 (T - B)(B + 2T) \\ \text{小号到大号偏角 } \delta_F = \delta_1 (F - T)(F + 2T) \end{array} \right\}$

$$(12-28)$$

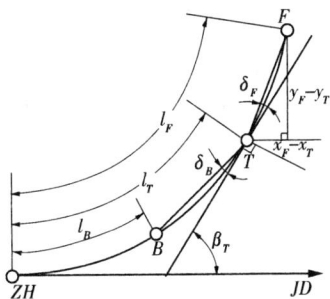

图 12-25

为便于记忆,可将两式归并为缓和曲线上任一点的弦切角

$$\delta - \delta_1 (大号 - 小号)(2 \times 测站号 + 瞄点号) \quad (12-29)$$

式中:δ_1 为缓和曲线第一分段点的偏角,$\delta_1 = \dfrac{l_1^2}{6Rl_0} \cdot \dfrac{180°}{\pi}$;$B$、$T$、$F$ 为各分段点编号;$l_1 = 10$ m。

导证:如图 12-25

设 l_1 为第 1 分段点的曲线长(一般为 10 m),则

B 点距 ZH 点的曲线长 $l_B = B \cdot l_1$;

T 点距 ZH 点的曲线长 $l_T = T \cdot l_1$;

F 点距 ZH 点的曲线长 $l_F = F \cdot l_1$;

β_T 为测站 T 的切线角。

因为　　　　　　$\delta_F = \alpha_{TF} - \beta_T$

而　　　　　　　$\beta_T = \dfrac{l_T^2}{2Rl_0}$

$$\tan\alpha_{TF} = \frac{y_F - y_T}{x_F - x_T}$$

因为 α_{TF} 角甚小, $\tan\alpha_{TF} \approx \alpha_{TF}$; 又 $x_F - x_T \approx l_F - l_T$

所以 $\delta_F = \dfrac{y_F - y_T}{l_F - l_T} - \dfrac{l_T^2}{2Rl_0}$

$$= \frac{\dfrac{l_F^3}{6Rl_0} - \dfrac{l_T^3}{6Rl_0}}{l_F - l_T} - \frac{l_T^2}{2Rl_0}$$

$$= \frac{1}{6Rl_0}(l_F^2 + l_F \cdot l_T - 2l_T^2)$$

$$= \frac{1}{6Rl_0}(l_F - l_T)(l_F + 2l_T)$$

$$= \frac{l_1^2}{6Rl_0}(F - T)(F + 2T) = \delta_1 \cdot (F - T)(F + 2T)$$

同理可证 $\delta_B = \delta_1 \cdot (T - B)(B + 2T)$

二、虚交曲线主点的测设

1. 虚交的概念

所谓虚交,即道路中线交点在实地无法得到的情形,如:

① 交点落入河流中间,无法在河中定出交点位置。

② 公路在山腰处转弯,公路中线交点悬在空中。

③ 线路中线上的障碍物无法排除,交点无法直接得到。

④ 线路转弯曲线的切线长太长,获得交点的工作量太大。

2. 主点的确定方法

(1) 副交点法

如图 12 - 26,交点 $JD_{10}(C)$ 位于河流中不能测设,因而转向角 α 也就无法直接测定。此时可在直线 I 的适当位置选定一点 A 打桩钉钉,该点称副交点 JD_{10-1} ;同法,可在直线 II 上选一点 B 与 A 点通视,且便于量距,称为副交点 JD_{10-2} 。

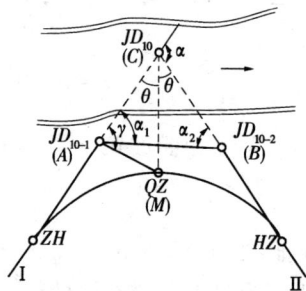

图 12 - 26

测量 α_1 、 α_2 ,同时测量 AB 的水平距离。由于转向角 $\alpha = \alpha_1 + \alpha_2$; AC 、 BC 的距离由 AB 按正弦定理推得。根据 R 、 α 、 l_0 即可计算曲线综合要素 T 、 L 、 E_0 ,并由此来测设主点 ZH 、 HZ 、 QZ 。其方法为:

① 置镜于 A ,后视直线 I 上任一转点桩,在该方向上由 A 量取 $(T - AC)$ 长度,即得 ZH 点;用同样方法,置镜于 B 点可测设出 HZ 点。

② 因为 $CM = E_0$, $\theta = (180° - \alpha)/2$,在 $\triangle CAM$ 中,根据 AC 、 CM 及 θ ,用余弦定理可求出 AM 长度,并由正弦定理求得 $\angle CAM(\gamma)$ 。

置镜于 A ,后视 ZH ,根据 γ 及 AM 可定出 $QZ(M)$ 点。

（2）导线法

当地形复杂,两切线上的副交点不通视或相距较远时,可用导线将两个副交点联系起来,如图 12 – 27。

实地测出导线各转折角及连接角 A、B 和导线边长。以 A 为坐标原点,AC（切线）为 x 轴,则 $\alpha_{AC} = 0°00'00''$；转向角 $\alpha = \alpha_{CB} - \alpha_{AC}$,即直线 CB 的方位角为曲线的转向角。

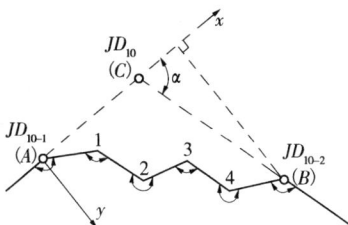

图 12 – 27

根据计算出的导线点坐标,可以求得 AC 及 BC 长度,即

$$AC = x_C = x_B - \frac{y_B}{\tan\alpha}$$

$$BC = \frac{y_B}{\sin\alpha}$$

曲线综合要素计算和主点测设方法同副交点法。

§12.8 线路纵断面测量

线路纵断面测量的首要任务是线路中桩地面高程测量,其次是纵断面图的绘制。线路中桩地面高程测量,亦称为中平测量。中平测量可以用水准测量的方法,也可以用三角高程测量的方法等。

一、中桩高程测量

1. 中桩水准测量

中桩水准采用一台水准仪单程测量,水准路线应起闭于水准点,限差为 $\pm 50\sqrt{L}$ mm（L 为水准路线长度,以 km 计）。中桩高程宜观测两次,其不符值不应超过 10 cm,取位至 cm；中桩高程闭合差在限差以内时不作平差。

中桩高程测量方法如图 12 – 28 所示。

将水准仪安置于 I,读取水准点 $BM1$ 上的尺读数,作为后视读数。然后依次读取各中桩的尺读数,由于这些尺读数是独立的,不传递高程,故称为中视读数。最后读取转点 $Z1$ 的读数,作为前视读数。再将仪器搬至 II,后视转点 $Z1$,重复上述方法,直至闭合于 $BM2$. 中视读数读至 cm,转点读数读至 mm。记录、计算见表 12 – 5。

中桩高程计算采用仪器视线高法,先计算出仪器视线高 H_i,即

$H_i = $ 后视点高程 + 后视读数

中桩高程 $= H_i - $ 中视读数

在表 12 – 5 中,并参考图 12 – 28（a）,测站 I 的视线高为:

$$H_I = 52.460 + 3.769 = 56.229 \text{ m}$$

中桩 $DK0 + 000$ 的高程为: $H_I - 2.21 = 54.019$ m,采用 54.02 m

转点 $Z1$ 的高程为: $H_I - 0.415 = 55.814$ m

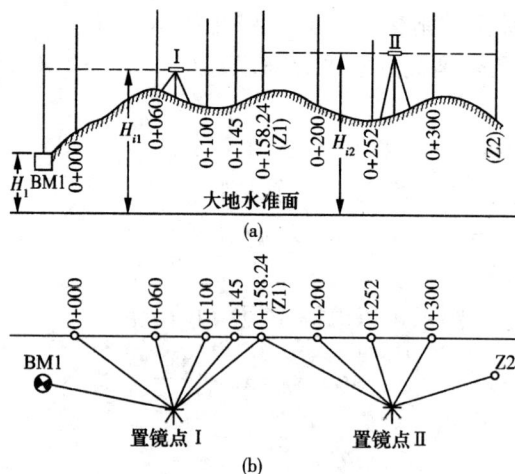

图 12 - 28

隧道顶部和个别深沟的中桩高程,可以采用三角高程测量法测定。

表 12 - 5 中桩水准测量记录

测　　　点	水准尺读数（m）			仪器高程（m）	高　程（m）	备　注
	后视	中视	前视			
BM1	3.769			56.229	52.460	水准点高度
0 + 000		2.21			54.02	BM1 - 52.460m
0 + 060		0.58			55.65	BM2 - 55.471m
0 + 100		1.52			54.71	实测闭合差
0 + 145		2.45			53.78	$f_h = 55.450 - 55.471$
0 + 158.24(Z1)	0.659		0.415	56.473	55.814	$= -21$ mm
0 + 200		1.37			55.10	容许闭合差
0 + 252		2.79			53.68	$F_h = \pm 50 \sqrt{2.1}$
0 + 300		1.80			54.67	$= \pm 70$ mm
Z2	1.458		2.610	55.321	53.863	精度合限。
…	…	…	…	…	…	
ZH2 + 046.15	3.978		2.410	56.696	52.718	
BM2			1.246		55.450	
Σ	+ 30.559		27.609		55.450	
	- 27.609				- 52.460	
	+ 2.990				+ 2.990	

2. 跨深谷的中桩水准测量

线路中桩水准测量,往往需要跨越深谷,如图 12 - 29。为了避免因仪器通过谷底的多次安置而产生的误差,可在测站 1 先读取沟对岸的转点 2 + 200 的前视读数,然后以支水准路线形式测定谷底中桩高程;结束后,将仪器搬至测站 4 读取转点 2 + 200 的后视读数。为了消减由于测站 1 前视距离长而产生的测量误差,可将测站 4 的后视距离适当加长。另外,沟底中桩水准测量因为是支水准路线,故应另行记录。

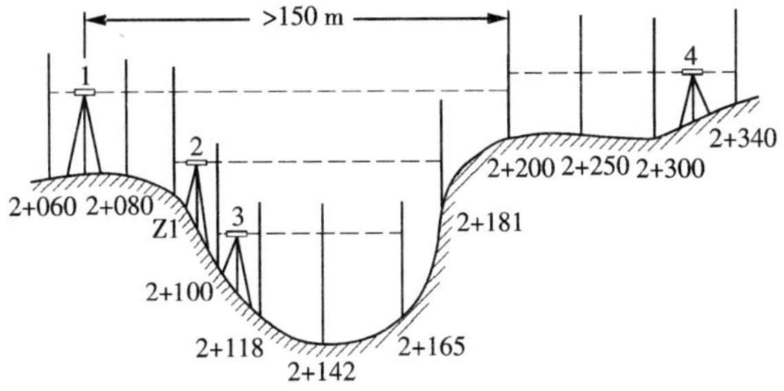

图 12 – 29

当跨越的深谷较宽时,亦可采用跨河水准测量方法。

3. 中桩光电三角高程测量

中桩高程可与水准点光电三角高程一起进行;亦可与线路中线光电测距同时进行。若单独进行中桩高程测量或与中线测设同时进行,则应起闭于水准点上,满足限差 ± 50 $\sqrt{L}$ mm 的要求及检测限差 ± 100 mm 的要求。

直线转点、曲线起终点及长度大于 500 m 的曲线中点,均应作为中桩高程测量的转点。

二、线路纵断面图

按照线路中线里程和中桩高程,绘制出沿线路中线地面起伏变化的图,称纵断面图。

线路纵断面图中,其横向表示里程,比例尺有 1∶10 000、1∶5 000、1∶2 000、1∶1 000;纵向表示高程,相应的中桩地面点高程的绘制比例比里程放大 10 倍,即为 1∶1 000、1∶500、1∶200、1∶100,以突出地面的起伏变化。纵断面图上还包括线路的平面位置、设计坡度、地质状况等资料,因此,它是施工设计的重要技术文件之一,见图 12 – 30。

图中各项内容说明如下:

工程地质特征:填写沿线地质情况。

坡度及坡长:是中线纵向的设计坡度,斜线方向代表纵坡方向,斜线上方数字表示坡度的百分率(%),下方数字表示坡段长度。

设计高程:是设计路基的肩部标高。

地面高程:为中桩高程。

里程桩号:表示勘测里程,在百米桩和公里桩处注字。

直线及平曲线:它是线路平面形状示意图,中央实线代表直线段;曲线段向下凸者为左转,向上凸者为右转,斜线代表缓和曲线,斜线间的直线为圆曲线。曲线起终点的里程,只注百米以下里程尾数。

图的上部按比例绘出地面线及设计坡度线,注明有关资料,如水准点、桥涵、竖曲线等。

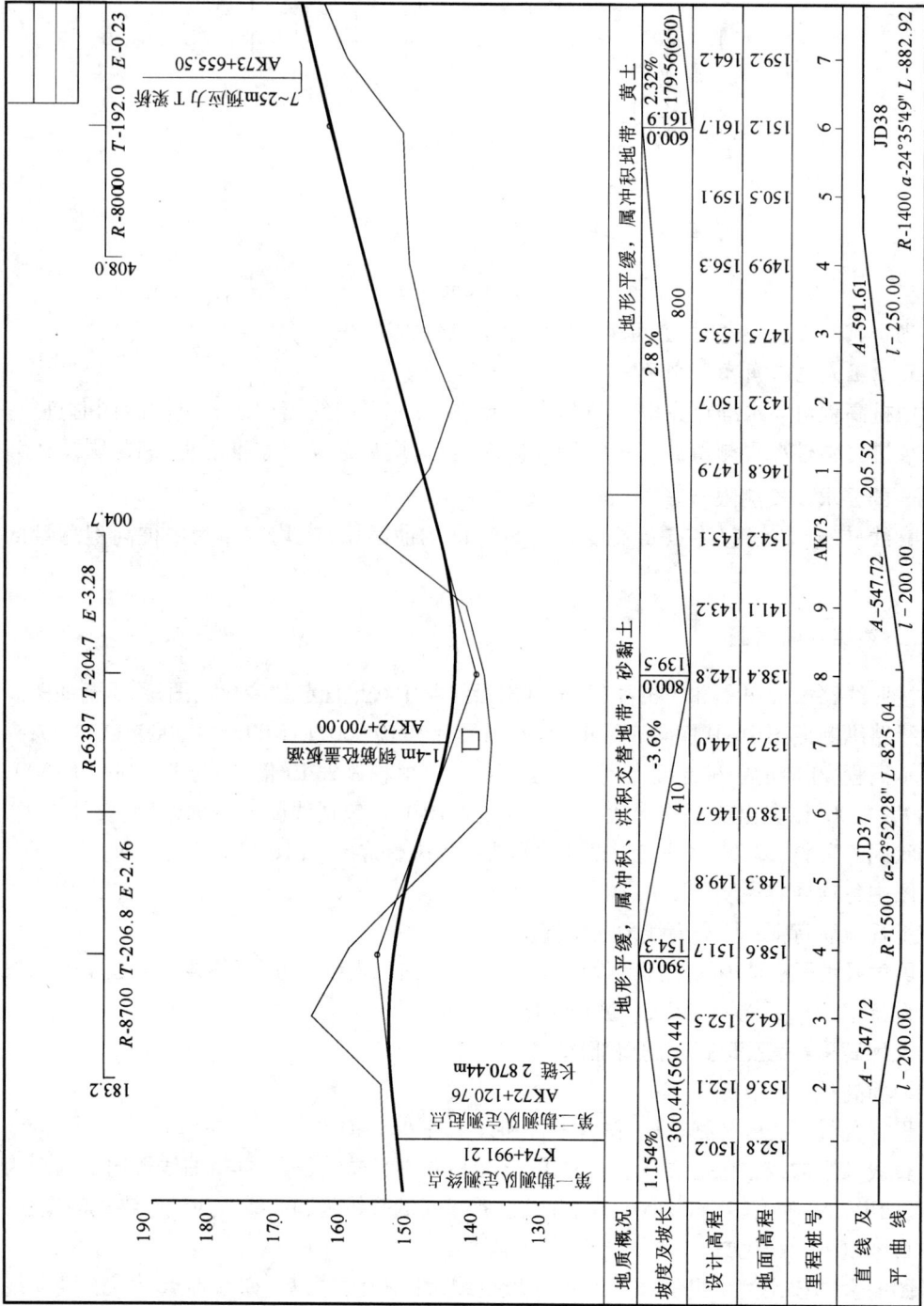

图 12-30

§12.9　线路横断面测量

横断面是指沿垂直于线路中线方向的地面断面。横断面测量的任务,是测出各中线桩处的横向地面起伏情况,并按一定比例尺绘出横断面图。横断面图主要用于路基断面设计、土石方数量计算、路基施工放样等。横断面测量的宽度,应根据路基宽度、填挖尺寸、边坡大小、地形情况以及有关工程的特殊要求而定。横断面测绘的密度,除各中桩应施测外,在大、中桥头、隧道洞口、挡土墙等重点工程地段,可根据需要加密。对于地面点距离和高差的测定,一般只需精确到 0.1 m。

一、横断面方向的测定

1. 直线段横断面方向的测定

直线段横断面方向与线路中线垂直,一般采用方向架测定。如图 12 - 31,将方向架置于桩点上,方向架上有两个相互垂直的固定片,用其中一个瞄准该直线上任一中桩,另一个所指方向即为该桩点的横断面方向。

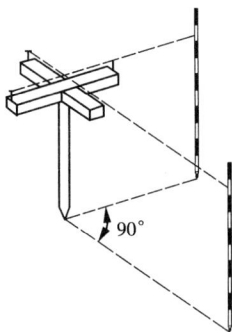

2. 圆曲线横断面方向的测定

圆曲线上一点的横断面方向即是该点的半径方向。若用方向

图 12 - 31　　　　　　　图 12 - 32

架,如图 12 - 32 所示,将方向架立于待测断面 B 上,使其一个方向照准曲线上的 A 点,在另一方向上可标定出 1 点;再用方向架照准与 A 等距的 C 点,同法可标定出 2 点,使 $B_1 = B_2$,则 1 ~ 2 的中点 N 与 B 的连线即为横断面方向。若用经纬仪标定方向,则应拨角 90° $\pm \delta$(δ 为后视点偏角)。

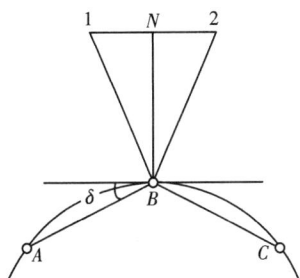

3. 缓和曲线横断面方向的测定

缓和曲线上任一点的横断面方向,就是该点的法线方向,或者说是该点切线的垂直方向。因此,只要根据式(12 - 29)求出该点的弦切角值,即可定出该点的法线方向。方法同圆曲线横断面方向的测定。

二、横断面的测量方法

1. 花杆皮尺法

如图 12 - 33,A,B,C,… 为横断面方向上所选定的变坡点,将花杆立于 A 点,从中桩处地面将尺拉平量出至 A 点的距离,并测出皮尺截于花杆位置的高度,即 A 相对于中桩地面的高差。

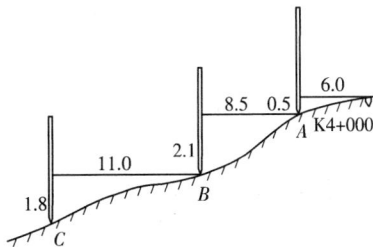

图 12 - 33

同法可测得 A 至 B、B 至 C…的距离和高差,直至所需要的宽度为止。中桩一侧测完后再测另一侧。

记录表格如表 12-6,表中按线路前进方向分左侧、右侧。分数的分子表示测段两端的高差,分母表示其水平距离。高差为正表示上坡,为负表示下坡。

表 12-6

左 侧			桩 号	右 侧			
… …			… …	… …			
$\dfrac{-1.8}{11.0}$	$\dfrac{-2.1}{8.5}$	$\dfrac{-0.5}{6.0}$	$K4+000$	$\dfrac{+1.5}{4.6}$	$\dfrac{+0.9}{4.4}$	$\dfrac{+1.6}{7.0}$	$\dfrac{+0.5}{10.0}$
$\dfrac{-0.6}{7.2}$	$\dfrac{-1.4}{5.2}$	$\dfrac{-0.9}{6.0}$	$K4+020$	$\dfrac{+0.7}{7.0}$	$\dfrac{+1.1}{4.6}$	$\dfrac{-0.4}{6.0}$	$\dfrac{+0.9}{6.5}$

2. 水准仪法

在平坦地区可使用水准仪测量横断面。施测时选一适当位置安置水准仪,后视中桩水准尺读取后视读数,求得视线高后,前视横断面方向上各变坡点上水准尺得各前视读数,视线高程分别减去各前视读数即得各变坡点高程。用钢尺或皮尺分别量取各变坡点至中桩的水平距离。根据变坡点的高程和至中桩的距离即可绘制横断面。

3. 经纬仪法

在地形复杂、山坡较陡的地段宜采用经纬仪施测。将经纬仪安置在中桩上,用视距法测出横断面方向各变坡点至中桩的水平距离和高差。

三、横断面测量的精度要求

《测规》规定,横断面检测限差如下:

高程 $\qquad\qquad \pm 0.1\left(\dfrac{h}{10}+\dfrac{l}{100}\right)+0.2\ \text{m}$

距离 $\qquad\qquad \pm\left(\dfrac{l}{100}+0.1\right)\text{m}$

式中:h 为检查点至线路中桩的高差,m;l 为检查点至线路中桩的水平距离,m。

四、横断面图的绘制

横断面图一般绘制在毫米方格纸上,为便于路基断面设计和面积计算,其水平距离和高程采用相同比例尺,一般为 1:200,如图 12-34。

横断面图最好采用现场边测边绘的方法,这样既可省去记录,又可实地核对检查,避免错误。若用全站仪测量、自动记录,则可在室内通过计算绘制横断面图,大大提高工效。

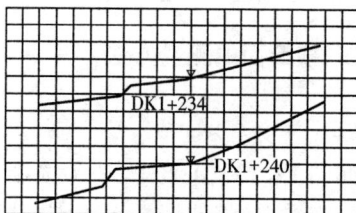

图 12-34

§12.10　线路施工测量

线路施工时,测量工作的主要任务是测设出作为施工依据的桩点的平面位置和高程。这些桩点是指标志线路中心位置的中线桩和标志路基施工界线的边桩。线路中线桩在定测时已标定在地面上,它是路基施工的主轴线,但由于施工与定测可能相隔时间较长,往往会造成定测桩点的丢失、损坏或位移,因此在施工开始之前,必须进行中线的恢复工作和水准点的检验工作,检查定测资料的可靠性和完整性,这项工作称为线路复测。由于施工中经常需要找出中线位置,而施工过程中经常发生中线桩被碰动或丢失,为了迅速又准确地把中线恢复在原来位置,可以对直线转点及曲线控制桩等主要桩点设置护桩。

修筑路基之前,需要在地面上把路基施工界线标定出来,这些桩称边桩;测设边桩的工作称为路基边坡放样。

一、线路复测

线路复测工作的内容和方法与定测时基本相同。施工复测前,施工单位应检核线路测量的有关图表资料,会同设计单位进行现场桩橛交接。主要桩橛有:有关控制点、三角点、导线点、水准点等。

线路复测包括:转向角测量、直线转点测量、曲线控制桩测量和线路水准测量。它的目的是恢复定测桩点和检查定测质量,而不是重新测设,所以要尽量按定测桩点进行。若桩点有丢失和损坏,则应予以恢复;若复测与定测成果的误差在容许范围之内,则以定测成果为准;若超出容许范围,则应多方查找原因,确实证明定测资料错误或桩点位移时,方可采用复测成果。

在施工复测中要增加或移设的水准点,增测的横断面等工作,一律按新线勘测的要求进行。由于施工阶段对土石方数量计算的要求比定测时要准确,所以横断面要测得密些,其间隔应根据地形情况和控制土石方数量需要的精度而定,一般平坦地区每 50 m 一个,而在起伏大的地区,应不大于 20 m 一个,同时中线上的里程桩也应加密。

二、护桩的设置

设置护桩可采用图 12 - 35 中的任意一种进行布置。一般设两根交叉的方向线,交角不小于 60°,每一方向上的护桩应不少于三个,以便在有一个不能利用时,用另外两个护桩仍能恢复方向线。如地形困难,亦可用一根方向线加精确距离,也可用三个护桩作距离交会。

设护桩时将经纬仪置在中线控制桩上,选好方向后,以远点为准用正倒镜定出各护桩的点位;然后测出方向线与线路所构成的夹角,并量出各护桩间的距离。为便于寻找护桩,护桩的位置用草图及文字作详细说明,如图 12 - 36。护桩的位置应选在施工范围以外,并考虑施工中桩点不至于被破坏,视线也不至于被阻挡。

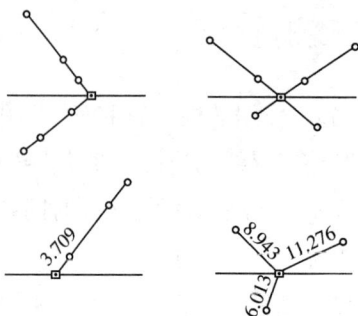

图 12 – 35

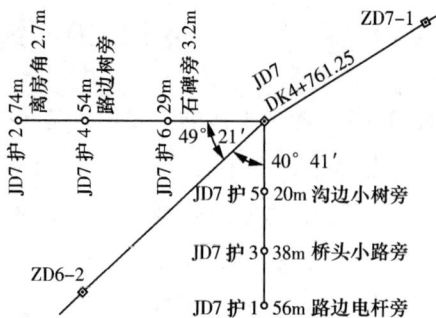

图 12 – 36

三、路基边坡放样

路基横断面是跟据中线桩的填挖高度和所用材料在横断面图上画出的。路基的填方称为路堤;挖方称为路堑;在填挖高为零时,称为路基施工零点。

路基施工填挖边界线的标定,称为路基边坡放样。它是用木桩标出路堤坡脚线或路堑坡顶线到线路中线的距离,作为修筑路基填挖方开始的范围。

测设边桩时,根据不同条件,采用不同的方法。

1. 断面法

在较平坦地区,当横断面的测量精度较高时,可以根据填挖高绘出路基断面图,由图上直接量出坡脚(或坡顶)到中线桩的水平距离。根据量得的平距,即可到现地放出边桩,这是测设边桩最常用的方法。

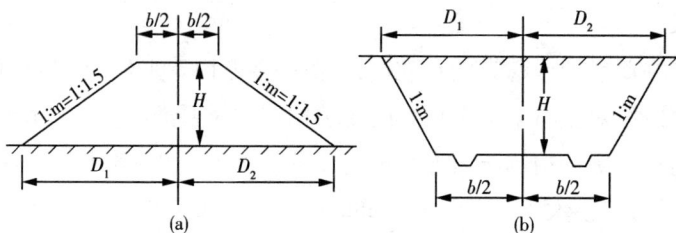

图 12 – 37

2. 计算法

如图 12 – 37(a)为路堤,(b)为路堑,若地形平坦,则可根据设计的路基填挖高,按公式(12 – 30)来计算边桩到中线桩的水平距离。

$$D_1 = D_2 = \frac{b}{2} + m \cdot H \qquad (12 - 30)$$

式中:b 为路堤或路堑(包括侧沟)的宽度,根据设计决定;m 为路基边坡坡度比例系数,依填挖材料而定,通常填方为 1.5,挖方为 1 或 0.75;H 为填挖高度。

3. 试探法

在倾斜地面上,由于随着地面横向坡度起伏的变化,使 D_1 和 D_2 不相等,因而不能利用上式计算。若横断面测量精度高,可在路基设计断面图上量取距离,否则应用试探法在现地测设。

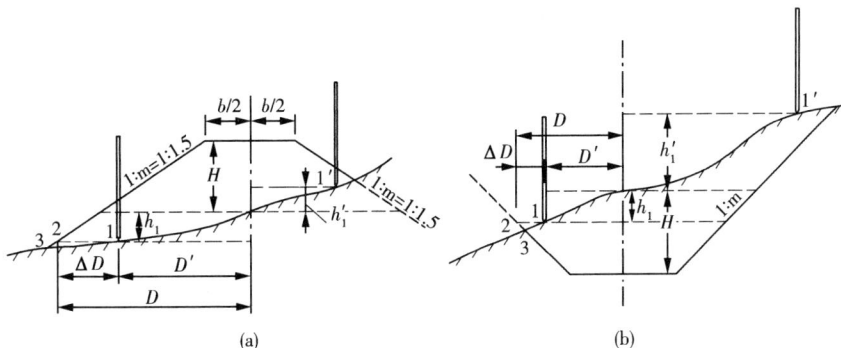

图 12 – 38

如图 12 – 38,先在断面方向上,根据路基中线桩的填挖高度,大致估计边桩 1 的位置并立水准尺,用水准仪测出 1 点与中桩的高差 h_1,用尺量出 1 点到中桩的水平距 D'。根据高差 h_1,按式(12 – 31)计算出图 12 – 38(a)中路堤下坡一侧到中桩的正确平距为

$$D = \frac{b}{2} + 1.5 \times (H + h_1) \qquad (12 - 31)$$

若 $D > D'$,说明边桩的位置在 1 点外边;当 $D < D'$ 时,则在 1 点的里边。根据 $\Delta D = D - D'$ 的数值,重新移动水准尺的位置再次试测,直至 $\Delta D < 0.1$ m 时,即可认为立尺点为边桩的位置。从图中看出,算出的 D 是 2 点到中桩的距离,实际上 3 点为坡脚。为减少试测次数,在路堤下坡一侧,移动尺子的距离要比算出的 ΔD 大些为好。

在测设路堤上坡一侧时,它的计算公式为

$$D = \frac{b}{2} + 1.5 \times (H \quad h_1') \qquad (12 - 32)$$

尺子移动的距离要比算出的 ΔD 小些为宜。

测设路堑边桩时,参看图 12 – 38(b),距离 D 的计算公式为

下坡一侧 $$D = \frac{b}{2} + m \times (H - h_1) \qquad (12 - 33)$$

上坡一侧 $$D = \frac{b}{2} + m \times (H + h_1') \qquad (12 - 34)$$

试探法要在现场边测边算,有经验之后试测一两次即可确定边桩位置,在地形复杂地段采用此法较为准确、便捷。

思考与练习

1. 说明初测、定测的主要工作内容和目的?
2. 定测阶段的测量工作包括哪些内容?

3. 定测放线的方法有哪几种？各适用于何种条件？优缺点有哪些？

4. 曲线测设有哪些方法？各适用于什么情况？

5. 什么是正拨？什么是反拨？如果某桩点的偏角值为 $3°18'24''$，在反拨的情况下，要使该桩点方向的水平度盘读数为 $3°18'24''$，在瞄准切线方向时，水平度盘读数应配置在多少？

6. 某曲线的转向角 $\alpha_{右} = 30°10'20''$，$R = 500$ m，ZY 点里程坐标为 $DK3 + 315.60$，试求：

①圆曲线要素及主点里程。

②置镜于 JD，测设主点的资料及方法。

③置镜于 ZY，用切线支距法测设前半个曲线的资料（每 10 m 一桩）。

④置镜于 YZ，用偏角法测设后半个曲线的资料（要求里程为 20 m 的整倍数）。

7. 一对称曲线 $R = 500$ m，$\alpha_{右} = 25°15'30''$，$l_0 = 60$ m，交点里程为 $DK180 + 475.20$，试求：

①曲线的综合要素及主点里程。

②置镜于 JD，测设主点的资料及方法。

③偏角法测设前半个曲线的资料（圆曲线上要求里程为 20 m 的整倍数）。

8. 已知 A、B 点在测量坐标系下的坐标为 $(260.500, 240.500)$、$(345.406, 187.670)$，A、B 点在施工坐标系下的坐标为 $(0,0)$、$(100,0)$，P 点在测量坐标的坐标为 $(329.368, 256.538)$，求 P 点在施工坐标系下的坐标？

9. 如图 12-39，要在圆曲线 $DK13 + 140$ 处测设横断面，已知 $R = 500$ m，置仪器于 $DK13 + 140$ 处后视 $DK13 + 120$ 时，其水平度盘读数为 $45°15'00''$，问圆曲线外侧横断面方向的度盘读数应为多少？

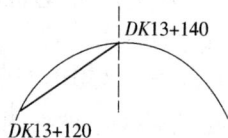

图 12-39

10. 已知 $R = 500$ m，$l_0 = 60$ m，曲线右弯，HZ 点的里程为 $DK3 + 246.25$，在里程为 $DK3 + 196.25$ 的点上安置仪器，后视 $DK3 + 236.25$ 时，其水平度盘读数为 $45°45'00''$，问曲线内侧横断面方向的度盘读数应为多少？

11. 某曲线 $R = 350$ m，转向角 $\alpha_{右} = 15°30'00''$，$l_0 = 30$m，ZH 点里程为 $K67 + 364.26$，试求：

①曲线综合要素及主点里程。

②仪器置于 HY 点，测设前半个曲线的偏角测设资料（圆曲线上按里程为 20 m 的整倍数）。

12. 线路纵断面测量的任务是什么？

13. 举例说明平坦地段水准法中平测量计算中线点地面高程的方法。

14. 试述用试探法测设路基边桩的方法和步骤。

第 13 章

既有线和既有线站场的测量

为了适应和促进国民经济的发展,必须大力增强铁路的运输能力。这方面除了修建新线之外,对既有铁路进行技术改造,充分挖掘潜能,亦是行之有效的措施之一。

改造既有铁路的原则,应是在满足运输需要和保证安全的前提下,充分利用既有建筑物与设备,以发挥其潜在能力。既有铁路的线路改造方式,主要是改善线路的平纵断面、延长站线、修建复线插入段、增大曲线半径、增建第二线等。

既有铁路改造的外业勘测与新线勘测不同,它是沿一条运营铁路进行勘测,因而具有以下特点:选线工作较新线少;要充分了解和考虑既有铁路原有的设备;要考虑改造中能保证铁路的正常运营和相互配合。因而它是一项比较复杂、细致的工作,以分阶段进行为宜。

既有铁路线路测量的内容主要有:线路纵向丈量、横向调绘、水准测量、横断面测量、线路平面测绘、地形测绘、站场测绘及绕行线定测等。

既有铁路的勘测设计,一般按两阶段进行,即初测,初步设计;定测,施工设计。由于各勘测阶段的目的不同,因而对某些测量资料要求的广度和深度也不一样。下面介绍既有线测量中的主要工作内容。

§13.1 既有线的纵向丈量及调绘

线路纵向丈量,又称百米标纵向丈量或里程丈量。它是沿既有线丈量,定出公里标、百米标及加标,作为勘测设计和施工的里程依据。公里标、百米标及加标称里程桩。

一、量距

线路里程丈量的起点,应在《设计任务书》中规定。一般是从附近的车站中心或大型建筑物中心的既有里程引出,并应与附近的公里标里程核对,而且应与既有线文件上的里程取得一致,按原里程方向连续推算。其"断链"位置应在车站、大型建筑物、曲线以外的直线百米标上。

丈量时,双线区段里程沿下行方向进行;并行直线地段的上行线里程,是采用将下行线里程向上行线投影的方法来确定,使两者里程一致;曲线地段,宜从曲线测量起点开始分别丈量,并在曲线测量终点外的直线上取得投影"断链"。当上行线为绕行线时,应单独丈量,"断链"设在曲线外的百米标处。

车站内的里程丈量,应沿正线进行。当车站为鸳鸯股道布设时,应从车站中心转入另一股道连续丈量并推算里程,见图 13 − 1。

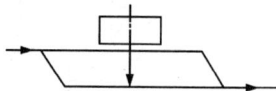

图 13 − 1

支线、专用线、联络线等,应以联轨道岔中心为里程起点。

距离丈量,可以采用下列三种方法:

1. 沿轨道中心丈量

在起点里程处定出线路中心,作为里程及百米标丈量起点。前、后尺手各用一根轨道分中尺放在钢轨上,将钢尺置于轨道尺中心进行丈量。每丈量一尺段,应用红铅笔划在枕木上或平稳的道碴上,并用白粉笔划圈,在枕木上注明公里标、百米标、加标字样,以供后尺手识别。

这种方法因质量能得到保证,故用得较多,但因在轨道中心工作,特别要注意人身安全。

2. 直线上沿钢轨顶丈量,曲线上沿轨道中心丈量

这种方法在平道上沿轨顶丈量比较简单、方便,但在有较大坡道上(10‰以上)丈量时,要注意保持钢尺水平;曲线地段仍用轨道分中尺移到轨道中心丈量。

这种方法简便易行,能保证质量,但要注意安全。

3. 沿路肩丈量距离

沿路肩丈量距离,必须与钢轨保持一定的相等距离,但遇到桥梁、隧道、曲线时,应用放桩尺移到轨道中心进行丈量,过了此段之后,再移到路肩上进行丈量,并另有专人用放桩尺将所有公里标、百米标及加标移到钢轨上。

此种方法对有轨道电路的既有线,在路肩上丈量不影响列车运行,且能保证人身安全,也能满足质量要求;但遇桥、隧、曲线等要移上移下,稍嫌不便,且增加测量误差。

量距时,应当使用经过检定或与已检定过的钢卷尺进行过比长的钢尺,同时对丈量结果要进行尺长改正和温度改正。丈量一般应由两组人员各拿一根钢卷尺独立进行,每公里核对一次,当两组丈量结果的相对较差小于 1/2 000 时,则以第一组丈量的里程为准;同时应与原有桥梁、隧道、车站等建筑物的里程核对,并在记录本上注明其差数。

二、里程桩的标记

对里程进行丈量时,应设公里标、百米标和加标。曲线范围内每 20 m 设一加标,加标里程应为 20 m 的整倍数。除此之外,在下列地点应增设加标。

(1)桥梁中心、大中桥的桥台挡碴墙前缘和台尾、隧道进出口、车站中心、进站信号机和远方信号机等,取位至厘米;

(2)涵渠、渡槽、平交道口、跨线桥、坡度标、圆曲线和缓和曲线始终点标、跨越铁路的电力线与通讯线及地下管线的中心,新型轨下基础、站台、路基防护及支挡工程等的起终点和中间变化点,取位至分米;

（3）路堤和路堑最高处，填挖零点、路基宽度变化处、路基病害地段，取位至米。

拟设加标处，最好在里程丈量之前，派人预先确认，并用粉笔在钢轨腰部，在轨枕头部注明名称，以便记录。

线路里程的位置，包括公里标、百米标和加标，均应用白油漆标记，直线地段在左侧钢轨（面向下行方向分左、右）外侧的腰部划竖线；曲线范围内（包括曲线起终点外 40～80 m）的内外股轨的外侧腹部，均应划竖线。公里标和半公里标应写全里程，百米标及加标可不写公里数，如图 13－2 所示。

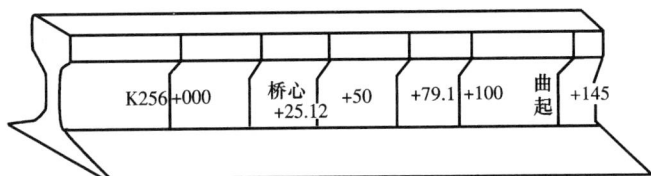

| K256+000 | 桥心 +25.12 | +50 | +79.1 | +100 | 曲起 | +145 |

图 13－2

三、线路调绘

线路调绘又称横向测绘，是对既有线路两侧 30～50 m 以内的地物、地貌的调查测绘。其目的是作为修改和补充既有线平面图及作为拆迁建筑物、路基加宽、路基防护、排水系统布置、土方调配以及第二线左右侧选择等意见的数据。

调绘时，以纵向里程为纵坐标、横向距离为横坐标，以支距法进行测绘；测绘比例尺为 1∶2 000 或 1∶1 000；测绘结果必须在现场按比例描绘在记录本上。

根据纵向丈量记录，先在室内将所测地段的百米标、加标，自下而上抄录在记录本中的中线右侧 1 cm 以内，以中线左右各 1 cm 宽度绘一直线表示路肩线，路肩上的各种标志，如公里标、坡度标、信号机等，测绘在中线左侧 1 cm 之内。测绘时，一人用方向架瞄准施测点，两人用皮尺以附近桩号为准，量出该点的纵向里程；再以中线为准量出横向距离。绘图时横向距离一般减去 3 m，以路肩线为零点，向两侧按比例绘图。在 30 m 以外的地物、地貌可用目估测绘。

在记录本上应测绘的内容包括：

（1）路堤坡脚线、路堑边坡顶、取土坑、弃土堆、排水沟等。

（2）公路、房屋、电杆、河流、水塘等。

（3）挡墙、桥涵、隧道洞口、平交道和立交桥等，道路和河流与线路相交时，要测出交角。

（4）通讯线、电力线跨过线路时，要测出交角和在轨道面以上的高度。

（5）对有拆迁可能的建筑物要详细描绘。

（6）对第二线左右侧的意见。

线路调绘记录格式见图 13－3。

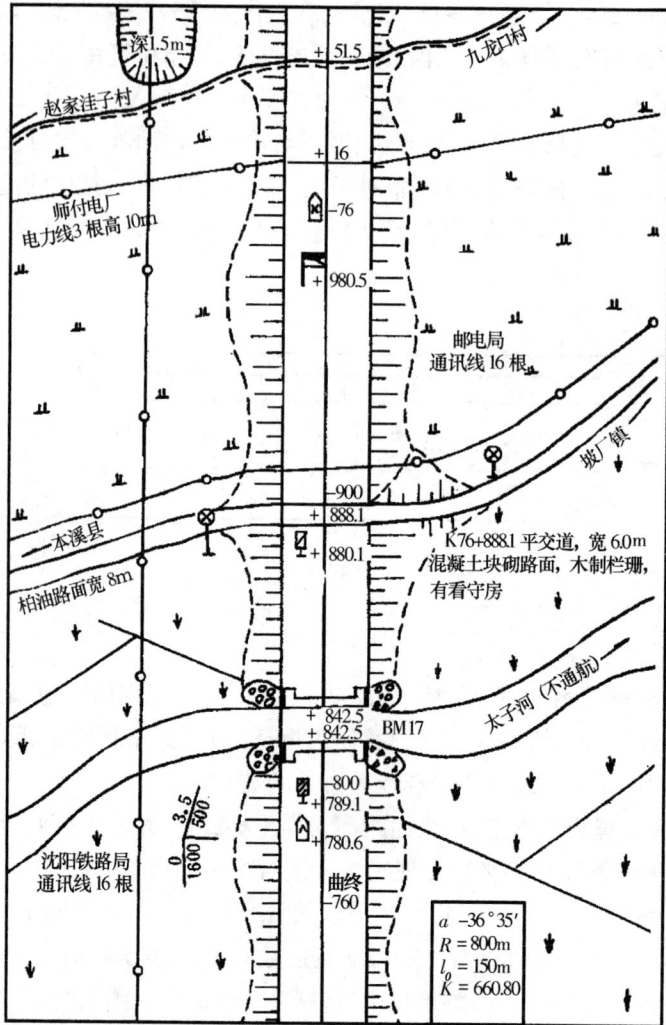

图 13 – 3

§13.2 既有线中线平面测量

既有铁路在长期运营过程中,由于受到列车的冲击,使线路位置和形状发生变化,尤其曲线部分更是如此。为了改建既有线和增建第二线,首先应把既有线路的现状测绘出来,以便重新选择半径和计算拨正量,使线路恢复到较佳状态。

一、线路中线外移桩的设置

在运营线上进行线路中线测量,为了保证人身和行车安全,以及固定测绘成果便于据此进行施工,常将中线平行外移到路肩上,并用桩加以标定,这些标桩称"中线外移桩"。这样中线测量工作可在路肩上进行。

外移桩在直线地段宜设在百米标处左侧路肩上;曲线地段应设在曲线外侧路肩上,距线路中心一般为 2.0~3.0 m，如图 13-4。外移桩应注明里程，但不另外编号；同一条线路上的外移桩距中线的距离应相等，如有困难，则在一个曲线范围内应相等，这样便于计算。外移桩的设置可利用放桩尺，使用时用横木的内边紧贴钢轨头的内侧，为了行人的安全和保护外移桩，应将桩顶打到与地面齐平。

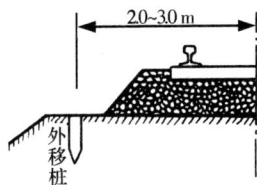

图 13-4

外移桩间的距离，在直线地段不应长于 500 m 或短于 50 m；在曲线地段不应长于 100 m。桩与桩之间应通视，并尽可能将其设置在公里标或半公里标处。所设外移桩应及时记入手簿，注明其位置及外移距离。在遇到特大桥及隧道时，应将外移桩移回线路中心；当增建的第二线变侧，或与曲线外侧非同侧时，外移桩需在曲线前的直线上用等距平行线法换侧，如图 13-5 所示。用经纬仪量出直角，将外移桩移到线路中心或对侧，前后换侧点的距离不应小于 200 m，得一平行导线后，再继续前进。

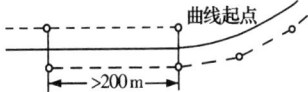

图 13-5

在曲线地段，为了便于测量瞭望，应将外移桩设在曲线外侧；但在连续反向曲线的情况下，为了减少外移桩的换边次数，亦可将外移桩设在曲线内侧的路肩上。

二、直线的测量方法

既有线的直线测量，是在直线各中线外移桩上安置经纬仪，作外移导线的水平角测量。同新线导线测量一样，在起点应测定起始边的方位角，然后按百米标的前进方向，用 DJ_6 或 DJ_2 级经纬仪测出各外移桩的水平角，一般测一个测回即可。

三、曲线的测量方法

既有线曲线测量，是为了给既有线选择合理的设计半径和曲线的拨正量提供平面资料。

既有线曲线测量常用的方法有：矢距法、偏角法、正矢法。而正矢法由于操作、计算简便易于掌握，在工务部门线路养护中为拨道常用的方法。但由于其精度较低，故在既有线改建和增建第二线的勘测中很少使用，在此仅介绍矢距法和偏角法。

1. 矢距法

用矢距法测量曲线是利用曲线上的外移导线进行的。相邻外移桩的连线称照准线，利用它来测量曲线上每 20 m 点的矢距值；测各外移桩的转向角，同时测若干个大转向角作为检核之用。

如图 13-6(a)，从曲线测量起点的外移桩 I 开始，依次在外移桩 I，II，III，…上安置经纬仪，测出各段曲线的转向角 ϕ_1，ϕ_2，ϕ_3，…；并读出曲线上每隔 20 m 的点从线路中心到照准线的垂距 c，则矢距 $f = A - c$，A 为外移桩离线路中线的距离。

曲线上各转向角的测量要求，见表 13-1。

表 13-1　测角要求及角值限差表

仪器等级	测回数	两半测回间较差(″)	两测回间较差(″)
DJ_2	1	20	
DJ_6	2	30	20

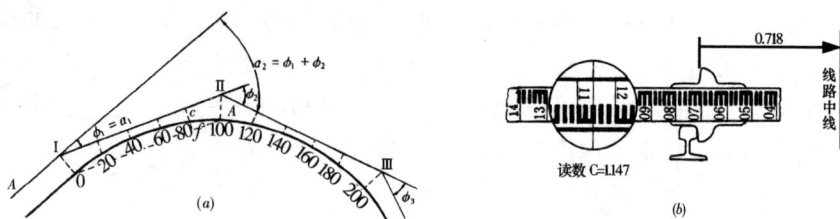

图 13 – 6

曲线测量的一般步骤及要求如下：

(1)将经纬仪安置在Ⅰ点(曲线起点)，后视直线上一点 A，前视Ⅱ点，用测回法测出转向角 φ_1；然后在曲线上各 20 m 点处垂直于照准线 Ⅰ – Ⅱ 放置矢距尺[见图 13 – 6(b)]，使矢距尺的角铁紧贴钢轨头的内侧，则其零点正好位于线路中线上，并读出照准线上的矢距尺读数 C 值，记入表 13 – 2 第 11 栏的前视中。

(2)将经纬仪安置在Ⅱ点，后视Ⅰ点，再次读出Ⅰ~Ⅱ点间曲线上各 20 m 点的 C 值，记入后视栏中(第 12 栏)。当同一点的前、后视 C 值读数之差不超过 5 mm 时取平均值。然后测 φ_2 角，读Ⅱ~Ⅲ各 20 m 点之前视 C 值。

(3)重复以上工作步骤，直至曲线终止。

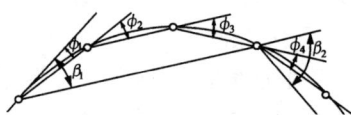

图 13 – 7

(4)为了检核转向角 φ，应该每隔一个或几个中线外移桩测一个大偏角 $\beta_1,\beta_2,\cdots$，如图 13 – 7。各转向角总和与大偏角总和之差，即为角度闭合差 $\Delta\beta = \sum\varphi - \sum\beta$。《测规》规定，角度闭合差的容许值为 $\Delta\beta_容 = 30''\sqrt{n}$($n$ 为置镜点数)。角度闭合差 $\Delta\beta \leq \Delta\beta_容$ 时，以各分转向角之和作为曲线的转向角值。

2. 偏角法

用偏角法测量既有线曲线的方法，基本上与测设新线曲线的方法相同，仅是目的不同。即要测出既有曲线的几何形状，以判定其转角大小、曲线半径和缓和曲线长度，以便在此基础上，设计新的曲线半径和缓和曲线，并计算既有曲线拨正到设计曲线的拨动量。

如图 13 –8，既有线曲线的偏角 α，是根据已知曲线间的长度(一般是 20 m)和测点

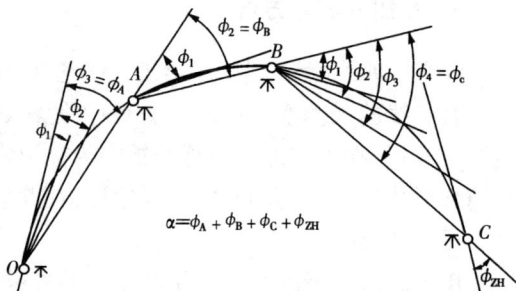

图 13 – 8

的实际位置量测出来的。测量曲线偏角时，应在 ZH、HZ 附近直线上的 20 m 整倍数标上安置经纬仪，相邻两置镜点间的距离不应大于表 13 –3 中的规定。

表 13 –3　偏角法测量曲线相邻两置镜点间距离(m)

曲线半径	相邻两置镜点间距离	
	有缓和曲线地段	圆曲线地段
250 ~ 350	140	300
351 ~ 500	180	
501 ~ 800	240	
800 以上	300	

表 13 - 2　既有线曲线测绘记录

区间＿＿＿＿　里程＿＿＿＿
日期＿＿＿＿　气候＿＿＿＿

上承＿＿＿＿
下接＿＿＿＿　第　册　第　页

点的名称(置镜点)	观测点	读数 I	读数 II	平均	转折角 右角	转折角 平均	右/左	转折角 ° ′ ″	照准线到线路中心距离 C(m) 百米标和加标	前视	后视	平均	矢距 f (m)	备注
1	2	3	4	5	6	7	8	9	10	11	12	13	14	15
51+800	51+600	279 48 05							51+800	2.500	2.500	2.500	0	外移距 A=2.500 m(置镜点)
	51+900	100 52 50			178 55 15				20	2.124	2.125	2.125	0.375	
	51+600	346 58 22							40	1.792	1.790	1.791	0.709	
	51+900	168 03 24			178 54 58	178 55 07	右	1 04 53	60	1.630	1.630	1.630	0.870	
									80	1.855	1.855	1.855	0.645	
51+900	51+800	173 57 11							51+900	2.500	2.500	2.500	0	
	52+000	0 00 00			173 57 11				20	1.530	1.534	1.532	0.968	
	51+800	58 52 10							40	1.055	1.059	1.057	1.443	
	52+000	244 54 50			173 57 20	173 57 16	右	6 02 44	60	1.058	1.061	1.060	1.440	
									80	1.540	1.542	1.541	0.959	
52+000	51+900	60 35 29							52+000	2.500	2.500	2.500	0	
	52+100	247 25 29			173 10 00				20	1.540	1.540	1.540	0.960	
	51+900	114 51 54							40	1.048	1.048	1.048	1.452	
	52+100	301 11 44			173 10 10	173 10 05	右	6 49 55	60	1.067	1.067	1.067	1.433	
									80	1.563	1.567	1.565	0.935	
52+100	52+000	105 43 43							52+100	2.500	2.500	2.500	0	
	52+200	289 53 05			175 50 38				20	2.345	2.345	2.345	0.155	
	52+000	162 18 54							40	2.372	2.371	2.372	0.128	
	52+200	346 28 16			175 50 38	175 50 38	右	4 09 22	60	2.400	2.399	2.400	0.100	
									80	2.453	2.448	2.451	0.049	
52+200	52+100	219 37 46							52+200	2.500	2.500	2.500	0	
	52+400	39 43 38			175 53 58									
	52+100	263 04 20												
	52+400	83 10 06			175 54 14	179 54 06	右	0 05 54						

用偏角法测量既有曲线,如图 13 - 8 在第一测段,要测出每个 20 m 测点的偏角,即切线方向与置镜点到各测点弦线间的夹角;移动置镜点后的各个测段,要测出置镜点间弦线与置镜点到每个 20 m 测点弦线间的夹角;最后一个置镜点,要测出置镜点间弦线与切线方向的夹角 ϕ_{ZH}。若各个置镜点处的夹角用 $\phi_A,\phi_B,\phi_C\cdots,\phi_{ZH}$ 表示,则既有曲线的转角 α 等于上述各角的总和,即

$$\alpha = \phi_A + \phi_B + \phi_C + \cdots + \phi_{ZH}$$

第一个与最后一个置镜点,应设在曲线范围之外,在直缓点(ZH)与缓直点(IIZ)外侧 40 ~ 60 m 的 20 m 测点上;第二个与倒数第二个置镜点,最好在缓圆点(HY)与圆缓点(YH)附近的 20 m 测点上。

图 13 - 8 中测站为曲线的外移桩,或左轨轨面,分别在其上置镜,测出前进方向每 20 m 曲线点的偏角 ϕ_i。每个偏角应测一个测回,上、下半测回角值差在 30″ 以内时取平均值。置镜点间各大偏角的测角要求及大偏角之和与总偏角之和的角度闭合差的限差要求同矢距法测量。

在外移桩上量测偏角时,用放线尺定出测点的外移位置;沿轨道中心进行时,用轨道丁字尺把置镜点和每 20 m 的测点,从左轨到线路中心点;沿外轨面进行时,用特制小木块定出测点(钢轨中心)位置。

偏角法与矢距法相比,其操作、记录、计算均较简单,但从外移桩上放设第二线(或第一线)位置时,不如矢距法方便。

四、利用曲线测量资料计算拨距

在大修和改建设计中,一般利用渐伸线的原理计算拨动量。这里主要介绍这种方法。

1. 渐伸线的线型

渐伸线的几何意义,可用图 13 - 9 说明。

曲线 OA 表示任一曲线,将一条没有伸缩性的细线,一端固定于 O 点,把细线拉紧使其密贴于曲线 OA 上,然后把细线另一端点 A 自曲线 OA 拉开,使拉开的直线随时保持与曲线 OA 相切,A 点的移动轨迹为 $A M_1 M_2 M_3 \cdots A'$,即为曲线 OA 之端点 A 的渐伸线。

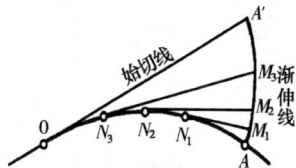

图 13 - 9

渐伸线与 O 点的始切线相交于 A' 点,AA' 线段的长度就是 A 点对始切线 OA' 的渐伸长度。渐伸线的基本特性如下:

(1)渐伸线上某一点(M_3)的法线(M_3N_3)是曲线 OA 相应点(N_3)的切线;

(2)渐伸线的曲率半径是渐变的,渐伸线上某一点(M_2)的曲率半径,是该点法线与曲线 OA 相应切点(N_2)的长度(M_2N_2);

(3)渐伸线某两点(M_3,M_2)间曲率半径的增量($M_3N_3 - M_2N_2$)等于曲线 OA 相应点(N_3,N_2)间弧长的增量($\overset{\frown}{N_3N_2}$)。

2. 计算渐伸线长度的公式

(1)渐伸线长度 E 为 OA 曲线的中心角 α(rad)在其对应弧段上的定积分(见图 13 - 10)

渐伸线的曲率是逐渐变化的。当 $\Delta\alpha$ 极小时,ΔE 可视为圆弧长,当 x_2 点无限接近 x_1

点时, $\Delta l \rightarrow 0$, ΔE 的曲率半径为 ρ。则

$$\Delta E = \rho \cdot \Delta \alpha = (l_A - l)\Delta \alpha$$

$$E_A = \widehat{AA'} = \int_A^{\alpha l} (l_A - l)\mathrm{d}\alpha = \int_0^{\alpha l} l_A \mathrm{d}\alpha - \int_0^{\alpha l} l\mathrm{d}\alpha = l_A \alpha_A - \int_0^{\alpha l} l\mathrm{d}\alpha$$

因 l 为 α 的函数,对上式第二项进行分部积分,得

$$E_A = l_A \alpha_A - \left[l_A \alpha_A - \int_0^A \alpha \mathrm{d}l \right] = \int_0^A \alpha \mathrm{d}l \qquad (13-1)$$

(2) OA 曲线的中心角 $\alpha(\mathrm{rad})$,为 OA 曲线曲率 K 在其对应弧段上的定积分(见图 13
-11)。则

$$\Delta l = R \cdot \Delta \alpha (R \text{ 为 } OA \text{ 曲线计算点的半径})$$

$$\Delta \alpha = \frac{1}{R} \cdot \Delta l = K \cdot \Delta l (K \text{ 为 } OA \text{ 曲线计算点的曲率}, K = 1/R)$$

$$\alpha_A = \int_0^A K\mathrm{d}l \qquad (13-2)$$

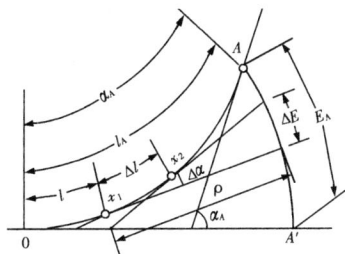
图 13 – 10

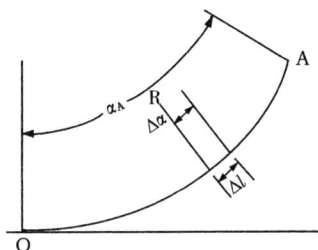
图 13 – 11

(3)圆曲线与三次抛物线型缓和曲线的曲率

令 OA 曲线表示曲线路段的轨道中心线,则 OA 曲线由缓和曲线和圆曲线构成。圆曲线的曲率 K 为常数, $K = 1/R$。缓和曲线的曲率 K 为变量,随计算点距 ZH(或 HZ)点的长度 l 而变化, $K = l/C$, $C = Rl_0$。 C 为缓和曲线的半径变更率, R 为圆曲线半径, l_0 为缓和曲线长度。

(4)渐伸线长度计算式

根据圆曲线和缓和曲线的曲率 K,按照式(13 – 1)、(13 – 2)可推导出圆曲线和缓和曲线的渐伸线长度计算公式,如表 13 – 4 所示。

表 13 – 4　计算渐伸线长度的有关公式

	物理意义	计算通式	内切圆曲线的计算式	缓和曲线的计算式
1	曲率 K	K	$K = \dfrac{1}{R}$	$K = \dfrac{l}{C}$
2	中心角 $\alpha(\mathrm{rad})$ 为曲率 K 的定积分	$\alpha = \int_0^l K\mathrm{d}l$	$\alpha = \dfrac{L}{R}$	$\alpha = \dfrac{l^2}{2C}$
3	渐伸线长度 E 为中心角 $\alpha(\mathrm{rad})$ 的定积分	$E = \int_0^l \alpha \mathrm{d}l$	$E = \dfrac{L^2}{2R}$	$E = \dfrac{l^3}{6C}$
符　号　意　义	l – 曲线长 K – 曲率 α – 中心角(rad) E – 渐伸线长		R – 圆曲线半径 L – 计算点的圆曲线长	C – 缓和曲线半径变更率 $C = Rl_0$ l_0 – 缓和曲线全长 l – 计算点的缓和曲线长

（5）渐伸线长度的实用计算公式

综合分析各段曲线的曲线特性，圆曲线两端加设缓和曲线，其渐伸线长度的实用计算式如表 13 - 5 所示。

表 13 - 5　渐伸线长度的实用计算式

测 点 范 围	渐伸线长度计算式	符 号 意 义
ZH - HY	$E = \dfrac{l^3}{6Rl_0}$	l = 测点里程 - ZH 里程
HY - YH	$E = \dfrac{L^2}{2R} + p$	L = 测点里程 - ZY 里程
YH - HZ	$E = \dfrac{L^2}{2R} + p - \dfrac{l^3}{6Rl_0}$	L = 测点里程 - ZY 里程 l = 测点里程 - YH 里程
HZ 以后	$E = X \cdot \alpha$	X = 测点里程 - QZ 里程

其中，R - 曲线半径（ m），l_0 - 缓和曲线长（ m），α - 转角（rad），$p = \dfrac{l_0^2}{24R}$

3. 既有曲线渐伸线长度的计算

在曲线外业测量中，已测出既有曲线上每个 20 m 测点的偏角，如图 13 - 8 所示，这些偏角是计算既有曲线渐伸线长度的出发数据。渐伸线长度的计算公式如下。

（1）基本公式

既有曲线已经错动，但其线型仍和设计曲线接近，仍可按缓和曲线与圆曲线的性质进行计算。根据表 13 - 4 中渐伸线长度的计算式，可知：

①圆曲线的渐伸线长度为

$$E = \int_0^L \alpha dL = \int_0^L \frac{L}{R}dL = \frac{L^2}{2R} = \frac{1}{2}\frac{L}{R} \cdot L = \phi \cdot L \qquad (13 - 3)$$

式中：ϕ 为测点的偏角，$\phi = \dfrac{1}{2}\alpha = \dfrac{1}{2}\dfrac{L}{R}$。

②缓和曲线的渐伸线长度为

$$E = \int_0^l \alpha \cdot dl = \int_0^l \frac{l^2}{2Rl_0}dl = \frac{l^3}{6Rl_0} = \frac{l^2}{6Rl_0} \cdot l = \phi \cdot l \qquad (13 - 4)$$

式中：ϕ 为测点的偏角，$\phi = \dfrac{1}{3}\alpha = \dfrac{1}{3} \cdot \dfrac{l^2}{2Rl_0} = \dfrac{l^2}{6Rl_0}$。

③据此可知，既有曲线无论为圆曲线或缓和曲线，测点的渐伸线长度均为

E = 该测点偏角的弧度数 × 该测点距置镜点的曲线长

（2）若置镜点设置在始切线上，如图 13 - 12 所示，基本公式亦可适用，误差很小。因为渐伸线长度 E_A 很短，E_A 和相应的圆弧长度近似相等，且曲线起始线段曲率很小，弦长 OA 也近似等于弧长 l_A，故

$$E_A \approx OA \cdot \phi_A \approx l_A \cdot \phi_A \qquad (13 - 5)$$

（3）置镜点移至 A 点，如图 13 - 13 所示，测出 B 点偏移角 ϕ_B，则 B 点的渐伸线长度 E_B 可用 $\widehat{BB'} + \widehat{B'P}$ 计算，$\widehat{BB'}$ 可用基本公式计算，$\widehat{B'P}$ 为 $\widehat{OA}$ 与 AB' 的渐伸线长

$$E_B = \widehat{BB'} + \widehat{B'P} = \widehat{BB'} + \int_0^{l_A+AB'} \alpha dl = l_B \cdot \gamma_B + \int_0^{l_A} \alpha dl + \int_{l_A}^{l_A+AB'} \alpha_A dl$$

$$= l_B \cdot \gamma_B + E_A + l_B \cdot \alpha_A = E_A + l_B(\gamma_B + \alpha_A)$$

$$= E_A + l_B \cdot \beta_B \qquad\qquad (13-6)$$

式中：E_A 为置镜点 A 的渐伸线长度；l_B 为置镜点 A 至测点 B 的曲线长；β_B 为弦线 AB 与始切线 OP 的夹角弧度数，$\beta_B = \beta_A + \phi_B$。

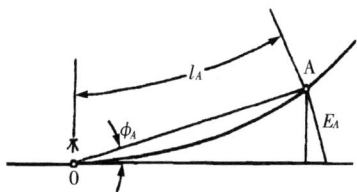
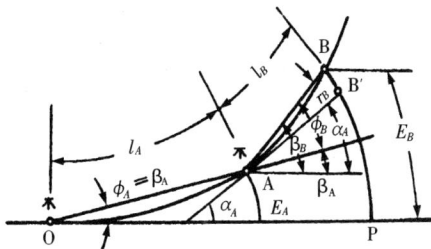

图 13-12　　　　　　　　　　图 13-13

（4）置镜点移至 B 点，如图 13-14 所示，测出 C 点偏角 φ_C，则 C 点的渐伸线长度 E_C 可用 $\overset{\frown}{CC'} + \overset{\frown}{C'P}$ 计算，$\overset{\frown}{CC'}$ 可用基本公式计算，$\overset{\frown}{C'P}$ 为 $\overset{\frown}{OAB}$ 与 $\overset{\frown}{BC'}$ 的渐伸线长

$$
\begin{aligned}
E_B &= \overset{\frown}{CC'} + \overset{\frown}{CP'} = l_c \cdot \gamma_c + \int_0^{A+l_B+BC'} \alpha dl = l_c \cdot \gamma_c + \int_0^{A+l_B} \alpha dl + \int_{l_A+l_B}^{A+l_B+BC'} \alpha_B dl \\
&= l_c \cdot \gamma_c + E_B + l_C \cdot \alpha_B = E_B + l_C(\gamma_C + \alpha_B) \\
&= E_B + l_c \cdot \beta_C \qquad\qquad (13-7)
\end{aligned}
$$

式中：E_B 为置镜点 B 的渐伸线长；l_c 为置镜点 B 至测点 C 的曲线长；β_C 为弦线 BC 与始切线 OP 的夹角弧度数，$\beta_C = \beta_B + \phi_C$。

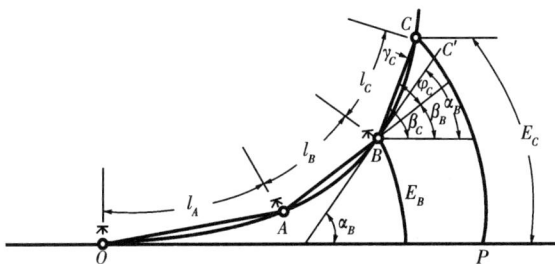

图 13-14

（5）根据置镜点设在 O、A、B 三点所推导的渐伸线长度计算公式，可归纳出第 n 个置镜点渐伸线长度 E_n 的通用计算公式为

$$E_n = l_1\beta_1 + l_2\beta_2 + \cdots + l_n\beta_n = \sum_{i=1}^{n} l_i\beta_i \qquad\qquad (13-8)$$

式中：$l_1, l_2, \cdots, l_n - 1, 2, \cdots n$ 各置镜点至其前一置镜点间的曲线长度；$\beta_1, \beta_2, \cdots, \beta_n - 1, 2,$ $\cdots n$ 各置镜点至其前一置镜点间弦线与始切线间夹角的弧度数。

第 n 测段中各测点的渐伸线长度 E_{nj} 的通用计算公式为

$$E_{nj} = E_n + l_j\beta_j \qquad\qquad (13-9)$$

式中：l_j 为第 n 测段中置镜点至测点 j 的曲线长；β_j 为测点 j 至置镜点 n 间弦线与始切线间夹角的弧度数。

按照式（13-8）与（13-9），即可根据测点的偏角资料，进行既有曲线各测点渐伸线长度的计算。计算时，应列表进行，如表 13-6 中第 1~8 栏所示。

曲线编号 27

表 13 - 6　既有曲线拨距计算

转向：左

置镜点	测点里程	φ (° ′ ″)	β (° ′ ″)	β(rad)	l	l·β	E_J	设计曲线主要点里程	L 或 X	$\dfrac{L^2}{2R}$ 与 $X\cdot\alpha$	$p=\dfrac{l_0^2}{24R}$	l	$\dfrac{l^3}{6Rl_0}$	E_S	Δ=E_S-E_J (+)	(−)
1	2	3	4	5	6	7	8	9	10	11	12	13	14	15	16	
☉	K9+960															
	+980	0 00 10	0 00 10	0.0000485	20	0.001	0.001	ZH=K9+999.992								0.001
☉	K10+000	0 00 20	0 00 20	0.0000970	40	0.004	0.004					0.01	0	0		0.004
	+020	0 01 30	0 01 30	0.0004363	60	0.026	0.026					20.01	0.027	0.027	0.001	
	+040	0 09 20	0 09 20	0.0027150	80	0.217	0.217	ZY=K10+049.992				40.01	0.213	0.213		0.004
	+060	0 24 50	0 24 50	0.0072237	100	0.722	0.722					60.01	0.720	0.720		0.002
	+080	0 49 00	0 49 00	0.0142535	120	1.710	1.710					80.01	1.707	1.707		0.003
☉	K10+100	1 21 40	1 21 40	0.0237559	140	3.326	3.326	HY=K10+099.992			0.833			3.334	0.008	
	+120	5 31 00	6 52 40	0.1200399	20	2.401	5.727		50.01	2.501	0.833			5.734	0.007	
	+140	6 39 40	8 01 20	0.1400142	40	5.601	8.927		70.01	4.901	0.833			8.935	0.008	
	+160	7 48 30	9 10 10	0.1600370	60	9.602	12.928		90.01	8.102	0.833			12.935	0.007	
	+180	8 57 20	10 19 00	0.1800598	80	14.405	17.731	QZ=K10+189.618	110.01	12.102	0.833			17.736	0.005	
	+200	10 06 10	11 27 50	0.2000826	100	20.008	23.334		130.01	16.903	0.833			23.336	0.002	
	+220	11 14 40	12 36 20	0.2200084	120	26.401	29.727		150.01	22.503	0.833			29.736	0.009	
	+240	12 23 40	13 45 20	0.2400797	140	33.611	36.937		170.01	28.903	0.833			36.937	0.000	
	+260	13 32 20	14 54 00	0.2600540	160	41.609	44.935		190.01	36.104	0.833			44.937	0.002	
☉	K10+280	14 41 00	16 02 40	0.2800284	180	50.405	53.731	YH=K10+279.224	210.01	44.104	0.833	0.76	0	53.738	0.007	
	+300	11 23 00	27 25 40	0.4787050	20	9.574	63.305		230.01	52.905	0.833	20.76	0.030	63.308	0.003	
	+320	12 17 00	28 19 40	0.4944130	40	19.776	73.507	YZ=K10+329.244	250.01	62.505	0.833	40.76	0.226	73.512	0.005	
	+340	13 02 20	29 05 00	0.5075999	60	30.456	84.187		270.01	72.905	0.833	60.76	0.748	84.191	0.004	
	+360	13 38 30	29 41 10	0.5181264	80	41.450	95.181		290.01	84.106	0.833	80.76	1.755	95.184	0.003	
	+380	14 05 30	30 08 10	0.5259744	100	52.597	106.328	HZ=K10+379.244	310.01	96.106	0.833			106.329	0.001	
☉	K10+400	14 24 10	30 26 50	0.5314043	120	63.768	117.499		190.382	106.329				117.499	0	
	前视点	1 33 10	32 00 00	0.5585054					210.382	117.499						

备注：$\alpha=32°00'00''=0.5585054$ rad，$R_S=500$，$L_S=R_S\alpha=279.2527$，测点终点至 QZ 之距离 $X=210.382$，$QZ=K10+189.618$，$l_0=100.00$，$p=\dfrac{l_0^2}{24R_S}=0.833$

4. 拨距计算

（1）选配设计曲线半径

1）估算既有曲线半径

在选配设计曲线半径前,要估算出既有曲线的半径,以便根据既有曲线半径与路基等建筑物情况,选配设计曲线半径。铁路局的技术资料与实地的曲线标志所提供的既有曲线半径,可作为选配设计曲线半径的参考数据。

估算既有曲线半径的方法很多,但原理基本相同,限于篇幅,此处仅介绍三种。

①平均偏角法

外业测量时,如果在圆曲线范围内有一置镜点 A,测出了圆曲线范围内各测点 a_1,a_2,$\cdots$,a_n 的偏角,ϕ_1,ϕ_2,$\cdots$,ϕ_n,如图 13 - 15(a)所示。两测点间的弦长为 $\Delta L = 20$ m,两测点间的平均偏角为 $\Delta \phi = \dfrac{\phi_n - \phi_1}{n - 1}$(如圆曲线范围内,有两个置镜点,则 $\Delta \phi$ 值取两置镜点平均偏角的平均值）。$\Delta \phi$ 为 ΔL 短弦所对之圆周角,应等于 ΔL 短弦所对圆心角 $\Delta \alpha$ 之一半,$\Delta \phi = \dfrac{1}{2} \Delta \alpha$。如图 13 - 15(b)所示,估算的既有曲线半径 R_J 为

$$R_J = \frac{\Delta L/2}{\sin \dfrac{\Delta \alpha}{2}} = \frac{10}{\sin \Delta \phi} (\text{m}) \qquad (13 - 10)$$

如表 13 - 6 实例,由 K10 + 100 至 K10 + 280 为圆曲线线段,$\phi_1 = 5°31'00''$,$\phi_9 = 14°41'00''$,则可得

$$\Delta \phi = \frac{\phi_9 - \phi_1}{9 - 1} = \frac{14°41'00'' - 5°31'00''}{9 - 1} = 1°08'45''$$

$$R_J = \frac{10}{\sin 1°08'45''} = 500.07 (\text{m})$$

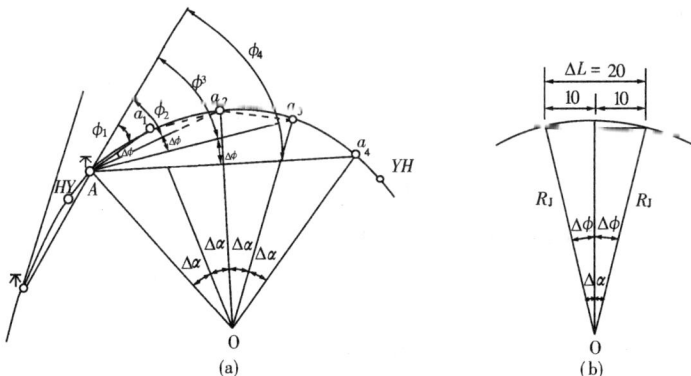

图 13 - 15

②三点法

如图 13 - 16 所示,在既有线的圆曲线范围内,选取三个间距相等的测点 A、B、C,即 $\overset{\frown}{AB} = \overset{\frown}{BC} = L$,三个测点的渐伸线长度分别为:

$$E_A = \frac{L_A^2}{2R_J} + P_J$$

$$E_B = \frac{(L_A + L)^2}{2R_J} + P_J$$

$$E_C = \frac{(L_A + 2L)^2}{2R_J} + P_J$$

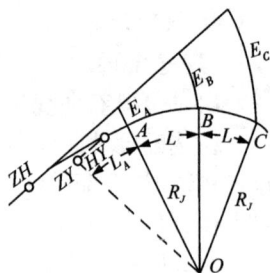

图 13 – 16

因为

$$E_B - E_A = \frac{(L_A + L)^2}{2R_J} - \frac{L_A^2}{2R_J}$$

$$E_C - E_B = \frac{(L_A + 2L)^2}{2R_J} - \frac{(L_A + L)^2}{2R_J}$$

所以

$$E_C + E_A - 2E_B = \frac{(L_A + 2L)^2}{2R_J} + \frac{L_A^2}{2R_J} - 2\frac{(L_A + L)^2}{2R_J} = \frac{L^2}{R_J}$$

得

$$R_J = \frac{L^2}{E_C + E_A - 2E_B}(\text{m}) \qquad (13 - 11)$$

上式的推导,实质上应用了二阶差分的概念。

③二阶差商法

因为三点法仅利用了 3 个测点的资料,不能全面体现既有圆曲线的概貌;若既有曲线严重错动,则所选的三点位置不同,求出的既有曲线半径就有所差异,为了反映圆曲线的概貌,可用圆曲线范围内各测点渐伸线长度二次差值的平均值,来估算既有曲线的半径。此时,各测点间的长度为 ΔL,$\Delta L = 20$ m,二次差值的个数为 n,二次差值的平均值为

$$\Delta^2 E_P = \sum_1^n (\Delta^2 E)/n$$

既有曲线半径为

$$R_J = \frac{(\Delta L)^2}{\Delta^2 E_P} = \frac{n \cdot (\Delta L)^2}{\sum_1^n (\Delta^2 E)} = \frac{400\,n}{\sum_1^n (\Delta^2 E)}(\text{m}) \qquad (13 - 12)$$

如表 13 – 6 实例,由 K10 + 100 至 K10 + 260 为圆曲线线段。用三点法,取 K10 + 100 为 A,$E_A = 3.326$;K10 + 180 为 B,$E_B = 17.731$;K10 + 260 为 C,$E_C = 44.935$;$L = 80$。则

$$R_J = \frac{L^2}{E_C + E_A - 2E_B} = \frac{80^2}{44.935 + 3.326 - 2 \times 17.731} = 500.04(\text{m})$$

用式(13 – 12),计算 K10 + 100 至 K10 + 260 共 9 个测点渐伸线二次差值,$n = 7$,$\sum \Delta^2 E = 5.597$。则

$$R_J = \frac{400n}{\sum (\Delta^2 E)} = \frac{400 \times 7}{5.597} = 500.27(\text{m})$$

2)估算曲线半径的取整

设计曲线半径通常应尽量接近既有曲线半径,但应取为整数,以便易于计算和测设。取整时,可参考表 13 – 7 数据。本节实例的设计曲线半径可取整为 $R_S = 500$ m。

表 13 – 7　曲线半径取整

转角度数(°)	< 10	10 ~ 20	20 ~ 30	30 ~ 50	> 50
曲线半径取整值(m)	± 25	± 10	± 5	± 2 ~ 1	具体选定

（2）计算 QZ 点里程

选定的设计曲线半径,可保证设计曲线圆弧和既有曲线圆弧接近,但尚未确定设计曲线的具体位置。为此,要计算设计曲线的 QZ 点里程。

QZ 点的里程应保证终切线不拨动,也就是拨动前后曲线的转角不变（$\alpha = \alpha_S = \alpha_J$）,测量终点的拨距为零（$E_S = E_J$）。

测量终点设计曲线的渐伸线长度为 $E_S = X \cdot \alpha$,令 $E_J = E_S = X \cdot \alpha$,得

$$X = \frac{E_J}{\alpha}(\mathrm{m}) \tag{13 - 13}$$

$$QZ\ 里程 = 测量终点里程 - X$$

式中:X 为测量终点至 QZ 点距离（m）;E_S 为测量终点既有曲线的渐伸线长度（m）;α 为曲线转角（rad）。

本节实例:曲线转角 $\alpha = 32°00'00'' = 0.558\ 505\ 4\ \mathrm{rad}$,测量终点里程为 K10 + 400,既有曲线渐伸线长度为 117.499,所以

$$X = \frac{E_J}{\alpha} = \frac{117.499}{0.558\ 505\ 4} = 210.382(\mathrm{m})$$

（3）选取缓和曲线长度

根据铁路局的技术资料或实地的曲线标志,可以得到既有曲线原定的缓和曲线长度,作为选取缓和曲线长度的参考。

在已经选定设计曲线半径 R_s 的条件下,为了减小拨动量,可采取下列方法选取缓和曲线长度。

1）计算设计曲线的圆曲线长:$R_s \cdot \alpha$,并根据 QZ 点里程计算 ZY 点里程:ZY 里程 = $(QZ\ 里程 - \dfrac{R_s \cdot \alpha}{2})$。

2）选出两三个位于圆曲线段的测点,他们的设计曲线渐伸线长度为:$E_s = \dfrac{L^2}{2R_s} + p_s$。

其中:$L = $ 测点里程 $-\ ZY$ 里程,为已知数;$p_s = \dfrac{l_0^2}{24R_s}$,因 l_0 待定,p_s 尚需计算。

3）这两三个测点的既有曲线渐伸线长度已经求出,可令各个点的 $E_s = E_J$,即可求出该点的 $p_s = E_J - \dfrac{L^2}{2R_s}$。

4）将求得的两三个 p_s 取平均值,因为 $p_s = \dfrac{l_0^2}{24R_s}$,故缓和曲线长度 $l_0 = \sqrt{24R_s \cdot p_s}$。

将 l_0 取为 10 m 整数,就是选定的缓和曲线长度。缓和曲线长度通常应符合改建标准。

本节实例:$R_s = 500\ \mathrm{m}$,$\alpha = 0.558\ 505\ 4\ \mathrm{rad}$,$QZ$ 里程为 K10 + 189.618。根据以下两个测点计算缓和曲线长度,K10 + 100,$E_J = 3.326$;K10 + 260,$E_J = 44.935$。

$$R_s \cdot \alpha = 500 \times 0.558\ 505\ 4 = 279.252\ \mathrm{m}$$

$$ZY\ 里程 = QZ\ 里程 - \frac{R_s \cdot \alpha}{2} = \mathrm{K}10 + 189.618 - 279.252/2 = \mathrm{K}10 + 49.992$$

$$K10+100: L = 50.008, p_S' = E_J - \frac{L^2}{2R_S} = 3.326 - \frac{50.008^2}{2 \times 500} = 0.825 \text{（m）}$$

$$K10+260: L = 210.008, p_S'' = E_J - \frac{L^2}{2R_S} = 44.935 - \frac{210.008^2}{2 \times 500} = 0.832 \text{（m）}$$

$$p_S = (p_S' + p_S'')/2 = (0.825 + 0.832)/2 = 0.829 \text{（m）}$$

$$l_0 = \sqrt{24R_S \cdot p_S} = \sqrt{24 \times 500 \times 0.829} = 99.74 \text{（m）}$$

所以,缓和曲线长度取为 100 m。

（4）推算设计曲线各主要点里程

推算设计曲线各主要点里程,计算结果填入表 13－6 第 9 栏中,主要点里程接近哪一个测点里程,即填在该测点的行中。

（5）计算设计曲线渐伸线长度

根据表 13－5 所列公式计算,步骤方法见表 13－6 第 10 栏至第 15 栏实例。

（6）计算拨距

拨距 $\Delta = E_S - E_J$,填入表 13－6 第 16 栏。16 栏数值＝15 栏数值－8 栏数值。

$\Delta =$ 正值,表示 $E_S > E_J$,测点向圆心方向拨动（曲线内压）;

$\Delta =$ 负值,表示 $E_S < E_J$,测点向切线方向拨动（曲线外挑）。

5. 拨距计算的条件和注意事项

（1）计算拨距的条件

本节介绍拨距计算的基础理论和基本方法,适用于平面改建时一般曲线的拨正。下列几点,设计时应当注意。

1）前提条件

既有曲线拨正到设计位置,曲线长度应基本保持不变,才能保证必要的计算精度。所以下述方法仅适用于将错动的既有曲线拨正为规则线形,以及拨动前后曲线长度不会大量变化的改建设计。若既有曲线的转角较大,且要增大曲线半径,则改建后线路长度缩短;若采用一般方法计算拨距,就要产生很大的误差,需要用特殊方法计算拨距。

2）保证终切线不拨动

首先,要保证既有曲线的转角不变动,以免终切线发生扭转。所以设计时应保证设计曲线和既有曲线的转角 α 相等。

其次,还必须使既有曲线测量终点的拨距为零,以免引起终切线的平行移动,所以设计时应使测量终点的设计曲线和既有曲线的渐伸线长度相等,即 $E_S = E_J$。

（2）拨距计算的注意事项

力争曲线路段改建工程量小。由于选配的设计曲线半径和缓和曲线长度不同,改建既有曲线时,要影响拨距的大小和方向,因此选用设计曲线半径和缓和曲线长度时,要考虑下列因素,力争减小改建工程。

1）如果曲线路段有永久性桥梁、隧道等建筑物,则应尽可能使桥隧处中线不拨动,或使其拨动量控制在 5cm 以内,以免引起桥隧建筑物的改建;

2）如果路基一侧有挡墙、护坡或防护工程,则线路应向另一侧拨动,以免破坏原有工程;

3）在深路堑、高路堤路段,拨动量应力求减小,免得引起大量土石方工程。在填挖方

不大的路段,即使拨动较大,土石方工程也不会很大;

4)如果既有线路基顶面宽度不够标准,则应向一侧拨动,以免在路基两侧进行加宽。如果路基修建在地质条件良好的斜坡上,路堤宜向斜坡上方拨动,如系路堑宜向斜坡下方拨动,以减少路基加宽工程。特殊情况下,应在横断面图上,结合路基本身的改建,决定拨动的方向和大小。

§13.3　既有线路的高程测量

既有线高程测量,是为了核对或补设沿线既有水准点;以及对既有线所有百米标及加标沿轨顶进行高程测量,作为纵断面设计的依据。

水准点的高程和编号,应以既有线的资料为准,并且要到现地加以核对、确认,不但里程和位置要相符,同时注字要清晰;如痕迹不清楚应加凿,并按原号编注。

当水准点遗失、损坏或水准点间的距离大于 2 km 时,应补设水准点。在大中桥头、隧道洞口、车站等处应增设水准点,并另行编号。

水准点高程测量,可采用一组往返测,亦可采用两组水准并测,其高差较差与原水准点的高程闭合差,均不应超过 $\pm 30\sqrt{L}$ mm(L 为单程水准路线长度,以 km 为单位),如闭合差超限,须返工重测。只有确认原水准点高程有误后,才能改动原高程。新补设的水准点高程应与其前、后水准点高程闭合。

水准点高程施测时应单独进行,不宜同时兼作中桩高程测量。既有线高程应采用国家统一的高程基准系统(1985 国家高程基准或 56 年黄海高程系),如个别地段有困难时,可以引用其他高程系统,但全线高程测量连通后,应消除断高,换成国家高程基准系统。

中桩高程,直线地段为左轨轨顶高程;曲线地段为内轨轨顶高程。

中桩高程应测量两次,与水准点高程的闭合差不应超过 $\pm 30\sqrt{L}$ mm,在限差以内时,按与转点个数成正比的原则分配闭合差;两次中桩高程的较差在 20 mm 以内时,以第一次测量平差后的高程为准,取位至 mm。

§13.4　既有线路的横断面测量

既有线横断面测量是一项繁重的工作。横断面图是线路维修、技术改造时的设计、施工的重要依据;拨道、道床抬高或降低、施工间距及施工措施等,都要在横断面图上考虑。在线路维修或改建时,要考虑到限界的要求,因此,对既有线的建筑物及设备的位置、标高等,在测量横断面时均应详细测绘、记录,所以它比新线横断面测量要求精度高。

一、横断面位置与测绘宽度

既有线百米标、地形变化处的加标、挡土墙、护坡、路基病害处、平交道口、隧道洞口、涵管中心及桥台台尾处等,均应测绘比例尺为 1:200 的横断面图。在轨顶、碴肩、碴脚、路肩、侧沟、平台等处均应测点。

横断面的密度及宽度以满足设计需要为原则,此外还应满足以下要求:直线地段,一般每隔 20~50 m;曲线地段一般每隔 20 m 应测一个横断面,但不宜大于 40 m。其宽度,从既有线中心两侧应测到最后一个路基设备(如取土坑、弃土堆、排水沟、天沟等)以外5 m。如拟修建第二线,则第二线一侧为20 m;同时,离开路基坡脚和路堑边缘不应小于20 m。

二、横断面测绘方法

横断面的方向可用方向架或经纬仪测设。

横断面测绘中的距离,可用钢尺或皮尺丈量。距离应自轨道中心起算,但为了便于丈量,可自轨头内侧开始量起,以0.72 m(半个轨距)为起点;曲线上内轨有加宽,所以从外轨的内侧量起,丈量曲线内侧的距离时应扣除0.72 m。

测点高程,一般用水准仪测定,在每个断面上根据轨面高程求出其他点的高程;对于深堑高堤和山坡陡峻的断面,可用经纬仪斜距法、水准仪斜距法、断面仪进行测绘,但路肩及其以上的测点仍应用水准仪测定。

三、横断面测量精度

测量精度的要求:距离、高程取位至 cm;检查时的限差:高程为 ±5 cm,距离为 ±10 cm。

图 13 – 17 为区间线路横断面示意图,图 13 –17(a)为路堑横断面;图 13 –17(b)为路堤横断面。

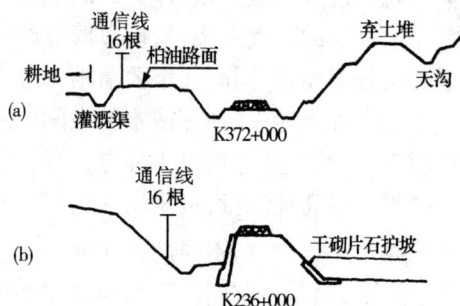

图 13 –17

§13.5　既有线站场测量

既有线的站场测量资料是车站改建设计的依据。既有线站场测量的特点是:面积大、地物多、车站作业频繁、测量要求精度高,与既有线路测量相比,难度和复杂性要大得多。尤其在大的枢纽作站场测绘,采用一般的方法几乎是不可能的,必须结合具体的测量点,采用不同的作业方法。在工作开始之前,要先作好测区资料收集及准备工作,如专用线、联络线的接轨点、站内曲线半径、道岔号数、高程系统、车流密度及列车运行图等;并应与地方、工业厂矿取得联系,以求得支持。

既有站场测绘内容,视车站类型及要求而有所不同,主要包括:纵向丈量、基线测设、横向测绘、道岔测量、站内线路平面测绘,以及站场导线、地形、高程及横断面测量等。其中纵向丈量、横向测绘、高程测量和横断面测绘与区间线路测量大同小异。此节主要介绍基线测设、道岔测量、站场线路测量及横断面和地形测绘。

一、站场基线测设

基线是站场平面测绘、车站改建或扩建设计时计算道岔和各种建筑物坐标的依据,同时也是施工时标定各种设备的基础。因此,基线的布置应满足测量、设计与施工的需要。

1. 基线布设原则

(1)基线的布置要便于丈量各处的设备及建筑物,并且尽量少受行车的干扰。一般应将基线设在正线与到发线之间;中小站可以中线外移桩作基线。

（2）基线长度可视需要而定，但主要基线至少应布置到进站信号机外方终止。

（3）主要基线与辅助基线，应尽量平行于正线或邻近的线路，以减少计算工作量；控制点间距宜为 100～300 m。

（4）站场测绘宽度大于 30 m 时，应加设辅助基线；基线与辅助基线、辅助基线之间的距离以 30 m 为宜，但最大不宜超过 50 m（用光电测距仪施测时不受此限）。

2. 基本类型

（1）直线型基线

图 13-18 是设在车站内直线上的主要基线。设在到发场、编组场、机务段、车辆段、货场内直线股道间的辅助基线，亦可采用这种类型。

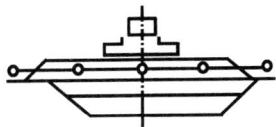

图 13-18

（2）折线型基线

车站设在曲线上，一般应采用折线型基线布置，如图 13-19，图 13-20。

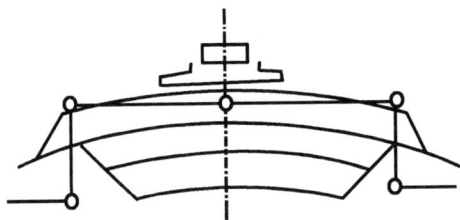

图 13-19

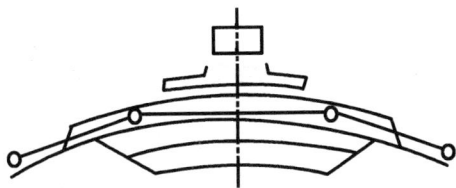

图 13-20

（3）综合型基线

大型车站规模大、建筑物及设备多，为满足测量、施工的需要，一般采用基线与导线配合的综合形式布置，如图 13-21。图中实线为基线；点划线为辅助基线；虚线为导线。

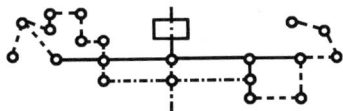

图 13-21

3. 基线的测设方法

由于站场平面测绘一般都采用平面坐标系，故通常采用平行于正线股道的基线为 x 轴；以通过车站中心、垂直于 x 轴的方向作为 y 轴；以两轴交点作为坐标原点。为了测绘方便，一个车站里可以采用几种坐标，但彼此之间应有一定的联系。

确定坐标原点，首先要找出车站中心。而车站中心一般为站房中心或运转室中心，它可由车站提供或重新测定。车站中心确定后，投影到正线以计算里程，从而定出坐标原点的位置。然后朝两个方向沿基线丈量长度、测量转角的等，这与新线勘测中的导线测量方法相同。站内布设的辅助基线，均应与主要基线相联系，组成基线控制网。

基线原点应埋设永久基线桩标志，基线丈量中要钉设百米标，并用白油漆标记在相应的轨道上。

基线设置的精度要求为：桩间距离用检定过的钢尺往返丈量两次，相对较差不大于 1/2 000 时，取平均值；基线桩的方向要用正倒镜分中确定；基线网的角度测量方法和精度要求与线路测量相同，角度闭合差允许值为 $\pm 30'' \sqrt{n}$，n 为测角数；全长的相对闭合差应不超过 1/4 000。在限差以内时，将闭合差调整，角度闭合差按置镜点数平均分配；边长闭合差可按坐标增量或边长比例分配。

二、道岔测量

道岔是列车由一股道驶入另一股道时的关键设备。根据搜集到的站内道岔资料,应到现场逐个核对道岔号数,并测定道岔的中心。

1. 道岔号数的测定

道岔号是辙叉角的余切,一般采用下列两种方法测定:

(1)步量法

如图 13-22,在辙叉上找出和步量者脚长相等处,然后用脚量至理论叉尖处,所量的脚数即为该道岔的号数。如图中所量为 6 倍脚长,即为 6 号道岔。此法在现场经常使用。

(2)丈量法

如图 13-23,在辙叉上找出宽 1 dm 和 2 dm 处的位置,丈量出间距为 Ldm,则 L 的数值即为其道岔号数。

图 13-22

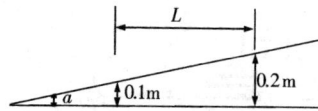

图 13-23

2. 测定道岔中心

道岔中心是道岔所联系的两条线路中心线的交点,通称岔心。在设计时均以道岔中心点的坐标表示道岔位置;施工时可根据道岔中心点安设道岔。

在站场平面测绘之前,应将站内所有道岔中心的位置钉出。钉设道岔中心的方法,根据道岔类型的不同,可采用下述两种方法。

(1)直接丈量法

若为单开道岔,可以用钢尺直接量出道岔中心的位置。如图 13-24,在道岔表中可以查出道岔理论辙叉尖端到岔心的距离 b_0。若没有现成资料,可用轨距(1 435 mm)乘以道岔号数,近似的确定 b_0'。如 12 号道岔,$b_0 = 17\ 250$ mm,$b_0' = 17\ 220$ mm。

(2)交点法

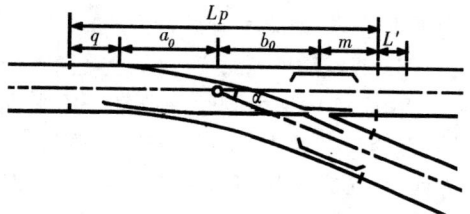

图 13-24

对于曲线道岔(见图 13-25)、对称道岔(见图 13-26)、复式交分道岔(见图 13-27)等道岔的岔心钉设,应采用交点法。先在尖轨附近的直线部分钉出其线路中心,即图中"。"代表线路中心点;然后在辙岔附近钉出侧线线路中心点,用经纬仪延长两中心线得到的交点即为道岔中心点,图中用"·"表示岔心点。

图 13-25

用上述方法定出岔心之后,应打一木桩并钉上小钉作为标志;同时在两侧的钢轨上用白油漆划线标志其位置。道岔细部尺寸应逐项核对或丈量,并填写在道岔调查表中。

图 13－26

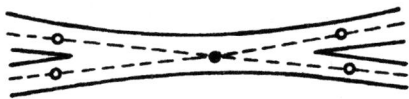
图 13－27

三、站场线路平面测量

1. 股道全长及有效长测量

股道长度测量是在站内横向测绘后进行的,故应充分利用已掌握的资料,尽量避免重复工作,而现场丈量只是补充其长度推算的不足部分。车站内线路为直线的股道全长,可根据横向测绘的道岔资料及道岔主要尺寸计算,缺少部分可到现场补量。股道有效长,是指股道内能容纳列车的停留而不影响邻线上列车运行的股道长度。它可根据警冲标、出发信号机、车挡或侧线出岔的辙轨尖的坐标计算得到;当股道位于曲线上时,应进行实地丈量。

2. 站内曲线平面测绘

既有线曲线平面测绘方法有:矢距法、偏角法等,这在本章第一节中已作了介绍,它同样适用于站内曲线平面测绘。

当站线上仅有圆曲线时,可按下面介绍的方法进行测绘。曲线测绘主要是测定交点的位置、转向角的大小和曲线半径。

（1）用导线控制平面位置

导线的布置形式,视具体条件而定。

沿线路中线敷设导线来控制曲线平面,称为股道导线。其曲线两端的直线部分,至少应有两个导线点来固定切线方向（如图 13－28 中的 a、b 点）,如有可能应钉出交点,量出转向角 α 和外矢距 E_0。

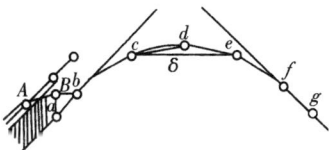
图 13－28

若沿线一侧敷设导线,然后用极坐标法测设点位,以此来控制曲线平面位置,称为辅助导线法。如在 B 点安置仪器,后视 A 点,可测出 a、b 点的极坐标要素 β 及 D。

导线应与站内基线联测,这样才能保证站内设备与建筑物之间正确的关系。

（2）计算曲线转向角

若能定出交点位置,则可直接测出转向角;否则,可根据曲线两端直线点的坐标,反算出切线的方位角来求转向角;若用中线法测绘线路时,把导线有关转角相加,即可得出曲线转向角。

（3）计算曲线半径

①正矢法

从曲线起点开始测量,逐一量出每 20 m 或 10 m 线段的正矢 f 后,按下式计算曲线半

径

$$R = \frac{n \cdot \Delta l^2}{8 \sum f} \qquad (13-14)$$

式中:Δl 为线段长度;n 为正矢的个数。

②偏角法

如图 13-28,c,d,e 为线路中心上的三点,间距为 Δl,测得 $\angle dce = \delta$,则

$$R = \frac{\Delta l}{2 \sin \delta} \qquad (13-15)$$

3)外矢法

利用外矢距 E_0 和转向角 α 计算

$$R = \frac{E_0}{\sec \frac{\alpha}{2} - 1} \qquad (13-16)$$

3. 站内三角线测量

三角线是机车转向的重要设施。三角线曲线要素是通过部分外业实测的资料求算的;三角线的中线位置,可用股道导线法来测定。

现以图 13-29 为例,说明测量方法。

(1)外业测量

①定出岔心 A、B、C 的位置并安置经纬仪,测出三点联线与辙叉中线的夹角 β_i;

②量出 A、B、C 三点之间的距离 L_1、L_2、L_3;

③量出各曲线短弦 Δl(20 m 或 10 m)之正矢 f_i。

(2)内业计算

①计算连线 L 与相应曲线的切线间夹角 γ

$$\gamma_i = \beta_i - \frac{\alpha}{2}$$

式中 α - 道岔辙叉角。

②计算各曲线的转向角 θ

$$\theta_1 = \gamma_1 + \gamma_2, \theta_2 = \gamma_3 + \gamma_4, \theta_3 = \gamma_5 + \gamma_6$$

③利用正弦定律,求出 ΔAO_1B、ΔBO_2C、ΔCO_3A 之边长 AO_1,BO_1,BO_2,$\cdots$

④由式(13-14)算出半径 R,然后计算曲线要素,推算曲线起点到相邻岔心的距离

由于站场设备多、地物复杂,站场平面测绘内容除道岔测量和站场线路平面测量之外,尚有站场客、货运输设备及建筑物、站场排水系统及其他与设计有关的建筑物及设备,也需要测绘出它们的平面位置。距离用钢尺丈量,取位至厘米。

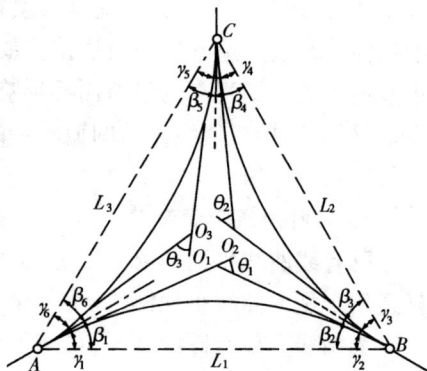

图 13-29

四、站场横断面测量

1. 横断面位置

站内除了在正线公里标、百米标、加标及曲线地段不大于 40 m 处需测横断面外;根据

具体情况尚需单独施测支线、专用线、机务段、车辆段、大型货场等的横断面;车站中心、站台坡顶、站台坡脚、道岔区路基变化处、站内平交道等处,亦需测量横断面。

2. 横断面宽度

站内横断面宽度应满足设计需要,一般应测到取土坑或堑顶天沟外缘 5 ~ 10 m 处;在站场改、扩建一侧,应测至路基设计坡脚或堑顶以外 30 m。

3. 测绘内容

站内横断面除了与区间横断面测量内容相同者外,尚需在各股道的轨顶、碴肩、碴脚、路肩、排水沟等处有测点;各股道的间隔、断面方向上遇到的设备均应测量,如图 13 - 30。

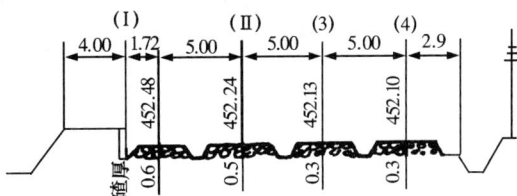

图 13 - 30

站内横断面测量,距离用钢尺丈量,高程用水准仪测定。距离、高程均取位至 cm。

五、站场地形测量

站场地形的比例尺一般为 1:2 000;对于大型站场亦可按 1:1 000 测绘。

站场地形图的测绘范围,以满足设计需要而确定。对于中间站的测绘,一般横向为正线每侧 150 ~ 200 m;纵向为改建设计进站信号机以外 300 ~ 500 m。

思考与练习

1. 既有线测量的目的是什么? 与新线测量有何不同之处?

2. 既有线测量中,对百米标、加标的量距方法和精度有何要求?

3. 在既有线曲线测量中,所设置的"曲线测量起点"和"曲线测量终点",是否就是曲线实际的 ZH(或 ZY) 和 HZ(或 HY)? 它有什么作用? 如何设置?

4. 用偏角法对既有线曲线进行测量的最终目的是什么?

5. 用矢距法进行曲线测量时,对外移桩有何要求? 外移桩是否就是置镜点?

6. 既有线高程测量的目的是什么? 如何进行?

7. 为什么要进行既有站场横断面测量? 它与新线站场横断面测量有何不同?

8. 既有线站场测绘时,为什么要布设基线? 基线的布设原则是什么?

第14章

桥梁、隧道及变形测量

§14.1　桥梁测量

　　为了发展铁路、公路和城市道路工程等交通运输事业,需要修建大量桥梁(铁路桥梁、公路桥梁和铁路公路两用桥梁)。这些桥梁在勘测设计、建筑施工和运营管理期间都需要进行各种测量工作。桥梁测量的主要任务:在勘测设计阶段是提供桥址地形图;在施工阶段是保证墩、台中心的精确定位,墩、台细部以及梁部按规定的精度放样。地形图的测绘在前面已作过介绍,本节主要介绍铁路桥梁施工测量。

　　铁路桥梁按其长度分为特大桥、大桥、中桥和小桥四类。桥梁施工测量的方法及精度要求随桥梁长度或跨径、桥梁结构及施工方法而定,主要内容包括平面控制测量、高程控制测量、墩台定位、轴线测设和梁部架设等。

一、小型桥梁的施工测量

　　建造跨度较小的小型桥梁,一般是临时筑坝截断河流或选在枯水季节进行,以便于桥梁的墩台定位和施工。

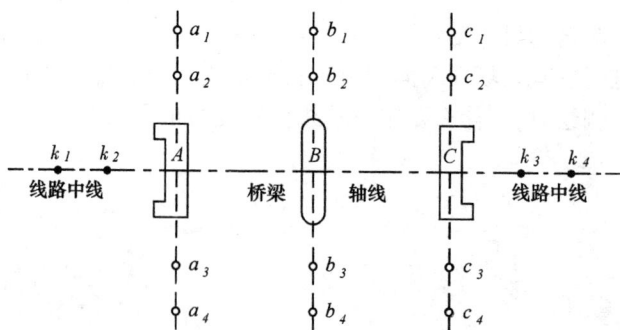

图 14 – 1

1. **桥梁中轴线和控制桩的测设**

小型桥梁的中轴线一般由线路工程的中线来决定。测设方法如图 14 – 1 所示。

（1）据桥位桩号在线路中线上测设出桥台和桥墩的中心桩位 A、B、C 点，并在河道两岸测设桥位控制桩 k_1、k_2、k_3、k_4 点。

用钢尺测设距离时，必须检定钢尺，并加尺长、温度和高差改正。用光电测距仪时，测距精度应高于 $\dfrac{1}{5\,000}$。

（2）分别在 A、B、C 点上安置经纬仪或全站仪，在与桥的中轴线垂直的方向上测设桥台和桥墩控制桩位 a_1、a_2、a_3、a_4、$\cdots$、c_1、c_2、c_3、c_4 点，每侧要有两个控制桩。

2. 基础施工测量

根据桥台和桥墩的中心线定出基坑开挖边界线。基坑上口尺寸应根据坑深、坡度、地质情况和施工方法而定。基坑挖到一定深度后，根据水准点高程在坑壁测设距基坑底设计面有一定高差（如 1 m）的水平桩，作为控制挖深及基础施工中控制高程的依据。

基础完工后，应根据上述的桥位控制桩和墩、台控制桩用经纬仪在基础面上测设出墩、台中心及其相互垂直的纵、横轴线。根据纵、横轴线即可放样桥台、桥墩砌筑的外轮廓线，并弹出墨线，作为砌筑桥台、桥墩的依据。

二、大、中型桥的施工测量

建造大、中型桥梁时，河道宽阔，桥墩在河水中建造，且墩台较高，基础较深，墩间跨距大，梁部结构复杂，对桥轴线测设、墩台定位精度要求高，所以需要在施工前布设平面控制网和高程控制网，以确定桥轴线长度，放样墩台。

1. 桥轴线长度所需精度的估算

在选定的桥梁中线上，于桥头两端埋设两个控制点，两控制点间的连线称为桥轴线。由于墩、台定位时主要以这两点为依据，所以桥轴线长度的精度直接影响墩、台定位的精度。为了保证墩、台定位的精度要求，首先需要估算出桥轴线长度需要的精度，以便合理地拟定测量方案。

《铁路测量技术规则》中，根据梁的结构形式、施工过程中可能产生误差，推导出了如下的估算公式：

（1）钢筋混凝土简支梁

$$m_L = \pm \frac{\Delta_D}{\sqrt{2}} \sqrt{N} \qquad (14-1)$$

（2）钢板梁及短跨（$l \leqslant 64$ m）简支钢桁梁

$$单跨: m_l = \pm \frac{1}{2} \sqrt{\left(\frac{l}{5\,000}\right)^2 + \delta^2} \qquad (14-2)$$

$$多跨等跨: m_L = \pm m_l \sqrt{N} \qquad (14-3)$$

$$多跨不等跨: m_L = \pm \sqrt{m_{l1}^2 + m_{l2}^2 + \cdots} \qquad (14-4)$$

（3）连续梁及长跨（$l > 64$ m）简支钢桁梁

$$单联（跨）: m_l = \pm \frac{1}{2} \sqrt{n\Delta_l^2 + \delta^2} \qquad (14-5)$$

$$多联（跨）等联（跨）: m_L = \pm m_l \sqrt{N} \qquad (14-6)$$

$$多联（跨）不等联（跨）:m_L = \pm \sqrt{m_{l1}^2 + m_{l2}^2 + \cdots} \qquad (14-7)$$

式中：m_{l1} 为单跨长度中误差；m_L 为桥轴线（两桥台间）长度中误差；l 为梁长；N 为联（跨）数；n 为每联（跨）节间数；Δ_D 为墩中心的点位放样限差（设为 ± 10 mm）；Δ_l 为节间拼装限差（± 2 mm）；δ 为固定支座安装限差（± 7 mm）；1/5 000 为梁长制造限差。

2. 平面控制测量

桥梁平面控制网的主要作用是确定桥轴线长度和放样墩台，在确定测量方案时，应根据桥轴线长度精度估算和桥墩定位的精度要求来计算控制网的必要精度，并取其较高者作为桥梁平面控制网的精度要求。之后，可根据此精度要求确定相应的桥梁平面控制网等级，以确定测量技术手段、测量方法和控制网形式。

平面控制测量的方法有传统方法（三角测量、三边测量、边角测量）和 GPS 测量。

（1）传统方法

根据桥梁跨越的河宽及地形条件，传统平面控制网（三角网、三边网及边角网）多布设成如图 14-2 所示的形式。采用测角网时宜测定两条基线，如图 14-2 的双线所示。测边网要求测量平面控制网中所有的边长。边角网则是边长和角度都测。一般说来，在边、角精度互相匹配的条件下，边角网的精度较高。如果桥梁有引桥，则平面控制网还应向两岸延伸。

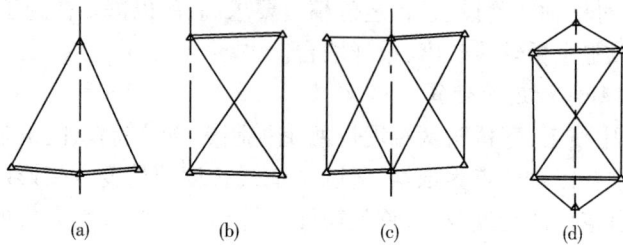

图 14-2

在《铁路测量技术规则》里，按照桥轴线的精度要求，将三角网的精度分为五个等级，它们分别对测边和测角的精度规定如表 14-1 所示。

表 14-1　测边和测角的精度规定

三角网等级	桥轴线相对中误差	测角中误差(″)	最弱边相对中误差	基线相对中误差
一	1/175 000	±0.7	1/150 000	1/400 000
二	1/125 000	±1.0	1/100 000	1/300 000
三	1/75 000	±1.8	1/60 000	1/200 000
四	1/50 000	±2.5	1/40 000	1/100 000
五	1/30 000	±4.0	1/25 000	1/75 000

表 14-1 的规定是对测角网而言的，由于桥轴线长度及各个边长都是根据基线及角

度推算的,为保证桥轴线有可靠的精度,基线精度要高于桥轴线精度 2~3 倍。如果采用测边网或边角网,由于边长是直接测定的,不受或少受测角误差的影响,所以测边的精度与桥轴线要求的精度相当即可。

选择控制点时,必须同时考虑观测手段与施工放样的要求;应尽可能使桥的轴线作为三角网的一个边,以利于提高桥轴线的精度,如不可能,也应将桥轴线的两个端点纳入网内,以间接求算桥轴线长度,如图 14 - 2(d);除了保证控制网的图形强度要好之外,还要求控制点地质条件稳定,视野开阔,便于交会墩位,其交会角不致太大或太小。在选定的桥梁控制点上要埋设标石及刻有"十"字的金属中心标志。如果兼作高程控制点用,则中心标志宜做成顶部为半球状。

由于桥梁平面控制网一般都是独立的,没有坐标及方向的约束条件,所以平差时都按自由网处理。采用桥轴坐标系,它是以桥轴线作为 x 轴,其正方向指向线路里程增加方向,y 轴与此垂直。桥轴线始端控制点的里程作为该点的 x 值,这样,桥梁墩台的设计里程即为该点 x 坐标值,便于以后施工放样的数据计算。

在施工时如因机具、材料等遮挡视线,无法利用主网的点进行施工放样时,可以根据主网两个以上的点将控制点加密。这些加密点称为插点。插点的观测方法与主网相同,但在平差计算时,主网上点的坐标不得变更。

(2)GPS 测量

GPS 网的精度从理论上讲与点位无关,与观测时卫星的空间分布、接收信号的好坏、解算方法等有关,所以,GPS 网的设计与传统平面控制网并不相同。但考虑到目前施工放样中仍采用常规仪器,因此,GPS 网的设计仍应考虑网形结构。

对于 GPS 点的选定,须同时考虑 GPS 观测与施工放样的要求。一般须遵循以下原则:

①为了减少干扰、多路径效应,保证卫星信号的正常接收,确保观测质量,GPS 点应布设在四周开阔,在地面大于 15°的范围内不得有障碍物的地方,其周围不得有强反射面,尽量避开高压线;

②为保证使用常规测量仪器进行施工放样的要求,GPS 点至少有两点直接通视,放样点与直接通视的 GPS 点构成的图形强度要好;

③为了提高网点的精度和可靠性,不允许出现支点;点位应避开施工区,布设在稳固及易于长期保存处;

④为了提高精度,减少对中误差,对于平面控制网点建立强制对中的钢筋混凝土观测墩,观测墩顶部埋设不锈钢强制对中基盘。

GPS 观测前应利用专业软件,编制测区卫星可见性预报表、卫星出现的方位等,结合观测要求(重复设站数)、各点的周围环境、交通状况等制定详细的工作计划、工作日程、人员调度表、观测要求一览表等。在实地观测中,应严格遵守各项规程。对每天的观测数据必须及时进行处理,及时统计同步环与异步环的闭合差,对超限的基线及时分析并重测,以保证 GPS 外业测量成果的精度和可靠度。

为了控制桥梁两端与线路连接,应使桥梁控制网与两端线路所采用的坐标系一致,为此,应选取均匀分布在控制网不同部分的 GPS 等级点进行联测,作为桥梁控制网转换为国家坐标系的起算点与校核点。联测点与其他施工网点应构成同步环与异步环。

GPS 控制网的数据处理,则是先在 WGS – 84 坐标系中进行三维平差获得平面控制点成果(大地坐标),再将大地坐标转换为桥轴坐标系坐标,为桥梁的施工提供放样基准。同时也需将大地坐标转换为我国的国家大地坐标(1980 年国家大地坐标或 1954 年北京坐标),以便于引桥与路的连接。

利用 GPS 建立桥梁控制网无论从时间上还是从精度上,都有较大优势。

3. 高程控制测量

在桥梁的施工阶段,为了作为放样的高程依据,应建立高程控制,即在桥址两岸布设一系列基本水准点和施工水准点,用精密水准测量联测,组成桥梁高程控制网。

水准基点布设的数量视河宽及桥的大小而异。一般小桥可只布设一个;在 200 m 以内的大、中桥,宜在两岸各设一个;当桥长超过 200 m 时,由于两岸联测不便,为了在高程变化时易于检查,一般每岸至少设置两个。

水准基点是永久性的,必须十分稳固。除了它的位置要求便于保护外,根据地质条件,可采用混凝土标石、钢管标石、管柱标石或钻孔标石。在标石上方嵌以凸出半球状的铜质或不锈钢标志。水准基点除用于施工外,可作为以后变形观测的高程基准点。为了方便施工,可在附近设立施工水准点,由于其使用时间较短,在结构上可以简化。但要求使用方便,也要相对稳定,且在施工时不致破坏。

桥梁水准点与线路水准点应采用同一高程系统。与线路水准点联测的精度不需要很高,当包括引桥在内的桥长小于 500 m 时,可用四等水准联测,大于 500 m 时可用三等水准进行联测。

桥梁本身的施工水准网,则用较高精度,因为它直接影响桥梁各部放样精度。当跨河距离大于 200 m 时,宜采用过河水准测量的方法或光电测距三角高程测量方法。跨河点间的距离小于 800 m 时,可采用三等水准,大于 800 m 时则采用二等水准进行测量。若采用光电测距三角高程测量时,应用对向观测方法或形成闭合三角高程导线,计算路线高程闭合差后,进行高程闭合差的分配和高程计算。

4. 桥梁墩、台中心的测设

桥梁墩、台中心的测设是桥梁施工测量中的关键性工作,其测设数据是根据控制点坐标和设计的墩、台中心位置计算出来的。放样方法可以采用直接测距法、方向交会法或极坐标法。

(1)直线桥的墩、台中心的测设

直线桥的墩、台中心都位于桥轴线的方向上。墩、台中心的设计里程及桥轴线起点的里程是已知的,相邻两点的里程相减即可得出它们之间的计算距离,这就是放样所需的测设数据。

①直接测距法

直接测距法适用于无水或浅水河道。

若用检定过的钢尺测设,先从桥轴线的一个端点开始,用钢尺逐段测设出墩、台中心,并附合于桥轴线的另一个端点上。如在限差范围之内,则依各段距离的长短按比例调整已测设出的距离。在调整好的位置上钉一小钉,即为测设的点位。

若用光电测距仪测设,则在桥轴线起点或终点架设仪器,并照准另一端点。在桥轴线方向上设置反光镜,并前后移动,直至测出的距离和设计距离相符,则该点即为要测设的墩、台中心位置。

②方向交会法

当桥墩位于水中,无法丈量距离及安置反光镜时,则采用方向交会法。

如图 14-3 所示,AB 为桥轴线,C、D 为桥梁平面控制网中的控制点,p_i 点为第 i 个桥墩设计的中心位置(待测设的点)。在 A、C、D 三点上各安置一台经纬仪。A 点上的经纬仪照准 B 点,定出桥轴线方向;C、D 两点上的经纬仪均先照准 A 点,分别测设 α、β 角(根据 p_i 点的设计坐标和控制点坐标计算),三个交会方向线均以正倒镜分中法定出。

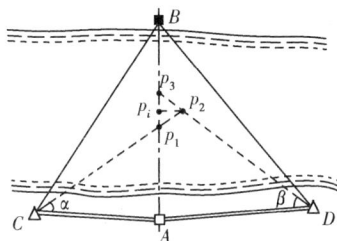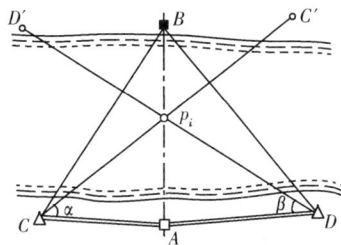

图 14-3　　　　　　　　　图 14-4

由于测量误差的影响,三条交会方向线一般不可能正好交会于一点,而是构成示误三角形 $\Delta p_1 p_2 p_3$。示误三角形的最大边长,在建筑墩、台下部时不应大于 25 mm,上部时不应大于 15 mm。如果在限差范围内,对于直线桥取交点 p_2 在桥轴线上的投影 p_i 作为桥墩的中心位置。随着桥墩的逐渐筑高,桥墩中心的放样工作需要重复、迅速和准确地进行。为此,在第一次求得正确的桥墩中心位置以后,通常将方向线延长到对岸,设立固定标志 C'、D',如图 14-4 所示。以后每次作方向交会法放样时,不再测设角度,直接照准固定标志即可。

当桥墩筑出水面以后,有条件时也可在墩上架设反光镜,利用光电测距仪,以直接测距法定出墩中心的位置。

(2)曲线桥的墩、台中心的测设

在直线桥上,桥梁和线路的中线都是直的,两者完全重合。但在曲线桥上则不然,曲线桥的线路中线是曲线,而每跨梁却是直的,所以桥梁中线与线路中线基本构成了符合的折线,这种折线称为桥梁工作线,如图 14-5 所示。曲线桥墩、台中心即位于桥梁工作线的交点上。

设计桥梁时,为使列车运行时梁的两侧受力均匀,桥梁工作线应尽量接近线路中线,所以梁的布置应使工作线的转折点向线路中线外侧移动一段距离 E,这段距离称为"桥墩偏距"。偏距 E 一般是以梁长为弦线的中矢的一半。相邻梁跨工作线构成的偏角 α 称为"桥梁偏角";每段折线的长度 L 称为"桥墩中心距"。E、α、L 在设计图中都已经给出,根据给出的 E、α、L 可计算测设数据及进行墩台中心测设。

在曲线桥上测设墩位与直线桥相同,也要在桥轴线的两端测设出控制点,以作为测设和检核的依据。测设的精度同样要满足估算出的精度要求。

控制点在线路中线上的位置,可能一端在直线上,而另一端在曲线上(见图 14-6),

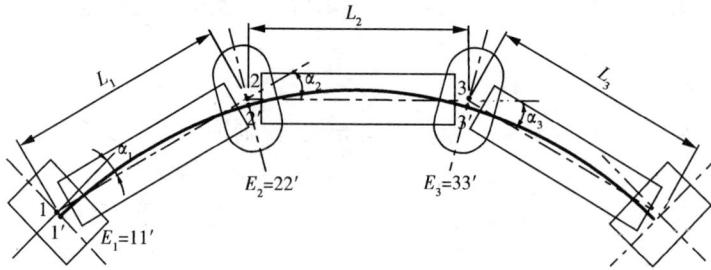

图 14 – 5

也可能两端都位于曲线上(见图 14 – 7)。曲线上的桥轴线控制桩是根据曲线长度,以曲线的切线作为 x 轴,按要求的精度用直角坐标法测设出来的。为保证测设桥轴线的精度,必须以更高的精度测量切线的长度,同时也要精密地测出转向角 α。

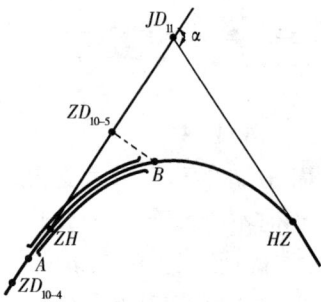

图 14 – 6

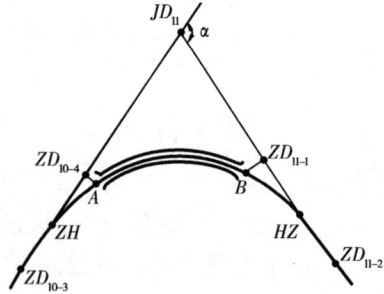

图 14 – 7

测设控制桩时,如果一端在直线上,而另一端在曲线上(见图 14 – 6),则先在切线方向上设出 A 点,测出 A 至转点 ZD_{10-4} 的距离,即可求出 A 点的里程。测设 B 点时,应先在桥台以外合适的距离处,选择 B 点的里程,求出它与 ZH(或 HZ)点里程之差,即得曲线长度,据此,可算出 B 点在曲线坐标系内得 x、y 值。ZH 及 A 的里程都是已知的,则 A 至 ZH 的距离可以求出。这段距离与 B 点的 x 坐标之和,即为 A 点至 B 点在切线上的垂足 ZD_{10-5} 的距离。从 A 沿切线方向精密地设出 ZD_{10-5}。再在该点垂直于切线方向上设出 y,即得 B 点的位置。

在测设桥轴线的控制点以后,即可据以进行墩、台中心的测设。根据条件,可采用导线法、极坐标法或方向交会法。在墩、台中心处可以架设仪器时,宜采用导线法或极坐标法。当桥墩位于水中,无法架设仪器或安置反光镜时,则采用方向交会法。

①导线法

由于桥墩中心距 L 及桥梁偏角 α 是已知的,可以从控制点开始,逐个测设出角度及距离,即直接定出各墩、台中心的位置,最后再附合到另外一个控制点上,以检核测设精度。

②极坐标法

在使用全站仪并在被测设的点位上可以安置棱镜的条件下,用极坐标法放样桥墩中心位置,更为精确和方便。对于极坐标法,原则上可以将仪器安置于任意控制点上,按计算的放样数据(角度和距离)测设点位。

以长弦偏角法为例,由于控制点及各墩、台中心点在曲线坐标系内的坐标是可以求得的,故可据以算出控制点至墩、台中心的距离(弦长)及其与切线方向之间的夹角。自切线方向开始测设出此夹角,再在此方向上测设相应弦长,即得墩、台中心位置。

这种方法因各点是独立测设的,不受前一点测设误差的影响,没有闭合差检核,因此在某一点上发生错误或有粗差也难于发现,所以一定要对各个墩中心距进行检核测量。

③方向交会法

用这种方法测设桥墩的中心位置,计算测设数据时,要保证墩位坐标系与控制网的坐标系必须一致,否则必须先进行坐标转换。交会方法和直线桥的相同,不同之处在于曲线桥墩中心并不在桥轴线上,因此,对于曲线桥而言,用方向交会法得到的示误三角形,若其边长在限差范围内时,取示误三角形的重心作为桥墩的中心位置。

5. 墩台纵、横轴线的测设

为了进行墩、台施工的细部放样,需要测设其纵、横轴线。所谓纵轴线是指过墩、台中心平行于线路方向的轴线,而横轴线是指过墩、台中心垂直于线路方向的轴线;桥台的横轴线是指桥台的胸墙线。

直线桥墩、台的纵轴线与线路中线的方向重合,在墩、台中心架设仪器,自线路中线方向测设90°角,即为横轴线的方向(见图14-8)。

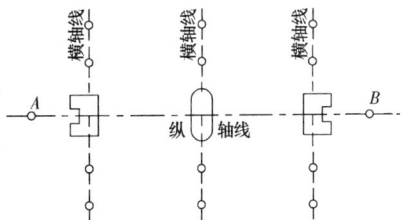

图 14-8

曲线桥墩纵轴线位于桥梁偏角的分角线上,在墩中心架设仪器,照准相邻的墩、台中心,测设 $\alpha/2$ 角,即为桥墩纵轴线的方向。自纵轴线方向测设90°角,即为横轴线方向(见图14-9)。

在施工过程中,墩。台中心的定位桩要被挖掉,但随着工程的进展,又要经常需要恢复墩、台中心的位置,因而要在施工范围以外订设护桩,据以

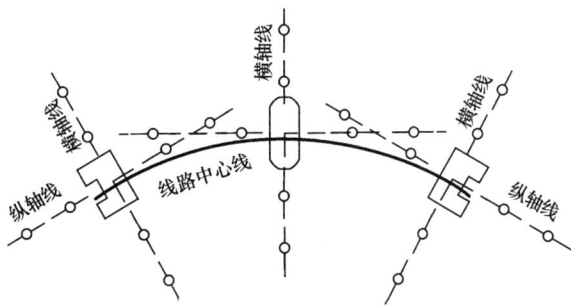

图 14-9

恢复墩台中心的位置。护桩是墩、台的纵、横轴线上,两侧钉设的两个木桩,有两个桩点可恢复轴线的方向。为防破坏,可以多设几个。在曲线桥上的护桩纵横交错,在使用时极易弄错。所以在桩上一定要注明墩台编号。

6. 桥梁施工测量

随着施工的进展,随时都要进行放样工作,但桥梁的结构及施工方法千差万别,所以测量的方法及内容也各不相同。总的来说,主要包括基础放样、墩、台放样及架梁时的测量工作。

(1)基础放样及墩台放样

桥墩基础最常采用的是明挖基础和桩基础。

明挖基础的构造如图14-10所示,它是在墩、台位置处挖出一个基坑,将坑底平整后,再灌注基础和墩身。需根据已测设出的墩中心位,纵、横轴线,基坑的长度、宽度及坑

壁坡度,测设出基坑的开挖边界线以指导施工。

桩基础的构造如图 14－11 所示,它是在基础的下部打入基桩,在桩群的上部灌注承台,使桩和承台连成一体,再在承台上修筑墩身。基桩位置的放样是以墩台纵、横轴线为坐标轴,按设计位置用直角坐标法测设。在基桩施工完成、承台修筑以前,应再次测定其位置,以作竣工资料。

明挖基础的基础部分,桩基的承台以及墩身的施工放样,都是先根据护桩测设出墩、台的纵、横轴线,再根据轴线设立模板以进行施工。

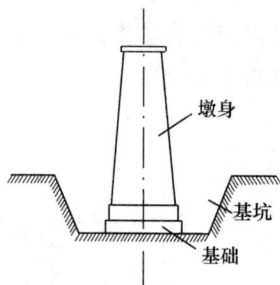
图 14－10

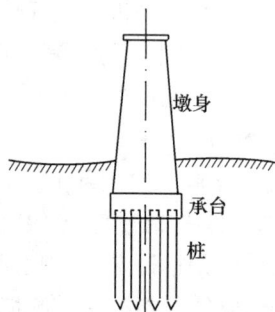
图 14－11

墩台施工中的高程放样,通常都在墩台附近设立一个施工水准点,根据这个水准点以水准测量方法测设各部的设计高程。但在基础底部及墩、台的上部,由于高差过大,难于用水准尺直接传递高程时,可用悬挂钢尺的办法传递高程。

(2)桥梁架设施工测量

桥梁架设是桥梁施工的最后一道工序,要求对墩台方向、距离和高程用较高的精度测定,作为架梁的依据。

墩台施工时,对其中心点位、纵轴线和横轴线以及墩顶高程都作了精密测定,但当时是以各个墩台为单元进行的。架梁时需要将相邻墩台联系起来,考虑其相关精度,要求中心点间的方向、距离和高差符合设计要求。桥梁中心线方向测定,在直线部分采用准直法,用经纬仪正倒镜观测,在墩台上刻划出方向线。如果跨距较大(＞100 m),应逐墩观测左、右角。在曲线部分,则采用偏角法。相邻桥墩中心点之间距离用光电测距仪观测,适当调整使中心点里程与设计里程完全一致。在中心标板上刻划里程线,与已刻划的方向线正交形成十字交线,表示墩台中心。墩台顶面高程用精密水准测定,构成水准线路,附合到两岸基本水准点上。

架梁时,梁两端是用位于墩顶的支座支撑的,支座放在底板上,而底板则用螺栓固定在墩、台的支承垫石上。架梁的测量工作,主要是测设支座底板的位置,测设时也是先设计出它的纵、横中心线的位置。支座底板的纵、横中心线与墩、台纵横轴线的位置关系是在设计图上给出的。因而在墩、台顶部的纵、横轴线设出后,即可根据它们的相互关系,将支座底板的纵、横中心线测设出来。全桥贯通后,应作方向、距离和高程的全面测量,称为全桥贯通测量。

§14.2 隧道测量

隧道是线路工程穿越山体等障碍物的通道,或是为地下工程施工所做的地面与地下联系的通道。隧道测量的主要任务:在勘测设计阶段是提供选址地形图和地质填图所需的测绘资料;在定测阶段时是将隧道线路测设在地面上(包括在洞口附近定线和洞顶路线标定);在施工阶段是保证隧道相向开挖时,能按规定的精度正确贯通,并使建筑物的位置符合规定,不侵入建筑限界,以保证运营安全。勘测设计阶段主要为测绘工作,前面已作过介绍,本节主要介绍铁路隧道施工测量。在隧道工程施工过程中,需要利用测量技术指导隧道的开挖井位、开挖方向,控制隧道的贯通误差等。为了做好这些工作,首先要进行隧道洞外控制测量。

一、隧道洞外控制测量

隧道洞外控制测量包括平面控制测量和高程控制测量。

1. 隧道洞外平面控制测量

洞外平面控制测量的主要任务是测定各洞口控制点的平面位置,以便根据洞口控制点将设计方向导向地下,指引隧道开挖,并能按规定的精度进行贯通。因此,平面控制网中应包括隧道的洞口控制点。通常,平面控制测量有以下几种方法。

(1)中线法

中线法简单、直观,但精度不高。

中线法就是将隧道中线方向按定测的方法在地面标定出来,作为中线引入洞内的定向点。一般在直线隧道短于 1 000 m,曲线隧道短于 500 m,可以采用中线法作为控制。

如图 14-12 所示,A、D 两点是设计的直线隧道洞口点,中线法就是在地面测设出位于 AD 直线方向上的 B、C 两点,作为洞口点 A、D 向洞内引测中线方向时的定向点。具体方法为:在 A 点安置经纬仪,根据概略方位角 α 定出 B' 点,用正倒镜分中法延长直线到 C' 点。搬经纬仪至 C' 点,同法再延长直线到 D 点的近旁 D' 点。在延长直线的同时,测量 AB'、B'C' 和

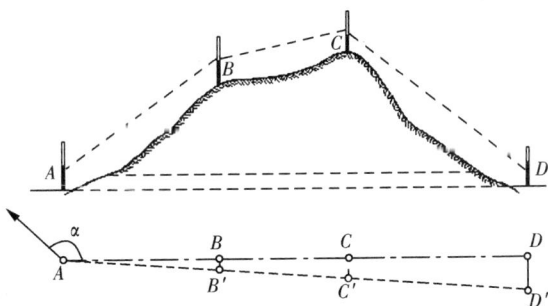

图 14-12

C'D' 的长度。量出 DD' 的长度后按几何原理计算 C 点的位移量 CC'。在 C' 点垂直于 C'D' 方向量取 C'C,定出 C 点。安置经纬仪于 C 点,用于正倒镜分中法延长 DC 至 B 点,再从 B 点延长至 A 点。如果不与 A 点重合,则进行第二次趋近,直至 B、C 两点正确位于 AD 方向上。B、C 两点即可作为在 A、D 点指明掘进方向的定向点。

若用于曲线隧道,则应首先精确测设出两切线方向,然后精确测出转向角,将切线长度正确地标定在地面上,以切线上的控制点为准,将中线引入洞内。

（2）精密导线法

精密导线法比较灵活、方便,对地形的适应性比较大。

连接两隧道口布设的精密导线应组成多边形闭合环。导线尽量以直伸形式布设,减少转折角的个数,以减弱边长误差和测角误差对隧道横向贯通误差的影响。

导线的转折角的观测,应以总测回数的奇数测回和偶数测回,分别观测导线前进方向的左角和右角,以检查测角错误;将它们换算为左角或右角后再取平均值,以提高测角精度。距离用光电测距仪测定。

导线测角中误差计算式为:

$$m_\beta = \pm \sqrt{\frac{[f_\beta / n]^2}{N}} \qquad (14-8)$$

式中:f_β 为导线环的角度闭合差;n 为一个导线环内角的个数;N 为导线环的个数。

导线环(网)的平差计算,一般采用条件平差或间接平差。边与角按下式定权

$$\left.\begin{array}{l} P_\beta = 1 \\ P_D = \dfrac{m_\beta^2}{m_D^2} \end{array}\right\} \qquad (14-9)$$

式中:m_β 为导线测角中误差,按式(14-8)计算,并宜用统计值;m_D 为导线边长中误差,宜用统计值。

当导线精度要求不高时,亦可采用近似平差。

采用平差后的洞口两点坐标,运用坐标反算可求得两点连线方向的距离和方位角,据此可以计算掘进方向。

（3）三角测量

三角测量控制网形式一般如图 14-13 所示。三角测量的点位精度比中线法、导线法都高,有利于控制隧道贯通的横向误差。若测量三角网的全部角度和若干条边长,或全部边长,可以构成边角网或三边网。采用哪种测量方案需从精度、工作量和经济方面综合考虑。

（4）GPS 测量

应用全球定位系统 GPS 进行洞外平面控制测量时,需要布设洞口控制点和定向点,为了施工定向要求洞口控制点与定向点

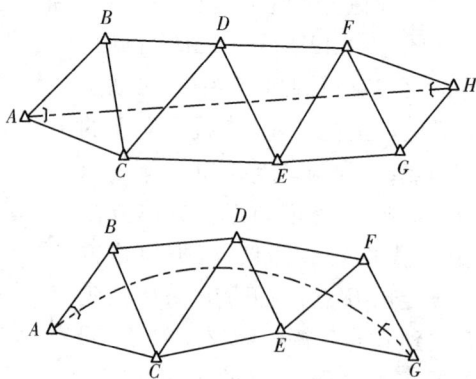

图 14-13

间相互通视。但是,不同洞口之间的点不需要通视,与国家控制点或城市控制点之间的联测也不需要通视,因此,控制点的布设灵活方便。由于 GPS 测量工作量少,可以进行全天候观测,且定位精度也较高,故条件具备时建议采用该法。

2. 隧道洞外高程控制测量

高程控制测量的任务是按规定的精度施测隧道洞口附近水准点的高程,作为高程引测进洞的依据。高程控制的二、三等采用水准测量。四、五等可采用水准测量或光电测距

仪三角高程的方法。水准测量应选择连接洞口最平坦和最短的线路,以期达到设站少、观测快、精度高的要求。每一洞口埋设的水准点应不少于两个,且以安置一次水准仪即可联测为宜。

高程控制测量的精度,一般参照表 14 – 2 既可。

表 14 – 2　等级水准测量的路线长度和仪器精度

测量部位	测量等级	每公里高差中数的偶然中误差(mm)	两开挖洞口间的水准路线长度(km)	仪器等级		水准尺类型
				水准仪	测距仪	
洞外	二	≤1.0	>36	$S_{0.5}$、S_1		线条式因瓦水准尺
	三	≤3.0	13 ~ 36	S_1		线条式因瓦水准尺
				S_3		区格式水准尺
	四	≤5.0	5 ~ 13	S_3	Ⅰ、Ⅱ	区格式水准尺
	五	≤7.5	<5	S_3	Ⅰ、Ⅱ	区格式水准尺
洞内	二	≤1.0	>32	S_1		线条式因瓦水准尺
	三	≤3.0	11 ~ 32	S_3		区格式水准尺
	四	≤5.0	5 ~ 11	S_3	Ⅰ、Ⅱ	区格式水准尺
	五	≤7.5	<5	S_3	Ⅰ、Ⅱ	区格式水准尺

二、隧道洞外、洞内联系测量

洞外控制测量完成后,应把各洞口的线路控制桩和洞外控制网联系起来,以计算进洞测量的数据,将中线引入洞内。

1. 进洞关系计算和进洞测量

洞外平面和高程控制测量完成后,已经求得洞口点(各洞口至少有两个)的坐标和高程,根据设计参数计算洞内中线点的设计坐标和高程。统一坐标系后(一般在直线段以线路中线作为 x 轴,曲线上则以一条切线方向作为 x 轴),坐标反算求测设数据(即洞内中线点与洞口控制点之间的距离、角度),并计算高差关系,据此测设洞内中线点位。

如图 14 – 14 所示一直线隧道的平面控制网,$A,B,C,\cdots,G$ 为地面平面控制点。其中 A,G 为洞口点,S_1、S_2 为设计进洞的第 1、第 2 个中线里程桩。为了测设 A 点洞口中线掘进方向及掘进后测设中线里程桩 S_1,采用坐标反算公式求测设数据。对于 G 点洞口的掘进测设,方法相同。

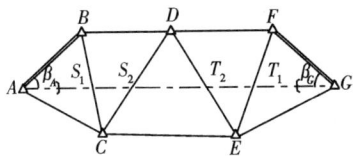

图 14 – 14

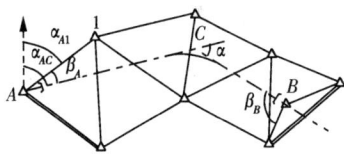

图 14 – 15

对于中间具有曲线的隧道,如图 14 – 15 所示。隧道中线转折点的坐标和曲线半径已由设计文件给定。因此,可以计算两端进洞中线的方向和里程,并据此测设进洞方向。当掘进达到曲线段的里程后,可按照铁路曲线测设方法进行里程桩的测设。

进洞时的初始方向对隧道贯通尤为重要。因此,在隧道洞口,要埋设若干个固定点,将中线方向标定于地面,作为开始掘进及以后与洞内控制点联测的依据。如图 14 – 16 所示,用1、2、3、4标定掘进方向,再在洞口点 A 与中线垂直方向上埋设5、6、7、8桩。所有固定点应埋设在不易受施工影响的地方,并测定 A 点至2、3、6、7点的平距。这样,在施工过程中可以随时检查或恢复洞口控制点的位置和进洞中线的方向及里程。

2. 由洞外向洞内传递方向、坐标和高程

在隧道施工中,除了进出洞口外,还会用斜井、横洞或竖井来增加工作面。为了保证地下各方向的开挖面能准确贯通,必须将地面控制网中的点位坐标、方位和高程通过斜井、横洞或竖井传递到地下。

由斜井或横洞传递时,方向和坐标由导线联接,以构成一个洞内、洞外统一的平面控制系统,联系导线的角度和边长必须多次精密测量、反复校核,确保正确;高程采用往返水准测量或对向光电测距三角高程测量的方法,符合限差规定时取平均值。

采用竖井进行联系测量时,可以采用垂准仪光学投点、陀螺经纬仪定向的方法来传递坐标和方向;高程宜采用光电测距仪或全站仪测井深的方法传递,这时要在竖井上装配一个托架,安装上光电测距仪或全站仪,使照准头向下直接瞄准井底的反光镜测出井的深度,然后在井上、井下用两台水准仪,分别测定井上的已有水准点与测距仪照准头转动中心间的高差、井下反光镜转动中心与新布设的水准点间的高差,井深与两段高差相加就可获得井上、井下两水准点间的高差,从而将高程传递至洞

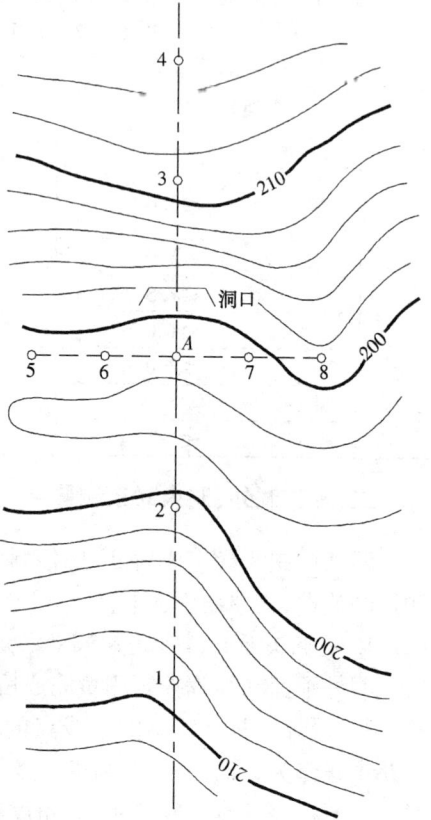

图 14 – 16

内;若通过悬挂钢尺的方法传递高程,所用钢尺必须经过检定,钢尺测距结果必须加上尺长改正数和温度改正数。

三、隧道洞内控制测量

为了给出隧道正确的掘进方向,并保证正确贯通,应进行隧道洞内控制测量。隧道洞内控制测量包括洞内平面控制测量和洞内高程控制测量两部分。

1. 洞内平面控制测量

由于隧道洞内场地狭窄,洞内平面控制常采用中线或导线两种形式。

(1)中线形式

中线控制是指在洞内直接测设中线控制点构成平面控制的方法。对于较短的隧道,一般根据中线点理论坐标计算测设数据(距离和角度),并以定测精度测设出新点即可。对于曲线隧道500 m、直线隧道1 000 m以上较长隧道,需要高精度测角、量距,以算出新点的实际精确坐标,与其理论坐标相比较,若有差异,将新点移到正确的中线位置上。

（2）导线形式

导线形式是指洞内控制依靠导线进行,施工放样用的正式中线点由导线测设,中线点的精度能满足局部地段施工要求即可。

洞内导线的常用形式有:

①单导线　半数测回测左角,半数测回测右角。

②导线环　如图 14 - 17(a)所示,每测一对新点,可按两点坐标反算距离,然后与两点的实地丈量结果比较,保证步步检核。

③主副导线环　如图 14 - 17(b)所示,双线为主导线,单线为副导线。主导线既测角又量距,副导线只测角不量距。按虚线形成第二闭合环时,主导线在 3 点处以平差角传算 3 ~ 4 边的方位角,以后均依此法形成闭合环。闭合环进行角度平差。

④交叉导线　如图 14 - 17(c)所示,并行导线每前进一段交叉一次,每一个新点由两条路线传算坐标,最后取平均值。可以丈量一对新点的实际距离,来检核该对新点坐标。交叉导线不作角度平差。

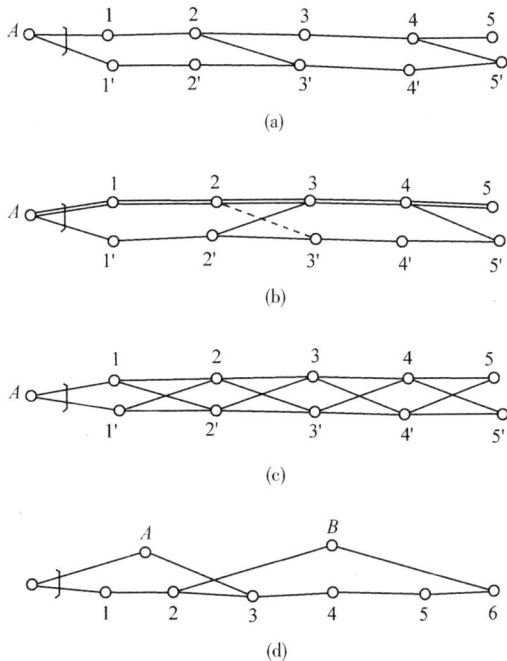

图 14 - 17

⑤旁点闭合环　如图 14 - 17(d)所示,A、B 为旁点。旁点闭合环一般测内角,作角度平差;旁点 A、B 两侧的边长,可测也可不测。

导线控制的方法比中线形式灵活,点位易于选择,测量工作比较简单,而且具有多种检核方法;当组成导线闭合环时,角度经过平差还可提高点位的横向精度。故导线形式适用于长隧道。

洞内导线和洞外导线相比,其特点是洞内导线随隧道的开挖逐渐向前延伸,只能敷设支导线或狭长形导线环,而且不可能将导线一次测量完毕,导线的形状也完全取决于坑道的形状。导线点的埋石顶面应比洞内地面低 20 ~ 30 cm,上面加设护盖、填平地面,以避免施工中遭受破坏。

无论是采用中线形式,还是采用导线形式作洞内控制,在测量时应注意以下几点:

①每次在建立新点之前,必须检测前一个老点的稳定性,只有在确认老点没有发生变动时,才能用它发展新点。

②导线应尽量布设为长边或等边,一般直线地段不短于 200 m,曲线地段不宜短于 70 m。

③尽量形成闭合环、两条路线的坐标比较、实测距离与反算距离比较等检核条件,以避免错误。

④洞内丈量工具,在使用前应与洞外控制网丈量工具比长,且边长应往返测量。

⑤以导线形式作为洞外平面控制时,正式中线点由邻近导线点以极坐标法测设在地面上之后,应在中线点上安置经纬仪,以任何两个已知坐标的点为目标,进行角度测量,用实测角值与坐标反算角值比较,以检查中线点测设的正确性。

2. 洞内高程控制测量

洞内高程测量应采用水准测量或光电测距三角高程测量的方法。

洞内高程应由洞外高程控制点向洞内传递,结合洞内施工特点,每隔200 m至500 m设立两个高程点以便检核,可利用导线点作为水准点,也可将水准点埋设在洞顶或洞壁上,但都应力求稳固和便于观测。为了便于施工使用,每隔100 m应在拱部边墙上设立一个水准点。采用水准测量时,应往返观测,视线长度不宜大于50 m。采用光电测距三角高程测量时,应进行对向观测,注意洞内除尘、通风排烟和水汽的影响。限差要求与洞外高程控制测量要求相同。洞内高程点作为施工的依据,必须定期复测。

当隧道贯通之后,求出相向两支水准路线的高程贯通误差,并在未衬砌地段进行调整。所有开挖、衬砌工程应以调整后的高程为准进行施工。

四、隧道施工测量

1. 隧道洞内中线测量

隧道洞内施工以中线为依据进行。隧道衬砌后两个边墙间隔的中心即为隧道中心,隧道中心线在直线部分与线路中线重合,在曲线部分由于隧道衬砌断面的内外侧加宽不同则与线路中线不重合。隧道中心线可由导线测设,也可由独立的中线测设。

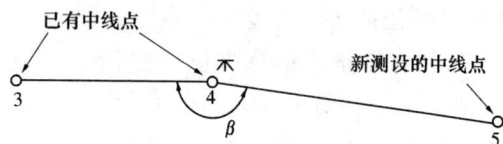

图 14-18

用精密导线进行洞内隧道控制测量时,为便于施工,应根据导线点的坐标和中线点的理论坐标反算测设数据(角度和距离),利用极坐标法由导线点测设出中线点。一般直线地段150~200 m,曲线地段60~100 m,应测设一个永久中线点。由导线点测设出新的中线点后,还应将经纬仪安置在已测设的即有中线点上,测量中线点之间的夹角,如图14-18所示,将实测角度与理论值向比较,另外实地丈量新点与邻近中线点的距离,并与理论值比较,作为对新点的检核,确认无误后即可挖坑埋入带有金属标志的混凝土桩。

若用独立的中线法测设,在直线上应采用正倒镜分中法延伸直线,在曲线上一般采用弦线偏角法。此时,永久中线点间的距离在直线上不小于100 m,曲线上不小于50 m。

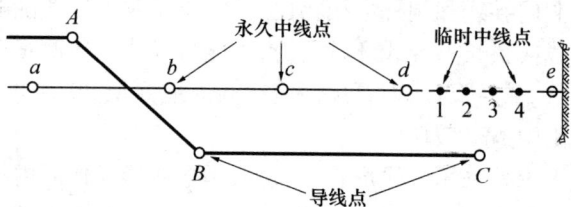

图 14-19

随着隧道掘进的深入,当延伸长度不足一个永久中线点的间距时,应先测设临时中线点,如图14-19中的点1、2…等。临时中线点间的距离,一般直线上不大于30 m,曲线上不大于 20 m。临时中线点应用仪器测设。当延伸长度大于永久中线点的间距时,再建立一个新的永久中线点,如图 14 - 19 中的点 e。当掘进长度距最新导线点距离大于导线的设计边长时,则建立一个新的导线点,如图中的点 C。当采用全断面开挖时,导线点和永久中线点都应紧跟临时中线点,这时临时中线点要求的精度也较高。

2. 导坑延伸测量

隧道施工是边开挖、边衬砌,为保证开挖方向正确、开挖断面尺寸符合设计要求,导坑延伸测量工作必须紧紧跟上,同时要保证测量成果的正确性。

当导坑从最前面一个临时中线点继续向前延伸时,在直线上延伸不超过 30 m,曲线上不超过 20 m 的范围内,可采用"串线法"延伸中线。如图 14 - 20 所示,在临时中线点前或后用仪器再设置两个中线点 $1'$、$2'$,其间距不小于 5 m。在这三个点上挂上垂球线,先检验三点是否在一条直线上,如果正确无误,可用肉眼瞄直,在工作面上给出中线位置,指导掘进方向。当串线延伸长度超过临时中线点的间距时(直线为 30 m、曲线为 20 m),则应设立一个新的临时中线点。

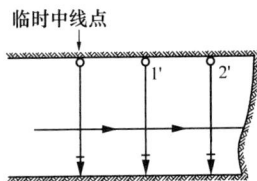 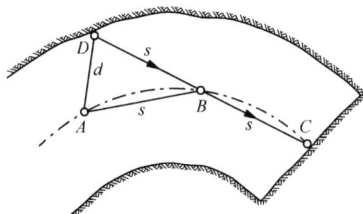

图 14 - 20　　　　　　　　图 14 - 21

在曲线导坑中,可采用切线支距法和弦线偏距法。弦线偏距法如图 14 - 21 所示,A、B 为曲线上已定出的两个临时中线点,如要向前定出新的中线点 C,要求 $BC = AB = s$,则从 B 沿 CB 方向量出长度 s,同时从量 A 出偏距 d,将两尺拉直使两长度分画相交,即可定出 D 点,然后在 D、B 方向上挂三根垂球线,用串线法指导 B、C 间的掘进,掘进延伸长度超过临时中线点间距时,由 B 沿 DD 延伸方向量出距离 S,即可测设出新的临时中线点 C。偏距 d 可按下列近似公式计算:

圆曲线部分
$$d = \frac{s^2}{R} \tag{14 - 10}$$

缓和曲线部分
$$d = \frac{s^2}{R} \cdot \frac{l_B}{l_0} \tag{14 - 11}$$

式中:s 为临时中线点间距;R 为圆曲线半径;l_0 为缓和曲线全长;l_B 为点到 ZH(或 HZ)的距离。

在隧道掘进的定向工作中,经常使用激光准直经纬仪或激光指向仪,以指示掘进方向。采用机械化掘进设备时,使用固定在一定位置上的激光指向仪,配以装在掘进机上的光电接收靶,指挥掘进机向前推进。如果掘进方向偏离了指向仪发出的激光束,则光电接收靶会自动指出偏移方向及偏移值,为掘进机提供自动控制的信息。这种方法适用于直线隧道和全断面开挖的定向,具有直观、快捷准确、对其他工序影响小和便于实现自动控制的优点。

3. 上下导坑的联测

当采用上、下导坑法开挖时,每前进一段距离后,上部的临时中线点和下部的临时中线点应通过漏斗联测一次,用以改正上部的中线点或向上部导坑引点。联测时,一般用长线垂球、光学垂准器、经纬仪的光学对点器等,将下导坑的中线点引到上导坑的顶板上。移设三个点,校核其准确性。测量一段距离后及筑拱前,应再引至下导坑核对,并尽早与洞口外引入的中线闭合。

4. 腰线的测设

在隧道施工中,为了控制施工的标高和隧道横断面的放样,在隧道岩壁上,每隔一定距离(5~10 m)测设出比洞底设计地坪高出 1 m 的标高线,称为腰线。腰线的高程由引入洞内的施工水准点进行测没。由于隧道的纵断面有一定的设计坡度,因此,腰线的高程按设计坡度随中线的里程而变化。

5. 隧道结构物的施工放样

(1)隧道开挖断面测量

为了使开挖断面能较好的符合设计断面,在每次掘进前,应在开挖断面上,根据中线和轨顶高程,标出设计断面尺寸。

分部开挖的隧道在拱部和马口开挖后,全断面开挖的隧道在开挖成形后,应采用断面自动测绘仪或断面支距法测绘断面,检查断面是否符合要求,并用来确定超挖和欠挖工程数量。测量时是按中线和外拱顶高程,从上至下每 0.5 m(拱部和曲墙)和 1.0 m(直墙)向左右量测支距。量支距时,应考虑曲线隧道中心与线路中心的偏移值和施工预留宽度。

仰拱断面测量,应由设计轨顶高程线每隔 0.5 m(自中线向左右)向下量出开挖深度。

(2)结构物的施工放样

在施工放样之前,应对洞内中线点和高程点加密。中线点加密的间隔视施工需要而定,一般为 5~10 m 一点,加密中线点可用定测的精度测定。加密中线点的高程,均以五等水准精度测定。

在衬砌之前,还应进行衬砌放样,包括立拱架测量、边墙及避车洞和仰拱的衬砌放样,洞口砌筑施工放样等一系列的测量工作。

五、隧道竣工测量

隧道竣工后,应在中线复测的基础上埋设永久中线点。复测工作应依据施工中线进行。永久中线点,应在直线上每 200~250 m 设一个,缓和曲线的始终点各设一个,圆曲线地段按通视条件加设。隧道直线地段每 50 m,曲线地段每 20 m,以及其他需要加测断面处,以中线桩为准,测绘隧道净空断面,应测绘内拱顶高程、起拱线宽度、轨顶面以上 1.1、3.0、5.8 m 处的宽度,如图 14-22 所示。

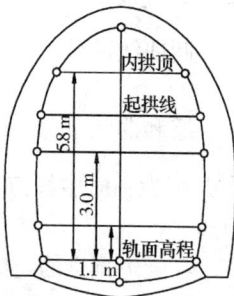

图 14-22

当隧道中线统一检测闭合后,在直线上每 200~250 m、曲线上的主点,均应埋设永久中线桩;洞内每 1km 应埋设一个水准点。无论中线点或水准点,均应在隧道边墙上画出标志,以便以后养护维修时使用。

六、盾构施工测量简介

盾构法是隧道施工采用的一项综合性施工技术,它是将隧道的定向掘进、运输、衬砌、安装等各工种组合成一体的施工方法。其工作深度可以很深,不受地面建筑和交通的影响,机械化和自动化程度很高,是一种先进的隧道施工方法,广泛用于城市地下铁道、越江隧道等工程的施工中。

盾构的标准外形是圆筒形,也有矩形、半圆形等与隧道断面相近的形状。图 14 - 23 所示为圆筒形盾构及隧道衬砌管片的纵剖面示意图。切口环是盾构掘进的前沿部分,利用沿盾构圆环四周均匀布置的推进千斤顶,顶住已拼装完成的衬砌管片(钢筋混凝土预制),使盾构向前推进。

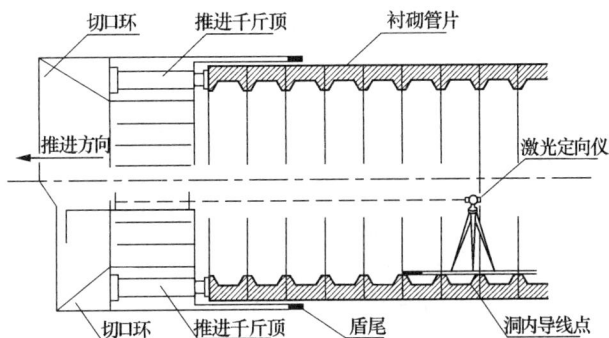

图 14 - 23

盾构施工测量主要是控制盾构的位置和推进方向。利用洞内导线点测定盾构的位置(当前空间位置和轴线方向),用激光经纬仪或激光定向仪指示推进方向,用千斤顶编组施以不同的推力,进行纠偏,即调整盾构的位置和推进方向。

六、隧道贯通误差

隧道施工进度慢,往往成为控制工期的工程。为了加快施工进度,除了进、出口两个开挖面外,还常采用横洞、竖井、斜井、平行导坑来增加开挖面。在对向开挖的隧道贯通面上,施工中线不能吻合,这种偏差称为贯通误差。于是,如何保证隧道在贯通时(包括横向、纵向、高程方向),贯通误差不超过规定的限值,成为隧道施工测量的关键。贯通误差包括纵向贯通误差、横向贯通误差和高程贯通误差。其中,纵向贯通误差仅影响隧道中线的长度,一般对隧道施工和隧道质量不产生影响,容易满足设计要求。因此,根据具体工程的性质、隧道长度和施工方法的不同,一般只规定贯通面上横向误差及高程误差的限差。

《铁路测量技术规则》对隧道贯通误差的限值见表 14 - 3。

表 14 - 3 贯通误差的限差

两开挖洞口间长度(km)	<4	4～8	8～10	10～13	13～17	17～20
横向贯通误差(mm)	100	150	200	300	400	500
高程贯通误差(mm)	50					

影响横向贯通误差的因素有洞外和洞内平面控制测量误差、洞外与洞内之间联系测

量误差。《铁路测量技术规则》规定,洞外、洞内控制测量误差,对每个贯通面上产生的横向中误差不应超过表 14 - 4 的规定。

表 14 - 4 洞外、洞内控制测量的贯通精度要求

测量部位	横向中误差(mm)						高程中误差(mm)
	相邻两开挖洞口间长度(km)						
	≤4	4 ~ 8	8 ~ 10	10 ~ 13	13 ~ 17	17 ~ 20	
洞外	30	45	60	90	120	150	18
洞内	40	60	80	120	160	200	17
洞外、洞内总影响	50	75	100	150	200	250	25

注:本表不适用于利用竖井贯通的隧道。

洞外、洞内控制测量产生在贯通面上的横向中误差,按下列公式计算:

1. 导线测量

$$m = \pm \sqrt{m_{y\beta}^2 + m_{yl}^2} \quad (14 - 12)$$

式中:m 为导线测量误差影响所产生在贯通面上的横向中误差(mm);$m_{y\beta}$ 为由于测角误差影响所产生在贯通面上的横向中误差(mm),即

$$m_{y\beta} = \pm \frac{m_\beta}{\rho''} \sqrt{\sum R_x^2} \quad (14 - 13)$$

m_{yl} 为由测边误差影响所产生在贯通面上的横向中误差(mm),即

$$m_{yl} = \pm \frac{m_l}{l} \sqrt{\sum d_y^2} \quad (14 - 14)$$

其中:m_β 为由导线环闭合差计算的测角中误差(″);R_x 为导线环在隧道相邻两洞口连线的一条导线上各点至贯通面的垂直距离,m;$\frac{m_l}{l}$ 为导线边边长相对中误差;d_y 为导线环在隧道相邻两洞口连线的一条导线上各边至贯通面的投影长度,m。

用式(14 - 12) ~ 式(14 - 14)进行精度估算时,应注意以下两点:

①两洞口处的控制点,在引入洞内导线时需要测角,其测角误差应计入洞内测量误差。也就是说,计算洞外导线测角误差时,不包括始点、终点的 R_x 值,而计算洞内导线测角误差时,始点的 $R_{x始}$ 和终点 $R_{x终}$ 应代入式(14 - 13)中,参与洞内导线精度估算。

②两洞口引入的洞内导线不必单独计算,可以将贯通点当做一个导线点,从一端洞口的控制点到另一端洞口控制点,当做一条连续的导线来计算。

2. 三角测量

三角测量的计算公式可参考《铁路测量技术规则》中给出的有关公式,也可以按导线测量的误差公式(14 - 12) ~ 式(14 - 14)计算。其方法是选取三角网中沿中线附近的连续传算边作为一条导线进行计算。但各式中:

m_β 为由三角网闭合差求算的测角中误差,(″);R_x 为所选三角网中连续传算边形成

的导线上各转折点至贯通面的垂直距离，m；$\dfrac{m_l}{l}$为取三角网最弱边的相对中误差；d_y为所选三角网中连续传算边形成的导线各边在贯通面上的投影长度，m。

若计算所得的 m 不大于表 14 – 4 的限值，则可以认为设计的施测精度，能够满足隧道横向贯通误差的要求，测量设计是合理的。

§14.3　变形观测

随着各种工程建筑物的兴建，建筑物的变形观测越来越重要。由于各种因素的影响，在施工和运营期间工程建筑物及其设备都会产生变形。这种变形在一定限度之内，应认为是正常的现象，但如果超过了规定的限度，就会影响建筑物的正常使用，严重时还会危及建筑物的安全。因此，在工程建筑物的施工和运营期间，必须对它们进行变形观测。

一、变形观测概述

变形观测的主要目的是监视建筑物的安全以防止事故发生，同时了解其变形的规律，为工程建筑物的设计、施工、管理和科学研究提供资料。

建筑物产生变形的原因很多。一般来讲，自然条件及其变化（如建筑物的工程地质、水文地质、大气温度等）会引起建筑物变形，与建筑物本身联系的原因（如建筑物的自重、建筑物的体型、结构及外力作用的变化等）也会引起变形，此外，勘测、设计、施工及运营管理的不当，还会引起建筑物产生额外的变形。

根据变形的性质，可分为静态变形和动态变形两类。静态变形是时间的函数，观测结果只表示在某一期间内的变形值；动态变形是指在外力作用下产生的变形，它是以外力为函数来表示的动态系统对于时间的变化，其观测结果表示建筑物在某个时刻的瞬时变形。

变形测量的任务是周期性对观测点进行重复观测，以求得其在两个周期间的变化量。若为了求得瞬时变形，则应采用各种自动记录仪器记录其瞬时位置。

变形观测的主要内容包括水平位移、垂直位移、倾斜和裂缝的观测。具体工程建筑物的变形观测内容，则应根据建筑物的性质和地基情况来定，要有明确的针对性，即要有重点，又要作全面考虑。工程建筑物变形观测的方法，要根据建筑物的性质、使用情况、观测精度、周围环境以及对观测的要求来选定。目前，变形观测的技术和方法正在由传统的单一观测模式向点、线、面立体交叉的空间模式发展。在工程建筑物上布置变形观测点，在变形区影响范围之外的稳定地点设置固定观测站，用高精度测量仪器定期观测变形区内网点的三维位移变化成为一种行之有效的外部监测方法。这些方法包括高精度地面监测技术、摄影测量方法及 GPS 监测系统等手段。

二、变形观测的精度和频率

工程建筑物的变形观测能否达到预定目的，要受很多因素的影响。其中，最基本的因素有观测点的布置、观测的精度和频率，以及每次观测所进行的时间。

观测点的布置与各类工程的特点有关，需要测量人员与相应专业人员共同商定。

建筑物变形观测的精度要求,取决于该工程建筑物预计的允许变形值的大小和进行变形观测的目的。如何根据允许变形值来确定观测的精度,国内外还存在着各种不同的看法。在 1971 年的国际测量工作者联合会(FIG)上,建议"如果观测的目的是为了使变形值不超过某一允许的数值而确保建筑物的安全,则其观测的中误差应小于允许变形值的 $\frac{1}{10} \sim \frac{1}{20}$;如果观测的目的是为了研究其变形的过程,则其中误差应比这个数值小的多"。当然,在确定精度时,还要考虑设备条件的可能,在设备条件具备,且增加工作量不大的情况下,应尽可能高些为宜,以提高观测成果的可靠性。

观测频率决定于荷载的变化、变形值的大小、变形速度和观测的目的。通常要求观测的次数能反映变化的过程。例如,高层建筑在施工过程中的变形观测,通常楼层加高 1~2 层即应观测一次;大坝的变形观测,则随着水位的高低以确定观测周期;对于已经建成的建筑物,在建成初期,因为变形值大,观测的频率宜高,如果变形逐步趋于稳定,则周期逐渐加长,直至完全稳定,即可停止观测;对于濒临破坏的建筑物,或者是即将产生滑坡、崩塌的地面,其变形速度会逐渐加快,观测周期也要相应的逐渐缩短。

观测的精度和频率两者是相关的,只有在一个周期内的变形值远大于观测误差,其所得结果才是可靠的。

三、基准点与变形点的构造及布设

变形是指观测点相对于稳定点的空间位置的变化。所以,无论是水平位移的观测还是垂直位移的观测,都要以稳固的点作为基准点,以求得变形点相对于基准点的位置变化。基准点的选定取决于工程的特点、观测的目的和变形观测的方法。

对于用作水平位移观测的基准点,大多构成三角网、导线网或方向线等平面控制网;对于用作垂直位移观测的基准点,则需构成水准网。由于对基准点的要求主要是稳固,所以都要选在变形区域以外,且地质条件稳定,附近没有震动源的地方。对于一些特大工程,如大型水坝等,基准点距变形点较远,无法根据这些点直接对变形点进行观测,所以还要在变形点附近相对稳定的地方,设立一些可以利用来直接对变形点进行观测的点作为过渡点,这些点称为工作基点。工作基点由于离变形体较近,可能也有变形,因而也要周期性地进行观测。

作为变形观测用的平面控制网,精度要求高,一般边长也较短。当采用经纬仪、测距仪或全站仪进行观测时,为了减少仪器对中误差对观测结果的影响,通常都埋设高 1.3 m 左右的观测墩,在墩顶安设强制对中器,以保证每次对中于同一位置上。强制对中器的构造如图 14-24 所示,中间有一螺孔,可用连接螺栓来固定仪器,也可将仪器的三个脚螺栓放置在互成 120°的槽内,以使仪器中心与三条槽的交会点对准。观测墩的基础宜建在基岩或稳固的地层上。

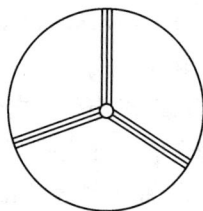

图 14-24

作为变形观测用的高程基准点的数目不应少于三个,因为少于三个时,如果有一点发生变化,就难于判定哪一点发生了变化。根据地质条件的不同,高程基准点(包括工作基点)可采用深埋式或浅埋式水准点。深埋式是通过钻孔埋设在基岩上;浅埋式的基础与一般水准点相同。点的顶部均设有半球状的不锈钢或铜质标志。

在变形观测时,不可能对建筑物的每一点都进行观测,而是只观测一些有代表性的点,这些点称为变形点或观测点。变形点要与建筑物固连在一起,以保证它与建筑物一起变化。为使点位明显、确定,以保证每次所观测的点位相同,也要设置观测标志。

变形点的数量和位置,要能够全面反映建筑物变形的情况,并要顾及到观测的方便。例如对工业与民用建筑进行垂直位移观测时,其位置宜布设在建筑物的四角及荷载变化、楼层数变化以及地质条件变化处。对于大的建筑物,要求沿周边每隔 10 ~ 20 m 处布设一点。如果垂直位移是用水准测量的方法观测,在施工时,就在墙体底部离地面 0.8 m 左右处,按上述要求埋设凸出墙面的金属观测标志,以便于观测,如图 14 – 25 所示。这些标志要与墙体内的钢筋焊在一起,以保证它们的整体性。对于桥墩的垂直位移观测,则变形点宜布设在墩顶的四角,或垂直平分线的两端,以便于根据不均匀的垂直位移,推求桥墩的倾斜程度。

图 14 – 25

水平位移变形点的布设,则视建筑物的结构、观测方法及变形方向而异。产生水平位移的原因很多,主要有地震、岩体滑动、侧向的土压力和水压力、水流的冲击等。其中,有些位移方向是可以预知的,例如,水坝受侧向水压而产生的位移,桥墩受水流冲击而产生的位移等,即属这种情况。但有些是不可预知的,如受地震影响而使建筑物产生的位移即是。对于不同的情况,宜采用不同的观测方法,相应的对变形点的布设要求也不一样。但不管以什么方式布设,变形点的位置必须具有变形的代表性,必须与建筑物固连,而且要与基准点或工作基点通视。在变形点上,如果可以安置觇标或仪器,则应设置强制对中器、以强制对中,减小对中误差;如果不能安置觇标,则应设置清晰而易于照准的目标,其颜色和图案的选择,应有利于提高照准的精度。

四、地面监测方法

地面监测方法主要是指用高精度测量仪器(如经纬仪、测距仪、水准仪、全站仪等)测量角度、边长和高程的变化来观测变形,它们是目前变形观测的主要手段。

1. 垂直位移观测

建筑物受地下水位升降、荷载的作用及地震等的影响,会使其产生位移。一般说来,在没有其他外力作用时,多数呈现下沉现象,对它的观测称沉降观测。在建筑物施工开挖基槽以后,深部地层由于荷载减轻而升高,这种现象称为回弹,对它的观测称为回弹观测。

垂直位移观测的高程依据是水准基点,即在水准基点高程不变的前提下,定期地测出变形点相对于水准基点的高差,并求出其高程,将不同周期的高程加以比较,即可得出变形点高程变化的大小及规律。由水准基点组成的水准网称为垂直位移监测网,它可布设成闭合环、结点或附合水准路线等形式。其精度等级及主要技术要求见表 14 – 5。

如果设置有工作基点,则每年应进行一至两次与水准基点的联测,以检查工作基点是否发生变动。联测工作应尽可能选择固定的月份,即保证外界条件基本相同,以减少外界条件变化对成果的影响。

表 14 – 5　垂直位移监测网的主要技术要求

等级	相邻基准点高差中误差（mm）	每站高差中误差（mm）	往返较差、附合或环线闭合差（mm）	检测已测高差较差（mm）	使用仪器、观测方法及要求
一等	±0.3	±0.07	$0.15\sqrt{n}$	$0.2\sqrt{n}$	$DS_{0.5}$ 型仪器,视线长度≤15 m,前后视距差≤0.3 m,视距累积差≤1.5 m,宜按国家一等水准测量的技术要求施测。
二等	±0.5	±0.13	$0.30\sqrt{n}$	$0.5\sqrt{n}$	$DS_{0.5}$ 型仪器,宜按国家一等水准测量的技术要求施测。
三等	±1.0	±0.30	$0.60\sqrt{n}$	$0.8\sqrt{n}$	$DS_{0.5}$ 或 DS_1 型仪器,宜按测规二等水准测量的技术要求施测。
四等	±2.0	±0.70	$1.40\sqrt{n}$	$2.0\sqrt{n}$	DS_1 或 DS_3 型仪器,宜按测规三等水准测量的技术要求施测。

注:n 为测段的测站数

变形点垂直位移观测的方法有多种,常用的是水准测量、精密三角高程测量。水准观测的精度等级和主要技术要求见表 14 – 6。采用精密三角高程测量时,也应达到同等精度。

由于变形观测是多周期的重复观测,且精度要求较高,因此,应固定测量人员、仪器设备,设置固定的测站与转点,以减小测量误差。

表 14 – 6　变形点垂直位移观测的精度要求和观测方法

等级	高程中误差（mm）	相邻点高差中误差（mm）	观测方法	往返较差、附合或环线闭合差（mm）
一等	±0.3	±0.15	除按国家一等水准测量的技术要求施测外,尚需设双转点,视线≤15 m 前后视视距差≤0.3 m,视距累积差≤1.5 m	$\leq 0.15\sqrt{n}$
二等	±0.5	±0.30	按国家一等水准测量的技术要求施测	$\leq 0.30\sqrt{n}$
三等	±1.0	±0.50	按测规二等水准测量的技术要求施测	$\leq 0.60\sqrt{n}$
四等	±2.0	±1.00	按测规三等水准测量的技术要求施测	$\leq 1.40\sqrt{n}$

注:为测站数

2. 水平位移观测

（1）水平位移监测网

水平位移观测的依据是水平位移监测网,也称平面控制网。根据建筑物的结构形式、已有设备和具体条件,可采用三角网、导线网、边角网、三边网、GPS 网和视准线等形式。在采用视准线时,为能发现端点是否产生位移,还应在两端分别建立检核点。

为了方便,水平位移监测网通常都采用独立坐标系统。例如大坝、桥梁等往往以它的轴线方向作为 x 轴,而 y 坐标的变化,即是它的侧向位移。为使各控制点的精度一致,都采用一次布网。

监测网的精度,应能满足变形点观测精度的要求。在设计监测网时,要根据变形点的观测精度,预估对监测网的精度要求,并选择适宜的观测等级和方法。水平位移监测网的等级和主要技术要求见表 14 – 7。

表 14 – 7　水平位移监测网的主要技术要求

等级	相邻基准点的点位中误差(mm)	平均边长(m)	测角中误差(″)	最弱边相对中误差	作业要求
一等	1.5	<300	±0.7	≤1/250 000	按国家一等三角要求施测
		<150	±1.0	≤1/120 000	按测规二等三角要求施测
二等	3.0	<300	±1.0	≤1/120 000	按测规二等三角要求施测
		<150	±1.8	≤1/70 000	按测规三等三角要求施测
三等	6.0	<350	±1.8	≤1/70 000	按测规三等三角要求施测
		<200	±2.5	≤1/40 000	按测规四等三角要求施测
四等	12.0	<400	±2.5	≤1/40 000	按测规四等三角要求施测

（2）变形点的水平位移观测

变形点的水平位移观测有多种方法,最常用的有测角前方交会、测角后方交会、极坐标法、自由设站、导线法、视准线法、引张线法等,宜根据条件,选用适当的方法。

①测角前方交会

在变形点上不便于架设仪器时,多采用这种方法。如图 14 – 26 所示,A、B 为平面基准点,p 为变形点,由于 A、B 的坐标为已知,在观测了水平角 α、β 后,即可依下式求算 p 点的坐标。

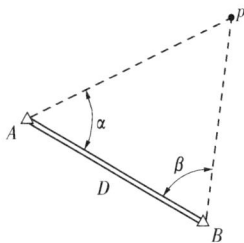

图 14 – 26

$$\left. \begin{array}{l} x_p = \dfrac{x_A \cot\beta + x_B \cot\alpha - y_A + y_B}{\cot\alpha + \cot\beta} \\[3mm] y_p = \dfrac{y_A \cot\beta + y_B \cot\alpha + x_A - x_B}{\cot\alpha + \cot\beta} \end{array} \right\} \qquad (14-15)$$

点位中误差 m_p 的估算公式为:

$$m_p = \frac{m''_\beta D \sqrt{\sin^2\alpha + \sin^2\beta}}{\rho'' \sin^2(\alpha + \beta)} \qquad (14-16)$$

式中:m''_β 为测角中误差;D 为两已知点间的距离 ρ'' 为206265″。

采用这种方法时,交会角宜在 60°至 120°之间,以保证交会精度。

②测角后方交会

如果变形点上可以架设仪器,且与三个平面基准点通视时,可采用这种方法。如图 14 – 27 所示,A、B、C 为平面基准点,p 为变形点,当观测了水平角 α、β 后,即可按式(14 – 17)计算 p 点坐标。

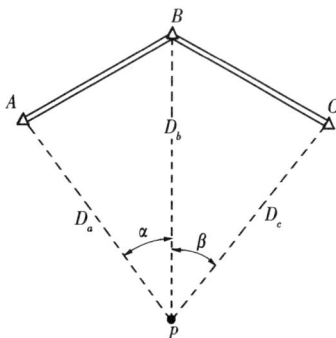

$$\left. \begin{array}{l} x_p = x_B + \Delta x_{BP} = x_B + \dfrac{a - Kb}{1 + K^2} \\[3mm] y_p = y_B + \Delta y_{BP} = y_B + K \cdot \Delta x_{BP} \end{array} \right\} \qquad (14-17)$$

式中:$a = (x_A - x_B) + (y_A - y_B)\cot\alpha$;

$\quad\quad b = -(y_A - y_B) + (x_A - x_B)\cot\alpha$;

$\quad\quad c = -(x_C - x_B) + (y_C - y_B)\cot\beta$;

$\quad\quad d = (y_C - y_B) + (x_C - x_B)\cot\beta$;

图 14 – 27

$$K = \frac{a+c}{b+d}°$$

点位中误差的估算公式为:

$$m_p = \frac{m''_\beta}{\rho''} \sqrt{\frac{D^2_{AB}D^2_c + D^2_{BC}D^2_a}{[D_c\sin\alpha + D_a\sin\beta + D_b\sin(\alpha+\beta)]^2}} \qquad (14-18)$$

式中:m''_β 为测角中误差。

采用这种方法时,需注意 p 点不能与 A、B、C 在同一圆周上,否则无定解。

3)极坐标法

在光电测距仪出现以后,这种方法用得比较广泛,只要在变形点上可以安置反光镜,且与基准点通视即可。如图 14-28 所示,A、B 为基准点,其坐标已知,p 为变形点,当测出 α 及 D 以后,即可据以求出 p 点的坐标。

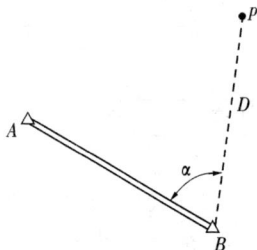
图 14-28

点位中误差的估算公式为:

$$m_p = \pm \sqrt{m^2_D + \left(\frac{m_\alpha}{\rho}D\right)^2} \qquad (14-19)$$

4)自由测站

自由测站也称边角联合后方交会。如图 14-29 所示,p 点为待定点,$A,B,\cdots E$ 为已知点。在 p 点安置全站仪,依次对已知点进行角度或距离测量,达到足够观测时,全站仪就可计算显示 P 点坐标。

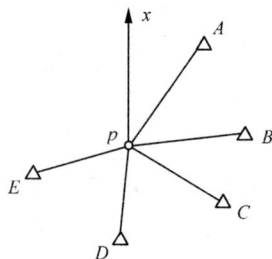
图 14-29

5)导线法

当相邻的变形点间可以通视,且在变形点上可以安置仪器进行测角、测距时,可采用这种方法。通过各次观测所得的坐标值进行比较,便可得出点位位移的大小和方向。这种方法多用于非直线型建筑物的水平位移观测,如对弧形拱坝和曲线桥的水平位移观测。

6)视准线法

如图 14-30 所示,观测时在一端 A 架设经纬仪,照准另一端的观测标志 B,这时的视线称为视准线。视准线的两个端点 A、B 为基准点,变形点 1、2、3…等布设在 A、B 的连线上,其偏差不宜超过

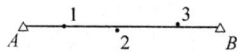
图 14-30

2 cm。变形点相对于视准线偏移量的变化,即是建(构)筑物在垂直于视准线方向上的位移。这种方法适用于变形方向为已知的线形建(构)筑物,是水坝、桥梁等常用的方法。视准线法按其所使用的工具和作业方法的不同,又可分为测小角法和活动觇牌法。

测小角法是利用精密经纬仪测出基准线方向与置镜点到观测点的视线方向之间所夹的小角,从而计算观测点相对于基准线的偏移值。

活动觇牌法则是利用活动觇牌上的标尺,直接测定此项偏移值。活动觇牌的构造如图 14-31 所示。觇牌图案可以左右移动,移动量可在刻划上读出。当图案中心与竖轴中心重合时,其读数应为零,这一位置称为零位。将活动觇牌安置在变形点上,左右移动觇

牌的图案,直至图案中心位于视准线上,这时
的读数即为变形点相对视准线的偏移量。不
同周期所得偏移量的变化,即为其变形值。

与此法类似的还有激光准直法,就是用激
光光束代替经纬仪的视准线。

7)引张线法

引张线法的工作原理与视准线法类似,但
要求在无风及没有干扰的条件下工作。所以
在大坝廊道里进行水平位移观测采用较多。
所不同的,是在两个端点间引张一根直径为
0.8 mm 至 1 mm 的钢丝,以代替视准线。采用

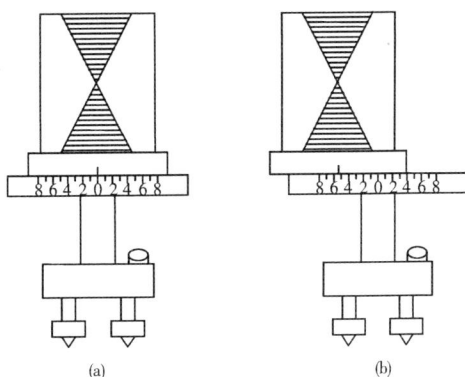

图 14-31

这种方法的两个端点应基本等高,上面要安置控制引张线位置的 V 形槽及施加拉力的设
备。中间各变形点与端点基本等高,在上面与引张线垂直的方向上水平安置刻划尺,以读
出引张线在刻划尺上的读数。不同周期观测时尺上读数的变化,即为变形点与引张线垂
直方向上的位移值。

3. 倾斜观测

(1)倾斜度的表示

一些高耸建(构)筑物,如电视塔、烟囱、高桥墩、高层楼房等,往往会发生倾斜。倾斜
度用顶部的水平移值 K 与高度 h 之比表示,即

$$i = \frac{K}{h} \qquad (14-20)$$

一般倾斜度用测定的 K 及 h 求算,如果确信建筑物是刚性的,也可以通过测定基础
不同部位的高程变化来间接求算。

(2)顶部的水平移值 K 与高度 h 的测量

高度 h 可用悬吊钢尺测山,也可用三角高程法测出。顶部点的水平位移值,可用前方
交会及建立垂准线的方法测出。

1)前方交会法

采用前方交会法时,例如对高层楼房的墙角观测,则高处观测点与其理论位置的坐标
差 Δx、Δy,即为在 x,y 方向上的位移值,其最大位移方向上的位移值为

$$K = \sqrt{\Delta x^2 + \Delta y^2} \qquad (14-21)$$

烟囱等圆锥形中空构筑物,应测定其几何中心的水平位移,
这种情况可采用图 14-32 所示的方法进行。A、B 为两观测站,
离烟囱的距离应不小于烟囱高度的两倍,并使 Ap、Bp 方向大致垂
直。经纬仪先在 A 点观测烟囱底部和顶部相切两方向的值,取平
均值得 a、a' 即为通过烟囱底部和顶部中心的方向值。同样再在
点观测,得 b、b'。若 $a \neq a'$,$b \neq b'$,则表示烟囱的上下中心不在同
一铅垂线上,即烟囱有倾斜。

计算出 $\Delta a = a' - a$,$\Delta b = b' - b$,并从 A、B 分别沿 Ap、Bp 方向

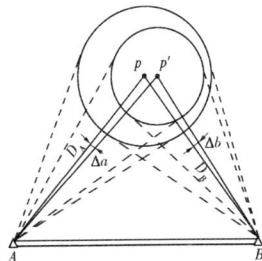

图 14-32

量出到烟囱外皮的距离 D_A、D_B，则可按下式计算出垂直于 Ap、Bp 方向的偏移量 e_A、e_B：

$$\left.\begin{aligned} e_A &= \frac{\Delta a}{\rho}(D_A + R) \\ e_B &= \frac{\Delta b}{\rho}(D_B + R) \end{aligned}\right\} \qquad (14-22)$$

式中：R 为烟囱底部的半径，可量出底部的周长后求得。

烟囱总的偏移量 e 为：

$$e = \sqrt{e_A^2 + e_B^2} \qquad (14-23)$$

根据 Δa、Δb 的正负号，还可以按下式计算出偏移的方向：

$$\alpha = \arctan \frac{e_A}{e_B} \qquad (14-24)$$

α 为以 Ap 为 $0°$ 按顺时针方向计量的方位角。

2）垂准线法

垂准线的建立，可以利用悬吊垂球，也可以利用铅垂仪（或称垂准仪）。

利用垂球时，是在高处的某点，如墙角、建筑物的几何中心处悬挂垂球，垂球线的长度应使垂球尖端刚刚不与底部接触，用尺子量出垂球尖至高处该点在底部的理论投影位置的距离，即为高处该点的水平位移值。

铅垂仪的构造如图 14－33 所示，当仪器整平后，即形成一条铅垂视线。如果在目镜处加装一个激光器，则形成一条铅垂的可见光束，称为激光铅垂线。观测时，在底部安置仪器，而在顶部量取相应点的偏移距离。

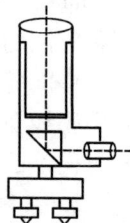

图 14－33

4. 挠度观测

挠度是指建（构）筑物或其构件在水平方向或竖直方向上的弯曲值。例如桥的梁部在中间会产生向下弯曲，高耸建筑物会产生侧向弯曲。

挠度观测的方法可用水准测量，如果由于结构或其他原因，无法采用水准测量时，也可采用光电测距三角高程测量的方法。

桥梁在动荷载（如列车行驶在桥上）作用下会产生弹性挠度，即列车通过后，立即恢复原状，这就要求在挠度最大时测定其变形值。为能测得其瞬时值，可在地面架设测距仪用三角高程法观测。

对高耸建（构）筑物竖直方向的挠度观测，是测定在不同高度上的几何中心或棱边等特殊点相对于底部几何中心或相应点的水平位移，并将这些点在其扭曲方向的铅垂面上的投影绘成曲线，就是挠度曲线。水平位移的观测方法，可采用测角前方交会法、极坐标法或垂线法。

5. 基于测量机器人的变形监测系统

测量机器人，或称测地机器人，是一种能代替人进行自动搜索、跟踪、辨识和精确照准目标并获取角度、距离、三维坐标以及影像等信息的智能型电子全站仪。基于测量机器人的变形监测系统是在全站仪基础上集成步进马达、CCD 影像传感器构成视频成像系统，并配置智能化的控制及应用软件发展而形成的。该系统根据实际情况可采用两种方式：

（1）固定式全自动持续监测方式

固定式全自动持续监测方式是基于一台测量机器人的有合作目标（照准棱镜）的变

形监测系统。其实质为自动极坐标测量系统,其组成为:

①基站　极坐标系统的原点,用来架设测量机器人,要求有良好的通视条件和牢固稳定。

②参考点　三维坐标已知且位于变形区域之外稳固不动的点。参考点上采用强制对中装置以安置棱镜,一般有 3～4 个参考点,要求覆盖整个变形区域。参考点除提供方位外,还为数据处理提供距离及高差差分基准。

③目标点　即变形观测点。

④控制中心　由计算机和监测软件构成,通过通信电缆控制测量机器人作全自动变形监测,可直接放置在基站上,若要进行长期的无人守值监测,应建专用机房。

(2)移动式半自动变形监测方式

移动式半自动变形监测系统的作业与传统的观测方法一样,在各观测墩上安置仪器,进行必要初始数据输入之后,测量机器人按照预置在机内的观测点顺序和测回数,全自动地完成寻找目标、照准目标、记录观测数据、计算各种限差、作超限重测或等待人工干预等工作。完成一个测点的工作后,人工迁站,重复上述工作,直至所有外业工作完成。

基于测量机器人的变形监测系统,已在不同类型的变形监测中进行了试验或实际应用,结果表明,该系统具有高效、全自动、准确、实时性强等特点,特别适用于小区域(约 1 km^2)内的变形监测。基于测量机器人的变形监测系统代表了地面测量技术的发展方向,在工程建筑物的变形自动化监测领域正愈来愈广泛地得到应用。如在小浪底、二滩等大坝外部变形监测中,已应用高精度的 TCA2003 进行了全自动化监测试验,TCA2003 的测角标称精度为 $\pm 0.5''$,测距标称精度为 $\pm (1\,\mathrm{mm} + 1 \times 10^{-4} \cdot D)$,测量成果明显优于常规方法。

五、地面摄影测量方法

地面摄影测量方法就是在工程建筑物周围选择稳定地点,在这些点上安置摄影机,并对建筑物进行摄影,然后通过内业量测和数据处理得到建筑物上目标点的二维或三维坐标,比较不同时刻目标点的坐标得到它们的位移。与其他变形观测方法相比,用摄影测量方法进行变形观测具有可以同时测定建筑物上任意点的变形,提供完全和瞬时的三维空间信息,大量减少野外测量工作,不需要接触被测物体,可用于恢复建筑物以前状态等优点。

近年来,随着计算机技术的飞速发展,摄影测量已进入数字摄影测量时代。通过摄影相片转换成数字(用数字来表示每一个像元的灰度值)或用特殊摄影机(CCD 相机)直接获取被摄物体的"数字影像",然后利用数字影像处理技术和数字影像匹配技术获得同名像点的坐标,进而计算对应点的空间坐标。整个处理过程是由计算机完成的,因此也称为"计算机视觉"。这种处理方式可以是"离线"(事后处理)的,也可以是"在线"(实时处理)的。后者称为实时地面摄影测量。地面摄影测量的这种进步将会在变形监测中发挥越来越大的作用。

六、GPS 变形监测及其自动化系统

GPS 变形监测具有许多特点。主要特点有:测站间无需通视,使得变形监测点位的布

设方便而灵活;可同时提供监测点的三维位移信息;全天候监测,对防汛抗洪、滑坡、泥石流等地质灾害的监测极为重要;监测精度高,实践证明,利用 GPS 进行变形监测可获得(±0.5 mm ~ ±2 mm)的精度;操作简便,易于实现监测自动化;若在垂直位移监测中只关心高程的变化,对工程的局部范围而言,可以用大地高来进行垂直位移的监测。

一般而言,GPS 变形监测可分为周期性监测和连续性监测两种工作模式。GPS 周期性变形监测与传统的变形监测网相类似。GPS 连续性变形监测自动化系统则是利用GPS、计算机技术、数据通讯技术、数据处理和分析技术进行集成,实现从数据采集、传输、管理、变形分析和预报的自动化,以达到远程在线实时监控的目的。

七、变形观测的成果处理

变形观测的外业工作结束后,应及时对观测手簿或数据进行整理和检查。如有错误或误差超限,须找出原因,及时进行补测。

观测变形点的依据是监测网点,因此监测网点必须稳定可靠。为能判定其是否稳定,要定期进行复测。如果各个点每次结果的平差值的较差在要求的范围内,则认为它是稳定的;如果某点的较差超限,则说明该点产生了变形。根据该点观测的变形点,其结果应考虑该点变形的影响。需要指出的是,一般认为稳定的基准点,也不可能完全没有变形,所谓稳定,只是相对而言。即当变形是对变形点的观测没有实际影响时,就视为是稳定的。

变形量的计算,是以首期观测的成果作为基础,即变形量是相对于首期的结果而言的,所以要特别注意首期观测的质量。变形观测的目的是从多次观测的成果中,发现变形的规律和大小,进而分析变形的性质和原因,以便采取措施。所以成果的表现形式应直观、清晰,通常采用以下形式:

1. 列表

将各次观测成果依时间先后列表,表 14 - 8 是一个沉降观测的例子。表中列出了每次观测各点的高程 H,与上一期相比较的沉降量 s,累计的沉降量 Σs,荷载情况,平均沉降量及平均沉降速度等,在作变形分析时,对这些信息可以一目了然。

2. 作图

为了更直观地显示所获得的信息,可以将其绘制成图。图 14 - 34 是一个表示荷载、时间与沉降量的关系曲线图。

图中横坐标为时间 T,可以十天或一月为单位,纵坐标向下为沉降量 s,向上为荷载 P。所以横坐标轴以下是随着时间变化的沉降量曲线,即$s - T$曲线;横坐标轴以上则是荷载随时间而增加的曲线,即 $P - T$ 曲线。从这个图上,可以清楚地看出沉降量与荷载的关系及变化趋势是渐趋稳定。

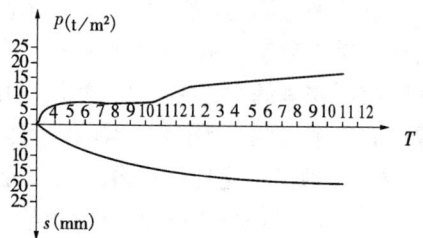

图 14 - 34

根据同样方法,也可绘出其他变形与外界因素的关系曲线。根据上述的各种信息,结合有关的专业知识,即可对变形的原因,趋势等进行几何的和物理的分析,为工程措施提供依据。

表 14-8 沉降观测成果表

工程名称：××楼　　　　　　　仪器：N₃No128544　　　　　　　观测：×××

点号	首期成果 2003.4.3 H_0 (m)	第二期成果 2003.6.2			第三期成果 2003.8.4			备注
		H (m)	s (mm)	$\sum s$ (mm)	H (m)	s (mm)	$\sum s$ (mm)	
1	11.355	11.350	5	5	11.348	2	7	
2	11.238	11.232	6	6	11.229	3	9	
3	11.121	11.115	6	6	11.113	2	8	
4	11.304	11.301	3	3	11.300	1	4	
⋮	⋮	⋮	⋮	⋮	⋮	⋮	⋮	
静荷载 P	2.5 t/m²	3.5 t/m²			5.1 t/m²			
平均沉降量	5.0 mm				2.0 mm			
平均沉降速度	0.083 mm/d				0.032 mm/d			

思考与练习

1. 桥梁测量的主要任务有哪些？桥梁施工测量主要内容是什么？

2. 什么是桥轴线？它的需要精度是怎样确定的？

3. 桥梁平面控制测量可采用哪些方法？选点布设控制网时应满足哪些要求？

4. 桥梁平面控制网的坐标系是怎样建立的？为什么要建立这样的坐标系？

5. 桥梁高程控制测量主要采用哪些方法？

6. 采用方向交会法放样桥梁墩、台中心时，对于直线桥和曲线桥是如何确定桥梁墩、台中心位置的？

7. 什么是桥梁工作线、桥梁偏角、桥墩偏距？为什么要有桥墩偏距？

8. 怎样确定曲线桥墩、台的纵、横轴线？为什么在设立护桩时每侧不少于两个？

9. 如图 14-35 所示，在控制点 A、C、D 处安置仪器交会墩中心 E，已知控制点及墩中心的坐标为：

$x_C = 1\ 212.454$　$y_C = -234.722$

$x_A = 1\ 238.963$　$y_A = 0.000$

$x_D = 1\ 207.634$　$y_D = 243.837$

$x_E = 1\ 492.780$　$y_E = 0.000$

试计算放样数据 α 和 β。

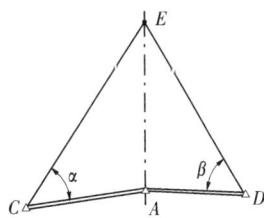

图 14-35

10. 隧道测量的主要任务有哪些？隧道控制网有何特点？为什么要进行隧道洞外、洞内施工控制测量？

11. 如图 14-14，A、G 投点在线路中线上，控制点坐标计算结果如下：

$A(0,0)$、$B(238.820, -42.376)$、$G(1\ 730.018,0)$、$F(1\ 516.019, -53.123)$，当仪器安在 A、G 点上时，怎样进洞测设？

12. 求洞外导线 $A,B,\cdots,K$ 的测量误差对隧道横向贯通影响的估算值，设 $m_\beta = \pm 1.4''$，

$\dfrac{m_l}{l}=\dfrac{1}{10\,000}$，贯通长度 4.6 km，其导线点的垂距 R_x 及边的投影长度 d_y 见表 14-9。

表 14-9 垂距 R_x 及投影长度 d_y 之值

点号	导线点至贯通面垂距 R_x（m）	导线边	导线边投影长度 d_y（m）
B	3 160	A~B	120
C	2 010	B~C	430
D	510	C~D	70
E	1 540	D~E	420
F	240	E~F	210
G	450	F~G	170
H	320	G~H	360
		H~K	150

13. 变形观测的目的是什么？建筑物为什么会产生变形？

14. 根据变形的性质，如何分类？其观测的特点是什么？

15. 变形观测有哪些内容？变形观测的精度及频率是根据什么原则确定的？

16. 什么是变形观测的基准点、工作基点和变形点？它们在构造上的主要要求是什么？

17. 布设水准基点时，为什么一般不能少于 3 个？

18. 水平位移监测网为什么多采用独立坐标系统？在确定坐标轴方向及坐标原点时，应考虑什么原则？

19. 进行水平位移观测的主要方法有哪些？各适用于什么条件？其具体做法如何？

20. 建筑物的倾斜度如何表示？怎样进行观测？

21. 试述基于测量机器人的变形监测系统、GPS 变形监测自动化系统的组成及特点。

22. 变形点的变形量是怎样计算的？变形观测成果有哪些表现形式？为什么要采用这些形式？

23. 什么是变形分析？它的目的是什么？

附录一　测量工作中常用的计量单位

在测量工作中,常用的计量单位有长度、面积、体积和角度 4 种计量单位。

1. 长度单位

我国法定长度计量单位采用米(m)制单位。

1 m(米) = 100 cm(厘米) = 1 000 mm(毫米)

1 km(千米或公里) = 1 000 m(米)(公里为千米的俗称)

2. 面积单位

我国法定面积计量单位为平方米(m^2)、平方厘米(cm^2)、平方千米(km^2)。

1 m^2 = 10 000 cm^2 　　　　1 km^2 = 1 000 000 m^2

3. 体积单位

我国法定体积计量单位为立方米(m^3)

4. 角度单位

测量工作中常用的角度度量制有三种:弧度制、60 进位制和 100 进位制。其中弧度和 60 进位制的度、分、秒为我国法定平面角计量单位。

(1)60 进位制:在计算器上常用"DEG"符号表示。

1 圆周 = 360°(度)　　　1° = 60′(分)　　　1′ = 60″(秒)

(2)100 进位制:在计算器上常用"GRAD"符号表示。

1 圆周 = 400^g(百分度)

1^g = 100^c(百分分)

1^c = 100^{cc}(百分秒)

1^g = 0.9°　1^c = 0.54′　1^{cc} = 0.324″　1° = 1.111 11^g　1′ = 1.851 85^c　1″ - 3.086 42^{cc}

百分度现通称为"冈",记作"gon",冈的千分之一为毫冈,记作" mgon"。例如,0.058 ^{gon} = 58^{mgon}

(3)弧度制:在计算器上常用"RAD"符号表示。

1 圆周 = 360° = 2π rad

1° = (π/180)rad

1′ = (π/10 800)rad

1″ = (π/648 000)rad

一弧度所对应的度、分、秒角值为:

$\rho^° = 180°/\pi \approx 57.3°$

$\rho^° = 180 \times 60'/\pi \approx 3\ 438'$

$\rho^° = 180 \times 60 \times 60''/\pi \approx 206\ 265''$

附录二　测量计算中的有效数字

1. 有效数字的概念

测量结果都是包含误差的近似数据,在其记录、计算时应以测量可能达到的精度为依据来确定数据的位数和取位。如果参加计算的数据的位数取少了,就会损害外业成果的精度并影响计算结果的应有精度;如果位数取多了,易使人误认为测量精度很高,且增加了不必要的计算工作量。例如,用一个厘米刻度的卷尺丈量一段距离,得到长度为23.513 m。这个数据的前四位数字是可靠的,最后一位数字是估读的,因而是可疑的。但它反映了丈量可能达到的精度,故在记录中保留。

一般而言,对一个数据取其可靠位数的全部数字加上第一位可疑数字,就称为这个数据的有效数字。

一个近似数据的有效位数是该数中有效数字的个数,指从该数左方第一个非零数字算起到最末一个数字(包括零)的个数,它不取决于小数点的位置。例如,0.023 513 和23.513 以及23.510 的有效位数都是五。但23 000 有效位数是五,而 23×10^3 有效位数是二。

2. 数字凑整规则

由于数字的取舍而引起的误差称为"凑整误差"或"取舍误差"。为避免取舍误差的迅速积累而影响测量成果的精度,在计算中通常采用如下凑整规则:

(1)若拟舍去的第一位数字是 0~4 中的数,则被保留的末位数不变;

(2)若拟舍去的第一位数字是 6~9 中的数,则被保留的末位数加1;

(3)若拟舍去的第一位数字是5,其右边的数字并非全部为0,则被保留的末位数加1;若拟舍去的第一位数字是5,其右边的数字皆为0,则被保留的末位数是奇数时加1,是偶数时不变;

采用第(3)条的目的,可使舍入误差具有随机性质,以便在大规模的运算中舍入误差的均值趋于零,防止因舍入误差积累而造成运算结果的系统偏差。

3. 数字运算规则

在数字的运算中,往往需要运算一些带有凑整误差的不同小数位的数值,这时应按下列规则合理取位。

(1)加减运算:在加减时,各数的取位是以小数位最少数为标准,其余各数均凑整成比该数多一位小数。多保留的一位的目的是为了不因凑整而严重影响结果的精度。

例如,有 4 个凑整后的数字相加:60.4 + 2.02 + 0.222 + 0.046 7,此时按规则应取:60.4 + 2.02 + 0.22 + 0.05 = 62.69(答案为62.69)。

(2)乘除运算:乘除时,各数的取位是以"数字"个数最少的为准,其余各数及乘积(商)均凑整成比该数多一个"数字"的数,该"数字"与小数点位置无关。例如:232.12 ×

0.34 = 78.88(答案为 78.9)。有时,相乘的两个因子的第一个数字相乘得两位数,如 2×8 和 6×9 等。在这种情况下,乘积的有效数字将多一位。例如:$232 \times 0.64 = 148.5$(答案为 148.5)。

(3)三角函数:三角函数值的取位与角度误差的对应关系见附表 2 - 1。

附表 2 - 1

角度误差	10″	1″	0.1″	0.01″
函数值位数	5 位	6 位	7 位	8 位

附录三　坐标换带计算

在高斯平面直角坐标系中，由于分带投影，使参考椭圆体上统一的坐标系被分割成各带独立的直角坐标系。铁路初测导线与国家大地点联测，有时两已知点会处于相邻的投影带中，因而，必须先将相邻的投影带中已知点的坐标换算为同一带中的坐标才能进行检核，这项工作简称坐标换带。它包括6°带与6°带的坐标互换、6°带与3°带的坐标互换等。

一、坐标换带计算公式

坐标换带可利用《高斯、克吕格坐标换带表》(表附3-1)并按下列严密公式计算

$$\left.\begin{array}{l} x_2 = x_1 + (m + m_1 \Delta y_1)\Delta y_1 + \sigma_x \\ \mp y_2 = y_0 + (n + n_1 \Delta y_1)\Delta y_1 + \sigma_y \end{array}\right\} \qquad (附-1)$$

当 Δy_1 大于60 km时，用下式计算

$$\left.\begin{array}{l} x_2 = x_1 + \{m + (m_1 + m_2 \Delta y_1)\Delta y_1\}\Delta y_1 + \sigma_x \\ \mp y_2 = y_0 + \{n + (n_1 + n_2 \Delta y_1)\Delta y_1\}\Delta y_1 + \sigma_y \end{array}\right\} \qquad (附-2)$$

式中：x_1、y_1 为为换带前的已知坐标值。x_2、y_2 为换带后的坐标值。由西带向东带换带时 y_2 取负值；由东带向西带换带时 y_2 取正值。y_0 为换带中辅助点的横坐标，即在带的边缘上相应于 x_1 横坐标，y_0 恒为正值，可查换带表，并按下式内插求得：

$$y_0 = y'_0 + \Delta x\{\delta_{y0} + d(\delta_{y0})\} \qquad (附-3)$$

式中：$\Delta x = x_1 - x_0$；x_0 为略小于 x_1 的表列引数；y'_0 为与 x_0 对应的横坐标值；δ_{y0} 为每公里的平均变率；

$d(\delta_{y0})$——以 δ_{y0} 的表差和 Δx 为引数由表中查得，与 δ_{y0} 同符号。

$$\Delta y_1 = \pm y_1 - y_0$$

由西带换至东带时 y_1 前取正号，由东带换至西带时 y_1 前取负号，y_1 则采用其坐标系中应有的正负号。

m、n、m_1、n_1、m_2、n_2——换带常数，以 x_0 为引数由换带表中查出；

δ_x、δ_y、σ_x、σ_y——换带常数，以 Δy_1 为引数由换带表中查取。

坐标换带表分为表Ⅰ和表Ⅱ。使用严密公式，可用表Ⅰ(附表3-1)查取有关常数计算，结果最大误差不大于1 mm。表Ⅱ为简表。

二、6°带坐标换带计算算例

已知某三角点在6°带第20带内的坐标为 $x_1 = 4\ 593\ 760.100$，$y_1 = 20\ 732\ 025.600$。求其在21带中的坐标。

解：计算按附表3-2进行。

附表 3-1　高斯、克吕格坐标换带表(六度带)

X_0 km	y_0 + m	δ_{y0} − m	m − 10^{-8}	δ_m − 10^{-8}	n − 10^{-8}	δ_n + 10^{-8}	122 – 124 Δx (m)	$d(\delta_{y0})$
…	…	…	…	1231.0	…	85.5	…	…
								52
4 590	250 872.229 7	34.661 7	692 401 2	0.5	99 760 002	5.5	1 724	
2	802.894 1	674 0	2 647 3	0.0	99 759 831	5.5		54
4	733.533 6	686 3	2 893 3	0.0	660	5.5	1 789	
6	644.148 8	698 6	3 139 2	1229.5	489	5.0		56
8	594.739 0	711 1	3 385 2	1229.0	319	85.5		
4 600	250 525.304 5	34.723 4	693 631 0		99 759 148		…	…

X_0 km	m_1 + 10^{-14}	δ_{m1} + 10^{-14}	n_1 + 10^{-14}	δ_{n1} − 10^{-14}	m_2 − 10^{-19}	n_2 ∓ 10^{-19}	Δy_1 ± km	δ_x ∓ mm
…	…	…	…	…	…	…	12.0	
								1
459 0	63 965		613 170		2 907	21		
				88			17.3	
2	970	2	612 995		8	2		
				87				2
4	975	2	821		9	2	20.5	
				88				
6	980	2	646		2 910	3		3
				87				
8	984	2	472			1		
				88				
4 600	63 989		612 297		2 912	24	…	…

续附表 3-1

Δy_1 + km	δ_y − mm		Δy − km	δ_y + mm
0	0		0	0
60.0			60.0	

续表 3-1

Δy_1 + km	σ_x mm		Δy_1 km	σ_y mm
93.4	1		79.2	1
12.0			104.2	2
			118.2	3
			120.0	

附表 3 - 2　坐标换带计算

计算顺序	计算项目	换带点(西→东)	反算检核(东→西)
1	x_1	4 593 760.100	4 595 057.108
16	$M\Delta y_1$	+ 1 297.006	- 1 297.006
9	δ_x 或 σ_x	+ 2	- 2
17	x_2	4 595 057.108	4 593 760.100
8	$\Delta y_1 = \pm y_1 - y_0$	- 18 716.255	+ 18 718.415
2	y_1	+ 232 025.600	- 269 415.278
3	y_0	250 741.855	250 696.863
15	$N\Delta y_1$	+ 18 673.423	- 18 671.263
10	δ_y 或 σ_y	0	0
18	$\mp y_2$	- 269 415.278	+ 232 025.600
4 14	$M\begin{cases} m \\ m_1\Delta y_1 \end{cases}$	- 0.069 286 38 - 0.000 011 97	- 0.069 302 33 + 0.000 011 98
5 13	$N\begin{cases} n \\ n_1\Delta y_1 \end{cases}$	- 0.997 596 81 - 0.000 114 70	- 0.997 595 70 + 0.000 114 69
6 12	$M_1\begin{cases} m_1 \\ m_2\Delta y_1 \end{cases}$	+ 63 974 × 10^{-14} -	+ 63 977 × 10^{-14} -
7 11	$N_1\begin{cases} n_1 \\ n_2\Delta y_1 \end{cases}$	+ 612 842 × 10^{-14} -	+ 612 728 × 10^{-14} -

计算说明:

(1)将 y_1 去掉带号 20 并减去 500 km,得横坐标的自然值 $y_1 = +232\,025.600$, x_1、y_1 分别填入附表 3 - 2 中的顺序第 1、2 内。

(2)计算 y_0:先以比 x_1 略小的表列数值 $x_0 = 4\,592$ km 为引数从附表 3 - 1 中查得:$y'_0 = 250\,802.894\,1$ m, $\delta_{y0} = -34.674\,0$ m, $d(\delta_{y0}) = -0.005\,4$ m。($d(\delta_{y0})$ 与 δ_{y0} 同符号,表列数值相当 δ_{y0} 的最后两位。)再按式(附 -3)计算:

$$\Delta x = x_1 - x_0 = 4\,593\,760.100 - 4\,592\,000.000 = 1.760\,1 \text{km}$$
$$y_0 = y'_0 + \Delta x\{\delta_{y0} + d(\delta_{y0})\}$$
$$= 250\,802.894\,1 + 1.760\,1\{-34.674\,0 - 0.005\,4\} = 250\,741.855 \text{ m}$$

填入顺序第 3。

(3)从附表 3 - 1 中以 x_1 为引数查取 m、n、m_1、n_1 分别填入顺序第 4、5、6、7。

$$m = (-6\,926\,473 + 1.760\,1 \times (-1\,230.0)) \times 10^{-8} = -6\,928\,638 \times 10^{-8}$$
$$n = (-99\,759\,831 + 1.760\,1 \times (+85.5)) \times 10^{-8} = -99\,759\,681 \times 10^{-8}$$
$$m_1 = (63\,970 + 1.760\,1 \times (+2)) \times 10^{-14} = +63\,974 \times 10^{-14}$$
$$n_1 = (612\,995 + 1.760\,1 \times (-87)) \times 10^{-14} = +612\,842 \times 10^{-14}$$

(4)计算 Δy_1:由西带换至东带,y_1 前取 + 号。

$$\Delta y_1 = \pm y_1 - y_0 = +232\,025.600 - 250\,741.855 = -18\,716.255 \text{ m}$$

填入顺序第 8。

(5)查取 δ_x、δ_y:因 $\Delta y_1 < 60$ km,故用式(附 3 - 1),只需查取 δ_x、δ_y,以 Δy_1 为引数查得 $\delta_x = +2$ mm, $\delta_y = 0$,填入顺序第 9、10。

（6）计算 $n_1 \Delta y_1$、$m_1 \Delta y_1$：

$n_1 \Delta y_1 = 612\ 842 \times 10^{-14} \times (-18\ 71(6)255) = -0.000\ 114\ 70$ m

$m_1 \Delta y_1 = 63\ 974 \times 10^{-14} \times (-18\ 716.255) = -0.000\ 011\ 97$ m

分别填入顺序第 13、14。

（7）计算 $(n + n_1 \Delta y_1) \Delta y_1$ 及 $(m + m_1 \Delta y_1) \Delta y_1$

$N \Delta y_1 = (-0.997\ 596\ 81 - 0.000\ 114\ 70) \times (-18\ 716.255) = +18\ 673.423$ m

$M \Delta y_1 = (-0.069\ 286\ 38 - 0.000\ 011\ 97) \times (-18\ 716.255) = +12\ 97.006$ m

分别填入顺序第 15 和 16。

（8）将顺序 1、16、9 的值相加得 x_2；3、15、10 的值相加得 y_2。分别填入顺序第 17、18。由于正算是由西带换至东带，故 y_2 取负值。故

$$x_2 = 4\ 595\ 057.108 \text{ m}$$
$$y_2 = -269\ 415.278 \text{ m}$$

该三角点在 21 带的通用坐标值为：

$$x_2 = 4\ 595\ 057.108 \text{ m}$$
$$y_2 = 21\ 230\ 584.722 \text{ m}$$

（9）检核计算为由东带换至西带，故 y_2 前为" + "号，$y_2 = +232\ 025.600$。

三、3°带与6°带间坐标换算

由于3°带的奇数带中央子午线与6°带中央子午线相重合；而3°带的偶数带中央子午线则与6°带边缘子午线相重合（附图 3 - 1），所以坐标换带有两种情况。

1. 两者中央子午线重合

附图 3 - 1 中，6°带第 20 带中的 p_1 点坐标要换算 3°带的坐标，则无须作任何计算，只要将横坐标前的带号由 20 改为 39 即可，而 x、y 坐标值均不变。

2. 两者中央子午线不重合

附图 3 - 1 中，欲将 6°带第 20 带中 p_2 点坐标，换算为 3°带第 10 带的坐标时，先将 p_2 点 6°坐标换算为 3°带第 39 带的坐标（第 39 带坐标与 6°带坐标相一致）；再将 39 带坐标换算成邻带第 40 带坐标（此处用 3°带坐标换带表）。

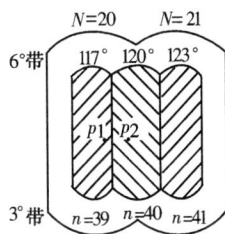

附图 3 - 1

主要参考文献

1. 王兆祥. 铁道工程测量学[M]. 北京:中国铁道出版社,1998

2. 合肥工业大学等四校. 测量学[M]. 北京:中国铁道出版社,1998

3. 张坤宜. 交通土木工程测量[M]. 武汉:武汉大学出版社,2003

4. 覃辉. 土木工程测量[M]. 上海:同济大学出版社,2006

5. 顾孝烈,鲍峰,程效军. 测量学[M]. 第二版. 上海:同济大学出版社,2011

6. 钟孝顺,聂让. 测量学[M]. 北京:人民交通出版社,1999

7. 武汉大学测绘学院测量平差学科组. 误差理论与测量平差基础[M]. 武汉:武汉大学出版社,2009

8. 於宗俦,鲁林成. 测量平差基础[M]. 第二版. 北京:测绘出版社,1983

9. 孔祥元,郭际明,刘宗泉. 大地测量学基础[M]. 武汉:武汉大学出版社,2006

10. 孔祥元,郭际明. 控制测量学[M]. 第二版. 武汉:武汉大学出版社,2006

11. 李青岳,陈永奇. 工程测量学[M]. 北京:测绘出版社,2008

12. 潘正风,程效军等. 数字测图原理与方法[M]. 武汉:武汉大学出版社,2009

13. 徐绍铨,张华海等. GPS测量原理及应用[M]. 武汉:武汉大学出版社,2008

14. 黄声享,尹晖,蒋征. 变形监测数据处理[M]. 武汉:武汉大学出版社,2010

15. 中华人民共和国国家标准. 国家一、二等水准测量规范(GB/T 12897—2006). 北京:中国标准出版社,2006

16. 中华人民共和国国家标准. 国家三、四等水准测量规范(GB/T 12898—2009). 北京:中国标准出版社,2009

17. 中华人民共和国国家标准. 工程测量规范(GB 50026—2007). 北京:中国计划出版社,2008